序　言

为帮助考生顺利通过一级注册结构工程师执业资格考试，根据最新考试大纲和参考教材编写了全国勘察设计注册工程师执业资格考试辅导系列。

本书是一级注册结构工程师执业资格考试专业基础考试(下午卷)的历年真题与模拟题详解。全书由两部分组成：第一部分为历年真题及详解，包含了2008～2011、2013、2016～2022年的12套真题及详解，并对全部真题的答案进行了详细的分析和说明；第二部分为模拟题及详解，按照最新考试大纲及近年考试真题的命题规律精心编写了2套模拟题，并根据最新参考教材和法律法规对所有试题进行了详细的分析和说明。

★品质保证：真题解析步骤详细，多年打磨，已成为市场上畅销的圣才精品图书之一。

★超值大礼：购书赠大礼包，扫码即可获得：①本书电子书(手机、电脑、平板三端同步)；②部分真题讲解视频观看权；③2019～2022年真题模考软件使用权，模拟真实考试环境，感受考试氛围。

特别说明：所有勘察设计行业的公共基础考试(上午卷)考试试题均相同，专业基础考试(下午卷)分报考方向进行考试。本考试2015年停考一年，因此没有2015年真题，而2012、2014年的真题暂无法获得。

圣才学习网(www.100xuexi.com)是一家为全国各类考试和专业课学习提供名师网络课程、电子书、题库等全方位教育服务的综合性学习型视频学习网站，拥有近100种考试(含418个考试科目)、194种经典教材(含英语、经济、管理、证券、金融等共16大类)，合计近万小时的面授班、网授班课程。

职称资格：www.100xuexi.com(圣才学习网)

考研辅导：kaoyan.100xuexi.com(圣才考研网)

圣才学习网编辑部

目　录

第一部分　历年真题及详解

说明：本考试 2015 年停考一年，因此没有 2015 年真题，而 2012、2014 年的真题暂无法获得。

第二部分　模拟题及详解

2022年一级注册结构工程师执业资格考试
《专业基础考试》真题

单项选择题(共60题，每题2分。每题的备选项中只有一个最符合题意)

1. 耐水材料的软化系数应(　　)。

A. >0.85　　B. ≤0.85　　C. ≥0.75　　D. ≤0.65

2. 下列材料中不是气硬性胶凝材料的是(　　)。

A. 石膏　　B. 石灰　　C. 水泥　　D. 水玻璃

3. 某批硅酸盐水泥，经检验其体积安定性不良，则该水泥(　　)。

A. 不应用于工程中　　B. 可用于次要工程

C. 可降低强度等级使用　　D. 可用于工程中，但必须提高用量

4. 有抗渗要求的混凝土，保湿养护的时间不少于(　　)。

A. 7d　　B. 14d　　C. 21d　　D. 28d

5. 特细砂混凝土的特点是砂子的整体粗细程度偏细。为保证混凝土的工作性，在拌和特细砂混凝土时，可采用合理的措施是(　　)。

A. 砂率应加大　　B. 用水量可以增加

C. 水灰比应增大　　D. 砂率应减少

6. 下列元素中对钢材性能无不良影响的是(　　)。

A. 硫　　B. 磷　　C. 氧　　D. 锰

7. 大理石用作建筑物内部装饰而不用于室外装饰的主要原因是(　　)。

A. 硬度不大　　B. 易于加工　　C. 耐酸性差　　D. 强度低

8. 地面点到假定水准面的铅垂距离称为(　　)。

A. 任意高程　　B. 海拔高程　　C. 绝对高程　　D. 相对高程

9. 按基本等高距绘制的等高线为(　　)。

A. 首曲线　　B. 计曲线　　C. 间曲线　　D. 助曲线

10. 直线型建筑基线的基线点数目应不少于几个?(　　)

A. 1　　B. 2　　C. 3　　D. 4

11. 某三角形两个内角的测角中误差为±6″与±2″，且误差独立，则余下一个角的中误差为(　　)。

A. ±6.3″　　B. ±8″　　C. ±4″　　D. ±12″

12. 若地形点在地形图中最大距离不超过3cm，对比例尺为1:500的地形图，相应地形点在实地的最大距离为(　　)。

A. 15m　　B. 20m　　C. 30m　　D. 25m

13. 在从事建筑活动中，建筑工程的发包单位与承包单位应当依法订立书面合同，明确双方的(　　)。

A. 责任和义务　　B. 责任和权利　　C. 权利和义务　　D. 归责和免责

14. 在中华人民共和国城市规划区国有土地范围内进行土地使用权出让，可以采取方式包

括(　　)。

A. 拍卖　　B. 招标　　C. 协议　　D. 以上三个

15. 《中华人民共和国环境保护法》规定，产生环境污染和其他公害的单位，必须把环境保护工作纳入计划，建立(　　)。

A. 环境保护责任制度　　B. 环境安全责任制度

C. 社会保护责任制度　　D. 工作保护责任制度

16. 注册结构工程师应保证工程设计的质量，并在其负责的设计图纸上(　　)。

A. 审核　　B. 签字　　C. 签字盖章　　D. 审核盖章

17. 适用于开挖停机面以下的土方，挖土时后退向下，强制切土的施工机械是(　　)。

A. 正铲挖土机　　B. 反铲挖土机　　C. 拉铲挖土机　　D. 抓铲挖土机

18. 编制进度计划过程中，在确定施工班组人数时，不考虑(　　)。

A. 最小劳动组合人数　　B. 最小工作面

C. 可能安排的施工人数　　D. 施工流水步距

19. 防水混凝土必须加强养护，其养护时间不得少于(　　)。

A. 7d　　B. 14d　　C. 18d　　D. 21d

20. 网络计划技术中的关键工作指(　　)。

A. 自由时差最小的工作　　B. 总时差最小的工作

C. 持续时间最长的工作　　D. 持续时间最短的工作

21. 施工承包企业在施工现场负责全面管理工作的是(　　)。

A. 企业法定代表人　　B. 项目经理

C. 企业总经理　　D. 项目工长

22. 混凝土在下列受力状态下，强度基本不变的是(　　)。

A. 两向受拉　　B. 两向受压

C. 一向受压，一向受拉　　D. 三向受压

23. 如图所示，四个仅截面不同的受弯构件：(1)矩形；(2)倒 T 形；(3)T 形；(4)工字形。他们的 b 和 h 相同，假如在受拉区配置同样钢筋 A_s(适筋梁)的情况下，他们所能承受的弯矩 M 值排序为(　　)。

A. $M_1 = M_2 < M_3 = M_4$

B. $M_1 > M_2 > M_3 > M_4$

C. $M_1 = M_2 > M_3 = M_4$

D. $M_1 < M_2 < M_3 < M_4$

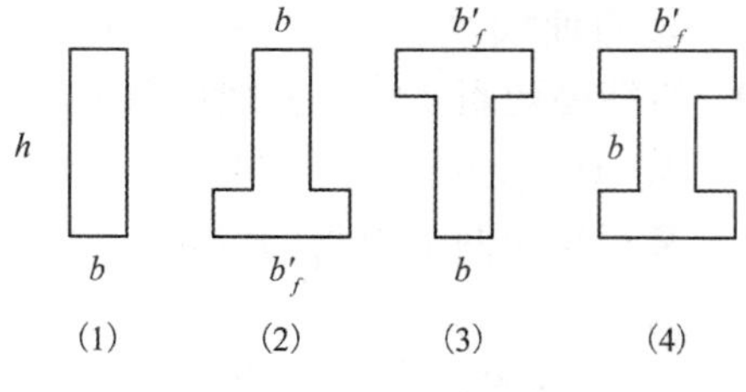

题 23 图

24. 在钢筋混凝土偏心受压构件的计算中，下列哪种是正确的？(　　)

A. 当 $\xi \leq \xi_b$ 时，是大偏心受压构件，当 $\xi > \xi_b$ 时，是小偏心受压构件

B. 当 $\xi > \xi_b$ 时，是大偏心受压构件，当 $\xi \leq \xi_b$ 时，是小偏心受压构件

C. $e_2 > 0.3h_0$ 时，是大偏心受压构件，$e_2 \leq 0.3h_0$ 时，是小偏心受压构件

D. $e_2 \leq 0.3h_0$ 时，是大偏心受压构件，$e_2 > 0.3h_0$ 时，是小偏心受压构件

25. 先张法预应力混凝土轴心受拉构件，当截面处于消压状态时，这时预应力钢筋的拉应力 σ_{p0} 的值为(　　)。

A. $\sigma_{con}-\sigma_l$　　　　　　　　　B. $\sigma_{con}-\sigma_l+\alpha_E\sigma_{pc\text{Ⅱ}}$

C. $\sigma_{con}-\sigma_l-\alpha_E\sigma_{pc\text{Ⅱ}}$　　　　　　D. 0

26. 对一般钢筋混凝土梁，当$V>0.25\beta_c f_c bh_0$时，应采取的措施是(　　)。

A. 增大箍筋的直径或减少箍筋的间距　　B. 增加受压区翼缘形成T形截面

C. 加配弯起钢筋　　　　　　　　　　D. 增大截面尺寸

27. 在如图连续梁中，为了让支座B的弯矩最大(绝对值)，那么下列选项中哪个选项的活载不利布置是正确的？(　　)

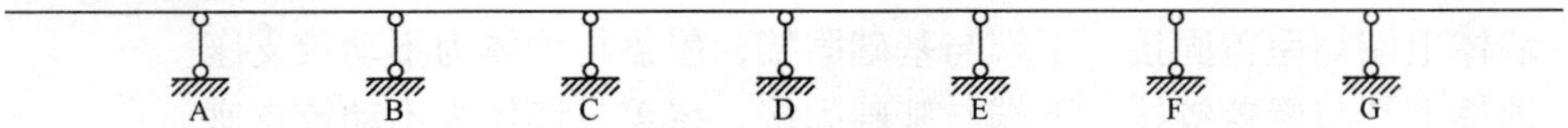

题27图

A.
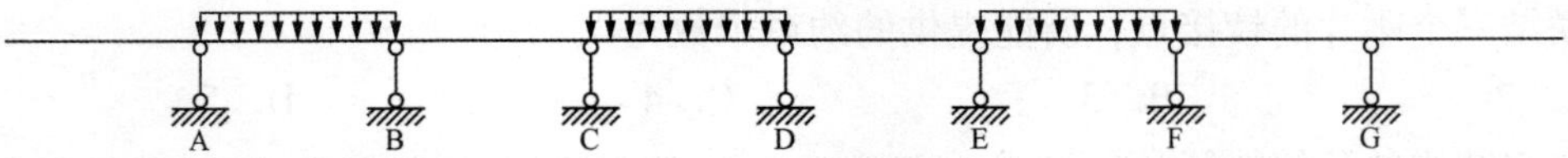

B.
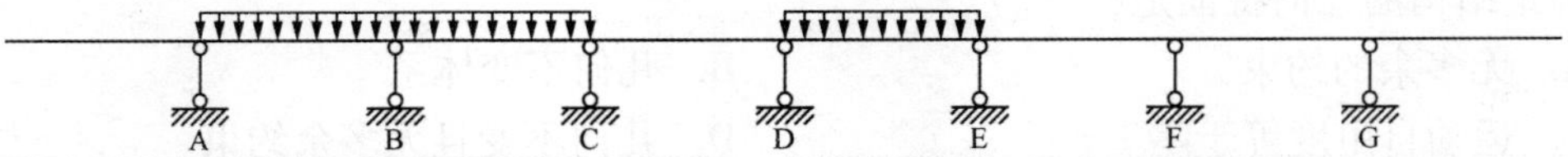

C.
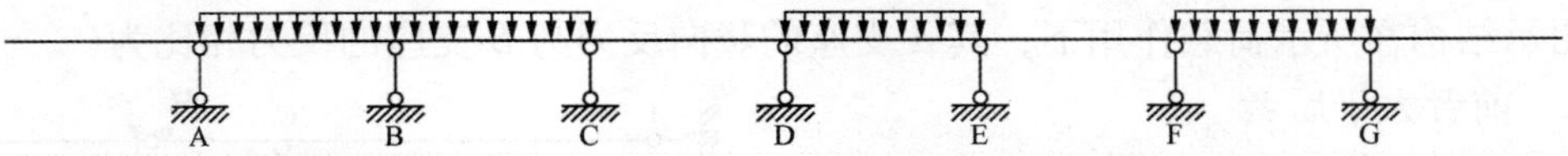

D.
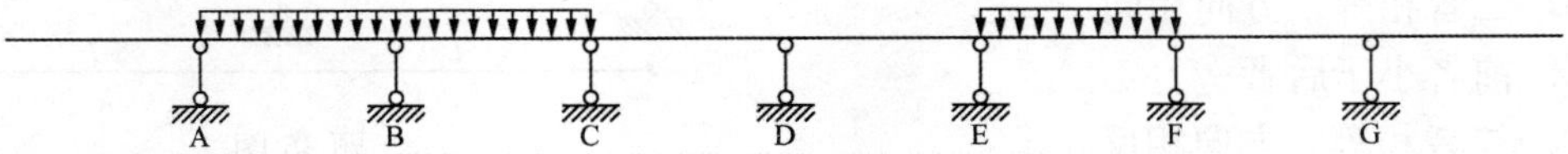

28. 确定短牛腿高度与纵向受拉钢筋面积时(　　)。

A. 均由承载力控制

B. 均由斜裂缝和构造要求控制

C. 前者由承载力控制，后者由斜裂缝和构造要求控制

D. 前者由斜裂缝和构造要求控制，后者由承载力控制

29. 水平力作用下多层框架结构，当其他条件不变，仅与某层柱相连的下层梁刚度变小时，该柱的反弯点位置(　　)。

A. 向上移动　　B. 向下移动　　C. 不变　　D. 无法确定

30. 碳素结构钢中，碳是形成钢材强度的主要成分，下列说法正确的是(　　)。

A. 钢结构用钢的含碳量一般不应超过0.23%

B. 钢结构用钢的含碳量一般不应超过0.25%

C. 焊接结构用钢的含碳量应限制在0.20%以下

D. 焊接结构用钢的含碳量应限制在0.22%以下

31. 焊接工字型截面轴心压杆，其腹板局部稳定的高厚比限值是根据以下哪项边界条件确定的？(　　)

A. 四边简支

B. 四边弹性嵌固

C. 两边简支，另两边受荷边弹性嵌固

D. 两边受荷边简支，另两边弹性嵌固

32. 验算工字形截面梁的折算应力，公式为$\sqrt{\sigma^2+3\tau^2}\leqslant\beta_1 f$，式中$\sigma$、$\tau$应为(　　)。

A. 验算截面中的最大正应力和最大剪应力

B. 验算截面中的最大正应力和验算点的剪应力

C. 验算截面中的最大剪应力和验算点的正应力

D. 验算截面中的验算点的正应力和剪应力

33. 单层刚性方案承重纵墙内力计算时，其计算简图为(　　)。

A. 墙体上端与屋盖固接，下端与基础铰接，屋盖与墙体为不动铰支座

B. 墙体上端与屋盖固接，下端与基础固接，屋盖与墙体为不动铰支座

C. 墙体上端与屋盖铰接，下端与基础固接，屋盖与墙体为不动铰支座

D. 墙体上端与屋盖铰接，下端与基础铰接，屋盖与墙体为不动铰支座

34. 联结三个刚片的铰接点，所能提供的约束个数为(　　)。

A. 2　　B. 3　　C. 4　　D. 5

35. 静定结构的几何特征是(　　)。

A. 无多余的约束　　B. 几何不变体系

C. 运动自由度等于零　　D. 几何不变且无多余约束

36. 图示结构在所示荷载作用下，其A支座的竖向反力与B支座的反力相比为(　　)。

A. 前者大于后者

B. 二者相等，方向相同

C. 前者小于后者

D. 二者相等，方向相反

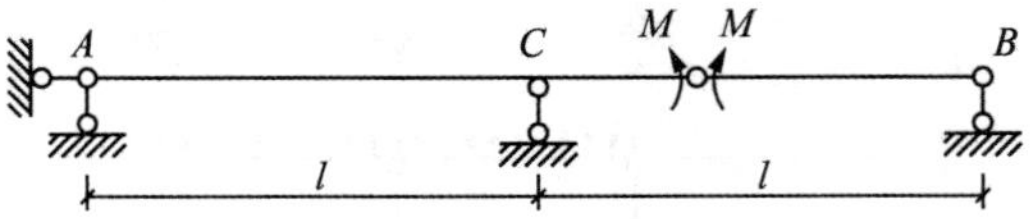

题36图

37. 图示结构中(　　)。

A. $M_{CD}=0$，CD杆只受轴力　　B. $M_{CD}\neq0$，外侧受拉

C. $M_{CD}\neq0$，内侧受拉　　D. $M_{CD}=0$，$N_{CD}=0$

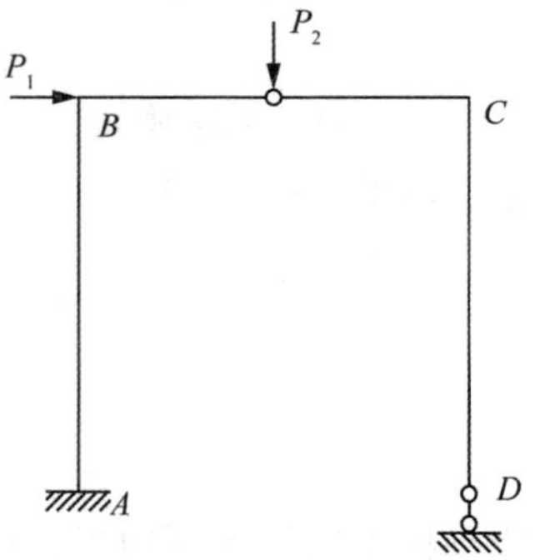

题37图

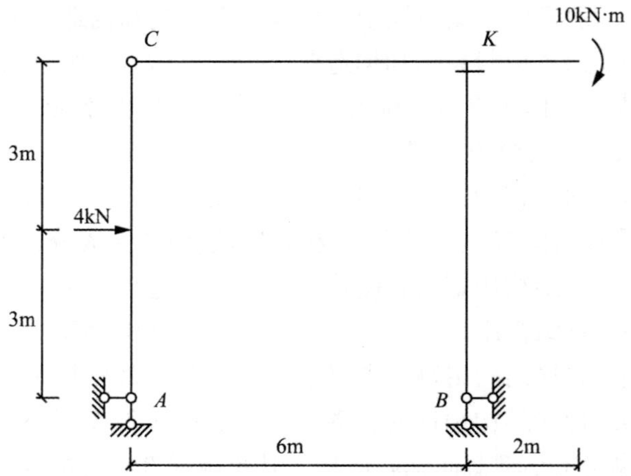

题38图

38. 图示结构K截面弯矩值为(　　)。

A. 10kN·m(右侧受拉)　　B. 10kN·m(左侧受拉)

C. 12kN·m(左侧受拉)　　D. 12kN·m(右侧受拉)

39. 静定结构的位移与EA、EI的关系是(　　)。

A. 无关　　　　　　　　　　　B. 相对值有关

C. 绝对值有关　　　　　　　　D. 与 E 无关，与 A、I 有关

40. 设 a、b 和 φ 分别为图示结构 A 支座发生的移动及转动，由此引起的 B 点水平位移(向左为正) Δ_{BH} 为(　　)。

A. $h\varphi - a$

B. $h\varphi + a$

C. $a - h\varphi$

D. 0

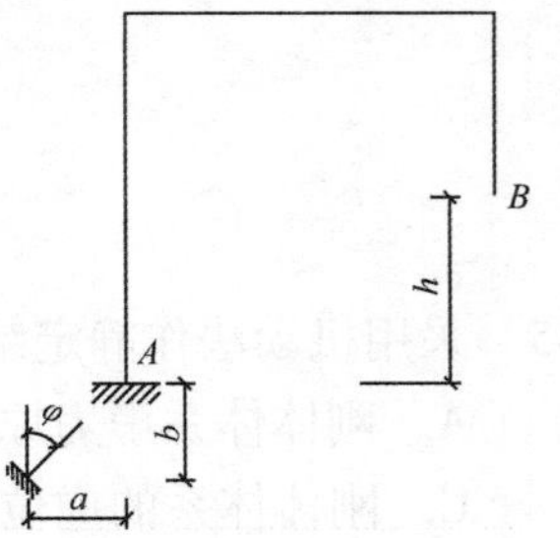

题 40 图

41. 图示两刚架的 EI 均为常数，并分别为 $EI=1$ 和 $EI=10$，这两刚架的内力关系为(　　)。

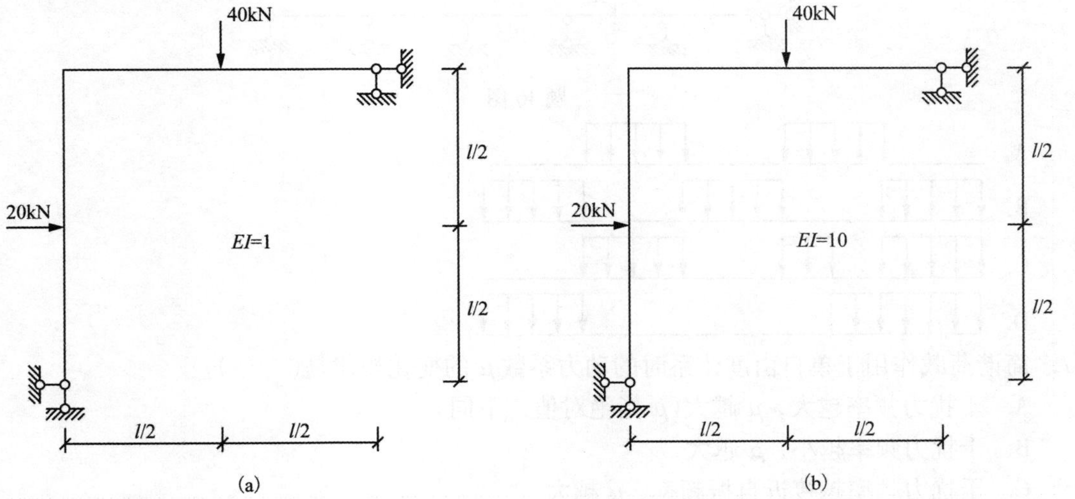

题 41 图

A. M 图相同

B. 图(a)刚架各截面弯矩大于图(b)刚架各相应截面弯矩

C. M 图不同

D. 图(a)刚架各截面弯矩小于图(b)刚架各相应截面弯矩

42. 图示结构，$EI=$ 常数，M_{CA} 为(　　)。

A. $Pl/2$(左侧受拉)

B. $Pl/4$(左侧受拉)

C. $Pl/2$(右侧受拉)

D. $Pl/4$(右侧受拉)

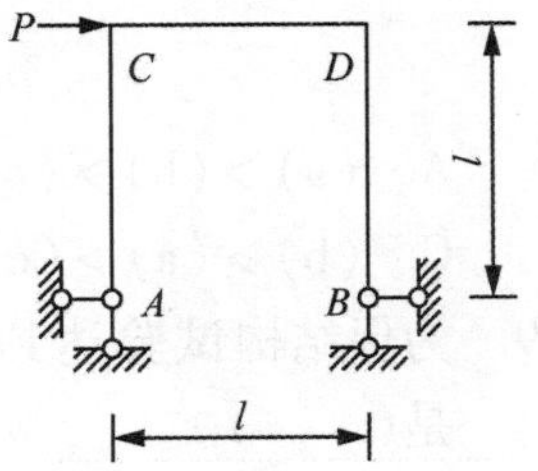

题 42 图

43. 在位移法典型方程的系数和自由项中，数值范围可为正、负数的有(　　)。

A. 主系数　　　　　　　　　　B. 主系数和副系数

C. 主系数和自由项　　　　　　D. 副系数和自由项

44. 图示结构中，当结点 B 作用外力偶 M 时，用力矩分配法计算的 M_{AB} 等于(　　)。

A. $M/3$　　　B. $M/2$　　　C. $M/7$　　　D. $M/5$

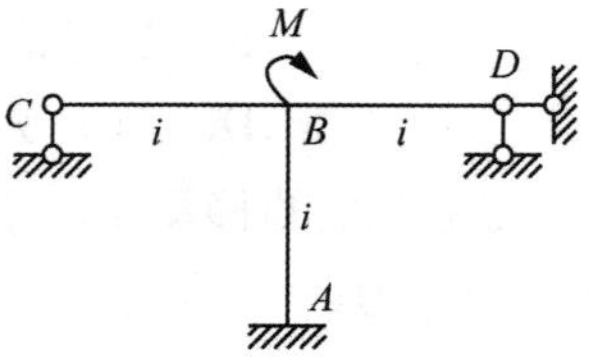

题 44 图

45. 采用机动法作静定结构内力影响线的依据是(　　)。

A. 刚体体系虚力原理　　　　　　B. 变形体的虚功原理

C. 刚体体系的虚位移原理　　　　D. 变形体虚位移原理

46. 欲使 Q_K 出现最大值 $Q_{K\max}$，均布活荷载布置应为(　　)。

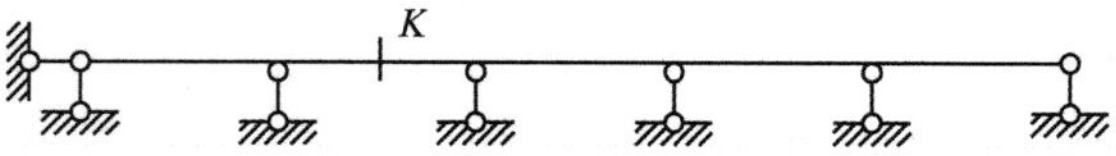

题 46 图

A. 

B. 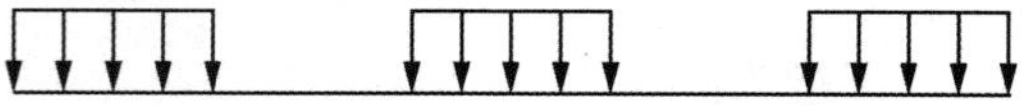

C. 

D. 

47. 简谐荷载作用于单自由度体系时的动力系数 μ 的变化规律是(　　)。

A. 干扰力频率越大，μ 越大(μ 指绝对值，下同)

B. 干扰力频率越小，μ 越大

C. 干扰力频率越接近自振频率，μ 越大

D. 有阻尼的阻尼越大，μ 越大

48. 图示单自由度动力体系中，质量 m 在杆件中点，各杆 EI、L 相同，其自振频率的大小排列顺序为(　　)。

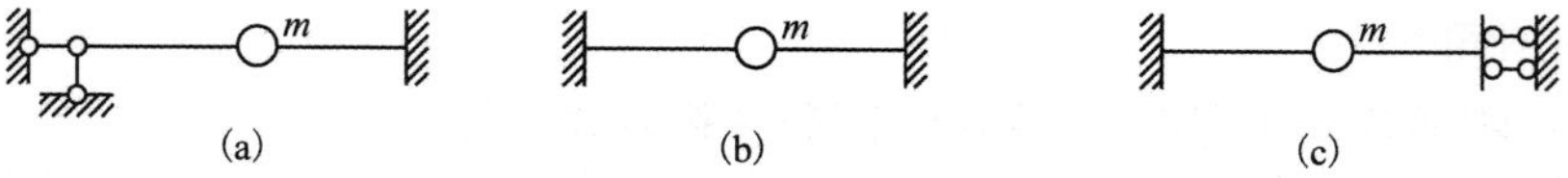

题 48 图

A. (a) > (b) > (c)　　　　B. (c) > (b) > (a)

C. (b) > (a) > (c)　　　　D. (a) > (c) > (b)

49. 为保结构试验达到预期目的，可进行预载试验。以下关于预载试验的说法不正确的是(　　)。

A. 预载试验的目的是使结构进行正常的工作状态

B. 预载试验可在一定程度上消除初始的非弹性变形

C. 预载试验加载值一般是分级荷载的 1 ~ 2 级

D. 预载试验加载值不宜超过试件开裂荷载计算值的 50%

50. 在研究框架柱的剪切性能时，需要将柱试件的加载方式设计成(　　)。

A. 单项加载　　　B. 轴向加载　　　C. 反对称加载　　　D. 正对称加载

51. 下列关于结构震动测试的描述中，不正确的是(　　)。

A. 频域法测定结构固有频率的基本原理为振型分解和模态叠加原理

B. 采用频响函数曲线拟合方法可以得到包括结构固有频率、振型和阻尼比在内的全部模态参数

C. 在随机激励下，结构时域响应曲线是一条衰减曲线

D. 时域参数识别的主要优点是可以不需要进行傅里叶变换

52. 使用回弹法进行混凝土强度检测时，可以不用进行修正的内容是(　　)。

A. 碳化深度修正　　B. 非水平状态检测修正

C. 不同浇筑面修正　　D. 成型工艺修正

53. 结构低周反复加载试验中，极限荷载是指结构在经历最大荷载后达到破坏状态时的荷载。《建筑抗震试验方法规程》中规定混凝土结构的极限荷载为最大荷载的(　　)。

A. 75%　　B. 80%　　C. 85%　　D. 90%

54. 某土样经试验测得其塑性指数为20，按塑性指数分类法，该土样应定名为(　　)。

A. 砂土　　B. 粉土　　C. 粉质黏土　　D. 黏土

55. 某场地土层为砂土，重度 $\gamma=18\text{kN/m}^3$，饱和重度 $\gamma_{sat}=19\text{kN/m}^3$，侧压力系数 $K_0=0.3$，地下水位在地表下2m深处，水的重度 $\gamma_w=10\text{kN/m}^3$，则地表下3m深处土的水平向自重应力为(　　)。

A. 10.8kPa　　B. 13.5kPa　　C. 17.4kPa　　D. 45.0kPa

56. 对某黏性土试样进行室内压缩试验，测得当固结压力 p 分别为0kPa、50kPa、100kPa、200kPa、400kPa时，相应的孔隙比 e 分别为1.310、1.172、1.062、0.953、0.849，试评价该土的压缩性为(　　)。

A. 低压缩性土　　B. 中压缩性土　　C. 高压缩性土　　D. 超高压缩性土

57. 饱和黏性土的抗剪强度指标(　　)。

A. 与排水条件有关　　B. 与基础宽度有关

C. 与试验时剪切速率无关　　D. 与土中孔隙水压力是否变化无关

58. 高度为5m的挡土墙，墙背直立、光滑，墙后填土面水平，填土重度 $\gamma=17\text{kN/m}^3$，抗剪强度 $c=0$，内摩擦角 $\varphi=32°$，试求主动土压力合力值 E_a 为(　　)。

A. 55kN/m　　B. 65.2kN/m　　C. 68.2kN/m　　D. 76.7kN/m

59. 对于设有地下室的筏形基础，在对地基承载力特征值进行埋深修正时，埋深 d 应(　　)。

A. 自室外地面算起　　B. 自室内地面算起

C. 取室内外的平均埋深　　D. 当室外有填土时从天然地面算起

60. 软黏土地基处理的堆载预压法设计中，经常用砂井，此处砂井的主要作用是(　　)。

A. 挤密土体，使土体的孔隙体积减小

B. 排水，加速土层的固结

C. 在软土中形成硬的桩体，形成复合地基

D. 在软土中形成硬的桩体，减少地基的沉降量

答案及详解

单项选择题(共60题，每题2分。每题的备选项中只有一个最符合题意)

1. A 【考点】材料的耐水性

【解析】耐水性是指材料长期在饱和水的作用下不破坏，其强度也不显著降低的性质，一般用软化系数表示。软化系数的取值范围在0~1之间，其值越大，表明材料的耐水性越好。软化系数大于0.85的材料为耐水材料。

2. C 【考点】气硬性无机胶凝材料

【解析】无机胶凝材料按硬化条件不同，可分为气硬性胶凝材料与水硬性胶凝材料两类。气硬性胶凝材料只能在空气中硬化，也只能在空气中继续保持或发展其强度，如建筑石膏、石灰、水玻璃、菱苦土等。水硬性胶凝材料则不仅能在空气中硬化，而且能更好地在水中硬化，保持并发展其强度，如各种水泥。

3. A 【考点】硅酸盐水泥的技术性质

【解析】体积安定性不良，是指水泥硬化后，产生不均匀的体积变化。使用体积安定性不良的水泥，会使构件产生膨胀性裂缝，降低建筑物质量，甚至引起严重事故，因此体积安定性不良的水泥，在工程中应严禁使用。

4. B 【考点】混凝土的保湿养护

【解析】已浇筑完毕的混凝土，必须注意在一定时间内维持周围环境有一定的温度和湿度。混凝土在自然条件下养护，称为自然养护。即在混凝土凝结后(一般在12h以内)，表面加以覆盖和浇水，一般硅酸盐水泥、普通水泥与矿渣水泥配制的混凝土，需浇水保温至少7d，使用火山灰水泥、粉煤灰水泥或掺用缓凝型外加剂，或有抗渗要求的混凝土，不少于14d。

5. D 【考点】特细砂混凝土

【解析】特细砂是细度模数在1.5~0.7或平均粒径在0.25mm以下的天然砂。用这种砂配制的混凝土称为特细砂混凝土。与粗砂、中砂和细砂相比，其特点是堆积密度小，空隙率大，比表面积大，因而使混凝土的流动性减小，强度有所降低。为了保持混凝土的强度和流动性不变，可采取降低砂率、掺用减水剂、增加水泥用量等措施。

6. D 【考点】建筑钢材

【解析】钢材有益元素包括硅和锰等；钢材有害元素包括磷、硫、氧、氮等。锰可起脱氧去硫作用，故可有效消减因硫引起的热脆性，还可显著改善耐腐及耐磨性，增强钢材的强度及硬度。

7. C 【考点】大理石

【解析】大理石有以下性能与应用特点：①硬度中等，耐磨性不及花岗岩；②耐酸腐蚀性差；③耐久性次于花岗岩；④可用作饰面材料与地面材料，但主要用于室内，不宜用于室外，因为大气酸雨对大理石有腐蚀作用，生成易溶解的石膏，使大理石表面粗糙多孔。

8. D 【考点】高程

【解析】地面上任一点到水准面的铅垂距离就是该点的高程。点到大地水准面的铅垂距离称为绝对高程，又称为海拔。地面点到假定水准面的铅垂距离称为相对高程。

9. A 【考点】等高线及分类

【解析】等高线分为四类：首曲线是按测图比例尺规定的等高距（称为基本等高距）测绘的等高线；计曲线是由零等高线起，每5倍等高距加粗并注记的等高线；间曲线是按1/2基本等高距绘制的等高线；助曲线是按1/4基本等高距绘制的等高线。

10. C 【考点】地面点位的确定

【解析】在建筑场地面积小、不复杂时，常布设平行于主要建筑物轴线的“一”字形、“L”形、“十”字形和“T”形建筑基线。建筑基线点数一般不应少于3点。

11. A 【考点】中误差的计算

【解析】和函数的中误差计算传播规律为：

$$z = x_1 + x_2 + \cdots + x_n$$

$$m_z = \pm \sqrt{m_1^2 + m_2^2 + \cdots + m_n^2}$$

即：

$$m_C = \pm \sqrt{m_A^2 + m_B^2} = \pm \sqrt{(\pm 6'')^2 + (\pm 2)^2} \approx \pm 6.3''$$

12. A 【考点】比例尺

【解析】地形图上一线段 d 与地面相应的水平线段 D 之比称为地形图比例尺，它可分为数字比例尺（以分子为1的分数形式，即 $1/M$ 表示）、图示比例尺和复式比例尺。图上 $0.1\text{mm} \times M$，称为地形图比例尺精度。根据比例尺精度可以确定测图时地物量测精度，亦可用来按所需精度选择测图比例尺。则可得：$3\text{cm}/D = 1/500$，所以 $D = 3\text{cm} \times 500 = 1500\text{cm} = 15\text{m}$。

13. C 【考点】建筑工程发包与承包

【解析】根据《中华人民共和国建筑法》第十五条规定，建筑工程的发包单位与承包单位应当依法订立书面合同，明确双方的权利和义务。发包单位和承包单位应当全面履行合同约定的义务。不按照合同约定履行义务的，依法承担违约责任。

14. D 【考点】土地使用权出让

【解析】根据《中华人民共和国城市房地产管理法》第十三条规定，土地使用权出让，可以采取拍卖、招标或者双方协议的方式。

15. A 【考点】防治污染和其他公害

【解析】根据《中华人民共和国环境保护法》（1989年版）第二十四条规定，产生环境污染和其他公害的单位，必须把环境保护工作纳入计划，建立环境保护责任制度；采取有效措施，防治在生产建设或者其他活动中产生的废气、废水、废渣、粉尘、恶臭气体、放射性物质以及噪声、振动、电磁波辐射等对环境的污染和危害。（注：2014年修订版为第四十二条，且条文已修改。）

16. C 【考点】注册结构工程师应当履行的义务

【解析】根据《注册结构工程师执业资格制度暂行规定》第二十六条规定，注册结构工程师应当履行下列义务：①遵守法律、法规和职业道德，维护社会公众利益；②保证工程设计的质量，并在其负责的设计图纸上签字盖章；③保守在执业中知悉的单位和个人的秘密；④不得同时受聘于二个以上勘察设计单位执行业务；⑤不得准许他人以本人名义执行业务。

17. B 【考点】挖土机的种类和特点

【解析】反铲挖土机用以挖掘停机面以下的土方，主要用于开挖基坑、基槽或管沟。反铲挖土机的特点是“后退向下，强制切土”。A 项，正铲挖土机适用于开挖停机面以上的土方，且需与汽车配合完成整个挖运作业。正铲挖土机的特点是“前进向上，强制切土”。C 项，拉铲挖土机的特点是“后退向下，自重切土”。D 项，抓铲挖土机的特点是“直上直下，自重切土”。

18. D 【考点】流水施工

【解析】编制进度计划过程中，施工班组人数要适当，既要满足最小劳动组合人数要求又要满足最小工作面的要求。所谓最小劳动组合，就是指某一施工过程进行正常施工所必需的最低限度的班组人数及其合理组合。最小工作面是指施工班组为保证安全生产和有效地操作所必需的工作面。同时还要考虑可能安排的施工人数。

19. B 【考点】混凝土养护

【解析】根据《混凝土结构工程施工规范》第 8.5.2 条规定，混凝土的养护时间应符合下列规定：①采用硅酸盐水泥、普通硅酸盐水泥或矿渣硅酸盐水泥配制的混凝土，不应少于 7d；采用其他品种水泥时，养护时间应根据水泥性能确定；②采用缓凝型外加剂、大掺量矿物掺合料配制的混凝土，不应少于 14d；③抗渗混凝土、强度等级 C60 及以上的混凝土，不应少于 14d；④后浇带混凝土的养护时间不应少于 14d；⑤地下室底层墙、柱和上部结构首层墙、柱，宜适当增加养护时间；⑥大体积混凝土养护时间应根据施工方案确定。

20. B 【考点】关键工作

【解析】在网络图中，总时差为零或最小值的工作称为关键工作。由关键工作组成的线路称为关键线路。

21. B 【考点】施工管理

【解析】项目经理是企业法人在工程项目上的委托代理人，负责工程承包合同履约，直接对企业法人负责。项目经理全面负责施工过程中的现场管理，并根据工程规模、技术复杂程度和施工现场的具体情况，建立施工现场管理责任制，并组织实施。

22. A 【考点】复杂应力状态下混凝土的强度

【解析】A 项，混凝土双向受拉时，其抗拉强度与单轴受拉时无明显差别。B 项，混凝土双向受压时两个方向的抗压强度比单轴受压时有所提高，最大的抗压强度发生在两个方向的压应力比介于 0.5 ~2.0 之间时，其中较大的压应力可比单轴时提高 27%。双向抗压强度的提高是由于变形受到约束的缘故。C 项，混凝土一个方向受压，另一个方向受拉时，其抗压或抗拉强度都比单轴抗压或抗拉时的强度低，这是由于异号应力加速变形的发展，较快地达到极限应变值的缘故。D 项，混凝土在三向受压时的强度：圆柱体在等侧压应力下的三轴受压试验表明，其抗压强度有较大的提高。

23. A 【考点】受弯构件

【解析】倒 T 形截面翼缘位于受拉区，对抗弯没有贡献，故 $M_1 = M_2$；同理，工字形的受拉翼缘对于抗弯没有贡献，故 $M_3 = M_4$；T 形截面的受压翼缘对抗弯有贡献，故 $M_3 > M_1$。综上可得 $M_1 = M_2 < M_3 = M_4$。

24. A 【考点】大小偏心受压的判别条件

【解析】大小偏心受压的判别条件：①当 $\xi \leqslant \xi_b$ 时，为大偏心受压构件；②当 $\xi > \xi_b$ 时，为小偏心受压构件。

25. A 【考点】轴心受拉构件截面应力

【解析】对于先张法预应力混凝土轴心受拉构件，当截面处于消压状态时，$\sigma_{p0} = \sigma_{con} - \sigma_l$。

26. D 【考点】斜截面承载力计算

【解析】根据《混凝土结构设计规范》(GB 50010—2010)(2015 年版)第 6.3.1 条可知，当 $V > 0.25\beta_c f_c bh_0$ 时，剪压比超限，可采取的措施有：增大截面尺寸，提高混凝土强度等级。

27. C 【考点】活荷载的不利布置

【解析】求某支座绝对值最大的负弯矩或该支座左、右截面最大剪力时，应在该支座左右两跨布置活荷载，然后隔跨布置。

28. D 【考点】牛腿

【解析】根据《混凝土结构设计规范》(GB 50010—2010)(2015 年版)第 9.3.10 条、第 9.3.11 条可知，牛腿高度由斜裂缝和构造要求控制，纵向受拉钢筋面积由承载力控制。

29. B 【考点】反弯点法

【解析】反弯点法计算多层框架时，反弯点总是向着刚度减小的方向移动；下层梁线刚度减小，反弯点向下移动。

30. C 【考点】影响钢材机械性能的因素

【解析】碳素钢材主要由纯铁及很少量的碳、硅、锰、硫、磷、氮、氧等元素组成。其中纯铁占 99%，其余成分占 1%。随着含碳量的增加，钢筋的强度提高，但塑性、冷弯性能、韧性、可焊性变差。钢结构用钢的含碳量一般不大于 0.22%，对焊接结构不宜大于 0.2%。

31. D 【考点】腹板局部稳定的高厚比限值

【解析】根据《钢结构设计标准》(GB 50017—2017)第 7 章，工字钢或 H 型钢截面的轴心受压构件，腹板局部稳定的高厚比限值是根据两边受荷边简支，另两边弹性嵌固的板在均匀压力作用下，其屈服应力等于构件的临界应力得到的。

32. D 【考点】折算应力

【解析】根据《钢结构设计标准》(GB 50017—2017)第 6.1.5 条，σ、τ 为腹板计算高度边缘同一点上同时产生的正应力、剪应力。

33. C 【考点】刚性方案房屋的静力计算

【解析】根据《砌体结构设计规范》(GB 50003—2011)第 2.1.20 条规定，刚性方案：按楼盖、屋盖作为水平不动铰支座对墙、柱进行静力计算的方案。第 4.2.5 条规定，刚性方案房屋的静力计算，单层房屋：在荷载作用下，墙、柱可视为上端不动铰支承于屋盖，下端嵌固于基础的竖向构件。

34. C 【考点】单铰和复铰

【解析】联结 n 个刚体的复铰相当于 $(n-1)$ 个单铰，因为一个单铰包含两个约束。因此，联结 3 个刚片的铰接点，相当于 2 个单铰，所能提供的约束个数为 4 个。

35\. D 【考点】静定结构的基本特征

【解析】静定结构的基本特征包括：①几何特征：几何不变且无多余约束。②静力特征：未知力数与独立平衡方程式数相等，满足平衡方程的反力、内力解答唯一。静定结构的几何特征与静力特征是相互对应的，每一特征都可作为静定结构的定义。

36\. B 【考点】静定结构受力分析

【解析】如题36解图所示，首先取右半部分为研究对象，以铰点为矩心，可得 $V_B = M/a$（方向向上）。然后取整体为研究对象，以 A 点为矩心，可得 $V_C = 2M/a$（方向向下）。最后根据竖向力系平衡方程可知 $V_A = 2M/a - M/a = M/a$（方向向上）。

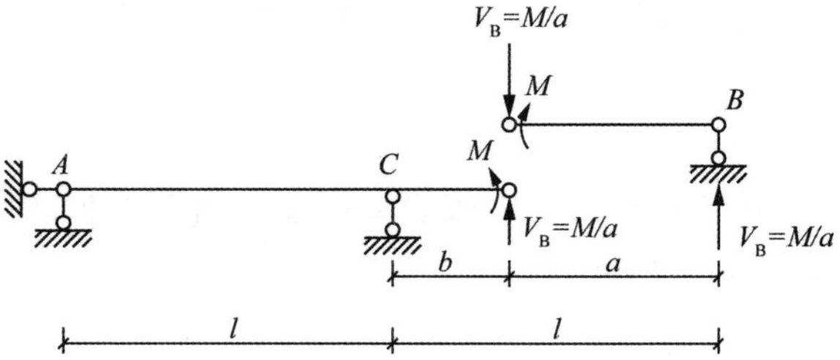

题36解图

37\. D 【考点】静定结构受力分析

【解析】取右半部分为研究对象，以铰点为矩心建立力矩平衡方程，可得 $V_D = 0$，因此可知 $M_{CD} = 0$，$N_{CD} = 0$。

38\. D 【考点】静定结构内力分析

【解析】首先取整体为研究对象，对 A 点取矩，由 $\sum M_A = 0$，$F_{By} \times 6 - 10 - 4 \times 3 = 0$，算得 B 支座竖向承载力为：$F_{By} = 3.667\text{kN}(\uparrow)$；对 C 点取矩，由 $\sum M_C = 0$，$10 + F_{Bx} \times 6 - F_{By} \times 6 = 0$，解得 $F_{Bx} = 2\text{kN}(\leftarrow)$。取 BK 段为研究对象，采用截面法，可得 $M_k = 2 \times 6 = 12\text{kN}\cdot\text{m}$（右侧受拉）

39\. C 【考点】位移计算公式

【解析】由虚功原理可得，静定结构荷载作用下的位移计算的一般公式为：

$$\Delta_{kP} = \sum\int\frac{\overline{M}M_P}{EI}\text{d}s + \sum\int\frac{\overline{F}_N F_{NP}}{EA}\text{d}s + \sum\int\frac{k\,\overline{F}_S F_{SP}}{GA}\text{d}s$$

从该公式可知，静定结构的位移与EA、EI和GA的绝对值有关。

40\. C 【考点】静定结构位移计算

【解析】图示为刚体，由几何关系分析或用单位荷载法求刚体位移。由单位荷载法，在 B 处虚设水平向左的单位虚力，由静力平衡条件求得支座处的受力情况，可得 A 支座的支反力，如题40解图所示。A 点水平力方向向右，与水平位移反向；弯矩方向为顺时针，与转角位移同向。根据位移计算公式计算，解得 B 点水平位移为：$\Delta B_H = -\sum\overline{R}c = -(-1 \times a + h\varphi) = a - h\varphi$。

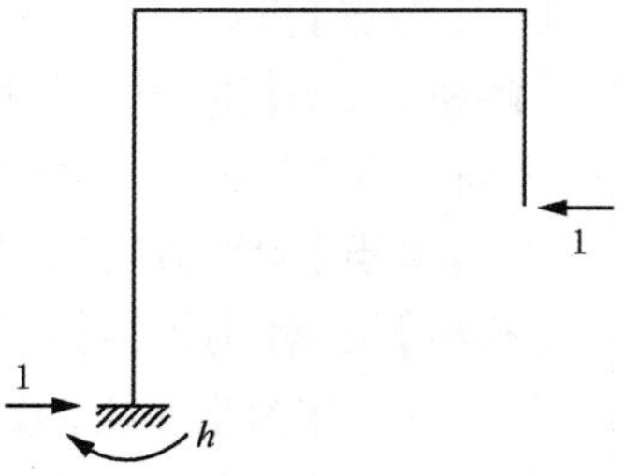

题40解图

41\. A 【考点】静定刚架

【解析】静定结构的弯矩只与外部条件有关，与结构自身的性质无关，刚度 EI 属于结构自身性质，不影响结构的内力。题设刚架为静定刚架，外力作用条件相同，因此两个刚

架的 M 图相同。

42. C 【考点】超静定结构的内力求解

【解析】图示结构为一次超静定结构，使用力法求解，断开 B 支座处水平链杆，反力以 X_1 代替。可得力法基本体系如题 42 解图(a)所示，建立力法典型方程得：$\delta_{11}X_1+\Delta_{1P}=0$。作 M_P 图和 $\overline{M}$ 图，如题 42 解图(b)所示。图乘可得：

$$\delta_{11}=\frac{1}{EI}\left(2\times\frac{1}{2}\times l\times l\times\frac{2}{3}l+l\times l\times l\right)=\frac{5l^3}{3EI}$$

$$\Delta_{1P}=\frac{1}{EI}\left(\frac{1}{2}\times Pl\times l\times\frac{2}{3}l+\frac{1}{2}\times Pl\times l\times l\right)=\frac{5Pl^3}{6EI}$$

代入力法方程解得 $X_1=-\Delta_{1P}/\delta_{11}=-P/2$。代入基本结构进行分析可得：$F_{Ax}=P+(-P/2)=P/2(\leftarrow)$，对 C 截面进行分析，可得 $M_{CA}=Pl/2$(右侧受拉)。

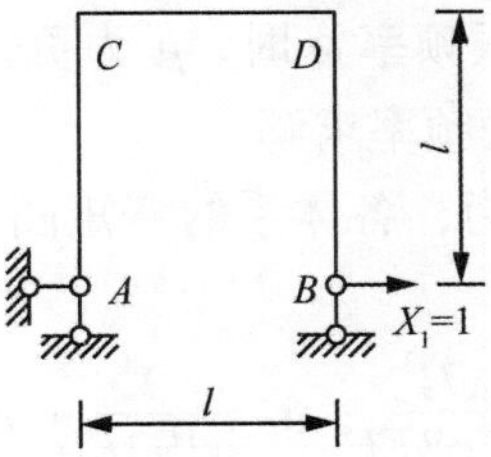

题 42 解图(a)

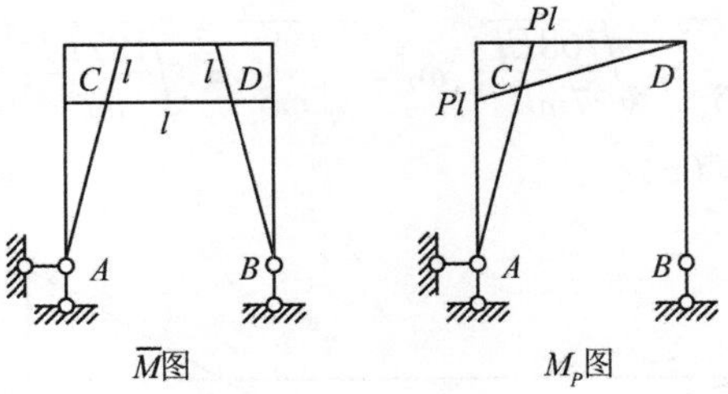

题 42 解图(b)

43. D 【考点】位移法典型方程

【解析】主系数为位移法典型方程中主斜线上的系数 r_{ii}，或称为主反力，恒为正值。副系数(r_{ij})和自由项(R_{ip})，可为正、负或零。

44. D 【考点】力矩分配法

【解析】用力矩分配法计算时，AB 杆的力矩分配系数为：$\mu_{BA}=4i/(3i+3i+4i)=2/5$。故 $M_{BA}=\mu_{BA}M_B=2M/5$。由力矩分配法中两端固定端的传递系数为 0.5，可得 $M_{AB}=0.5\times M_{BA}=0.5\times 2M/5=M/5$。

45. C 【考点】机动法

【解析】机动法作影响线的依据为刚体体系的虚位移原理。刚体体系在力系作用下处于平衡的充要条件是在任何微小的虚位移中，力系所作的虚功总和为零。

46. C 【考点】超静定梁的影响线

【解析】根据超静定梁的影响线可知，活荷载只有布置在影响线的顶点时才会产生最大剪力。如题 46 解图所示，五等跨连续梁要在第 2 跨 K 点截面上出现最大剪力，应从第 1 跨、第 2 跨 K 点右侧部分、第 4 跨截面布置，则活荷载应该布置在第 1、2(K 点右侧部分）、4 跨，因此 C 项正确。

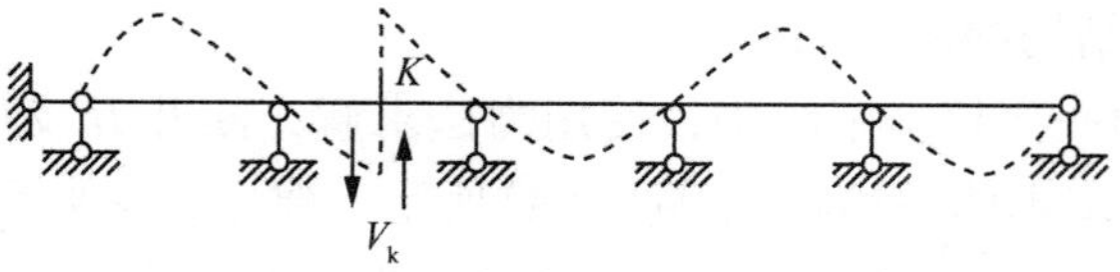

题 46 解图

47. C 【考点】动力系数

【解析】动力系数为：$\mu=1/[1-(\theta/\omega)^2]$。式中，$\theta$ 为干扰力频率；ω 为自振频率。动力系数 μ 随 θ/ω 而变化，当干扰力频率 θ 接近于结构的自振频率 ω 时，动力系数 μ 迅速增大。当 θ 等于 ω 时，理论上 μ 无穷大，此时内力和位移都将无限大，从而引起共振。另外，当干扰力频率 θ 小于自振频率 ω 时，动力系数 μ 为正，动力位移与动力荷载同向；当干扰力频率 θ 大于自振频率 ω 时，μ 为负，动力位移与动力荷载反向。

48. C 【考点】单自由度体系的自振频率求解

【解析】集中质量位置施加单位力，各体系的弯矩图如题 48 解所示，由图乘法可得各单自由度动力体系的刚度系数为：

$$\delta_a=\frac{7l^3}{768EI};\ \delta_b=\frac{l^3}{192EI};\ \delta_c=\frac{5l^3}{192EI}$$

则各体系的自振频率为：

$$\omega_a=\sqrt{\frac{k}{m}}=\sqrt{\frac{1}{m\delta_a}}=\sqrt{\frac{768EI}{7ml^3}};\ \omega_b=\sqrt{\frac{1}{m\delta_b}}=\sqrt{\frac{192EI}{ml^3}};\ \omega_c=\sqrt{\frac{1}{m\delta_c}}=\sqrt{\frac{192EI}{5ml^3}}$$

因此，可得(b) > (a) > (c)。

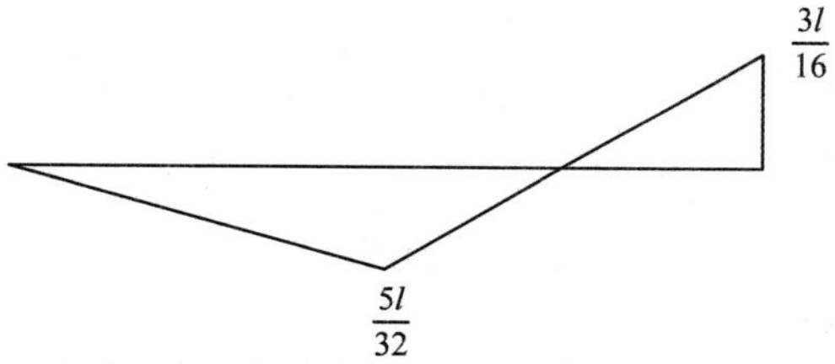

题 48 解图(a)

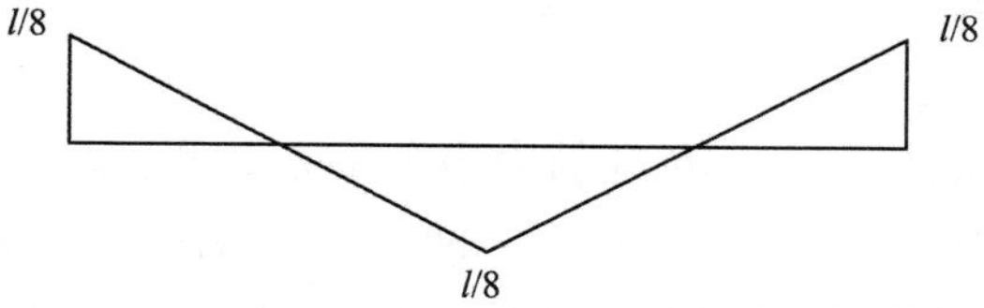

题 48 解图(b)

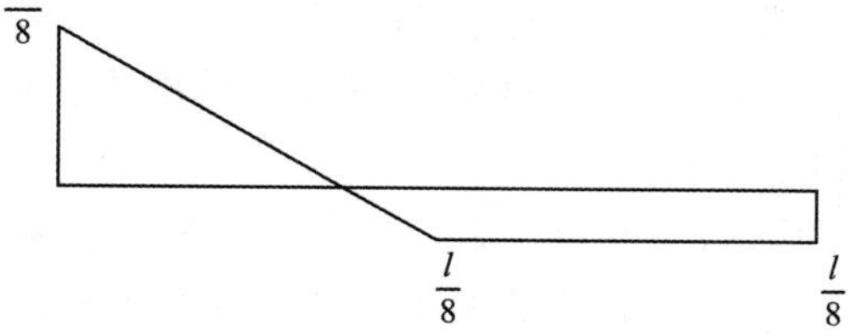

题 48 解图(c)

49. D 【考点】预载试验

【解析】在结构进行正式加载试验前。一般均需要对结构进行预载试验。预载的目的首先是使结构进入正常的工作状态，构件要经过若干次荷载重复加卸循环后，变形与荷载的关系才趋于稳定。其次，通过预载可以检查现场的试验组织工作和人员工作情况。检查全部试验装置和荷载设备的可靠性，对整个试验起演习作用。通过预载试验发现的问题，都必须逐一认真加以解决。预载试验所用的荷载一般是分级荷载的 1～2 级。由于混凝土结构构件抗裂试验的结果离散性较大，因此预载值应严格控制不使结构开裂，预载时的加载值不宜超过该试件开裂试验荷载计算值的 70%。

50. C 【考点】加载方式设计

【解析】在研究框架柱的剪切性能时，需要将柱设计成适于反对称加载的试件。

51. C 【考点】结构震动测试

【解析】A 项，频域法测定结构固有频率的基本原理为振型分解和模态叠加原理。频响函数会在结构的固有频率处表现出峰值，进而产生共振。B 项，根据《混凝土结构试验方法标准》(GB/T 50152—2012)第 10.4.7 条规定，计算结构动力特性参数的频域分析法，是基于结构频响函数在频域内分析结构的自振频率、阻尼比和振型等模态参数的方法。时域分析法是基于结构脉响函数在时间域内分析结构动力特性参数的方法。C 项，随机振动过程是一个复杂的过程，每重复一次所取得的每一个样本都是不同的，所以一般随机振动特性应从全部事件的统计特性的研究中得出，并且必须认为这种随机过程是各态历经的平稳过程，不是衰减曲线。D 项，根据《高耸与复杂钢结构检测与鉴定标准》(GB 51008—2016)条文说明附录 B 第 B.0.4～B.0.7 条规定，时域法的主要优点是可以只使用实测响应信号，无须傅里叶变换，因而可以利用时域方法对连续工作的设备例如发电机组、大型化肥设备及化工装置等进行“在线”参数识别。

52. D 【考点】回弹法检测混凝土强度的影响因素

【解析】回弹法检测混凝土强度的影响因素：①回弹仪测试角度的影响。回弹仪应水平方向测试，非水平方向测试时，应考虑重力影响，对回弹值 R 进行修正。②测试混凝土不同浇筑面的影响。测试构件底部石子多，回弹值偏高；上表面因泌水、水灰比略大，回弹值偏低。试验时，应选择在构件侧面进行试验。③龄期和碳化深度的影响。空气中的二氧化碳与混凝土中氢氧化钙作用，生成硬度较高的碳酸钙，使回弹值偏大。④养护方法和湿度影响。相同强度等级的混凝土，因含水量不同，自然养护回弹值要高于标准养护回弹值。标准养护混凝土表面湿度大，回弹值低。

53. C 【考点】混凝土结构的极限荷载

【解析】根据《建筑抗震试验方法规程》第 5.4.4 条规定，当进行承载能力和破坏特征试验时，应加载至试体极限荷载下降段；对混凝土结构试体下降值应控制到最大荷载的 85%。

54. D 【考点】土的工程分类

【解析】塑性指数 I_p 是指黏性土处在可塑状态时含水量的变化范围，习惯上用不带% 符号的数值表示，即 $I_p=\omega_L-\omega_P$。塑性指数越大，土性越黏。CD 两项，根据《建筑地基基础设计规范》(GB 50007—2011)第 4.1.9 条可知，工程中根据塑性指数的大小对黏性土进行分类，当 $I_p>17$ 时为黏土，当 $10<I_p\leqslant 17$ 时为粉质黏土。A 项，第 4.1.7 条规

定，砂土为粒径大于2mm的颗粒含量不超过全重50%、粒径大于0.075mm的颗粒超过全重50%的土。B项，第4.1.11条规定，粉土为介于砂土与黏性土之间，塑性指数I_p小于或等于10且粒径大于0.075mm的颗粒含量不超过全重50%的土。

55. B 【考点】土的自重应力

【解析】土的竖向自重应力计算公式为：$\sigma_{cz}=\gamma_1 h_1+\gamma_2 h_2+\cdots+\gamma_n h_n$。式中，$\gamma_n$为第$n$层土层的容重，$kN/m^3$；$h_n$为第$n$层土层的厚度，m。则地表下3m深处土的竖向自重应力为：$\sigma_{cz}=\gamma_1 h_1+\gamma_2 h_2=18\times2+(19-10)\times(3-2)=45kPa$，水平向自重应力为：$\sigma_{cx}=K_0\sigma_{cz}=0.3\times45=13.5kPa$。

56. C 【考点】土的压缩性

【解析】在由压缩试验所得的压缩曲线（压力p及孔隙比e曲线）上，常以$p_1=100kPa$及$p_2=200kPa$相对应的孔隙比e_1及e_2计算土的压缩系数，常用单位为MPa^{-1}。本题中，土的压缩系数为：

$$a_{1-2}=\frac{e_1-e_2}{p_2-p_1}=\frac{1.062-0.953}{0.2-0.1}=1.09MPa^{-1}>0.5MPa^{-1}$$

因此，该土为高压缩性土。

57. A 【考点】土的抗剪强度指标的影响因素

【解析】ACD三项，土体中各点的抗剪强度或所承受的剪应力都可以是不均匀的。因此，土体的剪切破坏可能是整体破坏，也可能是局部破坏。饱和黏土抗剪强度与固结排水状况有关，和试验时的剪切速率和孔隙水压力变化均有关。B项，饱和黏性土的抗剪强度指标与基础宽度无关。

58. B 【考点】主动土压力计算

【解析】首先确定符合朗肯土压力理论假设条件：墙背竖直且光滑，墙后填土水平，c=0，属于砂土。

其中，主动土压力系数为：

$$K_a=\tan^2\left(45°-\frac{\varphi}{2}\right)=\tan^2\left(45°-\frac{32°}{2}\right)=0.307$$

因砂土为非黏性土，则主动土压力为：

$$E_a=\frac{1}{2}\gamma K_a H^2=\frac{1}{2}\times17\times0.307\times5^2=65.2kN/m$$

59. A 【考点】基础埋置深度

【解析】根据《建筑地基基础设计规范》（GB 50007—2011）第5.2.4条规定，基础埋置深度，宜自室外地面标高算起。在填方整平地区，可自填土地面标高算起，但填土在上部结构施工后完成时，应从天然地面标高算起。对于地下室，当采用箱形基础或筏基时，基础埋置深度自室外地面标高算起；当采用独立基础或条形基础时，应从室内地面标高算起。

60. B 【考点】砂井的作用

【解析】砂井是指为加固目的在软土地基中设置的柱状砂体。排水砂井作用主要是为低透水性软黏土提供一个排水通道，以加快土层固结的速度。

2021 年一级注册结构工程师执业资格考试
《专业基础考试》真题

单项选择题(共 60 题，每题 2 分。每题的备选项中只有一个最符合题意)

1. 受水浸泡或处于潮湿环境中的重要建筑物所选用的材料，其软化系数应(　　)。
   A. >0.50　　B. >0.75　　C. >0.85　　D. >0.90
2. 对于要承受冲击荷载的土木工程结构，其所用材料应具有较高的(　　)。
   A. 弹性　　B. 塑性　　C. 脆性　　D. 韧性
3. 我国颁布的通用硅酸盐水泥标准中，符号“P·Ⅰ”代表(　　)。
   A. 普通硅酸盐水泥　　B. 硅酸盐水泥
   C. 粉煤灰硅酸盐水泥　　D. 复合硅酸盐水泥
4. 配制高质量混凝土的基础是骨料的密实堆积，而实现骨料的密实堆积需要骨料具有良好的(　　)。
   A. 密度和强度　　B. 强度和含水量　　C. 粒形和级配　　D. 强度和孔隙率
5. 我国使用立方体试块来测定混凝土的抗压强度，其标准试块的边长为(　　)。
   A. 100mm　　B. 125mm　　C. 150mm　　D. 200mm
6. 冷弯试验除了可评价钢材的塑性变形能力外，还可评价钢材的(　　)。
   A. 强度　　B. 冷脆性　　C. 焊接质量　　D. 时效敏感性
7. 木材加工使用前，应将其干燥至(　　)。
   A. 绝对干燥状态　　B. 标准含水状态
   C. 平衡含水状态　　D. 饱和含水状态
8. 下列关于大地水准面的描述何项是正确的？(　　)
   A. 有无穷多个　　B. 外业测量基准面
   C. 计算的基准面　　D. 绘图的基准面
9. 1:1000 地形图宜采用下列何种投影？(　　)
   A. 6°带高斯－克吕格投影　　B. 3°带高斯－克吕格投影
   C. 正轴等角割圆锥投影　　D. 方位投影
10. 竖直角观测中，竖盘指标差 x 可由下面何种方法计算？(盘左竖盘读数为 L，盘右竖盘读数为 R)(　　)
    A. $x=R+L-360°$　　B. $x=R+L-180°$
    C. $x=\frac{1}{2}(R+L-180°)$　　D. $x=\frac{1}{2}(R+L-360°)$
11. 高层建筑物的施工测量中，下列何项表示了其竖向偏差应控制的精度？(　　)
    A. 竖向偏差每层不超过 10mm，全楼累计误差不大于 40mm
    B. 竖向偏差每层不超过 20mm，全楼累计误差不大于 50mm
    C. 竖向偏差每层不超过 5mm，全楼累计误差不大于 20mm
    D. 竖向偏差每层不超过 30mm，全楼累计误差不大于 50mm

12. 设 Δ 为一组同精度观测值的偶然误差（真误差），下列何项可作为其中误差表达？（　　）

A. $m=\sqrt{\frac{[\Delta\Delta]}{n}}$　　B. $m=\pm\sqrt{\frac{[\Delta\Delta]}{n-1}}$　　C. $m=\pm\sqrt{\frac{[\Delta\Delta]}{n}}$　　D. $m=\sqrt{\frac{[\Delta\Delta]}{n-1}}$

13. 某建设单位于2010年3月20日领到了施工许可证，但由于周边关系协调问题一直没开工，正确的是(　　)。

A. 若建设单位要申请延期，则其应在2010年9月20日之前申请即可

B. 若建设单位于2010年5月20日申请延期，则其应在6月20日之前开工

C. 若建设单位在申请一次延期后仍不能及时开工，则不能再申请延期

D. 建设单位超过法定期限既不开工又不申请延期，施工许可证自行作废

14. 招标人的下列行为中，不符合《招标投标法》的是(　　)。

A. 在具有编制招标文件和组织评标能力的条件下，自行办理招标事宜

B. 自行选择招标代理机构，并委托其办理招标事宜

C. 不设置标底

D. 在招标公告中要求投标人必须为本地法人

15. 根据《安全生产法》，从业人员不足300人的设计单位(　　)。

A. 应当设立安全生产管理机构，并配备兼职安全生产管理人员

B. 应当设立安全生产管理机构，或配备专职安全生产管理人员

C. 不必设立安全生产管理机构，但必须配备专职安全生产管理人员

D. 可委托具有国家规定的相关专业技术资格的工程技术人员提供安全生产管理服务

16. 甲某于2010年4月20日进行了一级结构工程师的注册，若有效期满前需要继续注册，则其办理注册手续的最晚日期是(　　)。

A. 2012年3月20日　　B. 2013年3月20日

C. 2012年4月5日　　D. 2013年4月5日

17. 沉管灌注桩的承载力与施工方法有关，其承载力由低到高的顺序依次为(　　)。

A. 复打法、单打法、反插法　　B. 单打法、复打法、反插法

C. 单打法、反插法、复打法　　D. 反插法、单打法、复打法

18. 某冬季施工工程使用普通硅酸盐水泥拌制的C40混凝土施工，允许混凝土受冻时的最低强度为(　　)。

A. $5N/mm^2$　　B. $9N/mm^2$　　C. $12N/mm^2$　　D. $16N/mm^2$

19. 吊装中小型单层工业厂房的结构构件时，宜使用(　　)。

A. 履带式起重机　　B. 附着式塔式起重机

C. 人字拔杆式起重机　　D. 轨道式塔式起重机

20. 已知某工程有五个施工工程，分成三段组织全等节拍流水施工，工期为55天，工艺间歇和组织间歇的总和为6天，则各施工过程之间的流水步距为(　　)。

A. 3天　　B. 5天　　C. 8天　　D. 7天

21. 横道图计划与网络计划相比，其优点在于(　　)。

A. 表达方式比较直观　　B. 工作之间的逻辑关系表达清楚

C. 适用于手工编制计划　　D. 适用于计划调整工作量大的项目

22. 钢筋混凝土结构对钢筋性能的要求不包括(　　)。

A. 强度　　B. 耐火性

C. 塑性　　D. 与混凝土的黏结性能

23. 钢筋混凝土构件正截面承载力计算中不考虑受拉区混凝土作用的原因是(　　)。

A. 受拉区混凝土已全部开裂

B. 混凝土的受拉强度很低

C. 受拉区混凝土承担的拉力很小且靠近中和轴导致由其获得的内应力矩也很小

D. 平截面假定

24. 对于平面形状为矩形，且长边与短边长度之比小于 3 的钢筋混凝土板，不应按单向板计算的是(　　)。

A. 仅有一边嵌固板　　B. 两对边支承板

C. 两邻边支承板　　D. 四边支承板

25. 根据我国的结构抗震设计要求，以下哪个不正确？(　　)

A. 强柱弱梁　　B. 强节点　　C. 强弯弱剪　　D. 强锚固

26. 增加结构钢材中的硫和磷含量(　　)。

A. 可增强钢材的可焊性　　B. 可降低钢材的塑性变形能力

C. 可提高钢材的强度　　D. 可提高结构的疲劳寿命

27. 简支吊车梁合理的截面形式是(　　)。

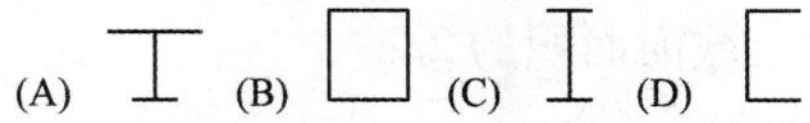

题 27 图

A. 图(A)　　B. 图(B)　　C. 图(C)　　D. 图(D)

28. 计算图示高强度螺栓承压型连接节点时，螺栓的(　　)。

A. 抗剪承载力设计值取 $N_v^b = 0.9 n_f \mu p$　　B. 承压承载力设计值取 $N_c^b = d\sum t f_c^b$

C. 抗拉承载力设计值取 $N_t^b = 0.8p$　　D. 以上三个计算公式都对

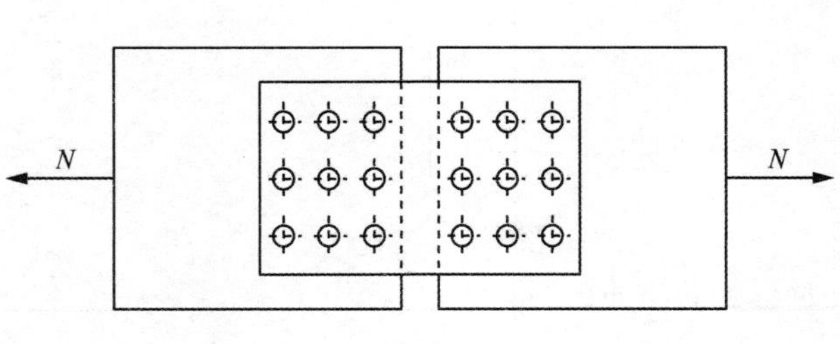

题 28 图

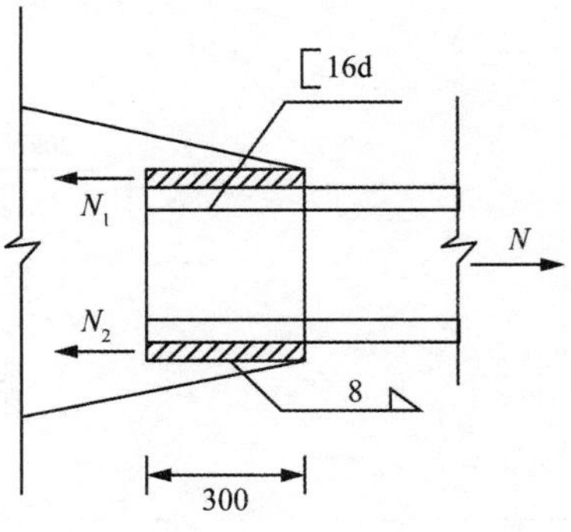

题 29 图

29. 图示槽钢屋架钢板节点采用角焊缝连接，每条焊缝的计算长度 l_w 取(　　)。

A. 300mm　　B. 480mm　　C. 292mm　　D. 284mm

30. 砌体的弹性模量与下列哪些因素有关？(　　)

①砂浆强度等级；　　②块材类别；

③砌体抗压强度；　　　　　　　　　④砌体抗拉强度。

A. ①③　　B. ①④　　C. ①②　　D. ②③

31. 砌体结构中，关于构造柱的作用，正确的是(　　)。

①提高砌体房屋的抗震性能；

②构造柱对砌体起了约束作用，使砌体变形能力有较大提高；

③增加房屋的刚度；

④提高墙柱高厚比的限值。

A. ①②④　　B. ①③④　　C. ①②　　D. ②③

32. 刚性和刚弹性方案房屋的横墙应符合一定要求。其中对多层砌体房屋的横墙厚度和长度的要求是(　　)。

①厚度不宜小于 120mm；　　　　　②厚度不宜小于 180mm；

③横墙长度不宜小于横墙高度的一半；　④横墙长度不宜小于横墙高度。

A. ①③　　B. ①④　　C. ②③　　D. ②④

33. 多层砌体房屋中刚性方案的外墙，符合一定要求时静力计算中可不考虑风荷载的影响。其要求是(　　)。

①屋面自重不小于 $0.8kN/m^2$；

②基本风压值 $0.4kN/m^2$时，层高≤4m，房屋总高≤28m；

③基本风压值 $0.6kN/m^2$时，层高≤4m，房屋总高≤24m；

④洞口水平截面积不超过全截面面积的 2/3。

A. ①②④　　B. ①③④　　C. ②③　　D. ②④

34. 若某体系的计算自由度为零，则该体系(　　)。

A. 几何不变　　B. 几何常变　　C. 几何瞬变　　D. 均有可能

35. 图示刚架 M_{DC}大小为(　　)。

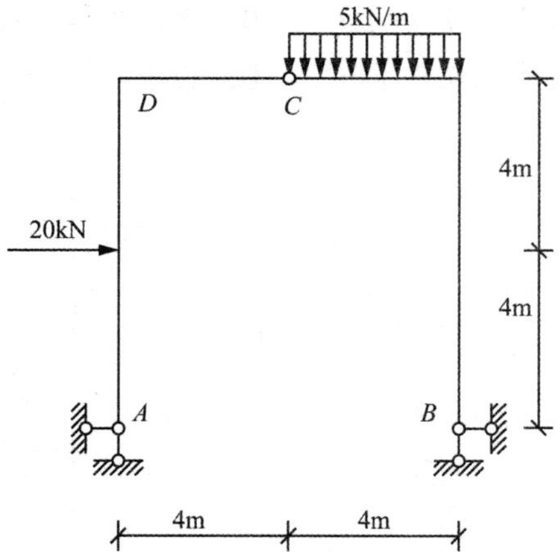

题 35 图

A. 20kN·m　　B. 40kN·m　　C. 60kN·m　　D. 80kN·m

36. 图示桁架 a 杆轴力为(　　)。

A. −15kN　　B. −20kN　　C. −25kN　　D. −30kN

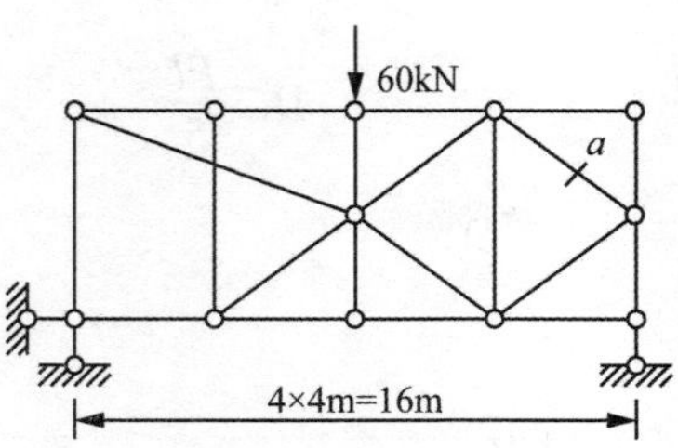

题 36 图

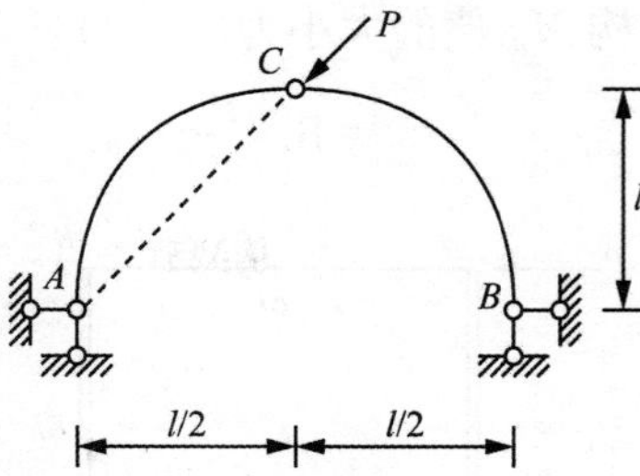

题 37 图

37. 图示三铰拱支座 B 的水平反力(以向右为正)等于(　　)。

A. 0　　B. $\frac{1}{2}P$　　C. $\frac{\sqrt{2}}{2}P$　　D. P

38. 图示结构中反力 F_H为(　　)。

A. $\frac{M}{L}$　　B. $-\frac{M}{L}$　　C. $\frac{M}{2L}$　　D. $-\frac{M}{2L}$

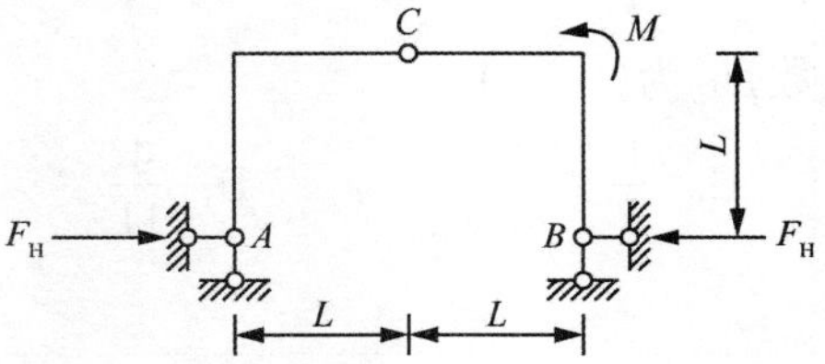

题 38 图

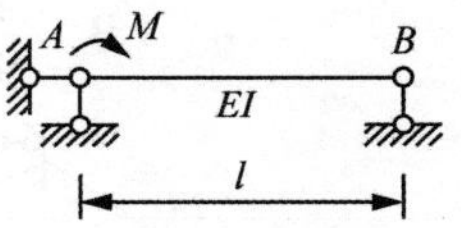

题 39 图

39. 图示简支梁，B 端转角位移 θ_B大小为(　　)。

A. $\frac{Ml}{EI}$　　B. $\frac{Ml}{2EI}$　　C. $\frac{Ml}{3EI}$　　D. $\frac{Ml}{6EI}$

40. 图示结构忽略轴向变形和剪切变形，若增大弹簧刚度 k，则 A 结点水平位移 Δ_{AH}(　　)。

A. 增大　　B. 减小

C. 不变　　D. 可能增大，亦可能减小

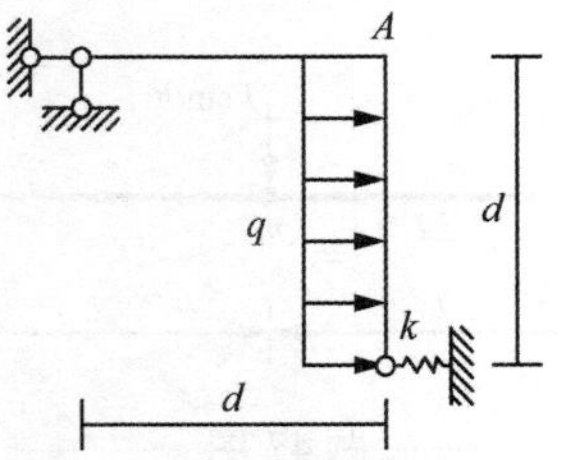

题 40 图

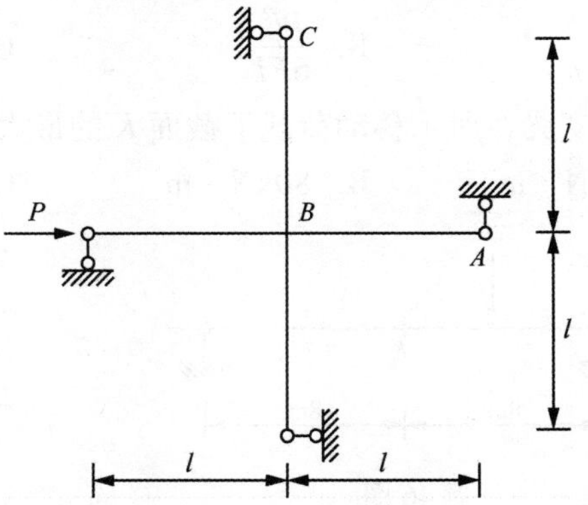

题 41 图

41. 图示结构 EI = 常数，在给定荷载作用下，F_{QBC}为(　　)。

A. $\frac{P}{4}$　　B. $\frac{P}{2}$　　C. $-\frac{P}{4}$　　D. $-\frac{P}{2}$

42. 图示结构 M_{BA}值的大小为(　　)。

A. $\dfrac{Pl}{2}$　　B. $\dfrac{Pl}{3}$　　C. $\dfrac{Pl}{4}$　　D. $\dfrac{Pl}{5}$

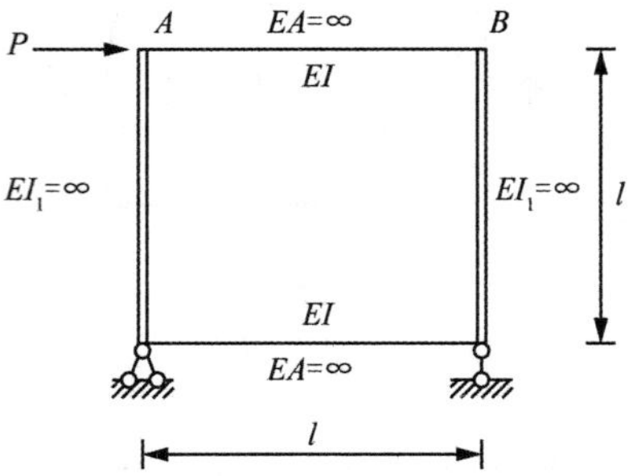

题 42 图

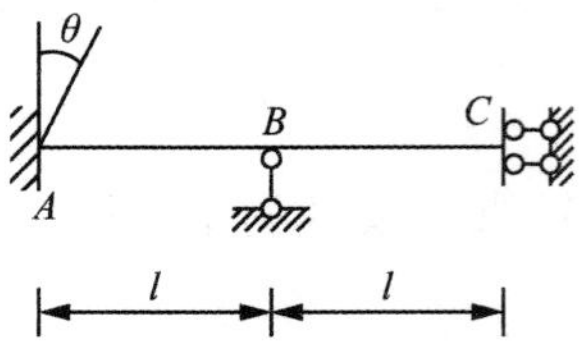

题 43 图

43. 图示结构 EI = 常数，当支座 A 发生转角 θ 时，支座 B 处梁截面弯矩大小为(　　)。

A. $\dfrac{2EI}{5l}\theta$　　B. $\dfrac{EI}{2l}\theta$　　C. $\dfrac{EI}{l}\theta$　　D. $\dfrac{2EI}{l}\theta$

44. 图示结构用力矩分配法计算时，分配系数 μ_{AC}为(　　)。

A. $\dfrac{1}{6}$　　B. $\dfrac{4}{9}$　　C. $\dfrac{1}{5}$　　D. $\dfrac{4}{11}$

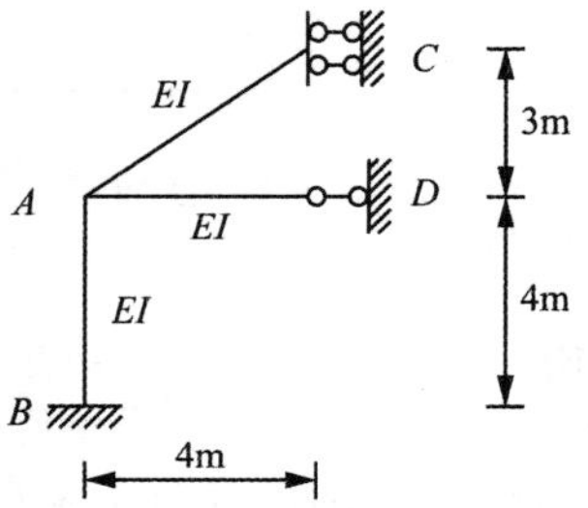

题 44 图

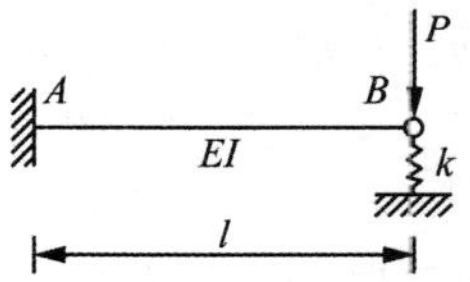

题 45 图

45. 图示结构 B 处弹性支座的弹簧刚度 $k=6EI/l^3$，B 截面转角位移大小为(　　)。

A. $\dfrac{Pl^2}{12EI}$　　B. $\dfrac{Pl^2}{6EI}$　　C. $\dfrac{Pl^2}{4EI}$　　D. $\dfrac{Pl^2}{3EI}$

46. 图示简支梁在所示移动荷载下截面 K 的最大弯矩值是(　　)。

A. 40kN · m　　B. 80kN · m　　C. 120kN · m　　D. 160kN · m

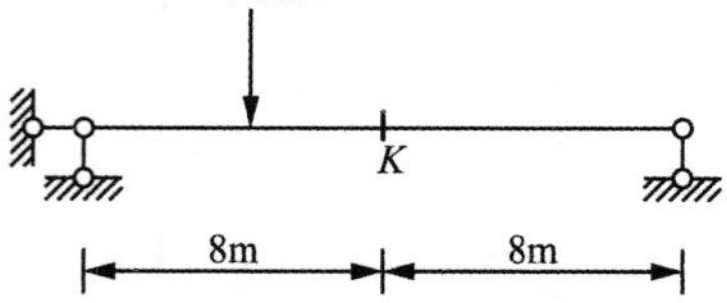

题 46 图

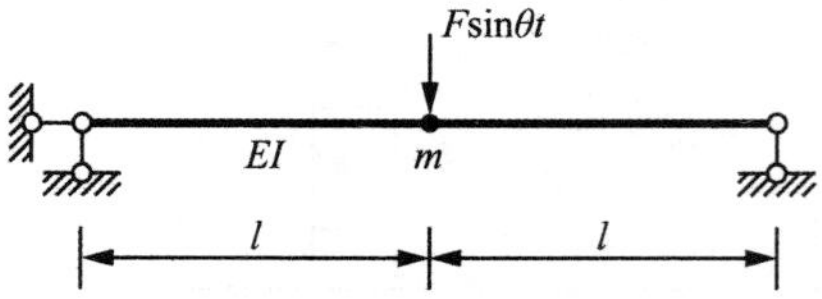

题 47 图

47. 图示单自由度体系受简谐荷载作用，简谐荷载频率等于结构自振频率的两倍，则位移的动力放大系数为(　　)。

A. 2　　B. $\dfrac{4}{3}$　　C. $-\dfrac{1}{2}$　　D. $-\dfrac{1}{3}$

48. 单自由度体系自由振动时，实测振动10周后振幅衰减为 $y_{10}=0.01y_0$，则阻尼比等于(　　)。

A. 0.02　　B. 0.05　　C. 0.0733　　D. 0.1025

49. 在测定材料力学性能试验中，下列阐述不对的是(　　)。

A. 截面较小而高度较低的试件得出的抗压强度偏高

B. 混凝土试件的环箍效应对截面小的试件的作用比对截面大的试件的作用要小

C. 材料的弹性模量会随着加荷速度的增加而提高

D. 钢筋的强度会随着加荷速度的增加而提高

50. 混凝土结构试验时，从加载结束至下一级开始加载，每级载荷的间歇时间不应少于(　　)。

A. 30分钟　　B. 20分钟　　C. 10分钟　　D. 5分钟

51. 在确定试验的观测项目时，应该按哪一项考虑？(　　)

A. 整体变形测量

B. 局部变形测量

C. 首先考虑整体变形测量，其次考虑局部变形测量

D. 首先考虑局部变形测量，其次考虑整体变形测量

52. 屋架杆件的内力测量可能有下列四个，当不是薄壁杆件的，下面哪一内力不考虑？(　　)

A. 轴力(N)　　B. 弯矩(M_x)　　C. 弯矩(M_y)　　D. 扭矩(T)

53. 下列哪种方法用于混凝土强度的非破损检测中，检测和分析评定结果的精度与可靠性较低些？(　　)

A. 超声波法　　B. 超声回弹综合法

C. 超声钻芯综合法　　D. 声速衰减系数综合法

54. 一个砂土地基中，其地下水埋深为1.5m，地下水以上砂土的天然容重为17kN/m³，而饱和砂土层容重为19kN/m³，那么埋深4.5m处的总竖向地应力为(　　)。

A. 162kPa　　B. 111kPa　　C. 85.5kPa　　D. 82.5kPa

55. 有一饱和软黏土地基，先将原来一直堆放着的重物快速移走。如果有一个测压管埋在重物正下方的一定深度处，重物移走过程中，测压管水头会随时间(　　)。

A. 上升　　B. 不变　　C. 下降　　D. 不确定

56. 土体的孔隙率为52.29%，那么该土体的孔隙比为(　　)。

A. 0.3134　　B. 0.4771　　C. 0.9124　　D. 1.096

57. 对应直接剪切试验的快剪、固结快剪和慢剪试验，三轴压缩仪中进行的试验分别是(　　)。

A. 三轴压缩不固结不排水试验、固结不排水试验和固结排水试验

B. 三轴压缩固结排水试验、不固结不排水试验和固结不排水试验

C. 三轴压缩固结不排水试验、不固结不排水试验和固结排水试验

D. 三轴压缩固结排水试验、固结不排水试验和不固结不排水试验

58. 当采用标准贯入试验判别场地地震液化时，在需作判定的土层中，试验点的竖向间距为1.0~1.5m，每层土的试验点数不宜少于(　　)。

A. 3 个　　B. 4 个　　C. 5 个　　D. 6 个

59. 墙下条形基础埋深 3m，受轴心荷载作用，上部结构传至基础顶面的竖向力为 600kN/m，基础自重和基础上土重可按综合重度 $20kN/m^3$ 考虑，若修正后的地基承载力特征值为 260kPa，则为满足地基承载力要求，条形基础最小宽度为(　　)。

A. 3m　　B. 4m　　C. 5m　　D. 6m

60. 不会对已施工好的摩擦桩身产生向下摩擦力的情况是(　　)。

A. 桩顶荷载增大

B. 桩穿过欠固结的软黏土，而支承于较坚硬的土层，桩周土在自重作用下随时间逐渐固结

C. 地下水位全面下降

D. 桩周自重湿陷性黄土浸水下沉

答案及详解

单项选择题（共60题，每题2分。每题的备选项中只有一个最符合题意）

1. C 【**考点**】材料的耐水性

【**解析**】材料长期在饱和水作用下不破坏，其强度也不显著降低的性质称为耐水性，材料的耐水性用软化系数 K 表示，计算公式为：K = 材料在吸水饱和状态下的抗压强度/材料在干燥状态下的抗压强度。软化系数的大小表示材料浸水饱和后强度降低的程度，其范围波动在0～1之间。软化系数越小，说明材料吸水饱和后的强度降低越多，耐水性则越差。对于经常处于水中或受潮严重的重要结构物的材料，其软化系数不宜小于0.85；受潮较轻或次要结构物的材料，其软化系数不宜小于0.75。

2. D 【**考点**】建筑材料的力学性质

【**解析**】在冲击、振动荷载作用下，材料能够吸收较大能量，同时还能产生一定的变形而不致破坏的性质称为韧性（冲击韧性）作用。在结构设计中，对于承受动荷载（冲击、振动等）作用的结构物，所用材料应具有较高的韧性。

3. B 【**考点**】水泥的基本知识

【**解析**】B项，根据《通用硅酸盐水泥》（GB 175—2007）第5.1条规定，硅酸盐水泥代号是“P·Ⅰ”或“P·Ⅱ”。A项，普通硅酸盐水泥代号是“P·O”；C项，粉煤灰硅酸盐水泥代号是“P·F”；D项，复合硅酸盐水泥的代号是“P·C”。

4. C 【**考点**】普通混凝土原材料的技术要求

【**解析**】具有良好级配的骨料，能够最大限度地减少孔隙率，能够降低水泥砂浆的用量，节约水泥，降低成本。骨料粒径级配不连续，会增大骨料的孔隙率，影响到混凝土的密实度，最终影响混凝土的强度。因此，实现骨料的密实堆积需要骨料具有良好的粒形和级配。

5. C 【**考点**】混凝土的强度试验

【**解析**】根据《混凝土结构设计规范》（GB 50010—2010）（2015年版）第4.1.1条规定，混凝土强度等级应按立方体抗压强度标准值确定，是指按标准方法制作、养护的边长为150mm的立方体试件，在28d或设计规定龄期以标准试验方法测得的具有95%保证率的抗压强度值。

6. C 【**考点**】钢材的加工

【**解析**】根据《钢结构设计标准》（GB 50017—2017）条文说明第4.3.2条第4款规定，钢材的冷弯试验是衡量其塑性指标之一，同时也是衡量其质量的一个综合性指标。通过冷弯试验，可以检查钢材颗粒组织、结晶情况和非金属夹杂物分布等缺陷，在一定程度上也是鉴定焊接性能的一个指标。结构在制作、安装过程中要进行冷加工，尤其是焊接结构焊后变形的调直等工序，都需要钢材有较好的冷弯性能。而非焊接的重要结构（如吊车梁、吊车桁架、有振动设备或有大吨位吊车厂房的屋架、托架，大跨度重型桁架等）以及需要弯曲成型的构件等，亦都要求具有冷弯试验合格的保证。

7. C 【**考点**】木材的物理性能

【解析】平衡含水率是指木材与环境空气水分交换达到平衡时的含水率。木材干缩会使木材翘曲、开裂、接榫松动、接缝不严。木材湿胀可造成表面鼓凸，所以木材在加工或使用前应预先干燥，使其接近于与环境湿度相适应的平衡含水率。

8. B 【考点】大地水准面

【解析】地面点到大地水准面的铅垂距离称为该点的绝对高程，因此，大地水准面是测量外业工作的基准面。位于不同高度的水准面有无穷多个，其中与平均海水面相吻合的水准面称为大地水准面，又称重力等位面，只有一个。

9. B 【考点】高斯－克吕格投影带

【解析】高斯－克吕格投影是一种等角横轴切椭圆柱投影。它是假设一个椭圆柱面与地球椭球体面横切于某一条经线上，按照等角条件将中央经线东、西各3°或1.5°经线范围内的经纬线投影到椭圆柱面上，然后将椭圆柱面展开成平面而成的。我国各种大、中比例尺地形图采用了不同的高斯－克吕格投影带。其中大于1∶1万的地形图采用3°带，1∶2.5万至1∶50万的地形图采用6°带。因此选择B项。

10. D 【考点】竖盘指标差

【解析】由于指标线偏移，当视线水平时，竖盘读数不是恰好等于90°或270°，而是相差一个x角，称为竖盘指标差。当偏移方向与竖盘注记增加方向一致时，x为正，反之为负。计算公式为：$x=\frac{1}{2}(R+L-360°)$或者$x=-\frac{\alpha_L-\alpha_R}{2}$。

11. C 【考点】高层建筑物施工测量

【解析】高层建筑施工测量的主要任务是将建筑物的基础轴线准确地向高层引测，并保证各层相应的轴线位于同一竖直面内，要控制与检核轴线向上投测的竖向偏差每层不超过5mm，全楼累计误差不大于20mm。

12. C 【考点】中误差的定义

【解析】在等精度观测条件下，对某一真值为X的物理量观测n次，观测值为$l_i(i=1,2,\cdots,n)$，真误差$\Delta_i=l_i-X$，则中误差为：

$$m=\pm\sqrt{\frac{[\Delta\Delta]}{n}}$$

式中，$[\Delta\Delta]=\Delta_1\Delta_1+\Delta_2\Delta_2+\cdots+\Delta_n\Delta_n$。

13. D 【考点】施工许可证的有效期

【解析】根据《中华人民共和国建筑法》第九条规定，建设单位应当自领取施工许可证之日起三个月内开工。因故不能按期开工的，应当向发证机关申请延期；延期以两次为限，每次不超过三个月。既不开工又不申请延期或者超过延期时限的，施工许可证自行废止。

14. D 【考点】中华人民共和国招标投标法

【解析】AB两项，根据《中华人民共和国招标投标法》第十二条规定，招标人有权自行选择招标代理机构，委托其办理招标事宜。任何单位和个人不得以任何方式为招标人指定招标代理机构。招标人具有编制招标文件和组织评标能力的，可以自行办理招标事宜。任何单位和个人不得强制其委托招标代理机构办理招标事宜。依法必须进行招标的项目，招标人自行办理招标事宜的，应当向有关行政监督部门备案。C项，第二十二条规定，招标人不得向他人透露已获取招标文件的潜在投标人的名称、数量以及可能影响公平竞争的有关招标投标的其他情况。招标人设有标底的，标底必须保密。此条文说明也可以不设置标底。D 项，第六条规定，依法必须进行招标的项目，其招标投标活动不受地区或者部门的限制。任何单位和个人不得违法限制或者排斥本地区、本系统以外的法人或者其他组织参加投标，不得以任何方式非法干涉招标投标活动。

15. B **【考点】**中华人民共和国安全生产法

【解析】根据《中华人民共和国安全生产法》第二十四条规定，矿山、金属冶炼、建筑施工、运输单位和危险物品的生产、经营、储存、装卸单位，应当设置安全生产管理机构或者配备专职安全生产管理人员。前款规定以外的其他生产经营单位，从业人员超过一百人的，应当设置安全生产管理机构或者配备专职安全生产管理人员；从业人员在一百人以下的，应当配备专职或者兼职的安全生产管理人员。

16. A **【考点】**注册结构工程师执业资格制度暂行规定

【解析】根据《注册结构工程师执业资格制度暂行规定》第十五条规定，注册结构工程师注册有效期为 2 年，有效期届满需要继续注册的，应当在期满前 30 日内办理注册手续。因此办理注册手续的最晚日期为 2012 年 3 月 20 日。

17. C **【考点】**沉管灌注桩

【解析】根据灌注桩的施工方法不同，可将灌注桩分为钻孔灌注桩、挖孔灌注桩、沉管灌注桩和爆扩灌注桩。其中，钻孔灌注桩的承载能力较低，沉降量也较大；沉管灌注桩根据承载力的要求不同，可分别采用单打法、复打法和反插法，单打法的桩截面比沉入的钢管扩大 30%，复打法扩大 80%，反插法扩大 50% 左右。其承载力由低到高的顺序依次为：单打法、反插法、复打法。

18. C **【考点】**混凝土的冬期施工

【解析】混凝土冬季施工的核心是使其达到临界强度之前，不遭受冻害。临界强度是指混凝土遭受冻害，后期强度损失在 5% 以内的预养护强度值。普通硅酸盐水泥配制的混凝土，其临界强度定为混凝土标准强度的 30%。因此，本题中允许混凝土受冻时的最低强度为：$40 \times 30\% = 12\text{N/mm}^2$。

19. A **【考点】**起重安装机械的种类及适用条件

【解析】A 项，履带式起重机在单层工业厂房装配式结构吊装中得到了广泛的应用，不适宜超负荷吊装；B 项，附着式塔式起重机紧靠拟建的建筑物布置，适用于高层建筑施工；C 项，人字桅杆式起重机将构件起吊后活动范围小，一般仅用于安装重型构件或作为辅助设备以吊装厂房屋盖体系上的轻型构件；D 项，轨道式塔式起重机能负荷行走，能同时完成水平运输和垂直运输，且能在直线和曲线轨道上运行，使用安全，生产效率高。

20. D **【考点】**固定节拍流水

【解析】固定节拍流水（也称全等节拍流水）是在各个施工过程的流水节拍全部相等（为一固定值）组织的等节奏流水施工。其流水步距都等于流水节拍。当有间歇和搭接时，其流水工期则为：$T = (rm + n - 1)K + \sum S - \sum C$。式中，$r$ 为施工层数；m 为施工段数；n 为施工过程数；K 为流水步距；$\sum S$ 为间歇时间总和；$\sum C$ 为搭接时间总和。本题中，已知施工层数 $r = 1$，施工段数 $m = 3$，施工过程数 $n = 5$，间歇时间总和为 $\sum S = 6$ 天，搭接时间总和为$\sum C=0$，工期$T=55$天。代入数据可得：$55=(1\times3+5-1)\times K+6-0$。解得：$K=7$(天)。

21. A 【考点】横道图计划的优缺点

【解析】横道图由于表达方式较为直观，且易于编制和理解，因而长期以来广泛应用于建设工程进度控制之中。其缺点有：①工序(工作)之间的逻辑关系可以设法表达，但不易表达清楚；②适用于手工编制计划；③没有通过严谨的进度计划时间参数计算，不能确定计划的关键工作、关键线路与时差；④计划调整只能用手工方式进行，其工作量较大；⑤难以适应大的进度计划系统。

22. B 【考点】钢筋混凝土结构材料性能

【解析】钢筋混凝土结构对钢筋的要求有：①具有较高的强度；②良好的塑性；③便于加工和焊接；④与混凝土之间具有足够的黏结力。

23. C 【考点】正截面承载力计算的一般规定

【解析】根据《混凝土结构设计规范》(GB 50010—2010)(2015年版)第6.2.1条第2款规定，受弯构件的正截面承载力计算时，不考虑受拉区混凝土的抗拉强度。主要原因为：①受拉区混凝土靠近中和轴，对中和轴的力矩很小。②受拉区混凝土的抗拉能力很弱，承担的拉力很小。

24. D 【考点】混凝土板

【解析】根据《混凝土结构设计规范》(GB 50010—2010)(2015年版)第9.1.1条第2款规定，四边支承的板应按下列规定计算：①当长边与短边长度之比不大于2.0时，应按双向板计算；②当长边与短边长度之比大于2.0，但小于3.0时，宜按双向板计算；③当长边与短边长度之比不小于3.0时，宜按沿短边方向受力的单向板计算，并应沿长边方向布置构造钢筋。因此选择D项。

25. C 【考点】结构抗震设计要求

【解析】建筑结构抗震设计提出“强柱弱梁，强剪弱弯，强节点强锚固”的设计理念。根据《建筑抗震设计规范》(GB 50011—2010)(2016年版)第3.5.4条第2款规定，混凝土结构构件应控制截面尺寸和受力钢筋、箍筋的设置，防止剪切破坏先于弯曲破坏、混凝土的压溃先于钢筋的屈服、钢筋的锚固粘结破坏先于钢筋破坏。

26. B 【考点】钢材主要元素对其性能的影响

【解析】碳素钢材主要由纯铁及很少量的碳、硅、锰、硫、磷、氮、氧等元素组成。其中，硫、磷、氮、氧是对钢材性能有害的元素，硫、氧将使钢材发生热脆，磷、氮将使钢材发生冷脆，这些元素都将使钢材塑性、韧性、冷弯性能变差，在炼钢时都应严格加以限制。

27. C 【考点】吊车梁设计

【解析】吊车梁直接承受三个方向的荷载：竖向荷载(系统自重和重物)、横向水平荷载(刹车力及卡轨力)和纵向水平荷载(刹车力)。吊车梁设计不考虑纵向水平荷载，按照双向受弯设计。因此选择工字型截面最为合理。

28. B 【考点】钢结构螺栓连接

【解析】A项，一个高强度承压型螺栓的抗剪承载力设计值取$N_v^b=n_v\frac{\pi d^2}{4}f_v^b$。B项，一个普通螺栓的承压承载力设计值取 $N_c^b = d\sum tf_c^b$，承压型高强螺栓的承压承载力设计值同普通螺栓相同。C 项，一个高强度承压型螺栓的抗拉承载力设计值取 $N_t^b = \frac{\pi d_e^2}{4} f_t^b$。D 项，表述有误，只有 B 项正确，AC 两项错误。

29. D 【考点】焊缝的计算长度

【解析】根据题意，该焊缝为侧面角焊缝，角焊缝的计算长度为每条焊缝取其实际长度减去 $2h_f$。h_f为焊脚尺寸，因此焊缝的计算长度为：$l_w = 300 - 2 \times 8 = 284$mm。

30. C 【考点】砌体的弹性模量

【解析】根据《砌体结构设计规范》(GB 50003—2011)第 3.2.5 条第 1 款规定，砌体的弹性模量，按表 3.2.5-1(见题 30 解表)采用。由表可知，砌体弹性模量与砂浆强度等级和砌体种类有关，因此 C 项正确。

题 30 解表　砌体的弹性模量(MPa)

砌体种类	砂浆强度等级			
	≥M10	M7.5	M5	M2.5
烧结普通砖、烧结多孔砖砌体	1600f	1600f	1600f	1390f
混凝土普通砖、混凝土多孔砖砌体	1600f	1600f	1600f	—
蒸压灰砂普通砖、蒸压粉煤灰普通砖砌体	1060f	1060f	1060f	—
非灌孔混凝土砌块砌体	1700f	1600f	1500f	—
粗料石、毛料石、毛石砌体	—	5650	4000	2250
细料石砌体	—	17000	12000	6750

31. A 【考点】构造柱的作用

【解析】构造柱对砌体起约束作用，使之有较高的变形能力，提高了结构整体的变形能力和延性，从而提高砌体结构的抗震性能。根据《砌体结构设计规范》(GB 50003—2011)第 6.1.2 条第 2 款规定，当构造柱截面宽度小于墙厚时，可按公式(6.1.1)验算带构造柱墙的高厚比，此时公式中 h 取墙厚；当确定带构造柱墙的计算高度 H_0时，s 应取相邻横墙间的距离；墙的允许高厚比$[\beta]$可乘以修正系数 μ_c，μ_c可按下式计算：$\mu_c = 1 + \gamma(b_c/l)$。系数 μ_c是恒大于 1 的，可见构造柱具有提高墙、柱高厚比的作用。

32. C 【考点】房屋的静力计算规定

【解析】根据《砌体结构设计规范》(GB 50003—2011)第 4.2.2 条规定，刚性和刚弹性方案房屋的横墙，应符合下列规定：①横墙中开有洞口时，洞口的水平截面面积不应超过横墙截面面积的 50%；②横墙的厚度不宜小于 180mm；③单层房屋的横墙长度不宜小于其高度，多层房屋的横墙长度不宜小于 $H/2$(H 为横墙总高度)。

33. A 【考点】房屋的静力计算规定

【解析】根据《砌体结构设计规范》(GB 50003—2011)第 4.2.6 条规定，当外墙符合下列要求时，静力计算可不考虑风荷载的影响：①洞口水平截面面积不超过全截面面积的 2/3；②层高和总高不超过表 4.2.6(见题 33 解表)的规定；③屋面自重不小于 0.8kN/m^2。

题 33 解表　外墙不考虑风荷载影响时的最大高度

基本风压值(kN/m^2)	层高(m)	总高(m)
0.4	4.0	28
0.5	4.0	24
0.6	4.0	18
0.7	3.5	18

34. D 【考点】几何组成分析

【解析】计算自由度数 W 是指体系全部自由度的总数与全部约束的总数的差值。$W>0$ 时，自由度总数大于约束总数，体系是几何可变的；$W=0$ 时，自由度总数等于约束总数，若无多余约束则为静定结构，否则几何可变；$W<0$ 时，自由度总数小于约束总数，若体系几何不变，则为超静定结构。因此选择 D 项。

35. A 【考点】静定刚架受力分析

【解析】首先取整体为研究对象，设支座 A 水平反力 F_{Ax} 方向向右，竖向反力 F_{Ay} 方向向上，力矩顺时针方向为正。对 B 点取矩，由 $\sum M_B=0$，$F_{Ay}\times 8+20\times 4-1/2\times 5\times 4^2=0$，解得：$F_{Ay}=-5\text{kN}$。

然后取 ADC 为研究对象，对 C 点取矩，由 $\sum M_C=0$，$F_{Ax}\times 8+20\times 4-F_{Ay}\times 4=0$，解得：$F_{Ax}=-12.5\text{kN}$。

最后取 AD 段为研究对象，可得：$M_{DA}=20\times 4-12.5\times 8=-20\text{kN}\cdot\text{m}$。

刚结点 D 处无外力偶作用，两杆的端弯矩相等，因此 $M_{DC}=M_{DA}=-20\text{kN}\cdot\text{m}$。

36. C 【考点】桁架内力计算

【解析】见题 36 解图，判断零杆后，已知外力为 60kN，左右铰支座竖向力均为 30kN，方向向上。即 $F_{By}=30\text{kN}$。取节点 B 分析，可得 $N_{BC}=-F_{By}=-30\text{kN}$。

取节点 C 进行分析，$\sum X=N_{CD}\times 4/5+N_{CE}\times 4/5=0$；$\sum Y=N_{CD}\times 3/5-N_{CE}\times 3/5+30=0$，解得 $N_{CD}=-25\text{kN}$。因此桁架 a 杆的轴力为 -25kN。

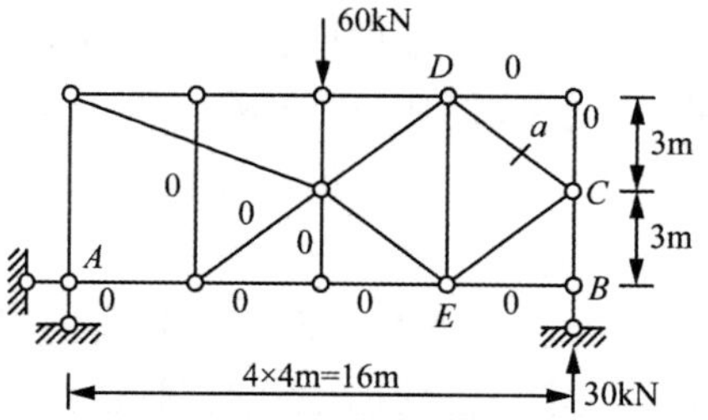

题 36 解图

37. A 【考点】三铰拱反力计算

【解析】由拱的静力平衡条件求解，分为四步：

①求支座 B 的竖向支反力。P 的作用线通过 A 点，因此对 A 点取矩计算较为方便，由 $\sum M_A=0$，可求得支座 B 的竖向支反力为：$F_{By}=0$。

②求支座 A 的竖向支反力。由整体竖向平衡条件：$\sum F_y=0$，可求得支座 A 的竖向支反力为：

$$F_{Ay} = P \times \sin 45^{\circ} = \frac{\sqrt{2}}{2}P(\uparrow)$$

③求支座 A 的水平反力。将结构从 C 点断开，取左半部分为研究对象，对 C 点取矩，由 $\sum M_C = 0$，得 $F_{Ax} \times (l/2) - F_{Ay} \times (l/2) = 0$，可得支座 A 的水平支反力为：$F_{Ax} = F_{Ay} = \frac{\sqrt{2}}{2}P$（方向向右）。

④求支座 B 的水平支反力（以向右为正）。由整个结构水平方向平衡条件：$\sum F_x = 0$，$F_{Bx} + F_{Ax} - P \cdot \cos 45° = 0$，求得支座 B 的水平支反力为：$F_{Bx} = 0$。

38. C 【考点】静定结构反力计算

【解析】取整体为研究对象，设支座 A 的竖向反力 F_{Ay} 方向向上，力矩顺时针方向为正。对 B 点取矩，由 $\sum M_B = 0$，$F_{Ay} \times 2L - M = 0$，解得：$F_{Ay} = M/(2L)$。

取 AC 为研究对象，对 C 点取矩，由 $\sum M_C = 0$，$F_H \times L - F_{Ay} \times L = 0$，解得：$F_H = F_{Ay} = M/(2L)$。

39. D 【考点】静定结构位移计算

【解析】采用单位荷载法结合图乘法计算。在截面 B 处施加一个单位力偶，分别作出单位力偶和外荷载作用下的弯矩图，如题 39 解图所示。由图乘法得：$\theta_B = \frac{1}{EI} \times \frac{1}{2} \times M \times l \times \frac{1}{3} = \frac{Ml}{6EI}$。

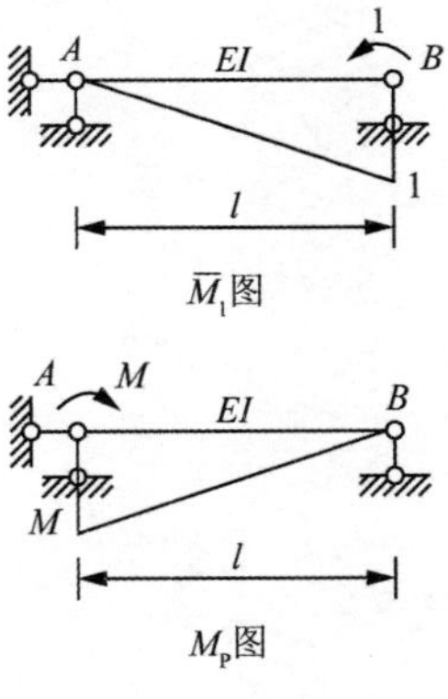

题 39 解图

40. C 【考点】静定结构位移计算

【解析】对于静定结构在有支座位移的情况下计算节点位移，可以采用虚力原理下的单位荷载法做分析。在 A 点施加向右水平单位力，可以得到单位力作用下的结构弯矩图 $\overline{M_1}$，对左侧铰支座取矩，可得到弹簧支座处的反力为 $\overline{S}_1 = 0$。分析结构在原有荷载下的弯矩，可以得到弯矩图 M_P，对左侧铰支座取矩，可得到弹簧支座处的反力为 $S_P = qd/2$。

由图乘法得 A 点处的水平位移为：

$$\Delta = \int \frac{\overline{M_1} M_P}{EI} ds + \sum \frac{\overline{S}_1 S_P}{k} = \int \frac{\overline{M_1} M_P}{EI} ds + \frac{0 \times qd/2}{k} = \int \frac{\overline{M_1} M_P}{EI} ds$$

由于第一项与弹簧刚度无关，第二项为 0，因此弹簧刚度与水平位移无关，弹簧刚度增大，水平位移不变。

41. D 【考点】超静定结构内力计算

【解析】图示结构为一次超静定结构，使用力法求解，取基本体系如题 41 解图(a)所示，则力法方程为：$\delta_{11}X_1+\Delta_{1P}=0$。作出 M_P图(见题 41 解图(b))与$\overline{M}_1$图(见题 41 解图(c))。由 M_P图和$\overline{M}_1$图的对称性可知，$\Delta_{1P}=0$，则 $X_1=0$。因此该约束位置可等效为自由段。取 BC 段为研究对象(见题 41 解图(d))，支座 C 的反力为：$F_C=P/2(\leftarrow)$，则根据剪力方向判断规则，$F_{QBC}=-P/2$。

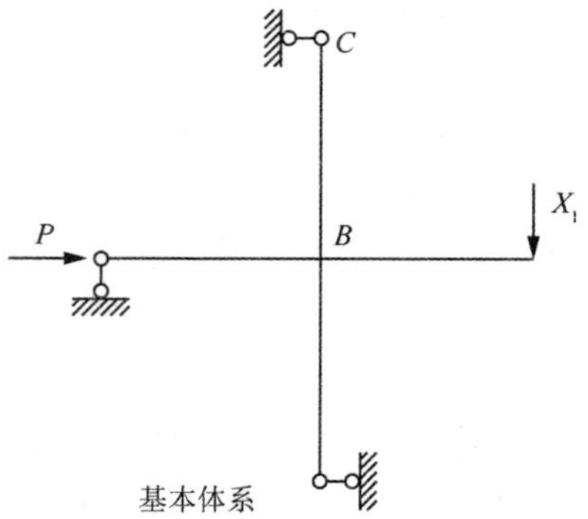

题 41 解图(a)

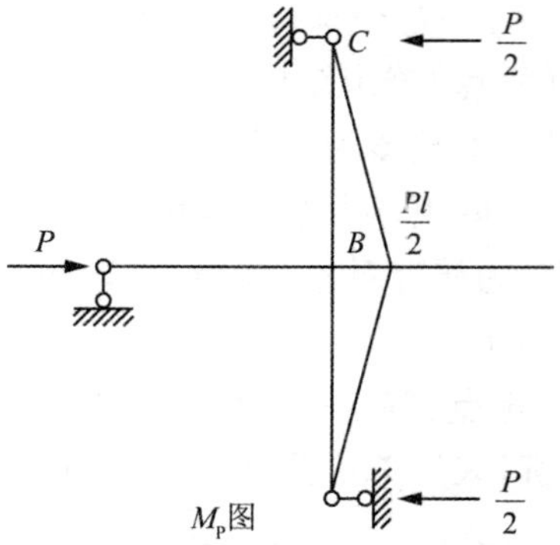

题 41 解图(b)

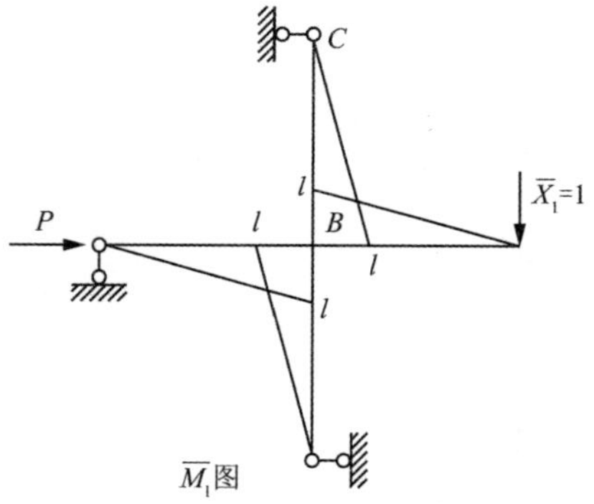

题 41 解图(c)

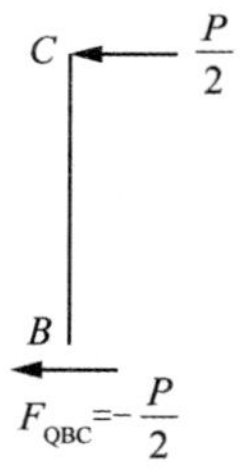

题 41 解图(d)

42. C 【考点】剪力分配法

【解析】根据平衡条件求出支座反力大小为 P，AB 杆的抗剪刚度为 $12i_{AB}/l^2=12i/l^2$，$i=EI/l$，与 AB 杆平行的杆的抗剪刚度为 $12i/l^2$。竖向的力 P 按抗剪刚度分配，故 AB 杆的在 A 处的剪力大小为：

$$V_{AB}=P\times\frac{12i/l^2}{12i/l^2+12i/l^2}=\frac{P}{2}$$

分析 AB 段(见题 42 解图)，反弯点位于 AB 中点(E 点)，将剪力置于弯矩零点即 E 点，则计算得：$M_{BA}=\frac{P}{2}\times\frac{l}{2}=\frac{Pl}{4}$。

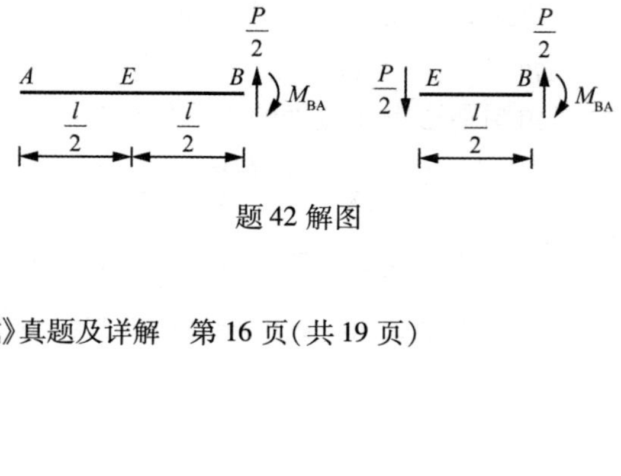

题 42 解图

43. A 【考点】位移法

【解析】利用位移法求解。B 点处产生角位移，设 B 处的转角为 θ_B，则各杆杆端弯矩为：$M_{AB}=4i\theta+2i\theta_B$；$M_{BA}=2i\theta+4i\theta_B$；$M_{BC}=i\theta_B$；$M_{CB}=-i\theta_B$。考虑结点 B 的平衡，列位移法基本方程为：$\sum M_B=0$，$M_{BA}+M_{BC}=0$，解得：$\theta_B=-2\theta/5$。因此 B 处梁截面弯矩大小为：$M_{BA}=2i\theta+4i\theta_B=2EI\theta/(5l)$。

44. B 【考点】力矩分配法

【解析】根据远端支撑方式，杆件的转动刚度分为以下几种情况：①远端固支(或带有一定倾角的定向支座)，转动刚度 $S=4i_0$，$i_0=E_0I/l_0$；②远端铰接(或自由度方向与杆件平行的滑动支座)，转动刚度 $S=3i_0$；③远端为常规的定向支座，转动刚度 $S=i_0$；④远端为自由端(或自由度方向与杆件垂直的滑动支座)，转动刚度 $S=0$。

因此，根据第①条，AB 杆转动刚度 $S_{AB}=4i_0=4EI/4=EI$，AC 杆转动刚度 $S_{AC}=4i_0=4\times EI/5=4EI/5$。根据第④条，$AD$ 杆转动刚度 $S_{AD}=0$。因此，分配系数 $\mu_{AC}=S_{AC}/(S_{AB}+S_{AC}+S_{AD})=(4EI/5)/(EI+4EI/5+0)=4/9$。

45. B 【考点】超静定结构位移计算

【解析】利用力法求解超静定结构。在弹簧处用竖直向上的未知力 X 代替，列力法基本方程为：$\delta_{11}X+\Delta_{1p}=-X/k$，其中 $\delta_{11}=l^3/(3EI)$，$\Delta_{1p}=-Pl^3/(3EI)$，代入 k 值解得：$X=2P/3$。则结构在 B 点处的作用力可等效如题 45 图所示。

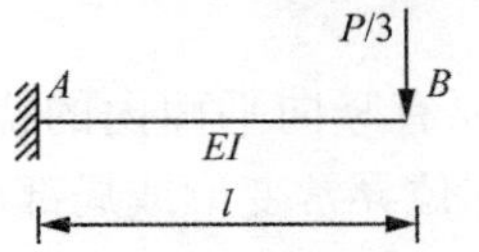

题 45 解图

在 B 点增加单位弯矩 $M=1$，由图乘法求位移，可得 B 截面转角位移为：

$$\varphi_B=\frac{1}{EI}\times\frac{1}{2}\times\frac{Pl}{3}\times l\times 1=\frac{Pl^2}{6EI}$$

46. B 【考点】影响线的应用

【解析】简支梁跨中弯矩影响线如题 46 解图所示，跨中竖标 $y=8\times 8/(8+8)=4$，或根据单位力作用下的受力平衡条件求解。当任一集中力作用于影响线峰值上时，截面 K 的弯矩值最大，且 $M_{K\max}=20\times 4=80\text{kN}\cdot\text{m}$。

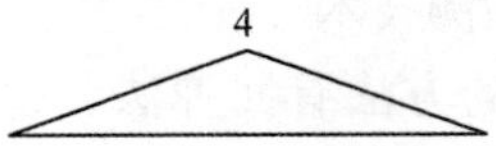

题 46 解图

47. D 【考点】单自由度体系的动力放大系数

【解析】单自由度体系的强迫振动分为两种形式：①简谐动荷载作用在质点上；②简谐动荷载不作用在质点上。但无论是否作用在质点上，位移动力放大系数均为：

$$\beta=\frac{1}{1-\dfrac{\theta^2}{\omega^2}}$$

故本题位移动力放大系数为：

$$\beta=\frac{1}{1-\dfrac{\theta^2}{\omega^2}}=\frac{1}{1-2^2}=-\frac{1}{3}$$

48. C 【考点】单自由度体系的自由振动

【解析】单自由度体系有阻尼自由振动时，根据阻尼比计算公式，可得阻尼比为：

$$\xi = \frac{1}{2\pi n}\ln\frac{y_k}{y_{k+n}} = \frac{1}{2\pi \times 10}\ln\frac{1}{0.01} = 0.0733$$

49. B 【考点】材料力学性能试验

【解析】AB 两项，试件尺寸越小，测得强度越高，主要原因为：①试验机压板对试件承压间的摩擦力所起的箍紧作用，由于受压面积与周长之比值不同而影响程度不一，试件越小，环箍作用越大；②材料内部存在缺陷，其表面和内部硬化程度的差异随试件尺寸的增大而增加。CD 两项，在进行材料力学性能试验时，加荷速度越快，引起材料的应变速率越高，则试件的强度和弹性模量相应增大。

50. D 【考点】试验加载制度

【解析】每级荷载间歇时间的长短，取决于结构变形的发展情况，即结构变形基本上充分表现后，就可加下一级荷载。根据《混凝土结构试验方法标准》(GB/T 50152—2012)第 5.3.4 条第 1 款规定，每级荷载加载完成后的持荷时间不应少于 5min ~ 10min，且每级加载时间宜相等。因此，每级载荷的间歇时间不应少于 5min。

51. C 【考点】试验观测方案设计

【解析】结构构件的整体变形主要有竖向平面内的挠度和侧向位移，整体变形最能反映试件受力后的全貌，结构任何部位异常变形或局部破坏都能在整体变形中得到反映。结构构件的局部变形如构件的应变、曲率、裂缝、一点的位移和钢筋滑移等可以反映构件受载后的局部情况。在确定试验的观测项目时，首先应该考虑整体变形，以基本反映出结构的工作状况，在此基础上，对某些构件还应该进行局部变形测量。

52. D 【考点】屋架杆件的内力测量

【解析】薄壁杆件的几何特征是某一个方向的几何尺寸 L 远大于垂直该方向横截面上的特征尺寸 d(即横截面上的最大尺寸，如直径、高、宽等)。因薄壁杆件的抗扭惯性矩较小，因此可能发生扭转破坏或者弯扭破坏。所以对于薄壁杆件的内力测量需考虑扭矩，非薄壁杆件抗扭惯性矩较大，不需要考虑扭矩测量。

53. D 【考点】结构试验的非破损检测技术

【解析】非破损检测混凝土强度的方法有回弹法、超声法和超声回弹综合法等。局部破损检测混凝土强度的方法有钻芯法和拨出法等。其中，声速衰减系数综合法用于混凝土强度的非破损检测中，其检测和分析评定结果的精度与可靠性较低些。

54. D 【考点】土的自重应力

【解析】自重应力又称竖向应力，与土的容重和土层的厚度有关系。本题中，总竖向地应力为 $p_0 = \sum\gamma_i h_i = 17 \times 1.5 + 19 \times (4.5 - 1.5) = 82.5\text{kPa}$。

55. B 【考点】边坡稳定

【解析】管道任意一点的测压管水头，等于该点相对于基准面的位置高度加上该点的压头值，即位置水头与压力水头之和。以测压管水面到基准面的高度表示的单位重量水的总势能。本题中，原来一直堆放着的重物，饱和软黏土已经完成固结，无超静孔隙水压力，重物快速移走后静水压力无变化，故测压管水头不变。

56. D 【考点】土的三相指标

【解析】土中孔隙体积与土的颗粒体积之比，称为孔隙比，即 $e=V_v/V_s$。孔隙率是土中孔隙体积与土的体积之比，即 $n=V_v/V$。根据定义可知，$1/e=V_s/V_v=(V-V_v)/V_v=1/n-1=(1-n)/n$。由此得孔隙比为：$e=n/(1-n)=(52.29\%)/(1-52.29\%)=1.096$。

57. A 【考点】三轴压缩试验

【解析】三轴压缩试验是测定土抗剪强度的一种较为完善的方法，测定土应力应变关系和强度的试验。分为不固结不排水、固结不排水和固结排水试验。对应于直接剪切试验的快剪、固结快剪和慢剪试验。

58. D 【考点】标准贯入试验

【解析】根据《岩土工程勘察规范》(GB 50021—2001)(2009 年版)第 5.7.9 条规定，当采用标准贯入试验判别液化时，应按每个试验孔的实测击数进行。在需作判定的土层中，试验点的竖向间距宜为 1.0～1.5m，每层土的试验点数不宜少于 6 个。

59. A 【考点】基础尺寸的确定

【解析】条形基础为了计算方便，通常取 $l=1\text{m}$ 进行计算。由 $P_k=(F_k+G_k)/A\leqslant f_a$，$G_k=\gamma_G Ad$。可得底面积 A 的计算公式为：$A\geqslant F_k/(f_a-\gamma_G d)$。式中，$F_k$ 为线荷载；f_a 为修正后的地基承载力特征值；γ_G 为基础及其台阶上回填土的平均重度；d 为基础平均埋深。

根据题意，$\gamma_G=20\text{kN/m}^3$，$d=3\text{m}$，$F_k=600\text{kN}$，$f_a=260\text{kPa}$。代入数值求得 $A\geqslant 3\text{m}^2$。又 $l=1\text{m}$，所以 A 值在数值上等于基底宽度 b，故条形基础的最小宽度为 3m。

60. A 【考点】桩的负摩阻力

【解析】根据《建筑桩基技术规范》(JGJ 94—2008)第 5.4.2 条规定，符合下列条件之一的桩基，当桩周土层产生的沉降超过基桩的沉降时，在计算基桩承载力时应计入桩侧负摩阻力：①桩穿越较厚松散填土、自重湿陷性黄土、欠固结土、液化土层进入相对较硬土层时；②桩周存在软弱土层，邻近桩侧地面承受局部较大的长期荷载，或地面大面积堆载(包括填土)时；③由于降低地下水位，使桩周土有效应力增大，并产生显著压缩沉降时。

【解析】[illegible]

57. A 【考点】[illegible]

【解析】[illegible]

58. B 【考点】[illegible]

【解析】[illegible]

59. A 【考点】[illegible]

【解析】[illegible]

[illegible]

60. A 【考点】[illegible]

【解析】[illegible]

2020年一级注册结构工程师执业资格考试《专业基础考试》真题

单项选择题(共60题，每题2分。每题的备选项中只有一个最符合题意)

1. 具有一定的化学组成，内部质点周期性排列的固体，称为(　　)。

A. 晶体　　B. 凝胶体　　C. 玻璃体　　D. 溶胶体

2. 使钢材冷脆性加剧的主要元素是(　　)。

A. 碳(C)　　B. 硫(S)　　C. 磷(P)　　D. 锰(Mn)

3. 硅酸盐水泥生产过程中添加适量的石膏，目的是为了调节(　　)。

A. 水泥的密度　　B. 水泥的比表面积

C. 水泥的强度　　D. 水泥的凝结时间

4. 混凝土用集料的内部孔隙充满水但表面没有水膜，该含水状态被称为(　　)。

A. 气干状态　　B. 绝干状态　　C. 湿润状态　　D. 饱和面干状态

5. 混凝土的强度受到其材料组成的影响，决定混凝土强度的主要因素是(　　)。

A. 骨料密度　　B. 砂的细度模数　　C. 外加剂种类　　D. 水灰(胶)比

6. 为了获得乳化沥青，需要在沥青中加入(　　)。

A. 乳化剂　　B. 硅酸盐水泥　　C. 矿粉　　D. 石膏

7. 同种木材的各种力学强度中最高的是(　　)。

A. 顺纹抗拉强度　　B. 顺纹抗压强度

C. 横纹抗拉强度　　D. 横纹抗压强度

8. 下列何项作为测量外业工作的基准面?(　　)

A. 水准面　　B. 参考椭球面　　C. 大地水准面　　D. 平均海水面

9. 水准仪测量A、B两点间的高差，把已知高程点A作为后视，待求点B作为前视，先后在两尺上读取读数，得到后视读数a和前视读数b，则A、B两点间的高差可以表示为(　　)。

A. $H_{BA}=a-b$　　B. $h_{AB}=a-b$　　C. $H_{AB}=a-b$　　D. $h_{BA}=b-a$

10. 在1:2000的地形图上，量得某水库图上汇水面积为$P=1.6\times10^4\text{cm}^2$，某次降水过程雨量为(每小时平均降雨量)$m=50\text{mm}$，降水时间持续2.5小时($n$)，设蒸发系数$k=0.4$，按汇水量$Q=P\cdot m\cdot n\cdot k$，本次降水汇水量为(　　)。

A. $1.0\times10^{11}\text{m}^3$　　B. $3.2\times10^5\text{m}^3$　　C. $1.0\times10^7\text{m}^3$　　D. $2.0\times10^4\text{m}^3$

11. 三角高程测量中，设水平距离为D，α为竖直角，仪器高为i，标杆高为v，球气差改正为f，则测站点与目标点间高差可表示为(　　)。

A. $D\text{tg}\alpha+i-v+f$　　B. $D\text{tg}\alpha+v-i+f$

C. $D\cos^2\alpha+i-v+f$　　D. $D\cos^2\alpha+v-i+f$

12. 误差具有下列何种特性?(　　)

A. 系统误差不具有累积性　　B. 取均值可消除系统误差

C. 检校仪器可消除或减弱系统误差　　D. 理论上无法消除或者减弱偶然误差

13. 某建设单位于2010年3月20日领到施工许可证，开工后于2010年5月10日中止施工。根据《建筑法》规定，该建设单位向施工许可证发证机关报告的最迟期限应是2010年(　　)。

A. 6月19日　　B. 8月9日　　C. 6月9日　　D. 9月19日

14. 根据《招标投标法》，开标时招标人应当邀请所有投标人参加，这一规定体现了招标投标活动的(　　)。

A. 公开原则　　B. 公平原则　　C. 公正原则　　D. 诚实守信原则

15. 工人甲在施工作业过程中发现脚手架要倒塌，迅速逃离了现场，随之倒塌的脚手架造成一死多伤的安全事故，则甲的行为(　　)。

A. 违法，因为只有在通知其他工人后甲才可逃离

B. 违约，因为甲未能按照合同履行劳动义务

C. 不违法，甲在行使紧急避险权

D. 不违约，脚手架倒塌属于不可抗力

16. 有关评标方法的描述，下列说法错误的是(　　)。

A. 最低投标价法适合没有特殊要求的招标项目

B. 综合评估法适合没有特殊要求的招标项目

C. 最低投标价法通常带来恶性削价竞争，工程质量不容乐观

D. 综合评估法可用打分的方法或货币的方法评估各项标准

17. 某沟槽宽度为10m，拟采用轻型井点降水，其平面布置宜采用的形式为(　　)。

A. 单排　　B. 双排　　C. 环形　　D. U形

18. 混凝土施工缝宜留置在(　　)。

A. 结构受剪力较小且便于施工的位置　　B. 遇雨停工处

C. 结构受弯矩较小且便于施工的位置　　D. 结构受力复杂处

19. 在单位工程施工平面图设计中应该首先考虑的内容为(　　)。

A. 现场道路　　B. 垂直运输机械　　C. 仓库和堆场　　D. 水电管网

20. 下列关于单位工程的施工流向安排的表述正确的是(　　)。

A. 对技术简单、工期较短的分部分项工程一般应优先施工

B. 室内装饰工程可一般有自上而下、自下而上及自中而下再自上而中的三种流向

C. 当有高低跨并列时，一般应从高跨向低跨处吊装

D. 室外装饰工程一般应遵循自下而上的流向

21. 某分部工程，工程量为1000m^3，计划5天完成，每天均匀施工，预算单价为200元/m^3，第三天早晨上班前检查时发现，已完成工程量600m^3，实际支出为13万，请问下列说法哪个正确？(　　)

A. 进度偏差=2万元，因此进度超前　　B. 费用偏差=1万元，因此费用节省

C. 实际进度超前1天　　D. 进度偏差=100m^3，因此进度超前

22. 建筑结构的可靠性包括(　　)。

A. 安全性，耐久性，经济性　　B. 安全性，适用性，经济性

C. 耐久性，经济性，适用性　　D. 安全性，适用性，耐久性

23. 正常使用下钢筋混凝土受弯构件的正截面受力工作状态(　　)。

A. 混凝土无裂缝且纵向受拉钢筋未屈服

B. 混凝土有裂缝且纵向受拉钢筋屈服

C. 混凝土有裂缝且纵向受拉钢筋未屈服

D. 混凝土无裂缝且纵向受拉钢筋屈服

24. 均布荷载作用下，钢筋混凝土双向板塑性铰线正确的是(　　)。

A. 

B. 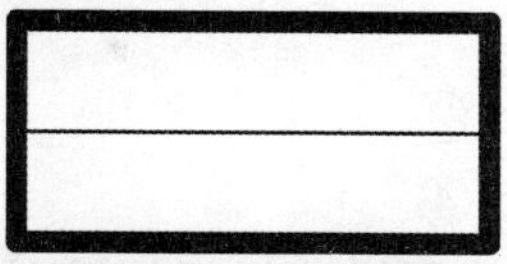

C. 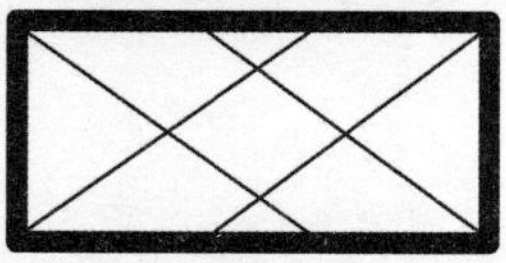

D. 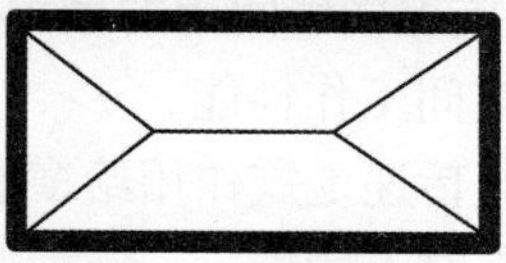

25. 框筒结构中剪力滞后的规律，下列(　　)是不对的。

A. 柱距不变，减小梁断面，剪力滞后增大

B. 结构上端剪力滞后减小

C. 正方形结构，边长增加，剪力滞后减小

D. 滞后效应与平面结构形状有关

26. 下列哪类钢材能保证零下 20 摄氏度时的冲击韧性？(　　)

A. Q235 – A　　B. Q235 – B　　C. Q235 – C　　D. Q235 – D

27. 轴心受压钢构件常见的整体失稳模态是(　　)。

A. 弯曲失稳　　B. 扭转失稳　　C. 弯扭失稳　　D. 以上三个都是

28. 可以只做外观检查的焊缝质量等级是(　　)。

A. 一级焊缝　　B. 二级焊缝　　C. 三级焊缝　　D. 上述所有三种焊缝

29. 钢屋盖桁架结构中，腹杆和弦杆直接连接而不采用节点板，则腹杆的计算长度系数为(　　)。

A. 1　　B. 0.9　　C. 0.8　　D. 0.7

30. 砌体抗压强度恒比块材强度低的原因是(　　)。

(1)砌体受压时块材处于复杂应力状态

(2)砌体中很多竖缝，受压后产生应力集中现象

(3)砌体受压时砂浆的横向变形大于块材的横向变形，致使块材在砌体中受拉

(4)砌体中块材相互错缝咬结，整体性差

A. (1)(3)　　B. (2)(4)　　C. (1)(2)　　D. (1)(4)

31. 墙体为砌体结构，楼屋盖、圈梁为混凝土结构，这样两种不同的材料共同工作，结构工程师在设计时需要特别重视(　　)。

A. 两种材料不同的弹性模量　　B. 两种材料不同的抗压强度

C. 两种材料不同的抗拉强度　　D. 两种材料不同的线膨胀系数

32. 截面尺寸 390mm × 290mm 的混凝土砌块短柱，当轴向力 N 的偏心距如图所示时，其受压承载力的大小顺序为(　　)。

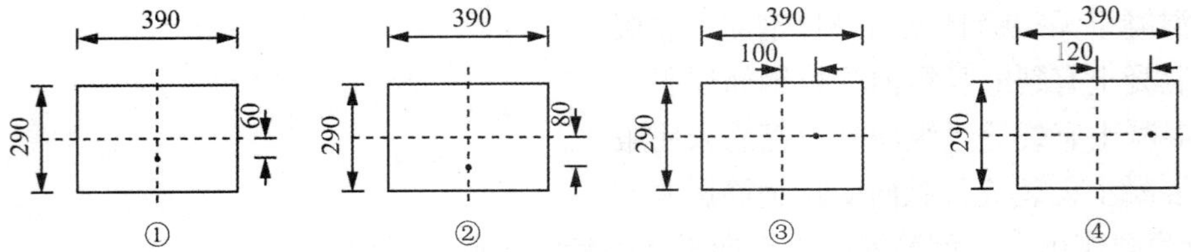

题 32 图

A. ①>③>④>②　　B. ①>②>③>④

C. ①>③>②>④　　D. ③>②>①>④

33. 规范对砌体房屋抗震横墙间距的最大间距限制的目的是(　　)。

A. 保证房屋的空间工作性能

B. 保证楼盖具有传递地震作用给横墙所需要的水平刚度

C. 保证房屋地震时不倒塌

D. 保证纵墙的高厚比满足要求

34. 几何可变体系的计算自由度(　　)。

A. >0　　B. <0　　C. =0　　D. 不确定

35. 图示刚架 M_{DC} 为(下侧受拉为正)(　　)。

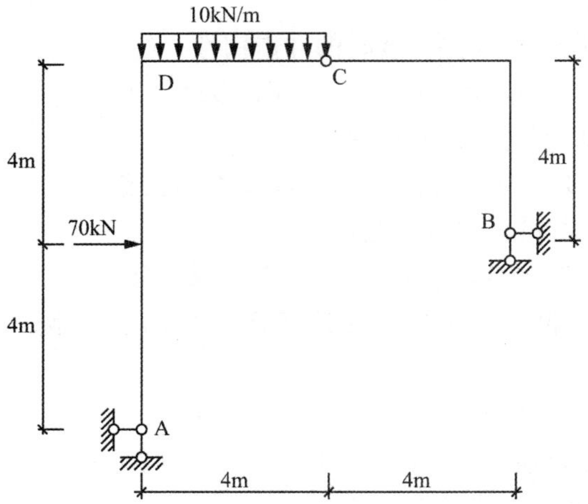

题 35 图

A. 20kN·m　　B. 40kN·m　　C. 60kN·m　　D. 80kN·m

36. 图示三铰拱 $y=\frac{4f}{l^2}x(l-x)$，拱的跨度 $l=16\text{m}$，D 截面右侧弯矩大小为(下侧受拉为正)(　　)。

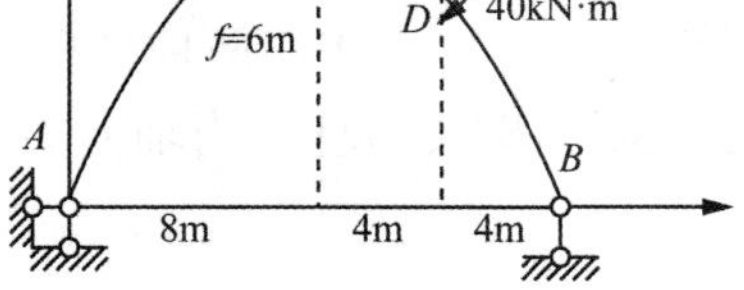

题 36 图

A. 12kN · m　　B. 20kN · m　　C. 32kN · m　　D. 68kN · m

37. 图示结构杆件 1 的轴力为(　　)。

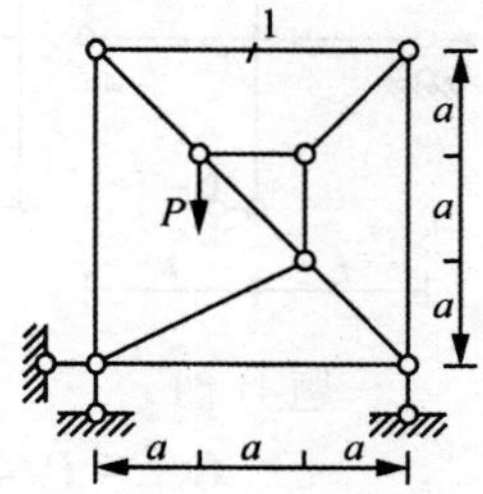

题 37 图

A. $-P$　　B. $-P/2$　　C. $-\sqrt{2}P/2$　　D. $-\sqrt{2}P$

38. 图示结构 a 杆轴力为(　　)。

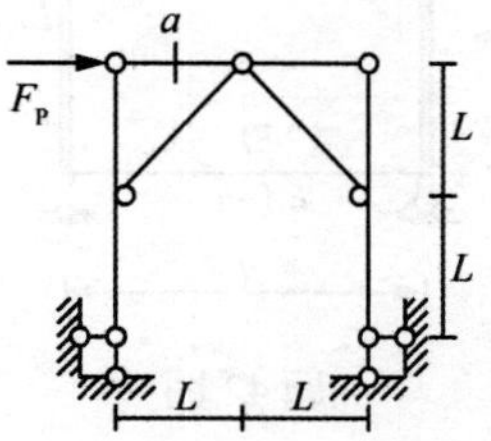

题 38 图

A. $0.5F_p$　　B. $-0.5F_p$　　C. $1.5F_p$　　D. $-1.5F_p$

39. 图示结构中反力 F_H 为(　　)。

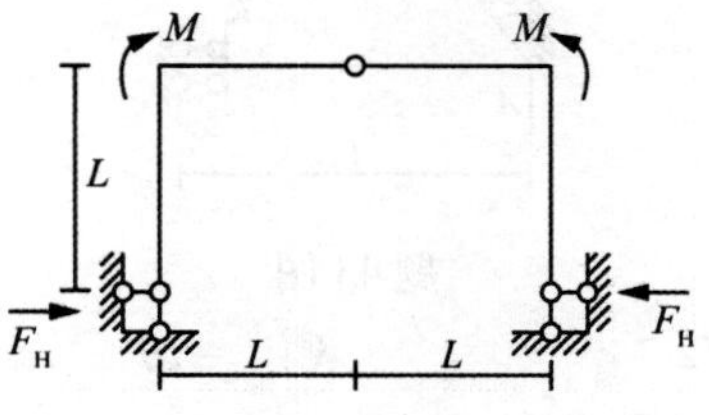

题 39 图

A. M/L　　B. $-M/L$　　C. $2M/L$　　D. $-2M/L$

40. 图示对称结构 C 点的水平位移 $\Delta_{CH}=\Delta(\rightarrow)$，不考虑轴向变形，若结构 EI 增大一倍，则 Δ_{CH} 变为(　　)。

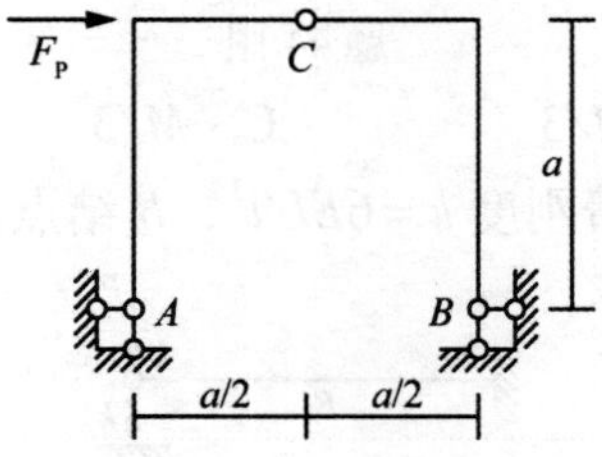

题 40 图

A. 2Δ　　B. 2.5Δ　　C. 0.5Δ　　D. 0.75Δ

41. 图示结构 EI = 常数，在给定荷载作用下，M_{BA} 为(下侧受拉为正)(　　)。

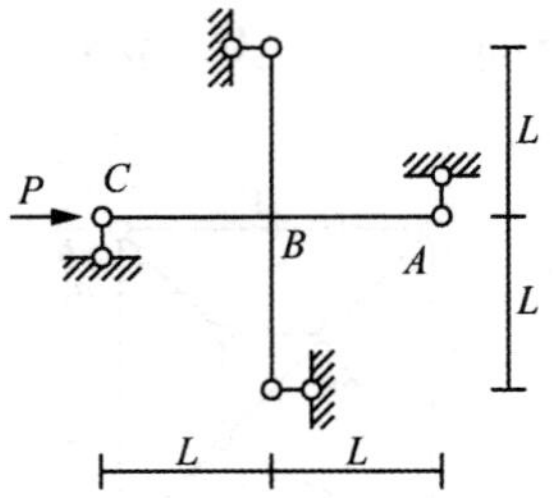

题 41 图

A. $P/2$　　B. $P/4$　　C. $-P/4$　　D. 0

42. 图示结构 M_{BA} 值的大小为(　　)。

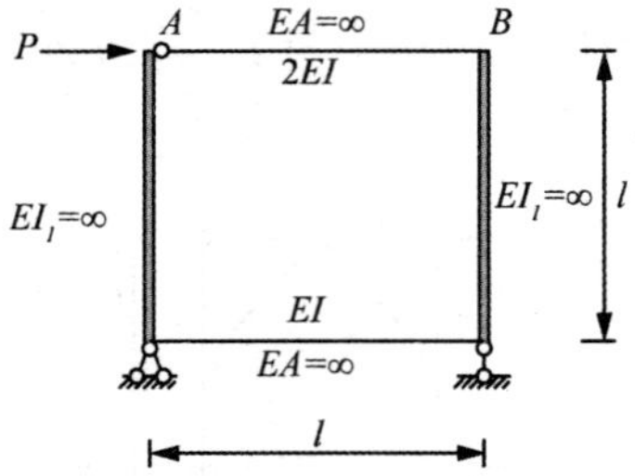

题 42 图

A. $Pl/2$　　B. $Pl/3$　　C. $Pl/4$　　D. $Pl/5$

43. 图示结构 EI = 常数，当支座 A 发生转角 θ 时，支座 B 处截面竖向滑动位移为(以向下为正)(　　)。

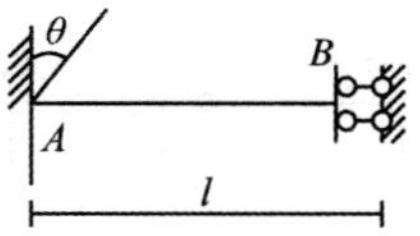

题 43 图

A. $l\theta$　　B. $l\theta/2$　　C. $-l\theta$　　D. $-l\theta/2$

44. 图示结构 M_{BA} 为(以下侧受拉为正)(　　)。

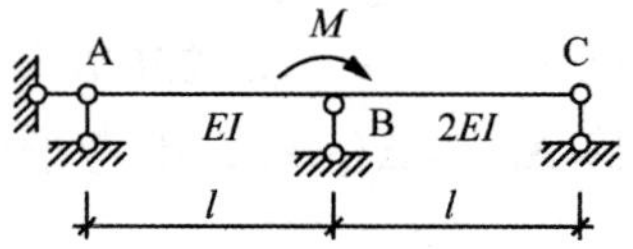

题 44 图

A. $-M/3$　　B. $-2M/3$　　C. $M/3$　　D. $2M/3$

45. 图示结构 B 处弹性支座的弹簧刚度 $k=6EI/l^3$，B 结点向下的竖向位移为(　　)。

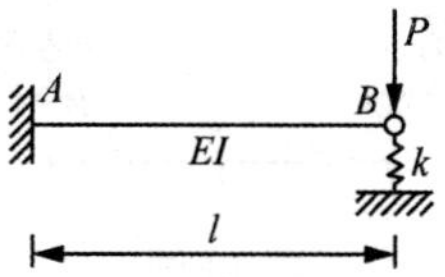

题 45 图

A. $\dfrac{Pl^3}{3EI}$　　B. $\dfrac{Pl^3}{6EI}$　　C. $\dfrac{Pl^3}{9EI}$　　D. $\dfrac{Pl^3}{12EI}$

46. 图示简支梁在所示移动荷载下截面 K 的最大弯矩值是(　　)。

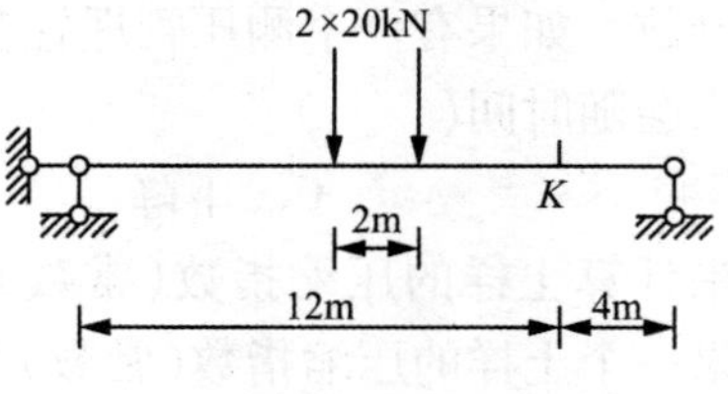

题46图

A. 90kN·m　　B. 110kN·m　　C. 120kN·m　　D. 150kN·m

47. 设 μ_a 和 μ_b 分别表示图(a)和图(b)所示两结构的位移动力系数，则(　　)。

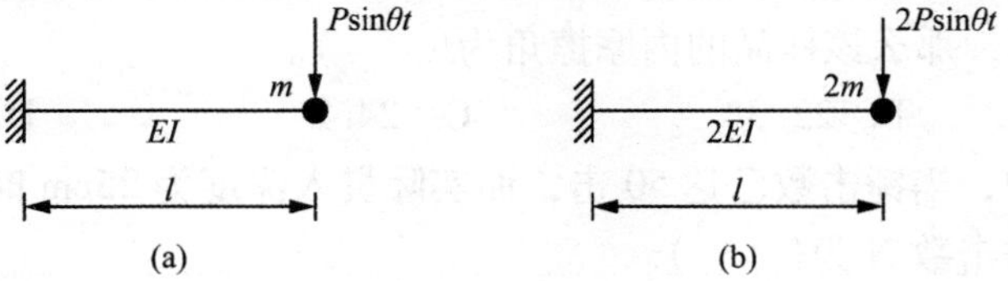

题47图

A. $\mu_a = \frac{1}{2}\mu_b$　　B. $\mu_a = -\frac{1}{2}\mu_b$　　C. $\mu_a = \mu_b$　　D. $\mu_a = -\mu_b$

48. 单自由度体系自由振动，实测10周后振幅衰减为最初的0.25%，则阻尼比为(　　)。

A. 0.25　　B. 0.02　　C. 0.008　　D. 0.0954

49. 下列哪一条不是低周反复加载试验的目的？(　　)

A. 研究结构动力特性

B. 研究结构在地震荷载作用下的恢复力特性

C. 判断或鉴定结构的抗震性能

D. 研究结构的破坏机理

50. 我国应变片名义阻值一般取(　　)。

A. 240欧姆　　B. 120欧姆　　C. 100欧姆　　D. 80欧姆

51. 试件的最大承载能力和相应变形计算，应按哪一种进行？(　　)

A. 材料的设计值　　B. 材料的标准值

C. 实际材料性能指标　　D. 材料的设计值修正后的取值

52. 结构动力试验方法中，哪一种方法不能测得高阶频率？(　　)

A. 自由振动法　　B. 强迫振动　　C. 主谐量法　　D. 谐量分析法

53. 用仪器对结构或构件进行内力和变形等各种参数的量测时，测点选择与布置的下列原则，哪一种是不全面的？(　　)

A. 测点宜少不宜多

B. 测点的位置必须有代表性

C. 应布置校核性测点

D. 对试验工作的进行应该是方便的、安全的

54. 一个厚度为25.0mm的黏土试样固结实验结果表明，孔隙水压力从初始值到消减为零，需时2分45秒。如果地基中有一厚度4.6m的相同黏土层，且该黏土层和实验样品的上下表面均可排水，则该黏土层固结时间为(　　)。

A. 258.5 天　　B. 120 天　　C. 64.7 天　　D. 15.5 天

55. 在饱和软砂土地基上快速堆放，如果有一个测压管埋置在砂堆正下方的一定深度处，砂堆堆放过程中，测压管水头会随时间(　　)。

A. 上升　　B. 不变　　C. 下降　　D. 不确定

56. 某外国，用固结仪实验结果计算土样的压缩指数(常数)时，不是用常用对数，而是用自然对数对应取值的。如果一个土样的压缩指数(常数)为 0.00485，有一个土样其竖向应力增大为初始状态的 100 倍，则土样孔隙比(　　)。

A. 增大 0.0112　　B. 减小 0.0112　　C. 增大 0.0224　　D. 减小 0.0224

57. 直径为 38mm 的干砂土样品，进行常规三轴试验，围压恒定为 36.3kPa，竖向加载杆的轴向力为 45.3N，那么该样品的内摩擦角为(　　)。

A. 20.8°　　B. 22.3°　　C. 24.2°　　D. 26.8°

58. 标准贯入试验中，当锤击数已达 50 击，而实际贯入深度为 25cm 时，则相当于 30cm 的标准贯入试验锤击数 N 为(　　)。

A. 60　　B. 40　　C. 50　　D. 80

59. 其均质地基承载力特征值为 100kPa，地下水位于地面以下 2m 处，基础深度的地基承力修正系数为 1.5，土层重度为 $16kN/m^3$，饱和重度为 $20kN/m^3$，基础宽度为 3m，请问地基承力需达到 166kPa 时，基础埋深最小为(　　)。

A. 3m　　B. 4m　　C. 4.5m　　D. 5m

60. 地震 8 度以上的区域不能用哪种类型的桩？(　　)

A. 钻孔灌注桩　　B. 泥浆护壁钻孔灌注桩

C. 预应力混凝土桩　　D. H 型钢桩

答案及详解

单项选择题(共60题，每题2分。每题的备选项中只有一个最符合题意)

1. A 【考点】晶体的概念

【解析】AC两项，晶体是原子、离子或分子按照一定的周期性，在三维空间作有规律的周期性重复排列形成具有一定规则几何外形的固体，晶体主要特点有：①有整齐规则的几何外形；②有固定的熔点；③有各向异性的特点。玻璃体指非晶态固体，没有上述特点。

BD两项，胶体有两种存在状态，即凝胶和溶胶。凝胶的胶粒之间互相连接形成网状结构，水分子处于网眼结构的孔隙之中，是具有一定结构和弹性的半固体状态。温度升高时，凝胶能转变成溶胶。溶胶的胶粒之间联系消失，网状结构不再存在，胶粒均匀分布，呈自由活动的半流动状态，近似流体的性质。

2. C 【考点】钢材的主要元素对性能的影响

【解析】C项，一般情况下，磷是钢中有害元素，增加钢的冷脆性，使焊接性能变坏，降低塑性，使冷弯性能变坏。

A项，钢中含碳量增加，屈服点和抗拉强度升高，但塑性和冲击性降低。

B项，硫在通常情况下是有害元素，可使钢产生热脆性，降低钢的延性和韧性，在锻造和轧制时造成裂纹。硫对焊接性能也不利，降低钢材的耐腐蚀性。

D项，在炼钢过程中，锰是良好的脱氧剂和脱硫剂。在碳素钢中加入0.70%以上的锰时称为“锰钢”，锰钢不但有足够的韧性，且有较高的强度和硬度，可提高钢的淬性，改善钢的热加工性能。

3. D 【考点】石膏的作用

【解析】水泥生产过程中加入石膏的主要作用是作为缓凝剂，调节水泥的凝结时间。在没有石膏的情况下水泥熟料磨细后加水会很快凝结，影响施工和检验，添加适量石膏后，石膏中的硫酸钙与能够与水化铝酸钙反应，生成水化硫铝酸钙，该产物阻止铝酸三钙的迅速水化，从而延缓了水泥的凝结，起到了缓凝的作用。

4. D 【考点】骨料的面干状态

【解析】骨料的面干状态分四种，绝干状态、气干状态、饱和面干状态和湿润状态。A项，气干状态是指骨料内部空隙中所含水分与周围大气湿度所决定的空气中水分达到平衡的含水状态。B项，绝干状态是指骨料干燥、含水率为零的状态。C项，湿润状态是指骨料内部孔隙含水达到饱和且表面附有一层水膜的状态。D项，饱和面干状态是指骨料表面干燥但内部空隙含水达到饱和的状态。

5. D 【考点】影响混凝土强度的主要因素

【解析】改变水灰比、水泥强度、骨料强度、骨料最大粒径、碎石粗糙程度以及砂率都会较大影响混凝土的强度。其中水泥的强度和水灰比是决定混凝土强度的最主要因素，此外集料的特性对混凝土强度也有明显影响，骨料强度直接影响混凝土的强度，同时骨料表面状况会影响水泥石与骨料的粘结，故也直接影响着混凝土的强度。

6\. A 【考点】乳化沥青

【解析】乳化沥青是沥青颗粒均匀分散在有乳化剂的水中而成的乳胶体。乳化剂分为有机、无机两大类，有机乳化剂分为：阴离子型、阳离子型、两性离子型、非离子型。建筑中常用的乳化剂有：石灰膏、膨润土、聚乙烯醇、洗衣粉等。

7\. A 【考点】木材的力学性质

【解析】A 项，木材的顺纹抗拉强度是指木材抵抗顺纹拉伸的最大应力。顺纹抗拉强度是指木材的最大强度，约为顺纹抗压强度的两倍，横纹抗压强度的 12 ~40 倍。

B 项，顺纹抗压强度是指短时间内沿木材顺纹方向缓缓施加压缩荷载，木材所能承受的最大能力，该指标是最具代表性的力学特性指标。

C 项，横纹抗拉强度是指木材垂直于纤维方向承受拉伸载荷的最大能力。一般仅为顺纹抗拉强度的 3.5% ~7% 左右。

D 项，横纹抗压强度是指木材在垂直纹理方向抵抗比例极限时压缩荷载的能力，通常横纹局部抗压强度高于横纹全部抗压强度。

8\. C 【考点】测量工作基本概念

【解析】地面点到大地水准面的铅垂距离称为该点的绝对高程，因此，大地水准面是测量外业工作的基准面。

9\. B 【考点】水准测量高差计算

【解析】水准测量的原理是利用水准仪提供的水平视线，在竖立在两点上的水准尺上读数，以测定两点间的高差，从而由已知点的高程推算未知点的高程。两点间高差计算公式为：$h_{AB}=a-b=$后视读数 - 前视读数。

10\. B 【考点】比例尺的应用

【解析】比例尺为图上距离与实际距离的比值，则该水库实际汇水面积为：$P_{实}=1.6\times10^4\times2000\times2000\times10^{-4}=6.4\times10^6\text{m}^2$，故本次降水汇水量为：$Q=P\cdot m\cdot n\cdot k=6.4\times10^6\times0.05\times2.5\times0.4=3.2\times10^5\text{m}^3$。

11\. A 【考点】三角高程测量

【解析】三角高程测量是指通过观测两个控制点的水平距离和天顶距（或高度角）求定两点间高差的方法。假定地球表面为水平面时，测得 AB 点的水平距离 D，则高差为 $h_{AB}=D\text{tg}\alpha+i-v$。当假设不成立时，需加上球气差改正，高差可表示 $h_{AB}=D\text{tg}\alpha+i-v+f$。

12\. C 【考点】系统误差和偶然误差的特性

【解析】A 项，系统误差有些是定值的，如仪器的零点不准，有些是积累性的，如用受热膨胀的钢质米尺测量时，读数就小于其真实长度。

B 项，系统误差总是使测量结果偏向一边，或偏大或偏小，因此多次测量求平均值并不能消除系统误差。

C 项，系统误差具有重复性、单向性、可测性。在相同的条件下，重复测定时其数值大小也有一定的规律。若能找出产生误差的原因，并设法测定出其大小，那么系统误差可以通过校正的方法予以减少或者消除。

D 项，偶然误差总是存在，通过多次测量取平均值可以减小偶然误差，但无法消除。

13\. C 【考点】《中华人民共和国建筑法》

【解析】根据《中华人民共和国建筑法》第十条规定，在建的建筑工程因故中止施工的，建设单位应当自中止施工之日起一个月内，向发证机关报告，并按照规定做好建筑工程的维护管理工作。建筑工程恢复施工时，应当向发证机关报告；中止施工满一年的工程恢复施工前，建设单位应当报发证机关核验施工许可证。该单位开工后于 2010 年 5 月 10 日中止施工，则该单位应当自中止施工之日起一个月内报告，即最迟期限为 2010 年 6 月 9 日。

14. A 【考点】中华人民共和国招标投标法

【解析】根据《中华人民共和国招标投标法》第五条规定，招标投标活动应当遵循公开、公平、公正和诚实信用的原则。第三十五条规定，开标由招标人主持，邀请所有投标人参加。这一规定体现了招投标活动的公开原则。

15. C 【考点】《中华人民共和国安全生产法》

【解析】根据《中华人民共和国安全生产法》第五十五条规定，从业人员发现直接危及人身安全的紧急情况时，有权停止作业或者在采取可能的应急措施后撤离作业场所。生产经营单位不得因从业人员在前款紧急情况下停止作业或者采取紧急撤离措施而降低其工资、福利等待遇或者解除与其订立的劳动合同。因此工人甲的行为是在行使紧急避险权，该行为不违法。

16. B 【考点】评标方法

【解析】AC 两项，根据《评标委员会和评标方法暂行规定》第三十条规定，经评审的最低投标价法一般适用于具有通用技术、性能标准或者招标人对其技术、性能没有特殊要求的招标项目。第三十一条规定，根据经评审的最低投标价法，能够满足招标文件的实质性要求，并且经评审的最低投标价的投标，应当推荐为中标候选人。因此通常会带来恶性削价竞争，工程质量不容乐观。

BD 两项，第三十四条规定，不宜采用经评审的最低投标价法的招标项目，一般应当采取综合评估法进行评审。第三十五条规定，根据综合评估法，最大限度地满足招标文件中规定的各项综合评价标准的投标，应当推荐为中标候选人。衡量投标文件是否最大限度地满足招标文件中规定的各项评价标准，可以采取折算为货币的方法、打分的方法或者其他方法。

17. B 【考点】轻型井点降水

【解析】轻型井点降水的布置基本规定为：①单排布置：宽度 $<6m$、降水深度不大于 5m 时，布置于地下水上游侧，延伸长度 $\geq B$（坑槽宽度）；②双排布置：宽度 $>6m$ 时；③环型或 U 型布置：面积较大（考虑施工机械进出基坑时宜采用 U 型布置）。本工程沟槽宽度大于 6m，因此应采用双排布置。

18. A 【考点】混凝土施工缝

【解析】施工缝是指在混凝土浇筑过程中，因设计要求或施工需要分段浇筑，而在先、后浇筑的混凝土之间所形成的接缝。施工缝的位置应设置在结构受剪力较小和便于施工的部位，且应符合下列规定：①施工缝应留置在基础的顶面、梁或吊车梁牛腿的下面、吊车梁的上面、无梁楼板柱帽的下面；②和楼板连成整体的大断面梁，施工缝应留置在板底面以下 20mm ~ 30mm 处，当板下有梁托时，留置在梁托下部；③对于单向板，施工缝应留置在平行于板的短边的任何位置；④有主次梁的楼板，宜顺着次梁方向浇筑，施工缝应留置在次梁跨度中间 1/3 的范围内；⑤墙上的施工缝应留置在门洞口过梁跨中

1/3 范围内，也可留在纵横墙的交接处；⑥楼梯上的施工缝应留在踏步板的 1/3 处；⑦水池池壁的施工缝宜留在高出底板表面 200mm ~ 500mm 的竖壁上；⑧双向受力楼板、大体积混凝土、拱、壳、仓、设备基础、多层刚架及其他复杂结构，施工缝位置应按设计要求留设；⑨柱应留水平缝，梁、板、墙应留垂直缝。

19. B 【考点】施工平面图设计

【解析】施工平面图的设计步骤为：①确定垂直运输机械的位置；②确定搅拌站、仓库和材料加工半成品、构件堆放的位置；③布置运输道路；④布置生产和生活临时设施；⑤布置水电管网。故首先应确定垂直运输机械的位置。

20. B 【考点】施工流向安排

【解析】施工流向是指单位工程在平面或空间上施工的开始部位及其展开方向。如果分段施工，施工流向就是从第一个分段开始向其他分段展开的方向。A 项，技术复杂、施工进度较慢、工期较长的工段或部位先施工。BD 两项，室外装饰工程一般应遵循自上而下的流向，室内装饰工程可一般有自上而下、自下而上及自中而下再自上而中三种流向。C 项，当有高低层或高低跨并列时，应从高低层或高低跨并列处开始。

21. C 【考点】赢得值法评价指标

【解析】AD 两项，进度偏差(SV) = 已完工作预算费用(BCWP) - 计划工作预算费用(BCWS)。SV 为负值，表示进度延误，实际进度落后；反之，表示进度提前。本工程进度偏差为：$SV = 600 \times 200 - 1000/5 \times 2 \times 200 = 4$(万元)，因此进度超前。

B 项，费用偏差(CV) = 已完成工作预算费用(BCWP) - 已完成工作实际费用(ACWP)，当费用偏差 CV 为负值时，表示项目运行超出预算费用；当费用偏差 CV 为正值时，表示项目运行节支，实际费用没有超出预算费用。本工程费用偏差为：$CV = 600 \times 200 - 130000 = -10000$(元)。因此费用超支 1 万元。

C 项，原计划每天平均完成 $1000/5 = 200m^3$，则实际进度超前：$600/200 - 2 = 1$(天)。因此实际进度超前 1 天。

22. D 【考点】建筑结构可靠性

【解析】可靠性是指结构在规定的时间内，在规定的条件下，完成预定功能的能力。建筑结构的可靠性包括安全性、适用性和耐久性三项要求。

23. C 【考点】钢筋混凝土受弯构件正常使用状态

【解析】钢筋混凝土受弯构件状态包括：①未开裂阶段，荷载效应较小，梁下部边缘混凝土未达到其抗拉强度极限值，梁处于弹性阶段。②开裂阶段，随荷载效应增大，梁下部边缘混凝土超过其抗拉强度极限值而开裂，拉应力全部由钢筋承担，此时梁处于弹塑性阶段，梁上部受压区应力分布图形由三角形变向 U 形变化，处于工程正常使用阶段。③极限阶段，荷载效应增大，梁下部边缘混凝土裂缝继续发展，中和轴上升，梁上部受压区应力分布图形塑性向着矩形发展，此时，梁最不利的正截面承载能力达到最大。

24. D 【考点】钢筋混凝土双向板塑性铰线

【解析】按双向板设计时，破坏机构的确定原则有：①对称结构具有对称的塑性铰线分布。②正弯矩部位出现正塑性铰线，负弯矩区域出现负塑性铰线。③应满足板块转动要求，塑性铰线通过相邻板块转动轴交点。④塑性铰线的数量应使整块板成为一个几何可变体系。因此均布荷载作用下双向板塑性绞线见题 24 解图。

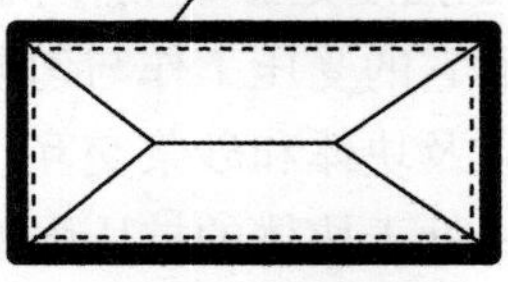

题 24 解图

25. B 【考点】框筒结构剪力滞后

【解析】框筒结构虽然整体受力，却与理想筒体的受力有明显的差别，不再保持平截面变形，腹板框架柱的轴力是曲线分布的，翼缘框架柱的轴力也是不均匀分布，靠近角柱的柱子轴力大，远离角柱的柱子轴力小，这种应力分布不再保持直线规律的现象称为“剪力滞后”。剪力滞后的大小与梁的刚度、柱距、结构长宽比等有关。梁刚度越大、柱距越小、结构长宽比越小，剪力滞后越小。

B 项，结构越靠近上端，剪力滞后越明显。A 项，若柱距不变，减小梁断面，则梁刚度减小，剪力滞后增大。C 项，边长增加，则截面刚度增大，剪力滞后减小。D 项，筒中筒结构的空间受力性能与其平面形状和构件尺寸等因素有关，平面形状宜选圆形、正多边形、椭圆形或矩形等，以圆形和正方形为最有利的平面形状，可减小外框筒的“剪力滞后”现象。

26. D 【考点】钢材的质量等级选用

【解析】根据《钢结构设计标准》(GB 50017—2017)第 4.3.2 条规定，对直接承受动力荷载或需验算疲劳的构件所用钢材尚应具有冲击韧性的合格保证。根据第 4.3.3 条第 2 款规定，需验算疲劳的焊接结构用钢材应符合下列规定：①当工作温度高于 0℃时其质量等级不应低于 B 级；②当工作温度不高于 0℃但高于 -20℃时，Q235、Q345 钢不应低于 C 级，Q390、Q420 及 Q460 钢不应低于 D 级；③当工作温度不高于 -20℃时，Q235 钢和 Q345 钢不应低于 D 级，Q390 钢、Q420 钢、Q460 钢应选用 E 级。

27. D 【考点】轴心受压构件整体失稳

【解析】钢结构失稳形式多样，对轴心受压构件而言，弯曲失稳是最常见的屈曲形式，除弯曲失稳外，还可能发生扭转失稳和弯扭失稳。对于一般双轴对称截面的轴心受压构件，可能绕截面的两个对称轴发生弯曲屈曲。对于抗扭刚度和抗翘曲刚度很弱的轴心受压构件，可能发生弯曲失稳外，还可能发生绕纵轴的扭转失稳。对单轴对称的轴心受压构件，可能发生弯扭失稳。

28. C 【考点】焊缝质量等级

【解析】依据《钢结构工程施工质量验收标准》(GB 50205—2020)第 5.2.4 条和 5.2.5 条规定，一级焊缝要求对每条焊缝长度的 100% 进行超声波探伤。二级焊缝要求对每条焊缝长度的 20% 进行抽检，且不小于 200mm 进行超声波探伤。三级焊缝只需进行外观检测。

29. A 【考点】轴心受力杆件计算长度

【解析】根据《钢结构设计标准》(GB 50017—2017)第 7.4.1 条规定，除钢管结构外，无节点板的腹杆计算长度在任意平面内均应取其等于几何长度。因此其计算长度系数为 1。

30. A 【考点】砌体抗压强度

【解析】块材抗压强度和砂浆抗压强度是影响砌体抗压强度的两个主要因素。砌体是由块体用砂浆垫平黏结而成，因而它的受压工作与匀质的整体结构构件有很大差别。由于灰缝厚度和密实性的不均匀，以及块体和砂浆交互作用等原因，使块体的抗压强度不能充分发挥，即砌体的抗压强度将低于块体的抗压强度。因此砌体受压时块材处于复杂应力状态，且砂浆的变形大于块材变形，块材受拉，所以砌体抗压强度低于块材强度。

31. D 【考点】砌体结构设计

【解析】砌体结构的墙体和混凝土结构的楼屋盖、圈梁在建筑中是上下叠加受压状态，弹性模量不同对结构性能不会产生太大影响。但是线膨胀系数不同时，墙体和楼盖在相接处会因热胀冷缩而不协调，容易产生裂缝，对结构造成影响，因此线膨胀系数需要特别重视。

32. C 【考点】砌体抗压承载力的大小判断

【解析】砌体抗压承载力与偏心率 e/h 成反比，其中 e 为偏心距，h 为偏心方向的截面厚度。截面①、②、③、④的偏心率 e/h 分别为：$60/290=0.21$，$80/290=0.28$，$100/390=0.26$，$120/390=0.31$。因此，砌体抗压承载力大小顺序为：①>③>②>④。

33. B 【考点】砌体房屋抗震措施

【解析】根据《建筑抗震设计规范》(GB 50011—2010)(2016 年版)条文说明第 7.1.5 条规定，多层砌体房屋的横向地震力主要由横墙承担，地震中横墙间距大小对房屋倒塌影响很大，不仅横墙需具有足够的承载力，而且楼盖须具有传递地震力给横墙的水平刚度，规定横墙间距的最大间距限制是为了满足楼盖对传递水平地震力所需的刚度要求。

34. D 【考点】结构计算自由度

【解析】计算自由度数 W 是指，体系全部自由度的总数与全部约束的总数的差值。$W>0$ 时，自由度总数大于约束总数，体系是几何可变的；$W=0$ 时，自由度总数等于约束总数，若无多余约束则为静定结构，否则几何可变；$W<0$ 时，自由度总数小于约束总数，若体系几何不变，则为超静定结构。因此，对于几何可变体系，其计算自由度 $W>0$ 或 $W=0$ 或 $W<0$。

35. B 【考点】刚架受力分析

【解析】首先取 BC 杆为研究对象，设支座 B 水平反力 F_{Bx} 方向向左，竖向反力 F_{By} 方向向上，力矩顺时针方向为正。对 C 点取矩，由 $\sum M_C=0$，$F_{Bx}\times4-F_{By}\times4=0$，解得 $F_{Bx}=F_{By}$。然后取整体为研究对象，对 A 点取矩，由 $\sum M_A=0$，$70\times4+10\times4\times2-F_{Bx}\times4-F_{By}\times8=0$，解得 $F_{Bx}=30\text{kN}$。最后取 DCB 为研究对象，可得 $M_{DC}=F_{By}\times8-F_{Bx}\times4-10\times4\times2=40\text{kN}\cdot\text{m}$。

36. B 【考点】静定拱的内力分析

【解析】先进行整体受力分析，对 A 支座取矩，由 $\sum M_A=0$，$5\times8\times4+10\times12+40-F_{By}\times16=0$，算得 B 支座竖向承载力为：$F_{By}=20kN$；在中间铰处将结构分为两部分，对右半部分进行受力分析，对 C 铰取矩，由 $\sum M_C=0$，$10\times4+F_{AB}\times6+40-20\times8=0$，解得 AB 杆的轴力为：$F_{AB}=40/3\text{kN}$(拉力)。D 点处拱高 $h=4\times6/16^2\times12\times(16-12)=9/2\text{m}$，则 $M_D=F_{By}\times4-F_{AB}\times9/2=20\times4-40/3\times9/2=20\text{kN}\cdot\text{m}$。

37. A 【考点】截面法解析桁架结构

【解析】沿Ⅰ—Ⅰ剖面将结构截开，由于结构水平方向不受力，则杆 2 为零杆。对节点 A

受力分析可得，杆 3 受到大小为 P 的拉力。

沿Ⅱ—Ⅱ剖面将结构截开，由于轴力 $N_2=0$，$N_3=P$，对左上部结构进行水平方向受力分析，由 $\sum X=0$，$N_1+N_3=0$，解得 $N_1=-P$。

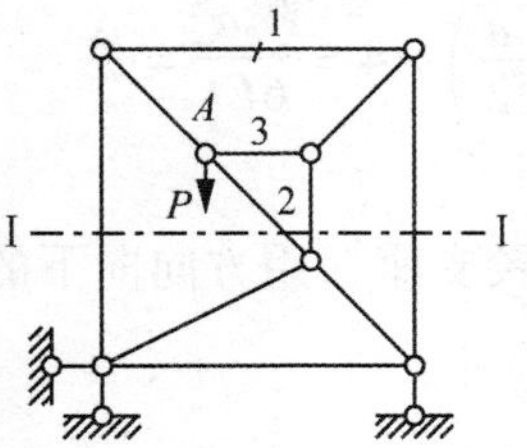

题 37 解图(a)

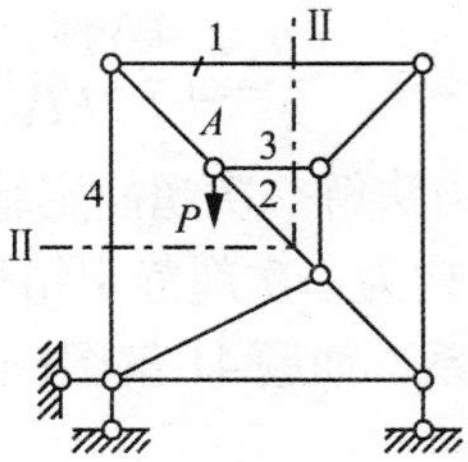

题 37 解图(b)

38. D 【**考点**】结构对称性

【**解析**】结构可分解为一对对称荷载和一对反对称荷载，如题 38 解图(a)所示。对称荷载作用下，K 型节点斜杆为零杆，因此 a 杆轴力为 $-F_P/2$。反对称荷载作用下，铰 C 处只有剪力，取半结构计算，如题 38 解图(b)所示，根据静定结构支座弯矩平衡方程解得 $F_{Cy}=F_P$，再根据 C 点受力平衡解得 a 杆轴力为 $-F_P$。因此，叠加对称荷载结构和反对称荷载结构，结构 a 杆轴力 $N=-F_P/2-F_P=-3F_P/2$。

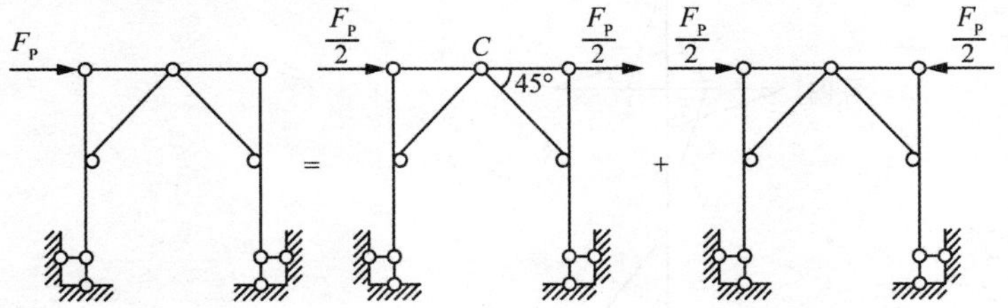

题 38 解图(a)

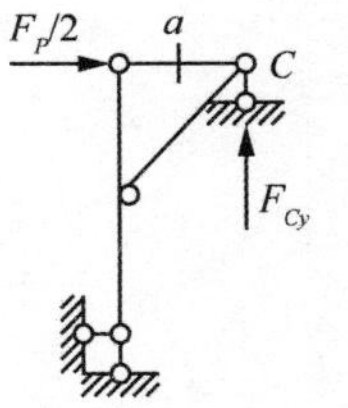

题 38 解图(b)

39. A 【**考点**】静定结构的受力分析

【**解析**】该结构为对称结构，受对称荷载作用，中间铰连接处剪力为零，则支座竖向反力为零，取左半结构分析，对中间铰取矩，由 $\sum M=M-F_H\cdot L=0$，解得：$F_H=M/L$。

40. C 【**考点**】单位荷载法求节点位移

【**解析**】该结构为静定结构，首先做出外荷载作用下得结构弯矩图 M_P图，然后在 C 点施加方向向右的单位集中荷载，并做出弯矩图$\overline{M}_1$图，如题 40 解图所示。

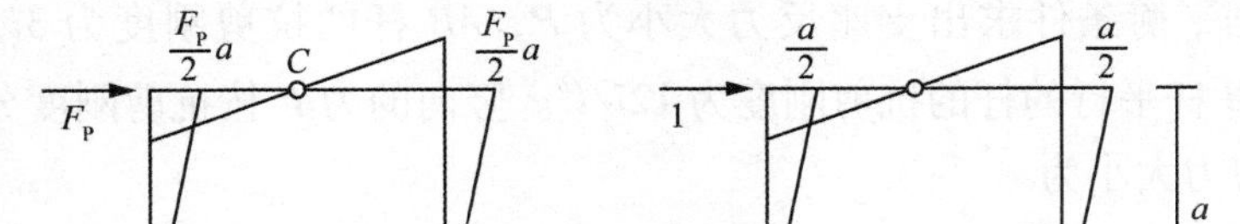

题 40 解图

由图乘法，计算原结构 C 点水平位移

$$\Delta_{CH}=\frac{1}{EI}\left(\frac{1}{2}\times a\times\frac{F_Pa}{2}\times\frac{2}{3}\times\frac{a}{2}\right)\times 4=\frac{F_Pa^3}{3EI}$$

结构 EI 增大一倍后，C 点水平位移

$$\Delta'_{CH}=\frac{1}{2EI}\left(\frac{1}{2}\times a\times\frac{F_Pa}{2}\times\frac{2}{3}\times\frac{a}{2}\right)\times 4=\frac{F_Pa^3}{6EI}=\frac{\Delta}{2}$$

41. D 【**考点**】力法解一次超静定结构

【**解析**】该结构为一次超静定结构，撤去右侧滑动铰支座，用方向向下的未知力 X_1 代替，得到基本体系，如题 41 解图(a)所示。

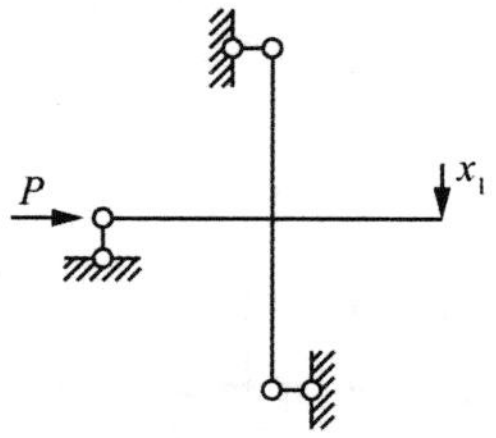

题 41 解图(a)

分别作出单位力和外荷载单独作用下的结构弯矩图，如题 41 解图(b)所示。

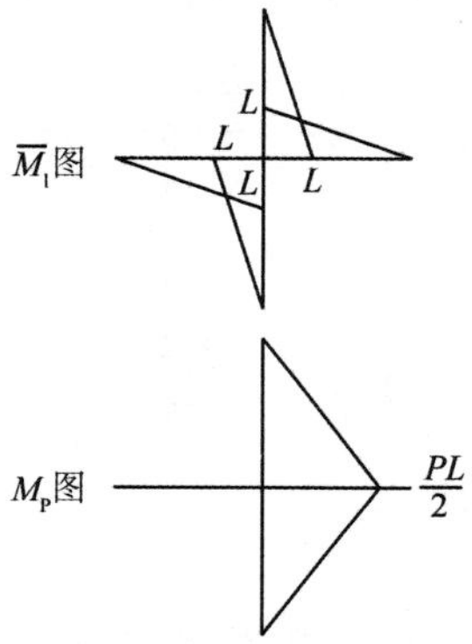

题 41 解图(b)

力法方程为 $\delta_{11}X_1+\Delta_{1P}=0$，由图乘法分别计算系数和自由项。由于求得 $\Delta_{1P}=0$，则 $X_1=0$，因此 $M_{BA}=0$。

42. B 【**考点**】剪力分配法

【**解析**】根据平衡条件求出支座反力大小为 P，AB 杆的抗剪刚度为 $3i_{AB}/l^2=6i/l^2$，$i=EI/l$，与 AB 杆平行的杆的抗剪刚度为 $12i/l^2$。竖向的力 P 按抗剪刚度分配，故 AB 杆的在 A 处的剪力大小为

$$V_{AB}=P\times\frac{6i/l^2}{6i/l^2+12i/l^2}=\frac{P}{3}$$

则计算得 $M_{BA}=Pl/3$。

43. B 【**考点**】单位荷载法

【**解析**】根据单位荷载法，支座 B 处施加一竖直向下的单位力，则支座 B 处位移 $\Delta=-R_Ac_A$，其中 c_A 为支座 A 的转角位移，由题干知 $c_A=\theta$；R_A 为支座 A 处的反力，根据一端固接一端滑动支座的载常数(杆端弯矩以顺时针为正)，可得 $R_A=-l/2$，见题 43 解

图。因此 $\Delta = -(-l/2 \times \theta) = l\theta/2$。

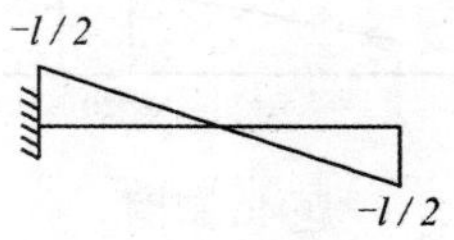

题 43 解图

44. A 【考点】力矩分配法

【解析】用力矩分配法计算时，B 处附加刚臂后为固定端，则：

①力矩分配系数

$$\mu_{BA} = \frac{3i_{BA}}{3i_{BA} + 3i_{BC}} = \frac{3EI/l}{3EI/l + 3 \times 2EI/l} = \frac{1}{3}$$

②固端弯矩

$$M_{BA} = -M \times \mu_{BA} = -\frac{M}{3}$$

45. C 【考点】力法

【解析】撤去 B 支座约束，代以未知反力 X，方向向上，得到力法的基本体系，则有力法方程 $\delta_{11}X_1 + \Delta_{1P} = -X_1/k$。做出集中荷载单独作用下基本体系的弯矩图，如题 45 解图(a)所示。在 B 端作用一个方向向上的单位力，并做出弯矩图，如题 45 解图(b)所示。由图乘法：

$$\delta_{11} = \frac{1}{EI} \times \frac{1}{2} \times l \times l \times \frac{2}{3}l = \frac{l^3}{3EI}$$

$$\Delta_{1P} = -\frac{1}{EI} \times \frac{1}{2} \times l \times Pl \times \frac{2}{3}l = -\frac{Pl^3}{3EI}$$

因此，

$$X_1 = -\frac{\Delta_{1P}}{\delta_{11} + 1/k} = \frac{2P}{3}$$

$$\Delta_B = \frac{X_1}{k} = \frac{2P}{3} \times \frac{l^3}{6EI} = \frac{Pl^3}{9EI}$$

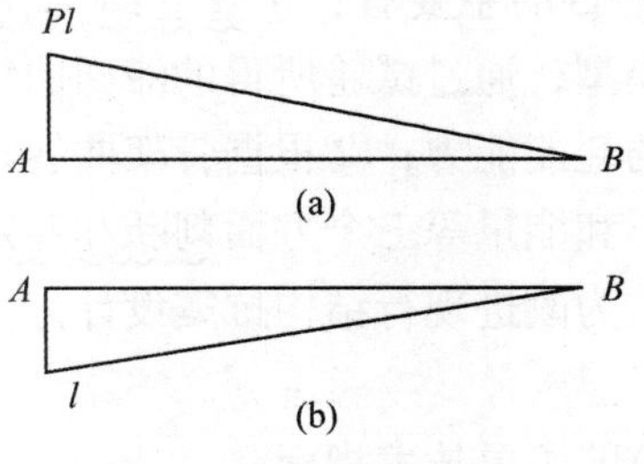

题 45 解图

46. B 【考点】影响线的应用

【解析】简支梁跨中弯矩影响线如题 46 解图所示，截面 K 处竖标 $y_K = 12 \times 4/(12+4) = 3\text{kN} \cdot \text{m}$，或根据单位力作用下的受力平衡条件求解。当右侧集中力作用于影响线峰值上时，截面 K 的弯矩值最大，此时左侧集中力所在截面的竖标 $y_{左} = 10/12 \times 3 = 2.5\text{kN} \cdot \text{m}$，则 $M_{K\max} = 20 \times 3 + 20 \times 2.5 = 110\text{kN} \cdot \text{m}$。

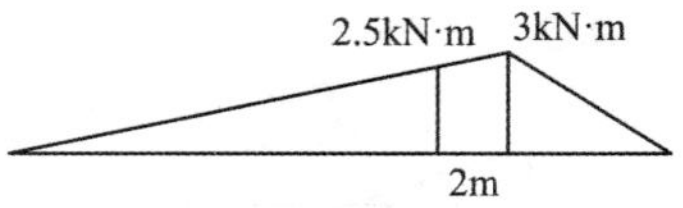

题46解图

47. C 【考点】位移动力系数

【解析】单自由度体系强迫振动下的位移动力系数

$$\mu=\frac{1}{1-\dfrac{\theta^2}{\omega^2}}$$

其中体系自振频率

$$\omega=\sqrt{\frac{k}{m}}=\sqrt{\frac{1}{\delta m}}$$

悬臂梁自由端的柔度 $\delta=\dfrac{l^3}{3EI}$。由于体系(a)和(b)受迫振动频率 θ 相等，即 $\theta_a=\theta_b$，则只需考虑体系自振频率 ω。对于体系(a)，

$$\omega_a=\sqrt{\frac{1}{\delta_a m_a}}=\sqrt{\frac{3EI}{ml^3}}$$

对于体系(b)，

$$\omega_b=\sqrt{\frac{1}{\delta_b m_b}}=\sqrt{\frac{3\times 2EI}{l^3\times 2m}}=\sqrt{\frac{3EI}{ml^3}}$$

则 $\omega_a=\omega_b$。因此 $\mu_a=\mu_b$。

48. D 【考点】单自由度体系的自由振动

【解析】单自由度体系有阻尼自由振动时，根据阻尼比计算公式，得阻尼比为：

$$\xi=\frac{1}{2\pi n}\ln\frac{y_k}{y_{k+n}}=\frac{1}{2\pi\times 10}\ln\frac{1}{0.0025}=0.0954$$

49. A 【考点】低周反复加载试验

【解析】低周反复加载试验的目的主要有：①建立结构在地震作用下的恢复力特性，确定结构构件恢复力的计算模型，通过试验所得的滞回曲线和曲线所包围的面积求得结构的等效阻尼比，衡量结构的耗能能力；②根据骨架曲线，结构的初始刚度及刚度退化等参数，进一步从强度、变形和能量等三个方面判断和鉴定结构的抗震性能；③通过试验研究结构构件的破坏机制，为改进现行结构抗震设计方法及改进结构设计的构造措施提供依据。

50. B 【考点】电阻应变片(计)的主要技术指标

【解析】电阻值是指应变片既没有粘贴，又不受外力作用的条件下，在室温中测量的原始电阻值。目前应变片的规格已成为标准系列化，目前我国生产的应变片名义阻值一般为120Ω，此外，还有60Ω、80Ω、240Ω等。

51. C 【考点】最大承载能力试验

【解析】对于科学研究性试验，由于不是针对某一具体工程的荷载情况来设计试验结构试件，且又不知试件材料的实测强度和构件截面尺寸实测值等参数，故可以由材性和截

面的实际参数计算试件控制截面上的内力计算值，以此来确定试验荷载值。在结构室进行混凝土构件最大承载能力试验时，通常在混凝土配制时会取构件同材料混凝土制备标准试块进行压力试验、弹性模量试验、劈裂试验等来确定材料的性能指标。以此为依据进行构件最大承载能力及变形量的试验前的预计算来确定试验的加载设备、加载机制等试验条件。

52. A 【考点】结构动力特性的测试

【解析】根据不同的激励方法，结构动力特性的试验测定大体可分为自由振动法、共振法和脉动法三种。其中，自由振动法是指使结构受到冲击荷载而产生自由振动以测量动力特性的试验方法。量测结构有阻尼的自由振动曲线，求得结构的自振周期和阻尼特性。同时可采用多台测振仪同步量测结构各控制点的反应，求得结构在相应自振频率时的振型曲线。在结构动力试验方法中，自由振动法不能测得高阶频率。

53. A 【考点】测点布置的原则

【解析】测点布置应遵循以下原则：①在满足试验要求的前提下，测点宜少不宜多，使试验工作重点突出；②测点位置要有代表性，最大挠度和最大应力等测点作为控制测点；③保证量测数据的可靠性，应布置一定数量的校核性测点；④测点布置便于测读和安全。

54. C 【考点】土的固结

【解析】黏土层和实验样品的上下表面均可排水。双面排水时，上半部和单面排水的解完全相同，根据饱和土体的渗流固结理论方程：

$$T_V=\frac{C_V t}{H^2}=\frac{C_V\times 2.75\text{min}}{\left(\frac{0.025}{2}\text{m}\right)^2}$$

解得：

$$\frac{T_V}{C_V}=\frac{2.75\text{min}}{\left(\frac{0.025}{2}\text{m}\right)^2}$$

式中，C_V 为固结系数；T_V 为时间因数。

一层上下两面都可以排水的4.6m厚黏土层，等效于一层上表面排水的2.3m厚黏土层，因此，

$$\begin{aligned}t&=H^2\cdot\frac{T_V}{C_V}\\&=(2.3\text{m})2\times\frac{2.75\text{min}}{\left(\frac{0.025}{2}\text{m}\right)^2}\\&=93104\text{min}=64.7\text{天}\end{aligned}$$

55. B 【考点】边坡稳定

【解析】管道任意一点的测压管水头，等于该点相对于基准面的位置高度加上该点的压头值，即位置水头与压力水头之和。以测压管水面到基准面的高度表示的单位重量水的总势能。饱和软土地基中含有水，快速堆放会产生超孔隙水压力，但是由于砂土渗透性大，超孔隙水压力消散，故水头不变。

56. D 【考点】土的压缩性

【解析】根据题意，国外标准(自然对数)土样压缩指数的计算方法为：$C_c=(e_1-e_2)/(\ln P_2-\ln P_1)=0.00485$。故 $e_1-e_2=0.00485\ln(P_2/P_1)=0.00485\ln100=0.02234$，即土样孔隙比约减小 0.0224。

57. A 【考点】土的抗剪强度理论

【解析】轴向应力为：$\Delta\sigma=4N/(\pi d^2)=39.94\text{kPa}$，又 $\sigma_3=36.3\text{kPa}$，则 $\sigma_1=\sigma_3+\Delta\sigma=36.3+39.94=76.24\text{kPa}$，根据土的极限平衡理论，解得：

$$\sin\varphi=\frac{(\sigma_1-\sigma_3)/2}{(\sigma_1+\sigma_3)/2}=\frac{39.94}{76.24+36.3}=0.355$$

因此，内摩擦角 $\varphi=\arcsin0.355=20.8°$。

58. A 【考点】标准贯入试验锤击数的计算

【解析】标准贯入锤击数是用质量为 63.5kg 的重锤，从 76cm 的高度自由落下，将标准贯入器击入被测定地基土中 30cm 时的锤击次数。

根据题意，当锤击数为 50 击，实际贯入深度为 25cm，则可得：$N_{30}=\frac{0.3N_0}{\Delta s}=\frac{0.3\times50}{0.25}=60$(击)。

59. B 【考点】基础埋深的计算

【解析】根据《建筑地基基础设计规范》(GB 50007—2011)第 5.2.4 条规定，当基础宽度大于 3m 或埋置深度大于 0.5m 时，从载荷试验或其他原位测试、经验值等方法确定的地基承载力特征值，尚应按下式修正：

$$f_a=f_{ak}+\eta_b\gamma(b-3)+\eta_d\gamma_m(d-0.5)$$

式中，f_a为修正后的地基承载力特征值(kPa)；f_{ak}为地基承载力特征值(kPa)，按本规范第 5.2.3 条的原则确定；η_b、η_d为基础宽度和埋置深度的地基承载力修正系数；γ 为基础底面以下土的重度(kN/m^3)，地下水位以下取浮重度；γ_m为基础底面以上土的加权平均重度(kN/m^3)，位于地下水位以下的土层取有效重度；b 为基础底面宽度(m)，当基础底面宽度小于 3m 时按 3m 取值，大于 6m 时按 6m 取值；d 为基础埋置深度(m)，宜自室外地面标高算起。

本题中，$b=3\text{m}$，$\eta_d=1.5$，$\gamma_m=16\text{kN/m}^3$，$f_a=166\text{kPa}$。则有：$166=100+\eta_b\gamma(3-3)+1.5\times16\times(d-0.5)$。解得：$d=3.25$。故 B 项"4m"符合题意。

60. C 【考点】桩的选型与布置

【解析】根据《建筑桩基技术规范》(JGJ 94—2008)第 3.3.2 条第 3 款规定，抗震设防烈度为 8 度及以上地区，不宜采用预应力混凝土管桩(PC)和预应力混凝土空心方桩(PS)。

2019 年一级注册结构工程师执业资格考试《专业基础考试》真题

单项选择题(共 60 题，每题 2 分。每题的备选项中只有一个最符合题意)

1. 亲水材料的润湿角(　　)。

A. $>90°$　　B. $\leqslant 90°$　　C. $>45°$　　D. $\leqslant 180°$

2. 含水率为 5%的砂 250g，其中所含的水量为(　　)。

A. 12.5g　　B. 12.9g　　C. 11.0g　　D. 11.9g

3. 某工程基础部分使用大体积混凝土浇筑，为降低水泥水化温升，针对水泥可以用如下措施(　　)

A. 加大水泥用量　　B. 掺入活性混合材料

C. 提高水泥细度　　D. 减少碱含量

4. 粉煤灰是现代混凝土材料胶凝材料中常见的矿物掺合物，其主要活性成分是(　　)。

A. 二氧化硅和氧化钙　　B. 二氧化硅和三氧化二铝

C. 氧化钙和三氧化二铝　　D. 氧化铁和三氧化二铝

5. 混凝土强度的形成受到其养护条件的影响，主要是指(　　)。

A. 环境温湿度　　B. 搅拌时间　　C. 试件大小　　D. 混凝土水灰比

6. 石油沥青的软化点反映了沥青的(　　)。

A. 粘滞性　　B. 温度敏感性　　C. 强度　　D. 耐久性

7. 钢材中的含碳量降低，会降低钢材的(　　)。

A. 强度　　B. 塑性　　C. 可焊性　　D. 韧性

8. 下列何项表示 AB 两点间的坡度？(　　)

A. $i_{AB}=(h_{AB}/D_{AB})\%$　　B. $i_{AB}=(H_B-H_A)/D_{AB}$

C. $i_{AB}=(H_A-H_B)/D_{AB}$　　D. $i_{AB}=[(H_A-H_B)/D_{AB}]\%$

9. 下列何项是利用仪器所提供的一条水平视线来获取？(　　)

A. 三角高程测量　　B. 物理高程测量　　C. GPS 高程测量　　D. 水准测量

10. 下列何项对比例尺精度的解释是正确的？(　　)

A. 传统地形图上 0.1mm 所代表的实地长度

B. 数字地形图上 0.1mm 所代表的实地长度

C. 数字地形图上 0.2mm 所代表的实地长度

D. 传统地形图上 0.2mm 所代表的实地长度

11. 钢尺量距时，下面哪项改正是不需要的？(　　)

A. 尺子改正　　B. 温度改正

C. 倾斜改正　　D. 地球曲率和大气折光改正

12. 建筑物的沉降观测是依据埋设在建筑物附近的水准点进行的，为了防止由于某个水准点的高程变动造成差错，一般至少埋设几个水准点？(　　)

A. 3 个　　B. 4 个　　C. 6 个　　D. 10 个以上

13. 《建筑法》关于申请领取施工许可证的相关规定中，下列表述中正确的是(　　)。

A. 需要拆迁的工程，拆迁完毕后建筑单位才可以申请领取施工许可证

B. 建设行政主管部门应当自收到申请之日起一个月内，对符合条件的申请人颁发施工许可证

C. 建筑资金必须全部到位后，建筑单位才可以申请领取施工许可证

D. 领取施工许可证按期开工的工程，中止施工不满一年又恢复施工应向发证机关报告

14. 根据《招投标法》，依法必须进行招标的项目，其招标投标活动不受地区或者部门的限制。该规定体现了《招投标法》的(　　)原则。

A. 公开　　B. 公平　　C. 公正　　D. 诚实信用

15. 根据《环境保护法》建设项目环境影响评价，下列选项错误的是(　　)。

A. 作为一项整体建设项目的规划，按照建设项目进行环境影响评价，不进行规划的环境影响评价

B. 已经进行了环境影响评价的规划所包含的具体建设项目，其环境影响评价内容建设单位可以简化

C. 环境影响评价文件中的环境影响报告书或者环境影响报告表，应当由具有环境影响评价资质的机构编制

D. 环境保护行政主管部门可以为建设单位指定对其建设项目进行环境影响评价的机构

16. 取得注册结构工程师执业资格证书者，要从事结构工程师设计业务的，需申请注册，下列情形中，可以予以注册的是(　　)。

A. 甲不具备完全民事行为能力

B. 乙曾受过刑事处罚，处罚完毕之日至申请注册之日已满3年

C. 丙因曾在结构工程设计业务中犯有错误并受到了行政处罚，处罚决定之日起至申请注册之日已满3年

D. 丁曾被吊销证书，自处罚决定之日起至申请注册之日止已满3年

17. 作为检验填土压实质量控制指标的是(　　)。

A. 土的干密度　　B. 土的压实度　　C. 土的压缩比　　D. 土的可松性

18. 采用钢管抽芯法留设空道时，抽管时间为(　　)。

A. 混凝土初凝前　　B. 混凝土初凝后，终凝前

C. 混凝土终凝后　　D. 混凝土达到30%设计强度

19. 设置脚手架剪刀撑的目的是(　　)。

A. 抵抗风荷载　　B. 增加建筑结构的稳定

C. 方便外装饰的施工操作　　D. 为悬挂吊篮创造条件

20. 进行资源有限 - 工期最短优化时，当将某工作移出超过限量的资源时段后，计算发现工期增加 Δ 小于零，以下说明正确的是(　　)。

A. 总工期不变　　B. 总工期会缩短　　C. 总工期会延长　　D. 这种情况不会出现

21. 以整个建设项目或建筑群为编制对象，用以指导整个建筑群或建设项目施工全过程的各项施工活动的综合技术经济文件为(　　)。

A. 分部工程施工组织设计　　B. 分项工程施工组织设计

C. 施工组织总设计　　D. 单位工程施工组织设计

22. 建筑结构用的碳素钢强度与延性间关系是(　　)。

A. 强度越高，延性越高　　B. 延性不随强度而变化

C. 强度越高，延性越低　　D. 强度越低，延性越低

23. 钢筋混凝土受弯构件界限中和轴高度确定的依据是(　　)。

A. 平截面假设及纵向受拉钢筋达到屈服和受压区边缘混凝土达到极限压应变

B. 平截面假设和纵向受拉钢筋达到屈服

C. 平截面假设和受压区边缘混凝土达到极限压应变

D. 仅平截面假设

24. 如下图五等跨连续梁，为使第2和第3跨间的支座上出现最大负弯矩，活荷载应布置在以下几跨(　　)。

A. 第2、3、4跨

B. 第1、2、3、4、5跨

C. 第2、3、5跨

D. 第1、3、5跨

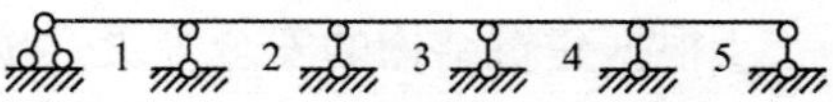

题24图

25. 高层筒中筒结构、框架-筒体结构设置加强层的作用是(　　)。

A. 使结构侧向位移变小和内筒弯矩减少

B. 增加结构刚度，不影响内力

C. 不影响刚度，增加结构整体性

D. 使结构刚度降低

26. 钢材检验塑性的试验方法为(　　)。

A. 冷弯试验　　B. 硬度试验　　C. 拉伸试验　　D. 冲击试验

27. 设计钢结构圆管截面支撑压杆时，需要计算构件的(　　)。

A. 挠度　　B. 弯扭稳定性

C. 长细比　　D. 扭转稳定性

28. 采用三级对接焊缝拼接的钢板，如采用引弧板，计算焊缝强度时(　　)。

A. 应折减焊缝计算长度

B. 无需折减焊缝计算长度

C. 应折减焊缝厚度

D. 应采用角焊缝设计强度值

29. 结构钢材的碳当量指标反映了钢材的(　　)。

A. 屈服强度大小　　B. 伸长率大小　　C. 冲击韧性大小　　D. 可焊性优劣

30. 砌体是由块材和砂浆组合而成的。砌体抗压强度与块材及砂浆强度的关系是(　　)。

A. 砂浆的抗压强度恒小于砌体的抗压强度

B. 砌体的抗压强度随砂浆强度提高而提高

C. 砌体的抗压强度与块材的抗压强度无关

D. 砌体的抗压强度与块材的抗拉强度有关

31. 截面尺寸为240mm×370mm的砖砌短柱，当轴力N的偏心距如图所示时受压承载力的大小顺序为(　　)。

A. ①>③>④>②　　B. ①>②>③>④

C. ③>①>②>④　　　　D. ③>②>①>④

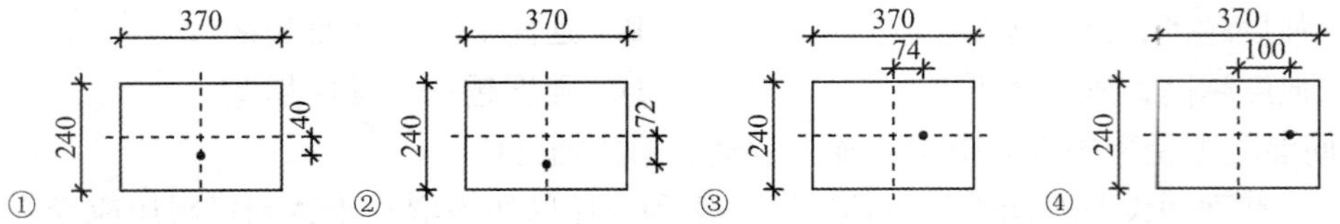

题 31 图

32. 砌体结构的设计原则是(　　)。

①采用以概率理论为基础的极限状态设计方法

②按承载力极限状态设计，进行变形验算满足正常使用极限状态要求

③按承载力极限状态设计，由相应构造措施满足正常使用极限状态要求

④根据建筑结构的安全等级，按重要性系数考虑其重要程度

A. ①②④　　B. ①③④　　C. ②④　　D. ③④

33. 用水泥砂浆与用同等级混合砂浆砌筑的砌体(块材相同)，两者的抗压强度(　　)。

A. 相等　　B. 前者小于后者　　C. 前者大于后者　　D. 不一定

34. 超静定结构的计算自由度(　　)。

A. >0　　B. <0　　C. =0　　D. 不定

35. 图示结构 BC 杆轴力为(　　)。

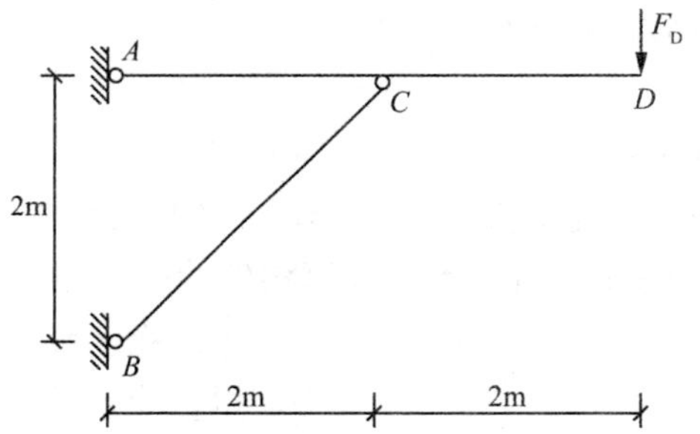

题 35 图

A. $-2F_p$　　B. $-2\sqrt{2}F_p$　　C. $-\sqrt{2}F_p$　　D. $-4F_p$

36. 图示刚架 M_{DC} 为(下侧受拉为正)(　　)。

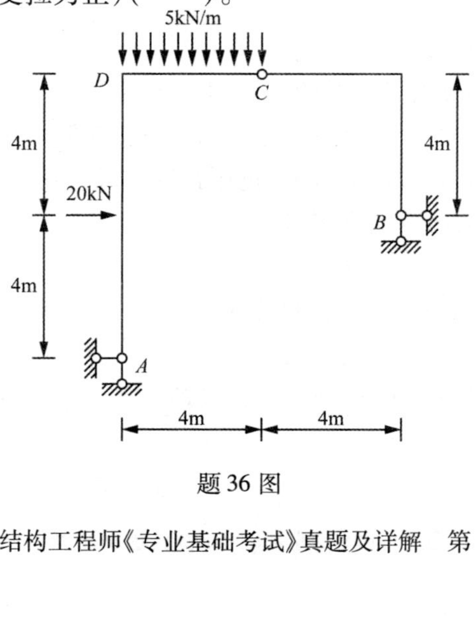

题 36 图

A. 20kN · m　　　B. 40kN · m　　　C. 60kN · m　　　D. 0kN · m

37. 图示三铰接拱，若高跨比 $f/L=1/2$，则水平推力 F_H 为(　　)。

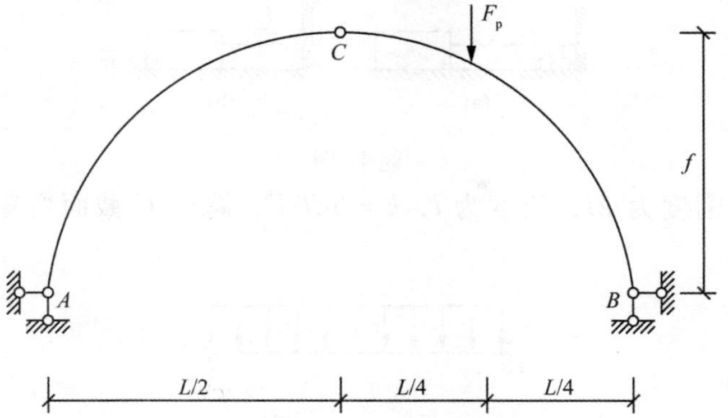

题 37 图

A. $F_p/4$　　　B. $F_p/2$　　　C. $3F_p/4$　　　D. $3F_p/8$

38. 图示桁架杆 1 的内力为(　　)。

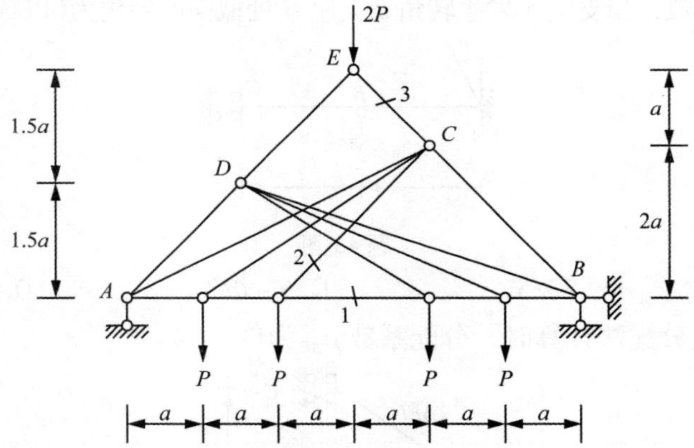

题 38 图

A. $-P$　　　B. $-2P$　　　C. P　　　D. $2P$

39. 图示三铰接拱支座 A 的竖向反力(以向上为正)等于(　　)。

A. P　　　B. $\frac{1}{2}P$　　　C. $\frac{\sqrt{3}}{2}P$　　　D. $\frac{\sqrt{3}-1}{2}P$

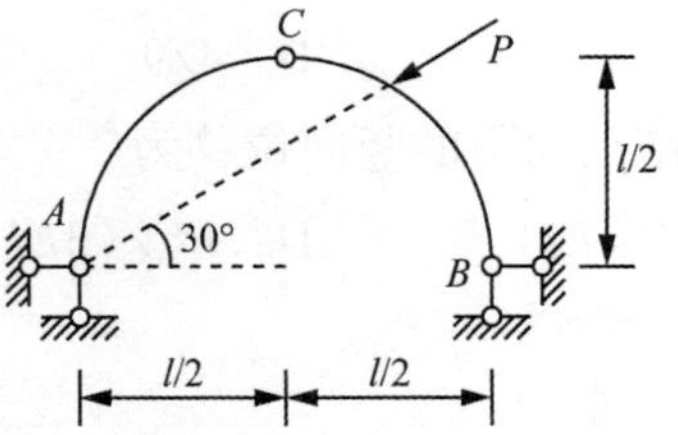

题 39 图

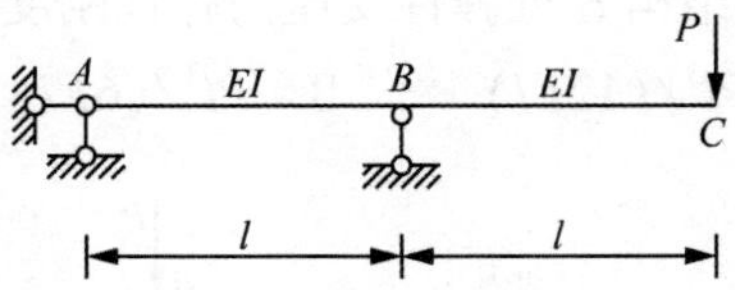

题 40 图

40. 图示结构 B 截面转角位移为(以顺时针为正)(　　)。

A. $Pl^2/(EI)$　　　B. $Pl^2/(2EI)$　　　C. $Pl^2/(3EI)$　　　D. $Pl^2/(4EI)$

41. 图示(a)结构如化为(b)所示的等效结构，则(b)中弹簧的等效刚度 k_e 为(　　)。

A. $k_1 + k_2$　　B. $\dfrac{k_1 k_2}{k_1 + k_2}$　　C. $\dfrac{k_1 + k_2}{2}$　　D. $\sqrt{k_1 k_2}$

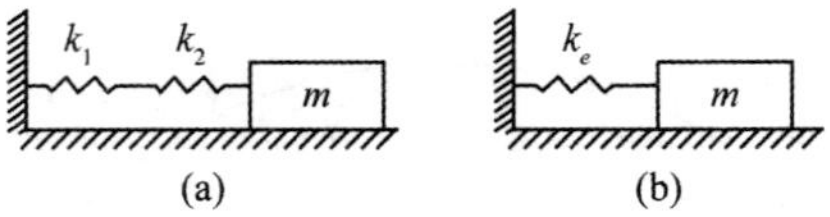

题 41 图

42. 图示梁的抗弯刚度为 EI，长度为 l，$k = 6EI/l^3$，跨中 C 截面弯矩为(以下侧受拉为正)(　　)。

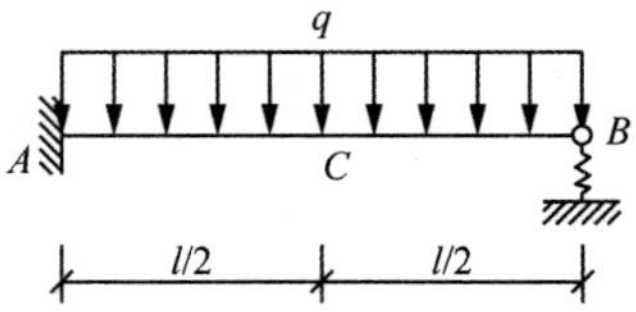

题 42 图

A. 0　　B. $ql^2/32$　　C. $ql^2/48$　　D. $ql^2/64$

43. 图示结构 EI = 常数，当支座 A 发生转角 θ 支座 B 处截面的转角为(以顺时针为正)(　　)。

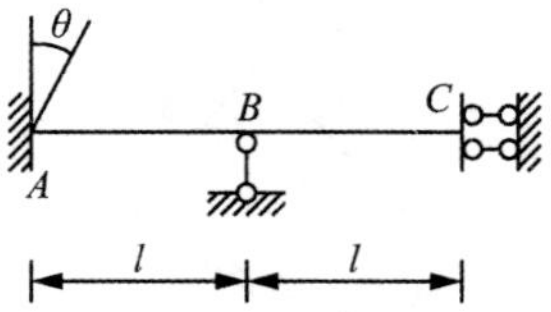

题 43 图

A. $\theta/3$　　B. $2\theta/5$　　C. $-\theta/3$　　D. $-2\theta/5$

44. 图示结构用力矩分配法计算时，分配系数 μ_{AC} 为(　　)。

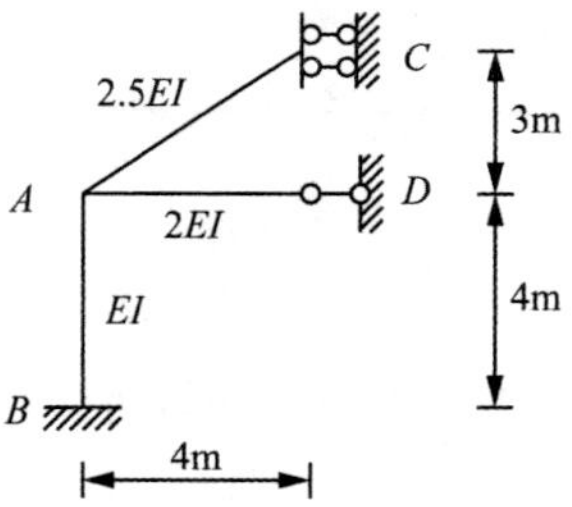

题 44 图

A. 1/4　　B. 1/2　　C. 2/3　　D. 4/9

45. 图示结构 B 处弹性支座的弹性刚度 $k = 3EI/l^3$，B 结点向下的竖向位移为(　　)。

A. $Pl^3/(12EI)$　　B. $Pl^3/(6EI)$　　C. $Pl^3/(4EI)$　　D. $Pl^3/(3EI)$

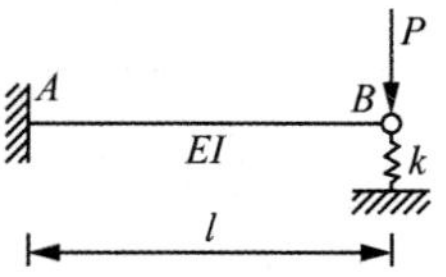

题 45 图

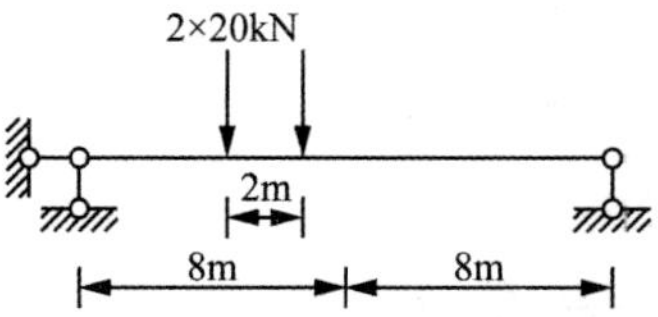

题 46 图

46. 图示简支梁在所示移动荷载下跨中截面 K 的最大弯矩值是(　　)。

A. 120kN·m　　B. 140kN·m　　C. 160kN·m　　D. 180kN·m

47. 设μ_a和μ_b分别表示图(a)、(b)所示两结构的位移动力系数，则(　　)。

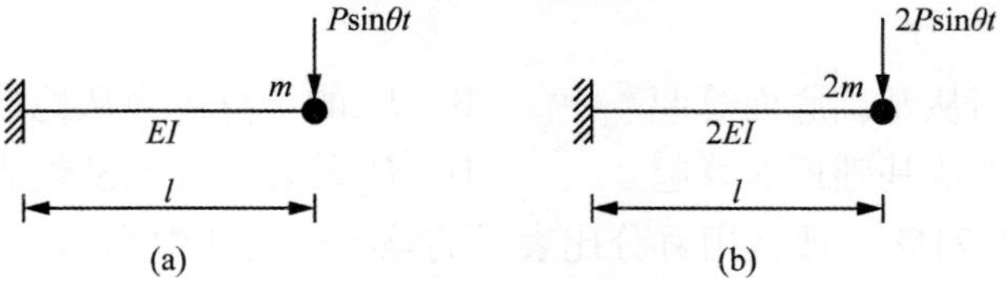

题47图

A. $\mu_a = \mu_b/2$　　B. $\mu_a = -\mu_b/2$　　C. $\mu_a = \mu_b$　　D. $\mu_a = -\mu_b$

48. 单自由度体系自由振动时，实测振动10周后振动衰减为$y_{10} = 0.0016y_0$，则阻尼比等于(　　)。

A. 0.05　　B. 0.02　　C. 0.008　　D. 0.1025

49. 下列四种试验所选用的设备哪一种最不当？(　　)

A. 采用试件表面刷石蜡后，四周封闭抽真空产生负压方法进行薄壳试验

B. 采用电液伺服加载装置对梁柱节点构件进行模拟地震反应实验

C. 采用激振器方法对吊车梁做疲劳试验

D. 采用液压千斤顶对桁架进行承载力实验

50. 结构试验前，应进行预载，以下结论哪一条不当？(　　)

A. 混凝土结构预载值不可超过开裂荷载

B. 预应力混凝土结构预载值可以超过开裂荷载

C. 钢结构的预载值可以加到使用荷载值

D. 预应力混凝土结构预载值可以加至使用荷载值

51. 对原结构损伤较小的情况下，在评定混凝土强度时，下列哪一项方法较为理想？(　　)

A. 回弹法　　B. 超声波法　　C. 钻孔后装法　　D. 钻芯

52. 应变片灵敏系数指下列哪一项？(　　)

A. 在单向应力作用下，应变片电阻的相对变化与沿其轴向的应变之比值

B. 在X、Y双向应力作用下，X方向应变片电阻的相对变化与Y方向应变片电阻的相对变化之比值

C. 在X、Y双向应力作用下，X方向应变值与Y方向应变值之比值

D. 对于同一单向应变值，应变片在此应变方向垂直安装时的指示应变与沿此应变方向安装时指示应变的比值(以百分数表示)

53. 下列哪一种量测仪表属于零位测定法？(　　)

A. 百分表应变量测装置(量测标距250mm)

B. 长标距电阻应变计

C. 机械式杠杆应变仪

D. 电阻应变式位移计(量测标距250mm)

54. 由两层土体组成的一个地基，其中上层为厚4m的粉砂层，其下则为粉质土层，粉砂的天然容重为17kN/m³，而粉质黏土的容重为20kN/m³，那么埋深6m处的总竖向地应力为(　　)。

A. 108kPa　　B. 120kPa　　C. 188kPa　　D. 222kPa

55. 软弱下卧层验算公式 $P_z + P_{cz} \leqslant f_{az}$，其中 P_{cz} 为软弱下卧层顶面处土的自重应力值，下面说法正确的是(　　)。

A. P_{cz} 的计算应当从基础底面算起　　B. P_{cz} 的计算应当从地下水位算起

C. P_{cz} 的计算应当从基础顶面算起　　D. P_{cz} 的计算应当从地表算起

56. 土的孔隙比为47.71%，那么用百分比表示的该土体的孔隙率为(　　)%。

A. 109.60　　B. 91.24　　C. 67.70　　D. 32.30

57. 影响岩土的抗剪强度的因素有(　　)。

A. 应力路径　　B. 剪胀性　　C. 加载速度　　D. 以上都是

58. 桩基岩土工程勘察中对碎石土宜采用的原位测试手段为(　　)。

A. 静力触探　　B. 标准贯入试验

C. 旁压试验　　D. 重型或超重型圆锥动力触探

59. 某均质地基承载力特征值为100kPa，基础深度的地基承载力修正系数为1.45，地下水位深2m，水位以上天然重度为16kN/m^3，水位以下饱和重度为20kN/m^3，条形基础宽3m，则基础埋深为3m时，按深宽修正后的地基承载力为(　　)。

A. 151kPa　　B. 165kPa　　C. 171kPa　　D. 181kPa

60. 打入式敞口钢管桩属于(　　)。

A. 非挤土桩　　B. 部分挤土桩　　C. 挤土桩　　D. 端承桩

答案及详解

单项选择题(共60题，每题2分。每题的备选项中只有一个最符合题意)

1. B **【考点】**材料的亲水性与憎水性

【解析】材料能被水润湿的性质称为亲水性，材料不能被水润湿的性质称为憎水性。在材料、水和空气的交点处，沿水滴表面的切线与水和固体接触面所成的夹角称为润湿角。当润湿角≤90°时，为亲水性材料；当润湿角>90°时，为憎水性材料。

2. D **【考点】**材料的含水率

【解析】材料在潮湿空气中吸收水分的性质称为吸湿性，常用含水率 w 表示：$w=m_w/m=m_w/(m_{湿}-m_w)$。式中，m_w 为材料吸收空气中水的质量，g；$m_{湿}$ 为材料吸收空气中水分后的质量，g；m 为材料烘干至恒重时的质量，g。代入数据，$m_w/(250-m_w)=5\%$，解得：$m_w=11.9$g。

3. B **【考点】**降低水泥水化温升措施

【解析】水泥的水化热是指水泥水化过程中放出的热。对于大体积混凝土，由于内部水化热不易散失，会产生温度应力导致混凝土开裂，因此，水泥的水化热是一项需要严格控制的指标。

水泥细度愈细，水化反应愈易进行，水化放热量愈大、放热速度也愈快。活性混合材料掺入水泥的主要作用是：改善水泥的某些性能、调节水泥强度等级、降低水化热、降低生产成本、增加水泥产量、扩大水泥品种。

4. B **【考点】**混凝土胶凝材料的矿物掺合物

【解析】粉煤灰是现代混凝土材料胶凝材料中常见的矿物掺合物，具有火山灰活性作用，其主要活性成分为 SiO_2 和 Al_2O_3。

5. A **【考点】**混凝土养护条件

【解析】为了获得质量良好的混凝土，混凝土成型后必须进行适当的养护，以保证水泥水化过程的正常进行。混凝土标准养护试块是在温度为20±2℃范围，湿度不小于95%的条件下，养护28天，所以养护过程需要控制的参数为温度和湿度。

6. B **【考点】**石油沥青的温度稳定性

【解析】沥青软化点是指沥青受热由固态转变为具有一定流动态时的温度，用来表示石油沥青的温度稳定性。软化点越高，表明沥青的耐热性越好，即温度稳定性越好。当温度达到软化点时，任何一种沥青材料的黏度皆相同。沥青另外一个主要质量指标是沥青针入度，它表示沥青软硬程度和稠度、抵抗剪切破坏的能力，反映在一定条件下沥青的相对黏度。

7. A **【考点】**建筑钢材的力学性质及其影响因素

【解析】建筑钢材中碳含量不大于0.8%，钢材中的含碳量减少将会降低钢材的抗拉强度与硬度，但会使其塑性与韧性增强，焊接性能也随之增大。

8. B 【考点】坡度

【解析】百分比法是用来表示坡度最为常见的方法，即两点的高程差与其水平距离的百分比，其计算公式如下：坡度=（高程差/水平距离）×100%。地面上 A、B 两点间的高程差称高差，即 $h_{AB}=H_B-H_A$，A、B 两点间的水平距离为 D_{AB}。因此，A、B 两点间的坡度表示为：$i_{AB}=[(H_B-H_A)/D_{AB}]\times100\%$。

9. D 【考点】水准测量原理

【解析】水准测量是利用水准仪提供的水平视线截取竖立在地面上两点的水准尺高度，然后利用公式求出两点间的高差值。

10. A 【考点】地形图基本知识

【解析】AD 两项，比例尺精度是传统地形图上 0.1mm 所代表的实地水平距离。BC 两项，数字地形图是指纸质的地图的数字存在和数字表现形式，是在一定的坐标系统内具有确定的坐标和属性的地面要素和现象的离散数据，数字地形图的应用不受比例尺精度的限制。

11. D 【考点】距离测量

【解析】钢尺量距时，需要经过以下三项的改正后才能得到测距实长：①尺子改正数；②温度改正数；③倾斜改正数。

12. A 【考点】水准测量水准点

【解析】建筑物的沉降观测是依据埋设在建筑物附近的水准点进行的，根据《建筑变形测量规范》(JGJ 8—2016)第 5.2.1 条规定，沉降观测应设置沉降基准点。特等、一等沉降观测，基准点不应少于 4 个；其他等级沉降观测，基准点不应少于 3 个。故一般情况下至少埋设 3 个水准点。

13. D 【考点】建筑工程施工许可

【解析】ABC 三项，根据《中华人民共和国建筑法》第八条规定，申请领取施工许可证，应当具备下列条件：①已经办理该建筑工程用地批准手续；②依法应当办理建设工程规划许可证的，已经取得建设工程规划许可证；③需要拆迁的，其拆迁进度符合施工要求；④已经确定建筑施工企业；⑤有满足施工需要的资金安排、施工图纸及技术资料；⑥有保证工程质量和安全的具体措施。建设行政主管部门应当自收到申请之日起七日内，对符合条件的申请颁发施工许可证。D 项，根据《中华人民共和国建筑法》第十条规定，在建的建筑工程因故中止施工的，建设单位应当自中止施工之日起一个月内，向发证机关报告，并按照规定做好建筑工程的维护管理工作。建筑工程恢复施工时，应当向发证机关报告；中止施工满一年的工程恢复施工前，建设单位应当报发证机关核验施工许可证。

14. B 【考点】中华人民共和国招标投标法

【解析】根据《中华人民共和国招标投标法》第五条规定，招标投标活动应当遵循公开、公平、公正和诚实信用的原则。第六条规定，依法必须进行招标的项目，其招标投标活动不受地区或者部门的限制，任何单位和个人不得违法限制或者排斥本地区、本系统以外的法人或者其他组织参加投标，不得以任何方式非法干涉招标投标活动。该规定体现了《招投标法》的公平原则。

15. D 【考点】环境保护法

【解析】根据环境影响评价资格审查制度，国家对从事建设项目环境影响评价工作的单位实行资格审查制度。D项，建设单位可以采取公开招标的方式，选择从事环境影响评价工作的单位，对建设项目进行环境影响评价，任何行政机关不得为建设单位指定从事环境影响评价工作的单位。因此，D项叙述错误。

16. C 【考点】注册结构工程师执业资格制度暂行规定

【解析】《注册结构工程师执业资格制度暂行规定》第十一条规定，有下列情形之一的，不予注册：①不具备完全民事行为能力的；②因受刑事处罚，自处罚完毕之日起至申请注册之日止不满5年的；③因在结构工程设计或相关业务中犯有错误受到行政处罚或者撤职以上行政处分，自处罚、处分决定之日起至申请注册之日止不满2年的；④受吊销注册结构工程师注册证书处罚，自处罚决定之日起至申请注册之日止不满5年的；⑤建设部和国务院有关部门规定不予注册的其它情形的。

C项，根据第③条，予以注册。A项，根据第①条，不予注册。B项，根据第②条，不予注册。D项，根据第④条，不予注册。

17. A 【考点】土的基本工程性质

【解析】土的孔隙中完全没有水时的密度，称干密度，是指土单位体积中土粒的重量。土的干密度是评定填土压实质量控制指标。其参数越大，则土越密实，反之越疏松。

18. B 【考点】钢管抽芯法

【解析】钢管抽芯法是预先将钢管埋设在模板内孔道位置处，在混凝土浇筑过程中和浇筑之后，每间隔一定时间慢慢转动钢管，使之不与混凝土黏结，待混凝土初凝后、终凝前抽出钢管，即形成孔道。该法只用于留设直线孔道。

19. B 【考点】脚手架

【解析】脚手架剪力撑是为了加强脚手架侧向刚度、提高侧向稳定性而设置的支撑构件。

20. D 【考点】网络计划优化

【解析】当进行资源有限－工期最短优化时，是利用网络计划的自由时差和总时差来优化资源的，未超出原来工期时，总工期不变，超出原工期时，有工期增量，即总工期会延长。发现工期增量小于零，这种情况是不会出现的。

21. C 【考点】施工组织设计

【解析】C项，施工组织总设计是以一个建设项目或建筑群为编制对象，用以指导其施工全过程各项活动的技术和经济的综合性文件。AB两项，分部分项工程施工组织设计，是以分部分项工程为编制对象，具体实施施工全过程的各项施工活动的综合性文件。D项，单位工程施工组织设计是以一个建筑物、构筑物或一个交、竣工工程系统为编制单位，用以指导其施工全过程各项活动的技术和经济综合性文件。

22. C 【考点】影响钢材机械性能的因素

【解析】随着含碳量的增加，钢筋的强度提高，但塑性、冷弯性能、韧性、可焊性变差。钢结构用钢的含碳量一般不大于0.22%，对焊接结构不宜大于0.2%。

23. A 【考点】中性轴

【解析】中和轴，一般是指中性轴的概念。界限受压区高度指混凝土结构构件正截面受压边缘混凝土达到弯曲受压的极限压应变，而受拉区纵向钢筋同时达到屈服拉应变所对应的受压区高度为界限破坏时的中和轴高度。因此，钢筋混凝土受弯构件界限中和轴高度确定的依据为：平截面假设及纵向受拉钢筋达到屈服和受压区边缘混凝土达到极限压应变。

24. C 【考点】荷载布置

【解析】根据超静定梁的影响线可知，活荷载只有布置在影响线的顶点时才会产生最大弯矩。五等跨连续梁要在第2和第3跨之间的支座上出现最大负弯矩，应从支座相邻两跨(第2跨和第3跨)布置，然后隔跨布置，则活荷载应该布置在第2、3、5跨。

25. A 【考点】高层建筑结构设置

【解析】高层建筑物受到的侧向水平荷载比一般的建筑物要大，为了抵抗较大的水平荷载作用，高层建筑物需要具有比一般建筑更高的侧向刚度，从而减少荷载对结构产生的侧向位移和弯矩。

高层建筑主要是通过设置水平刚性层(加强层)来增加其抗侧刚度，从而提高高层整体结构刚度。其布置位置一般在顶层，若需要再加强侧向刚度，可以在高层中间部位加上一两层的加强层。

26. C 【考点】钢结构钢材基本性能

【解析】塑性是钢材在受力破坏前可以经受永久变形的性能，通常用伸长率和断面收缩率来表示。钢材的主要机械性能指标有抗拉强度、屈服强度、伸长率、冷弯性能和冲击韧性五项。前三项指标由标准拉伸试验确定，后两项指标分别由冷弯试验与冲击试验确定。

27. C 【考点】轴心受压构件整体稳定性的影响因素

【解析】根据《钢结构设计标准》(GB 50017—2017)第7.2.1条规定，除可考虑屈服后强度的实腹式构件外，轴心受压构件的稳定性计算应符合下式要求：$N/(\varphi Af)\leq 1.0$。稳定系数φ主要由构件的长细比、钢材的屈服强度和截面类型控制。

28. B 【考点】引弧板的作用

【解析】在焊缝的起点和终点处，常因不能熔透而出现凹形的焊口，为了避免受力后出现裂纹及应力集中，施焊时应将两端焊至引弧板上(见题28解图)，即将弧坑引到焊件外，从而消除起落弧在焊口处的缺陷，然后将多余部分切除。采用引弧板后就不致减小焊缝处的截面，也无需折减焊缝计算长度。当不用引弧板时，在计算时需扣除两端各一个板厚长度。

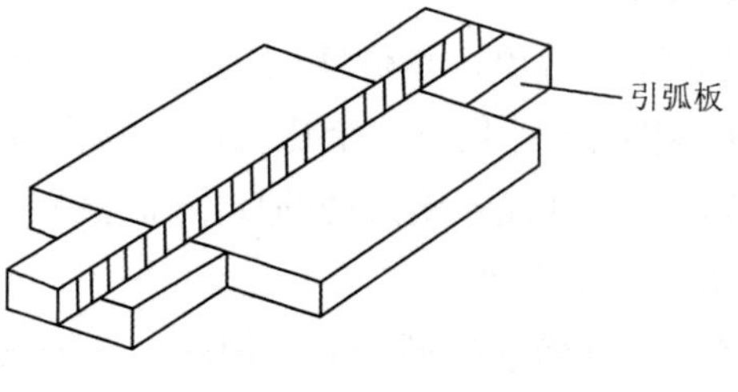

题28解图

29. D 【考点】碳当量

【解析】碳当量是指将钢铁中各种合金元素对共晶点实际碳量的影响折算成碳的增减，用 C. E. 标识，其决定了碳素钢的强度和可焊性。

30. B 【考点】砌体抗压强度

【解析】块材抗压强度和砂浆抗压强度是影响砌体抗压强度的两个主要因素。砌体抗压强度随块材和砂浆抗压强度的提高而提高。对提高砌体抗压强度而言，提高块材抗压强度比提高砂浆抗压强度更有效。一般情况下，砌体强度低于块材强度和砂浆的抗压强度。

31. A 【考点】砌体抗压承载力计算

【解析】无筋砌体墙、柱的承载力计算公式为：$N \leqslant \varphi fA$。式中，N 为轴压力设计值；φ 为高厚比 β 和轴向力的偏心距 e 对受压构件承载力的影响系数；A 为截面面积，砌体结构按毛截面计算；f 为砌体的抗压强度设计值。

由于砌体的高厚比 β 和偏心距 e 越大，影响系数值越小 φ，则砌体抗压承载力越小，即抗压承载力与高厚比 β 和偏心距 e 成反比。砌体的高厚比与偏心方向的截面尺寸 h（即厚度）成反比，则偏心方向的截面尺寸 h 越大，那么砌体的抗压承载力越大。因此，砌体抗压承载力与 h/e 成正比。截面①、②、③、④的 h/e 分别为：$240/40=6$，$240/72=3.33$，$370/74=5$，$370/100=3.7$。因此，砌体抗压承载力大小顺序为：①>③>④>②。

32. B 【考点】砌体结构设计原则

【解析】根据《砌体结构设计规范》（GB 50003—2011）第 4.1.1 条规定，采用以概率理论为基础的极限状态设计方法，以可靠指标度量结构构件的可靠度，采用分项系数的设计表达式进行计算。第 4.1.2 条规定，砌体结构应按承载能力极限状态设计，并满足正常使用极限状态的要求。第 4.1.5 条规定，对安全等级为一级或设计使用年限为 50 年以上的结构构件，结构重要性系数不应小于 1.1；对安全等级为二级或设计使用年限为 50 年的结构构件，不应小于 1.0；对安全等级为三级或设计使用年限为 1a ~ 5a 的结构构件，不应小于 0.9。

33. D 【考点】砌体抗压强度影响因素

【解析】块材强度和砂浆强度是影响砌体抗压强度的两个主要因素，砌体强度随块材和砂浆强度的提高而提高。根据《砌体结构设计规范》（GB 50003—2011）第 3.2.3-2 条规定，当砌体用强度等级小于 M5.0 的水泥砂浆砌筑时，砂浆强度等级应乘以相应折减系数。当采用同等级的水泥砂浆和混合砂浆砌筑时，若砂浆等级低于 M5.0，水泥砂浆砌筑抗压强度低于混合砂浆；当大于 M5.0 时，两者相同。题中没有明确说明砂浆等级，因此选择 D 项。

34. B 【考点】结构计算自由度

【解析】计算自由度数 W 是指，体系全部自由度的总数与全部约束的总数的差值。$W>0$ 时，自由度总数大于约束总数，体系是几何可变的；$W=0$ 时，自由度总数等于约束总数，若无多余约束则为静定结构，否则几何可变；$W<0$ 时，自由度总数小于约束总数，若体系几何不变，则为超静定结构。因此，若结构为超静定结构，由于存在多余约

束，其计算自由度必小于零。

35. B 【考点】静定结构内力计算

【解析】根据几何关系得，A 点到 BC 杆的垂直距离为：$\frac{BC}{2}=\frac{2\sqrt{2}}{2}=\sqrt{2}$，以整体为研究对象，对 A 点取矩，建立力矩平衡方程，$\sum M_A=0$，$F_{BC}\times\sqrt{2}-F_D\times4=0$，解得：$F_{BC}=2\sqrt{2}F_p$（受压）。

36. D 【考点】刚架受力分析

【解析】首先取 BC 杆为研究对象，设支座 B 水平反力 F_{Bx} 方向向左，竖向反力 F_{By} 方向向上，力矩顺时针方向为正。对 C 点取矩，由 $\sum M_C=0$，$F_{Bx}\times4-F_{By}\times4=0$，解得：$F_{Bx}=F_{By}$。然后取整体为研究对象，对 A 点取矩，由 $\sum M_A=0$，$20\times4+5\times4\times2-F_{Bx}\times4-F_{By}\times8=0$，解得：$F_{Bx}=10\text{kN}$。最后取 DCB 为研究对象，可得：$M_{DC}=5\times4\times2+F_{Bx}\times4-F_{By}\times8=0$。

37. A 【考点】三铰拱的计算

【解析】拱有两种常见形式，一种是拉杆式，一种是侧推式。由于跨中铰的存在，两种形式都是静定结构，且计算过程和步骤一样。首先，整体受力分析，对任一支座取矩，求出另一个支座的竖向反力。对 B 点取矩 $\sum M_B=0$，$F_P\times L/4-F_{Ay}\times L=0$，解得：$F_{Ay}=F_p/4$。然后，对一半拱结构进行受力分析，对跨中铰取矩，求出该支座的水平反力。取 AC 部分为研究对象，对 C 点取矩，$\sum M_C=0$，$F_{Ax}\times L/2-F_{Ay}\times L/2=0$，解得：$F_{Ax}=F_{p/4}$。

38. D 【考点】桁架内力计算

【解析】如题 38 解图所示，三角形刚片 ACF 和三角形刚片 BDG 通过杆 AD 和杆 BC 组成的瞬铰 E，以及杆 1 相连接，形成一个无多余约束的大刚片。首先，对整体进行竖向受力分析，求出支座 B 的竖向反力 $F_{By}=3P$。然后，取 $BEDG$ 部分（圈内部分）为隔离体进行受力分析。根据结点 C 的受力平衡，刚片 ACF 中被截开的三根杆合力为零，则该合力对 E 点的力矩也为零，因此对 E 点取矩时，不考虑这三杆所产生的力矩作用，由 $\sum M_E=0$，$N_1\times3a+P\times a+P\times2a-3P\times3a=0$，解得：$N_1=2P$（受拉）。

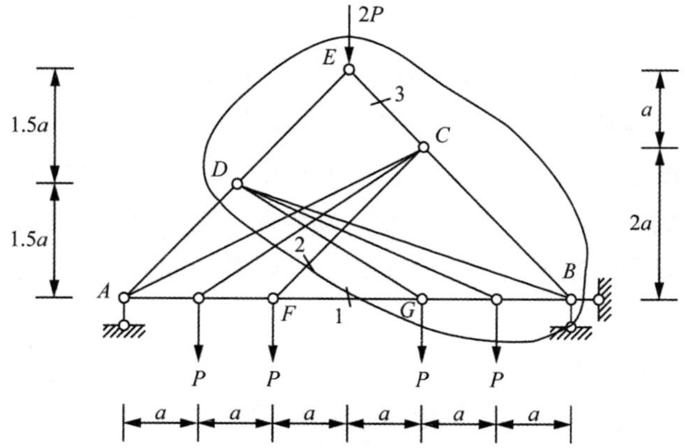

题 38 解图

39. B 【考点】三铰拱的计算

【解析】方法一：取整体为研究对象，对 B 点取矩 $\sum M_B=0$，$-F_{Ay}\times l+P\times l/2=0$，解得：$F_{Ay}=P/2$。方法二：首先观察发现荷载 P 作用线经过点 A，因此由 $\sum M_A=0$ 可得支座 B 竖向反力为0，那么荷载 P 的竖向分力 $P/2$ 将全部由支座 A 承担，即 $F_{Ay}=P/2$。

40. C 【考点】梁的挠度和转角计算

【解析】方法一：竖向力 P 在 B 点作用的弯矩为 Pl，根据简单荷载作用下梁的挠度和转角公式，$\theta_B=M_Bl/(3EI)$，代入得，$\theta_B=Pl^2/(3EI)$。方法二：采用单位荷载法结合图乘法计算。在截面 B 处施加一个单位力偶，分别作出单位力偶和外荷载作用下的弯矩图，如题40解图所示。由图乘法，$\Delta=\frac{1}{EI}\times\frac{1}{2}\times l\times 1\times\frac{2}{3}\times Pl=\frac{Pl^2}{3EI}$。

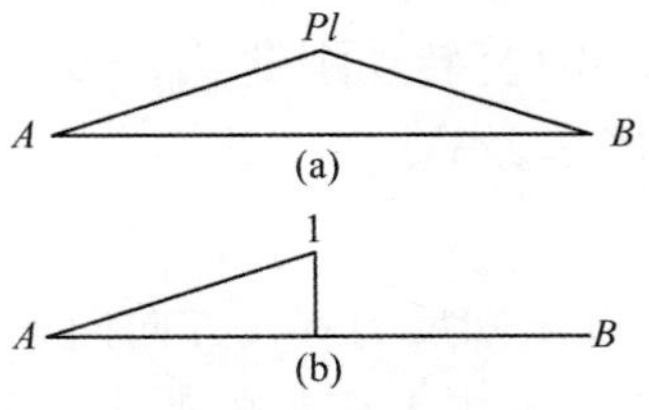

题40解图

41. B 【考点】弹簧的等效刚度

【解析】当两个弹簧串联时，在质块上施加一个方向向右的单位力，此时总变形 $\Delta=\Delta_1+\Delta_2=1/k_1+1/k_2$，则弹簧的等效刚度 $k_e=1/\Delta=k_1k_2/(k_1+k_2)$。

42. A 【考点】力法

【解析】撤去支座约束，代以未知反力 X_1，方向向上，得到力法的基本体系，则有力法方程 $\delta_{11}X_1+\Delta_{1P}=-X_1/k$。做出均布荷载单独作用下基本体系的弯矩图，如题42解图(a)所示。在 B 端作用一个方向向上的单位力，并做出弯矩图，如题42解图(b)所示。由图乘法：

$$\delta_{11}=\frac{1}{EI}\times\frac{1}{2}\times l\times l\times\frac{2}{3}l=\frac{l^3}{3EI}$$

$$\Delta_{1P}=-\frac{1}{EI}\times\frac{1}{3}\times l\times\frac{ql^2}{2}\times\frac{3}{4}l=-\frac{ql^4}{8EI}$$

因此，$X_1=-\frac{\Delta_{1P}}{\delta_{11}+1/k}=\frac{ql}{4}$，$M_C=ql/4\times l/2-ql/2\times l/4=0$。

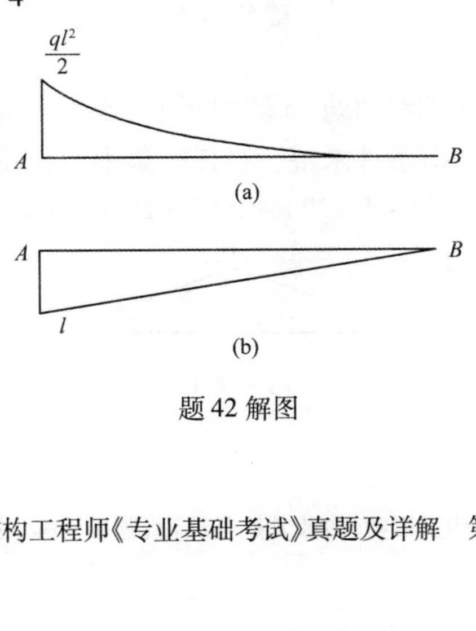

题42解图

43. D 【考点】位移法

【解析】在截面 B 处施加一个刚臂，根据位移法形常数公式：$M_{BA}=4i\theta_E+2i\theta_A-6i\Delta/l=4i\theta_B+2i\theta$，$M_{BC}=i\theta_B$。根据结点 B 受力平衡，$\sum M_B=M_{BA}+M_{BC}=4i\theta_B+2i\theta+i\theta_B=0$，解得：$\theta_B=-2\theta/5$。

44. C 【考点】力矩分配法

【解析】根据远端支撑方式，杆件的转动刚度分为以下几种情况：①远端固支（或带有一定倾角的定向支座），转动刚度 $S=4i_0$，$i_0=E_0I/l_0$；②远端铰接（或自由度方向与杆件平行的滑动支座），转动刚度 $S=3i_0$；③远端为常规的定向支座，转动刚度 $S=i_0$；④远端为自由端（或自由度方向与杆件垂直的滑动支座），转动刚度 $S=0$。

因此，根据第①条，AB 杆转动刚度 $S_{AB}=4i_0=4EI/4=EI$，AC 杆转动刚度 $S_{AC}=4i_0=4\times2.5EI/5=2EI$。根据第④条，$AD$ 杆转动刚度 $S_{AD}=0$。因此，分配系数 $\mu_{AC}=S_{AC}/(S_{AB}+S_{AC}+S_{AD})=2EI/(EI+2EI+0)=2/3$。

45. B 【考点】力法

【解析】撤去 B 支座约束，代以未知反力 X，方向向上，得到力法的基本体系，则有力法方程 $\delta_{11}X_1+\Delta_{1P}=-X_1/k$。做出集中荷载单独作用下基本体系的弯矩图，如题 45 解图(a)所示。在 B 端作用一个方向向上的单位力，并做出弯矩图，如题 45 解图(b)所示。由图乘法：

$$\delta_{11}=\frac{1}{EI}\times\frac{1}{2}\times l\times l\times\frac{2}{3}l=\frac{l^3}{3EI}$$

$$\Delta_{1P}=-\frac{1}{EI}\times\frac{1}{2}\times l\times Pl\times\frac{2}{3}l=-\frac{Pl^3}{3EI}$$

因此，$X_1=-\dfrac{\Delta_{1P}}{\delta_{11}+1/k}=\dfrac{P}{2}$，$\Delta_B=X_1/k=P/2\times l^3/(3EI)=Pl^3/(6EI)$。

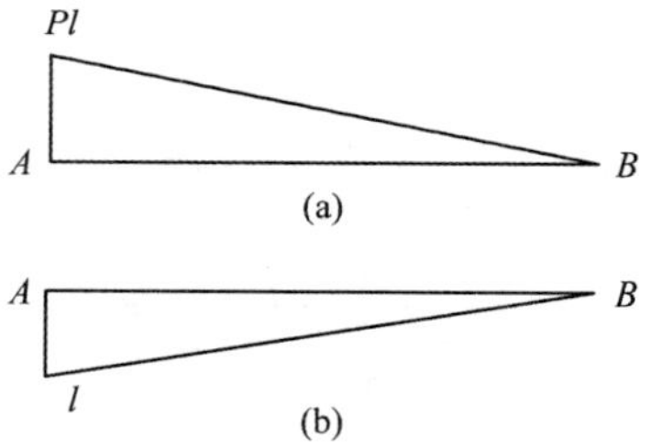

题 45 解图

46. B 【考点】影响线的应用

【解析】简支梁跨中弯矩影响线如题 46 解图所示，跨中竖标 $y=8\times8/(8+8)=4$，或根据单位力作用下的受力平衡条件求解。当任一集中力作用于影响线峰值上时，截面 K 的弯矩值最大，且 $M_{K\max}=20\times4+20\times4\times(8-2)/8=140\text{kN}\cdot\text{m}$。

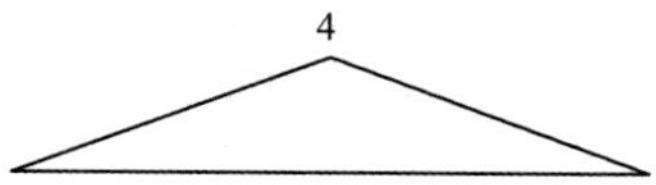

题 46 解图

47. C 【考点】位移动力系数

【解析】单自由度体系强迫振动下的位移动力系数 $\mu=\dfrac{1}{1-\dfrac{\theta^2}{\omega^2}}$，其中体系自振频率 $\omega=\sqrt{\dfrac{k}{m}}=\sqrt{\dfrac{1}{\delta m}}$，悬臂梁自由端的柔度 $\delta=\dfrac{l^3}{3EI}$。由于体系(a)和(b)受迫振动频率 θ 相等，即 $\theta_a=\theta_b$，则只需考虑体系自振频率 ω。对于体系(a)，$\omega_a=\sqrt{\dfrac{1}{\delta_a m_a}}=\sqrt{\dfrac{3EI}{ml^3}}$；对于体系(b)，$\omega_b=\sqrt{\dfrac{1}{\delta_b m_b}}=\sqrt{\dfrac{3\times 2EI}{l^3\times 2m}}=\sqrt{\dfrac{3EI}{ml^3}}$，则 $\omega_a=\omega_b$。因此 $\mu_a=\mu_b$。

48. D 【考点】单自由度体系的自由振动

【解析】单自由度体系有阻尼自由振动时，根据阻尼比计算公式，算得阻尼比为：

$$\xi=\frac{1}{2\pi n}\ln\frac{y_k}{y_{k+n}}=\frac{1}{2\pi\times 10}\ln\frac{1}{0.0016}=0.1025$$

49. C 【考点】加载设备

【解析】C 项，吊车梁疲劳试验时，施加的荷载应为脉动循环荷载。激振器产生的荷载是对称循环荷载，且一般的激振器也没有足够的激振力。激振法通常用于测定结构的自振特性以及在动荷载下的反应。

50. B 【考点】结构试验预加载

【解析】试件加载的全部程序分为预加载、标准荷载、破坏荷载三个阶段。在试验前对试件进行预加载，其目的是：

①使试件各部分接触良好，进入正常工作状态，经过若干次预加载，使荷载与变形关系趋于稳定；

②检查全部试验装置是否可靠；

③检查全部测试仪器仪表是否工作正常；

④检查全体试验人员的工作情况，使他们熟悉自己的任务和职责以保证试验工作顺利进行。

B 项，预载一共分三级进行，每级取标准荷载的 20%，然后分 2～3 级卸完。对于混凝土试件，预载值不宜超过开裂荷载值的 70%。

51. A 【考点】非破损法检测构件混凝土强度

【解析】非破损检测混凝土强度的方法有回弹法、超声法和超声回弹综合法等。局部破损检测混凝土强度的方法有钻芯法和拨出法等。对原结构损伤较小的情况下，在评定混凝土强度时，用回弹法较为理想。

52. A 【考点】量测仪器

【解析】当金属导体在外力作用下发生机械变形时，其电阻值将相应地发生变化，这种现象称为金属导体的电阻－应变效应。应变片的灵敏系数是指在轴线方向的单向应力作用下，敏感栅的电阻变化率和引起此电阻变化的构件表面在应变计轴线方向的应变之比。

53. B 【考点】量测仪器

【解析】零位测定法，是指用惠斯登电桥测定应变，其中一个桥臂接被测电阻，当被测电阻值变化时，电桥不平衡，再用另一个可变电阻调节另一个桥臂阻值，使电桥平衡指针为零。惠斯登电桥属于长标距电阻应变计。

54. A 【考点】土的自重应力

【解析】土的自重应力计算公式为：$\sigma_{cz}=\gamma_1h_1+\gamma_2h_2+\cdots+\gamma_nh_n$。式中，$\gamma_n$ 为第 n 层土层的容重，kN/m^3；h_n 为第 n 层土层的厚度，m。代入数据计算得：$\sigma_{cz}=\gamma_1h_1+\gamma_2h_2=17\times4+20\times(6-4)=108kPa$。

55. D 【考点】软弱下卧层的验算

【解析】附加应力 P_z 的计算应从基础底面算起，自重应力 P_{cz}的计算应当从地表算起。

56. D 【考点】土的物理性质和状态指标

【解析】土中孔隙体积与土的颗粒体积之比，称为孔隙比，即：$e=V_v/V_s$。孔隙率是土中孔隙体积与土的体积之比，即：$n=V_v/V$。代入数据，$e=V_v/V_s=47.71/100=47.71\%$，则 $n=V_v/V=V_v/(V_v+V_s)=47.71/(47.71+100)=32.30\%$。

57. D 【考点】抗剪强度的影响因素

【解析】土可以由于拉力过大而开裂，也可以由于剪力过大而破坏。土体中各点的抗剪强度或所承受的剪应力都可以是不均匀的。因此，土体的剪切破坏可能是整体破坏，也可能是局部破坏。影响岩土的抗剪强度的因素有：①应力路径；②剪胀性；③加载速度。

58. D 【考点】地基土的分类

【解析】D 项，碎石土的密实度，可根据重型圆锥动力触探锤击数分为松散、稍密、中密和密实。A 项，静力触探主要适用于黏性土、粉性土、砂性土。B 项，标准贯入试验适用于砂土、粉土、黏性土、花岗岩残积土等天然地基的地基承载力，鉴别其岩土性状。C 项，旁压试验分为预钻式旁压试验和自钻式旁压试验。预钻式旁压试验适用于黏性土、粉土、砂土、碎石土、残积土、极软岩和软岩。自钻式旁压试验适用于黏性土、粉土、砂土，尤其适用于软土。

59. A 【考点】地基承载力

【解析】根据《建筑地基基础设计规范》(GB 50007—2011)第 5.2.4 条规定，当基础宽度大于 3m 或埋置深度大于 0.5m 时，从载荷试验或其他原位测试、经验值等方法确定的地基承载力特征值，尚应按下式修正：

$$f_a=f_{ak}+\eta_b\gamma(b-3)+\eta_d\gamma_m(d-0.5)$$

式中，f_a 为修正后的地基承载力特征值(kPa)；f_{ak}为地基承载力特征值(kPa)，按本规范第 5.2.3 条的原则确定；η_b、η_d 为基础宽度和埋置深度的地基承载力修正系数；γ 为基础底面以下土的重度(kN/m^3)，地下水位以下取浮重度；γ_m 为基础底面以上土的加权平均重度(kN/m^3)，位于地下水位以下的土层取有效重度；b 为基础底面宽度(m)，当基础底面宽度小于 3m 时按 3m 取值，大于 6m 时按 6m 取值；d 为基础埋置深度(m)，宜自室外地面标高算起。

本题中，$b=3m$，$\gamma=20-10=10kN/m^3$，$\gamma_m=(16\times2+10\times1)/3=14kN/m^3$，则修正后

的地基承载力特征值为：$f_a = 100 + 0 + 1.45 \times 14 \times (3 - 0.5) = 150.75\text{kPa}$。

60. B 【考点】桩与桩基础分类

【解析】桩与桩基础有不同的分类方法，不同的分类方法反映了不同桩基础的某些方面的特点。根据《建筑桩基技术规范》(JGJ 94—2008)第3.3.1条，基桩有以下分类方法：

①按承载性状分为：a. 摩擦型桩；b. 端承型桩。

②按桩径(设计直径 d)大小分为：a. 小直径桩：$d \leqslant 250\text{mm}$；b. 中等直径桩：$250\text{mm} < d < 800\text{mm}$；c. 大直径桩：$d \geqslant 800\text{mm}$。

③按成桩方法分为：a. 非挤土桩：干作业法钻(挖)孔灌注桩、泥浆护壁法钻(挖)孔灌注桩，套管护壁法钻(挖)孔灌注桩；b. 部分挤土桩：冲孔灌注桩、钻孔挤扩灌注桩、搅拌劲芯桩、预钻孔打入(静压)预制桩、打入(静压)式敞口钢管桩、敞口预应力混凝土空心桩和H型钢桩；c. 挤土桩：沉管灌注桩、沉管夯(挤)扩灌注桩、打入(静压)预制桩、闭口预应力混凝土空心桩和闭口钢管桩。

2018年一级注册结构工程师执业资格考试
《专业基础考试》真题

单项选择题(共60题，每题2分。每题的备选项中只有一个最符合题意)

1. 下列材料中属于韧性材料的是(　　)。

A. 烧结普通砖　　B. 石材　　C. 高强混凝土　　D. 木材

2. 轻质无机材料吸水后，该材料的(　　)。

A. 密实度增加　　B. 绝热性能提高　　C. 导热系数增大　　D. 孔隙率降低

3. 硬化的水泥浆体中，位于水化硅酸钙凝胶的层间孔隙与凝胶有很强的结合作用，一旦失去，水泥浆体将会(　　)。

A. 发生主要矿物解体　　B. 保持体积不变

C. 发生显著的收缩　　D. 发生明显的温度变化

4. 混凝土配合比设计通常需满足多项基本要求，这些基本要求不包括(　　)。

A. 混凝土强度　　B. 混凝土和易性　　C. 混凝土水灰比　　D. 混凝土成本

5. 增大混凝土的骨料含量，混凝土的徐变和干燥收缩的变化规律为(　　)。

A. 都会增大　　B. 都会减小

C. 徐变增大，干燥收缩减小　　D. 徐变减小，干燥收缩增大

6. 衡量钢材的塑性变形能力的技术指标为(　　)。

A. 屈服强度　　B. 抗拉强度　　C. 断后伸长率　　D. 冲击韧性

7. 在测定沥青的延度和针入度时，需保持以下(　　)条件恒定。

A. 室内温度　　B. 沥青试样的温度

C. 试件质量　　D. 试件的养护条件

8. 图根导线测量中，以下何项反映了导线全长相对闭合差精度要求？(　　)

A. $K \leqslant 1/2000$　　B. $K \geqslant 1/2000$　　C. $K \leqslant 1/5000$　　D. $K \approx 1/5000$

9. 水准测量中，对每一测站的高差都必须采取措施进行检核测量，这种检核称为测站检核。下列何项属于常用的测站检核方法？(　　)

A. 双面尺法　　B. 黑面尺读数　　C. 红面尺读数　　D. 单次仪器高法

10. 下列关于等高线的描述，何项是正确的？(　　)

A. 相同等高距下，等高线平距越小，地势越陡

B. 相同等高距下，等高线平距越大，地势越陡

C. 同一幅图中地形变化大时，选择不同的基本等高距

D. 同一幅图中任一条等高线一定是封闭的

11. 设A、B坐标系为施工坐标系，A轴在测量坐标系中的方位角为α，施工坐标系的原点为O'，其坐标为x_0和y_0，下列何项表达了点p的施工坐标A_p、B_p转换为测量坐标x_p、y_p的公式？(　　)

A. $\begin{pmatrix} x_p - x_0 \\ y_p - y_0 \end{pmatrix} = \begin{pmatrix} \cos\alpha & -\sin\alpha \\ \sin\alpha & \cos\alpha \end{pmatrix} \begin{pmatrix} A_p \\ B_p \end{pmatrix}$　　B. $\begin{pmatrix} x_p - x_0 \\ y_p - y_0 \end{pmatrix} = \begin{pmatrix} \cos\alpha & \sin\alpha \\ \sin\alpha & \cos\alpha \end{pmatrix} \begin{pmatrix} A_p \\ B_p \end{pmatrix}$

C. $\begin{pmatrix} x_p - x_0 \\ y_p - y_0 \end{pmatrix} = \begin{pmatrix} \sin\alpha & -\cos\alpha \\ \cos\alpha & \sin\alpha \end{pmatrix} \begin{pmatrix} A_p \\ B_p \end{pmatrix}$　　D. $\begin{pmatrix} x_p - x_0 \\ y_p - y_0 \end{pmatrix} = \begin{pmatrix} \sin\alpha & \cos\alpha \\ \cos\alpha & \sin\alpha \end{pmatrix} \begin{pmatrix} A_p \\ B_p \end{pmatrix}$

12. 偶然误差具有下列何种特性？(　　)

A. 测量仪器产生的误差　　B. 外界环境影响产出的误差

C. 单个误差的出现没有一定规律性　　D. 大量的误差缺乏统计规律性

13. 建筑工程的消防设计图纸及有关资料应由以下哪一个单位报送公安消防机构审核？(　　)

A. 建设单位　　B. 设计单位　　C. 施工单位　　D. 监理单位

14. 房地产开发企业销售商品住宅，保修期应从何时计起？(　　)

A. 工程竣工之日起　　B. 物业验收合格之日起

C. 购房人实际入住之日起　　D. 开发企业向购房人交付房屋之日起

15. 施工单位签署建设工程项目质量合格的文件上，必须有哪类工程师签字盖章？(　　)

A. 注册建筑师　　B. 注册结构工程师

C. 注册建造师　　D. 注册施工管理师

16. 建设工程竣工验收，由哪一部门负责组织实施？(　　)

A. 工程质量监督机构　　B. 建设单位

C. 工程监理单位　　D. 房地产开发主管部门

17. 某基坑回填工程，检查其填土压实质量时，应(　　)。

A. 每三层取一次试样　　B. 每 $1000m^2$ 取样不少于一组

C. 在每层上半部取样　　D. 以干密度作为检测指标

18. 下列选项中有关先张法预应力筋放张的顺序，说法错误的是(　　)。

A. 压杆的预应力筋应同时放张　　B. 梁应先放张预应力较大区域的预应力筋

C. 桩的预应力筋应同时放张　　D. 板类构件应从板外边向里对称放张

19. 下列关于工作面的说法不正确的是(　　)。

A. 工作面是指安排专业工人进行操作或者布置机械设备进行施工所需的活动空间

B. 最小工作面所对应安排的施工人数和机械数量是最少的

C. 工作面根据专业工种的计划产量定额和安全施工技术规程确定

D. 施工过程不同，所对应的描述工作面的计量单位不一定相同

20. 网络计划中的关键工作是(　　)。

A. 自由时差总和最大线路上的工作　　B. 施工工序最多线路上的工作

C. 总持续时间最短线路上的工作　　D. 总持续时间最长线路上的工作

21.《建筑工程质量管理条例》规定，在正常使用条件下，电气管线、给排水管道、设备安装和装修工程的最低保修期为(　　)。

A. 3 年　　B. 2 年　　C. 1 年　　D. 5 年

22. 关于钢筋混凝土受弯构件疲劳验算，下列哪种描述正确？(　　)

A. 正截面受压区混凝土的法向应力图可取为三角形，而不再取抛物状分布

B. 荷载应取设计值

C. 应计算正截面受压边缘处混凝土的剪应力和钢筋的应力幅

D. 应计算纵向受压钢筋的应力幅

23. 关于钢筋混凝土矩形截面小偏心受压构件的构造要求，下列哪种描述正确？(　　)

A. 宜采用高强度等级的混凝土

B. 宜采用高强度等级的纵筋

C. 截面长短边比值宜大于1.5

D. 若采用高强度等级的混凝土，则需选用高强度等级的纵筋

24. 在均布荷载作用 $q=8\text{kN/m}^2$，如图所示的四边简支钢筋混凝土板最大弯矩应为(　　)。

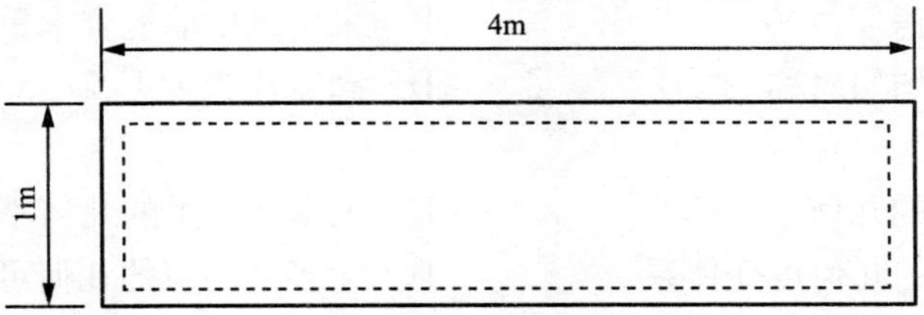

题24图

A. 1kN·m　　B. 4kN·m　　C. 8kN·m　　D. 16kN·m

25. 钢筋混凝土框架结构在水平荷载作用下的内力计算可采用反弯点方法，通常反弯点的位置在(　　)。

A. 柱的顶端　　B. 柱的底端　　C. 柱高的中点　　D. 柱的下半段

26. 通过单向拉伸试验可检测钢材的(　　)。

A. 疲劳强度　　B. 冷弯角　　C. 冲击韧性　　D. 伸长率

27. 计算钢结构框架柱弯矩作用平面内稳定性时采用的等效弯矩系数 β_{mx} 是考虑了(　　)。

A. 截面应力分布的影响　　B. 截面形状的影响

C. 构件弯矩分布的影响　　D. 支座约束条件的影响

28. 检测焊透对接焊缝质量时，如采用三级焊缝(　　)。

A. 需要进行外观检测和无损检测　　B. 只需进行外观检测

C. 只需进行无损检测　　D. 只需抽样20%进行检测

29. 钢屋盖结构中采用圆管刚性系杆时，应控制杆件的(　　)。

A. 长细比不超过200　　B. 应力设计值不超过150MPa

C. 直径和壁厚之比不超过50　　D. 轴向变形不超过 $l/400$

30. 作用在过梁上的荷载有砌体自重和过梁计算高度范围内的梁板荷载，对于砖砌体，可以不考虑高于 $l_n/3$(l_n 为过梁净跨)的墙体自重以及高度大于 l_n 上的梁板荷载，这是由于考虑了(　　)。

A. 起拱产生的卸荷　　B. 应力重分布

C. 应力扩散　　D. 梁墙间的相互作用

31. 下列关于构造柱的说法，哪种是不正确的？(　　)

A. 构造柱必须先砌墙后浇柱

B. 构造柱应设置在震害较重，连接构造较薄弱和易于应力集中的部位

C. 构造柱必须单独设基础

D. 构造柱最小截面尺寸180mm×240mm

32. 砖砌体的抗压强度与砖及砂浆的抗压强度的关系，何种正确？(　　)

①砖的抗压强度恒大于砖砌体的抗压强度
②砂浆的抗压强度恒大于砖砌体的抗压强度
③砌体的抗压强度随砂浆的强度提高而提高
④砌体的抗压强度随块体的强度提高而提高

A. ①②③④　　B. ①③④　　C. ②③④　　D. ③④

33. 砌体房屋中对抗震不利的情况是(　　)。

A. 楼梯间设在房屋尽端　　B. 采用纵横墙混合承重的结构布置方案
C. 纵横墙布置均匀对称　　D. 高宽比为1∶1.5

34. 超静定结构是(　　)。

A. 有多余约束的几何不变体系　　B. 无多余约束的几何不变体系
C. 有多余约束的几何可变体系　　D. 无多余约束的几何可变体系

35. 图示刚架 M_{EB} 大小为(　　)。

A. 36kN·m　　B. 54kN·m　　C. 72kN·m　　D. 108kN·m

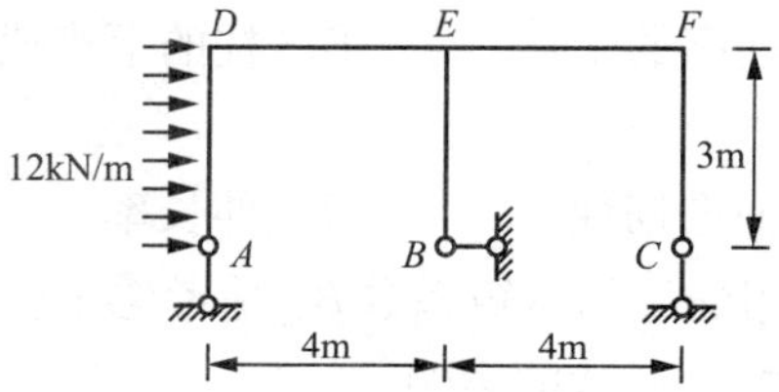

题35图

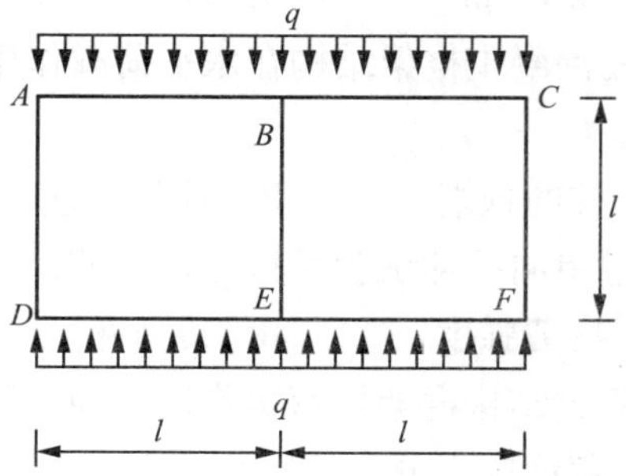

题36图

36. 图示对称结构 $M_{AD}=ql^2/36$(左拉),$F_{NAD}=-5ql/12$(压),则 M_{BA} 为(以下侧受拉为正)(　　)。

A. $-\dfrac{ql^2}{6}$　　B. $\dfrac{ql^2}{6}$　　C. $-\dfrac{ql^2}{9}$　　D. $\dfrac{ql^2}{9}$

37. 图示结构中的反力 F_H 为(　　)。

A. M/L　　B. $-M/L$　　C. $2M/L$　　D. $-2M/L$

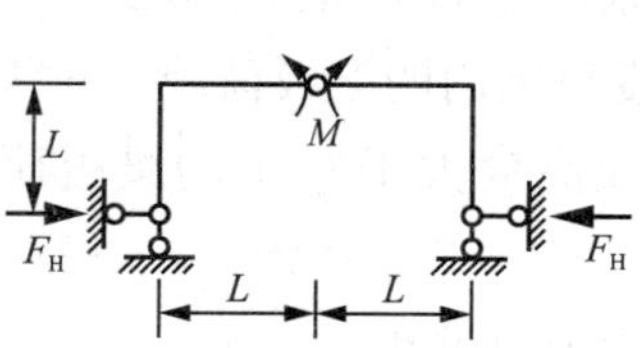

题37图

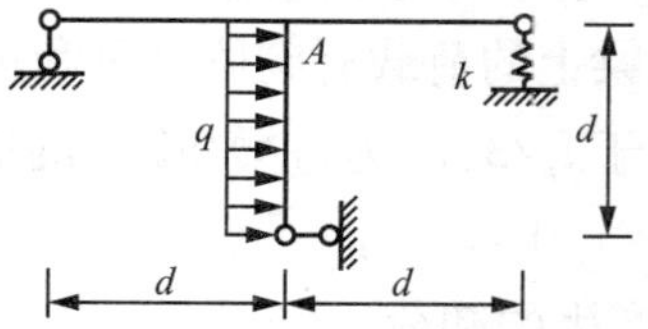

题38图

38. 图示结构忽略轴向变形和剪切变形,若减小弹簧刚度 k,则 A 结点水平位移 Δ_{AH}(　　)。

A. 增大　　B. 减小
C. 不变　　D. 可能增大,亦可能减小

39. 图示结构 EI = 常数,在给定荷载作用下,竖向反力 V_A 为(　　)。

A. $-P$　　B. $2P$　　C. $-3P$　　D. $4P$

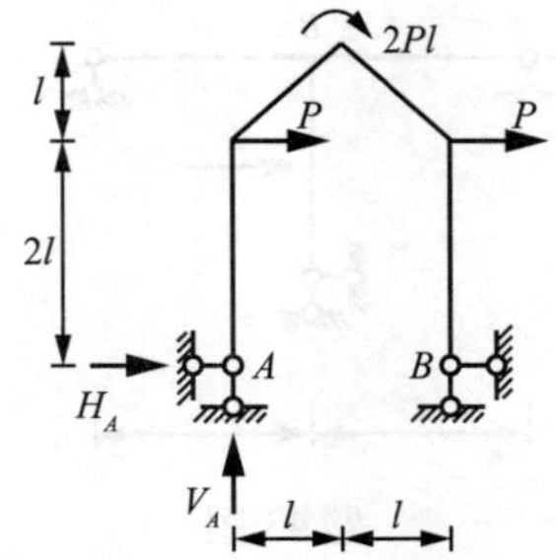

题 39 图

40．图示三铰拱，若使水平推力 $F_H=\dfrac{F_P}{3}$，则高跨比 f/L 应为(　　)。

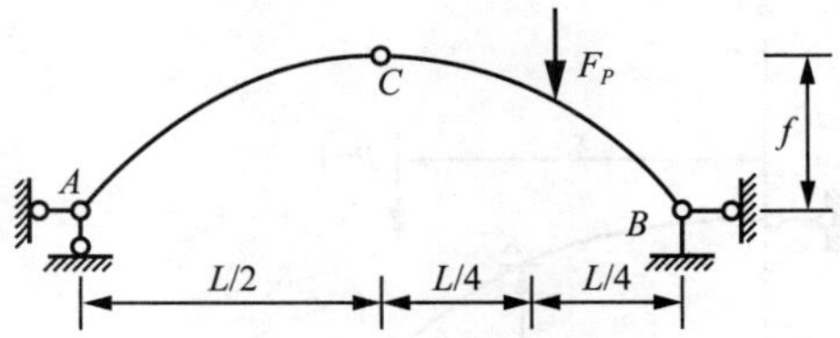

题 40 图

A．3/8　　B．1/2　　C．5/8　　D．3/4

41．图示结构 B 处弹性支座的弹簧刚度 $k=\dfrac{12EI}{l^3}$，B 截面的弯矩为(　　)。

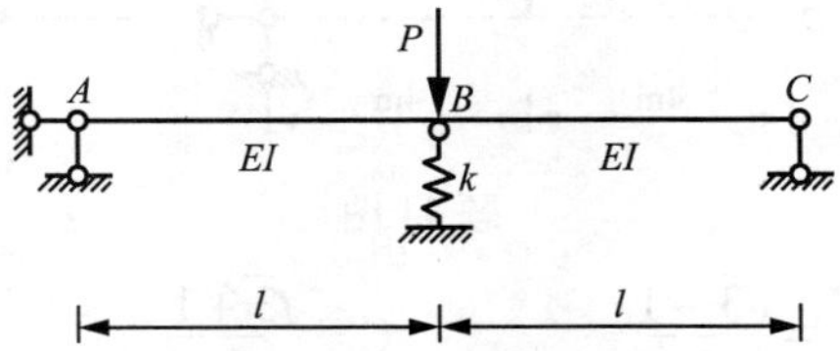

题 41 图

A．$\dfrac{Pl}{2}$　　B．$\dfrac{Pl}{3}$　　C．$\dfrac{Pl}{4}$　　D．$\dfrac{Pl}{6}$

42．图示两桁架温度均匀降低 t℃，则温度改变引起的结构内力为(　　)。

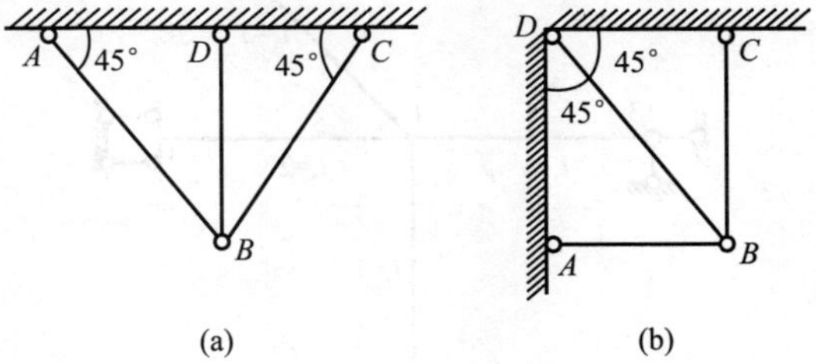

题 42 图

A．(a)无，(b)有　　B．(a)有，(b)无

C．两者均有　　D．两者均无

43．图示结构 EI = 常数，不考虑轴向变形，F_{QBA} 为(　　)。

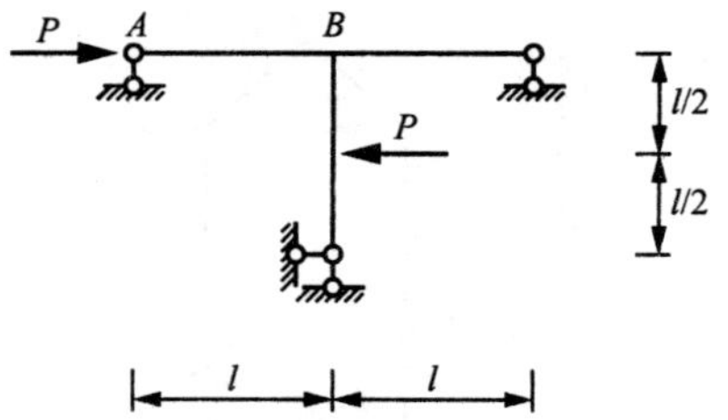

题 43 图

A. $\frac{P}{4}$　　B. $-\frac{P}{4}$　　C. $\frac{P}{2}$　　D. $-\frac{P}{2}$

44. 图示圆弧曲梁 K 截面轴力 F_{NK}（受拉为正），影响线 C 点竖标为(　　)。

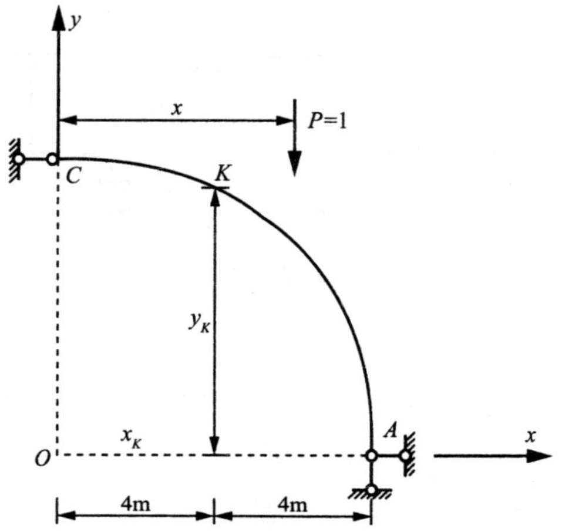

题 44 图

A. $\frac{\sqrt{3}-1}{2}$　　B. $-\frac{\sqrt{3}-1}{2}$　　C. $\frac{\sqrt{3}+1}{2}$　　D. $-\frac{\sqrt{3}+1}{2}$

45. 图示结构用力矩分配法计算时，分配系数 μ_{A4} 为(　　)。

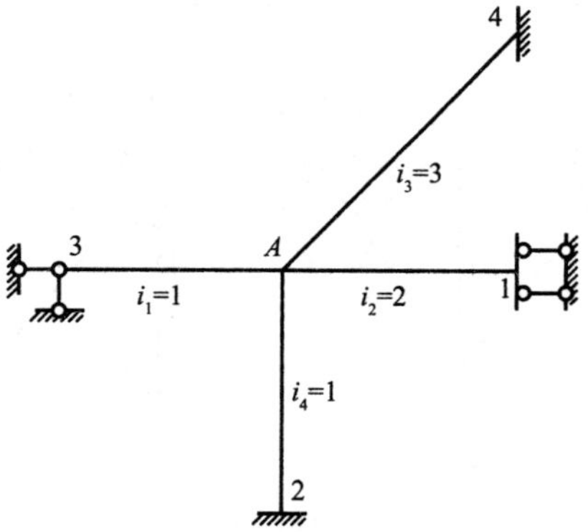

题 45 图

A. 1/4　　B. 4/7　　C. 1/2　　D. 6/11

46. 单自由度体系受简谐荷载作用 $m\ddot{y}+c\dot{y}+ky=F\sin\theta t$，当简谐荷载频率等于结构自振频率，即 $\theta=\omega=\sqrt{\frac{K}{M}}$ 时，与外荷载平衡的力是(　　)。

A. 惯性力　　　　　　　　　　　　　B. 阻尼力

C. 弹性力　　　　　　　　　　　　　D. 弹性力+惯性力

47. 图示单自由度体系受简谐荷载作用，当简谐荷载频率等于结构自振频率的两倍，则位移的动力放大系数为(　　)。

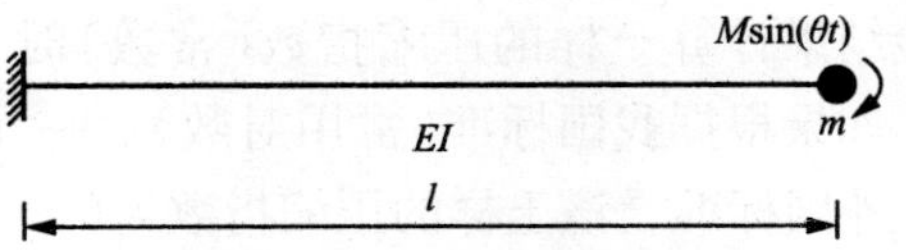

题 47 图

A. 2　　　　B. 4/3　　　　C. −1/2　　　　D. −1/3

48. 不计阻尼时，图示体系的运动方程为(　　)。

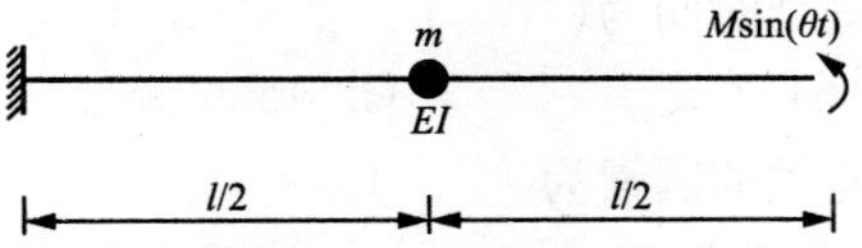

题 48 图

A. $m\ddot{y}+\dfrac{24EI}{l^3}y=M\sin(\theta t)$　　　　B. $m\ddot{y}+\dfrac{24EI}{l^3}y=\dfrac{3M}{l}\sin(\theta t)$

C. $m\ddot{y}+\dfrac{3EI}{l^3}y=\dfrac{3M}{8l}\sin(\theta t)$　　　　D. $m\ddot{y}+\dfrac{24EI}{l^3}y=\dfrac{3M}{8l}\sin(\theta t)$

49. 为测定结构材料的实际物理力学性能指标，应包括以下哪些内容？(　　)

A. 强度、变形、轴向应力—应变曲线

B. 弹性模量、泊松比

C. 强度、泊松比、轴向应力—应变曲线

D. 强度、变形、弹性模量

50. 标距 $L=200$mm 的手持应变仪，用千分表进行量测读数，读数为 3 小格，测得应变值为(μ_E 表示微应变)(　　)。

A. $1.5\mu_E$　　　　B. $15\mu_E$　　　　C. $6\mu_E$　　　　D. $12\mu_E$

51. 利用电阻应变原理实测钢梁受到弯曲荷载作用下的弯曲应变，如图所示的测点布置和桥臂联接方式，试问电桥的测试值是实际值的多少倍？(　　)

(注：V 是被测构件材料的泊松比)

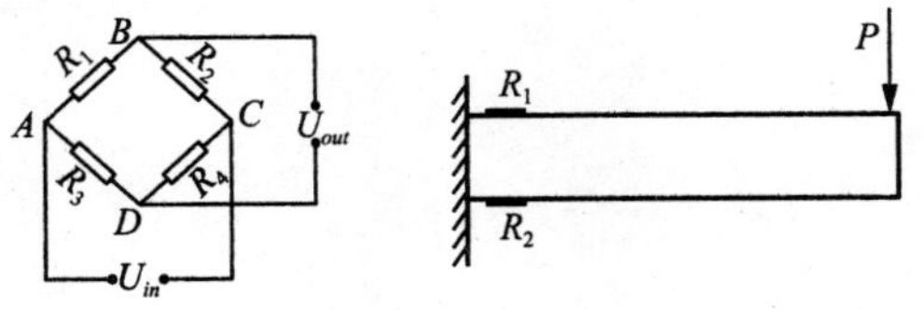

题 51 图

A. $2(1+V)$　　　　B. 1　　　　C. 2　　　　D. $(1+V)$

52. 为获得建筑物的动力特性，下面哪种激振方法是不正确的？(　　)

A. 采用脉动法量测和分析结构的动力特性

B. 采用锤击激励的方法分析结构的动力特性

C. 对结构施加拟动力荷载分析结构的动力特性

D. 采用自由振动法的方法分析结构的动力特性

53. 采用下面哪一种方法可检测混凝土内部钢筋的锈蚀？(　　)

A. 声发射方法　　B. 电磁感应法　　C. 超声波方法　　D. 电位差法

54. 某外国，用固结仪实验结果计算土样的压缩指数(常数)时，不是用常数对数，而是用自然对数对应取值的。如果根据我国标准(常用对数)，一个土样的压缩指数(常数)为0.0112，那么根据那个外国标准，该土样的压缩指数为(　　)。

A. 4.86E-03　　B. 5.0E-04　　C. 2.34E-03　　D. 6.43E-03

55. 一个厚度为25mm的黏土固结实验结果表明：孔隙水压力的消散为零需要11分钟，该实验仪在样品上表面排水。如果地基中有一层4.6m厚的同样黏土层，上下两个面都可以排水，那么该层黏土固结时间为(　　)。

A. 258.6天　　B. 64.7天　　C. 15.5天　　D. 120天

56. 与地基的临界水力坡降有关的因素为(　　)。

A. 有效重度　　B. 抗剪强度　　C. 渗透系数　　D. 剪切刚度

57. 一个离心机模型堤坝高0.10m，当离心加速度为61g时破坏。那么用同种材料修筑的真实堤坝的最大可能高度为(　　)。

A. 6.1m　　B. 10m　　C. 61.1m　　D. 1m

58. 减小地基不均匀沉降的措施不包括(　　)。

A. 增加建筑物的刚度和整体性

B. 同一建筑物尽量采用同一类型的基础并埋置于同一土层中

C. 采用钢筋混凝土十字交叉条形基础或筏板基础、箱形基础等整体性好的基础形式

D. 上部采用静定结构

59. 对桩周土层、桩尺寸和桩顶竖向荷载都一样的摩擦桩，桩距为桩径3倍的群桩的沉降量比单桩的沉降量(　　)。

A. 大　　B. 小

C. 大或小均有可能　　D. 一样大

60. 土工聚合物在地基处理中的作用不包括(　　)。

A. 排水作用　　B. 加筋　　C. 挤密　　D. 反滤

答案及详解

单项选择题(共60题，每题2分。每题的备选项中只有一个最符合题意)

1. D 【考点】材料的性质

【解析】韧性材料是指，在断裂前有较大形变、断裂时断面常呈现不能恢复的外延形变，其应力—应变关系成非线性，且需消耗大量断裂能的材料，如木材、建筑钢材(软钢)等。与之对应的是脆性材料，它是指当外力达到一定限度后，材料突然破坏且无明显塑性变形，如烧结普通砖、石材、高强混凝土、玻璃等。

2. C 【考点】材料的性质

【解析】轻质无机材料是一种新型复合材料，它以耐碱玻璃纤维作增强材，硫铝酸盐低碱度水泥为胶结材并掺入适宜集料构成基材，通过喷射、立模浇铸、挤出、流浆等工艺制成的新型无机复合材料，以取代石子、沙子等，可以大大减轻重量。A项，密实度是指材料的固体物质部分的体积占总体积的比例，吸水后总体积几乎不变，因此密实度不变；B项，吸水后，材料绝热性能降低；C项，因为水的导热系数比空气大，所以吸水后材料的导热系数增大；D项，孔隙率指材料中孔隙体积与材料在自然状态下总体积的百分比，吸水后孔隙率不变。

3. C 【考点】水泥水化

【解析】C－S－H(水化硅酸钙凝胶)中的层间孔中含有被氢键保持的水分，这些水分在一定条件下脱去，将使浆体产生干缩和徐变。这种干缩与徐变不会对水化水泥浆体的强度和渗透性产生不利影响。

4. D 【考点】混凝土配合比设计

【解析】根据《普通混凝土配合比设计规程》(JGJ 55—2011)第3.0.1条的规定，混凝土配合比设计应满足混凝土配制强度及其他力学性能、拌合物性能、长期性能和耐久性能的设计要求。拌合物性能通过和易性控制，耐久性能主要通过控制水灰比来实现，因此不包括成本。

5. B 【考点】混凝土骨料

【解析】影响混凝土徐变度和干缩程度最关键的因素是混凝土弹性模量，骨料是主要影响混凝土弹性模量的关键因素，骨料增加，弹性模量提高，徐变和干缩都会减小。

6. C 【考点】钢材的性质

【解析】钢材的塑性变形能力由断后伸长率表征，它是指金属材料受外力(拉力)作用断裂时，试棒的伸长量与初始长度的百分比。而屈服强度、抗拉强度，以及冲击韧性均是用来衡量钢材抵抗受力的指标。屈服强度是金属材料发生屈服现象时的屈服极限，亦即抵抗微量塑性变形的应力。抗拉强度表征材料最大均匀塑性变形的抗力，它反映了材料的断裂抗力。冲击韧性，是指材料在冲击载荷作用下吸收塑性变形功和断裂功的能力，反映材料内部的细微缺陷和抗冲击性能。

7. B 【考点】沥青的主要技术性质

【解析】沥青的延性通常用延度指标来表征：①沥青的延度测量。采用延度仪测定，把沥青试样制成8字形标准试模，试件置于25℃或15℃的恒温水浴中在规定的拉伸速度下拉断时的伸长长度；延度值越大，表示塑性越好。②沥青的针入度测量。在规定恒温水浴25℃下，以规定质量100g的标准针，在规定时间内贯入沥青试样中的深度。它反映沥青抵抗剪切变形的能力，针入度值越大，表示沥青越软，粘度越小。在测定前，均需将沥青试样浸泡在规定温度的水中半个小时以上，以达到试件温度与水温相等的目的。

8. A 【考点】导线测量

【解析】由于坐标增量闭合差的存在，使闭合导线不闭合，而是开裂了一个缺口，其缺口长度称为导线全长闭合差。《工程测量规范(附条文说明)》(GB 50026—2007)第5.2.7条第1款表5.2.7及注1规定，全长相对闭合差精度 $K \leqslant \frac{1}{2000\alpha}$，$\alpha$ 为比例系数，宜取为1，当采用1∶500、1∶1000比例尺测图时，其值可在1～2之间选用。

9. A 【考点】水准测量

【解析】测站检核有变动仪器高法、双面尺法和双仪器法。BCD三项，均不是常用的测站检核方法，故选择A项。

10. A 【考点】等高线测绘

【解析】AB两项，等高距相同时，等高线越密则坡度越陡，等高线越稀则坡度越缓，等高线间隔相等则坡度均匀，即为等高线平距越小，地势越陡。C项，同一幅图中选择的等高距必须相等。D项，等高线自行封闭，各条等高线必自行成闭合的曲线，若因图幅所限不在本幅闭合，则必在邻幅闭合，这种情况下同一幅图中等高线不一定是封闭的。

11. A 【考点】平面控制网的定位

【解析】一般以纵轴为 x，横轴为 y，方位角则是以坐标纵轴北方向为起始，顺时针量到直线的水平角，如题11解图，有：$x_p - x_0 = A_p\cos\alpha - B_p\sin\alpha$，$y_p - y_0 = A_p\sin\alpha + B_p cos\alpha$。

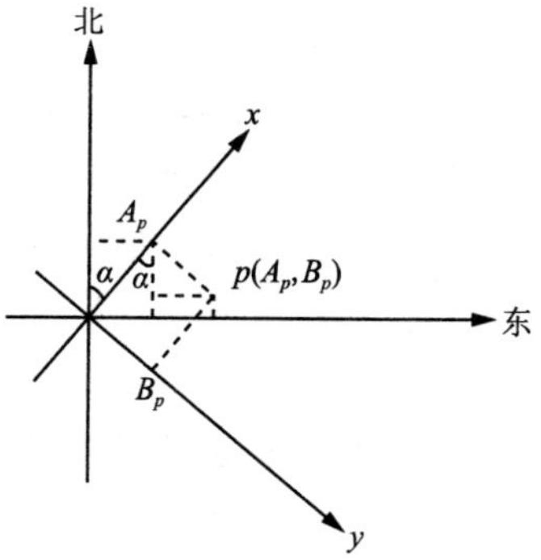

题11解图

12. C 【考点】偶然误差

【解析】试验中误差分为偶然误差和系统误差：①偶然误差。多次测量揭示出的实验误差称为偶然误差，具有随机性，其产生的原因无法控制，所以偶然误差总是存在，通过多次测量取平均值可以减小偶然误差，但无法消除。②系统误差。不能从多次测量揭示出的实验误差称为系统误差，是由环境、方法等客观条件造成的误差，无法按照人为预知方式改变的，包括仪器误差(最小精度误差、天平两端不相等造成的误差)、方法误差(近似忽略掉的一些误差因素)、环境误差(周围温度、湿度对材料或仪器产生的差异）、人员误差（人的眼睛色弱，读数的时候斜视，斗鸡眼等）。

13. A 【考点】法律法规

【解析】《中华人民共和国消防法》第十条规定，按照国家工程建设消防技术标准需要进行消防设计的建设工程，除本法第十一条另有规定的外，建设单位应当自依法取得施工许可之日起七个工作日内，将消防设计文件报公安机关消防机构备案，公安机关消防机构应当进行抽查。第十一条规定，国务院公安部门规定的大型的人员密集场所和其他特殊建设工程，建设单位应当将消防设计文件报送公安机关消防机构审核。公安机关消防机构依法对审核的结果负责。（本条文已修改）

14. D 【考点】法律法规

【解析】《商品房销售管理办法》第三十三条规定，房地产开发企业应当对所售商品房承担质量保修责任。当事人应当在合同中就保修范围、保修期限、保修责任等内容做出约定。保修期从交付之日起计算。

15. C 【考点】法律法规

【解析】《注册建造师管理规定》第二十二条规定，建设工程施工活动中形成的有关工程施工管理文件，应当由注册建造师签字并加盖执业印章，施工单位签署质量合格的文件上，必须有注册建造师的签字盖章。

16. B 【考点】建设工程质量管理条例

【解析】《中华人民共和国建设工程质量管理条例》第十六条规定，建设单位收到建设工程竣工报告后，应当组织设计、施工、工程监理等有关单位进行竣工验收，建设工程竣工验收应当具备下列条件：完成建设工程设计和合同约定的各项内容；有完整的技术档案和施工管理资料；有工程使用的主要建筑材料、建筑构配件和设备的进场试验报告；有勘察、设计、施工、工程监理等单位分别签署的质量合格文件；有施工单位签署的工程保修书，建设工程经验收合格的，方可交付使用。

17. D 【考点】土方回填

【解析】压实度又称夯实度，指的是土或其他筑路材料压实后的干密度与标准最大干密度之比，以百分率表示，故选 D；基坑回填中，环刀法取样数量应按每层 $100\sim500\mathrm{m}^2$ 取样一组（不少于一组），取样点应位于每层（夯实层或捣实层）的$\frac{2}{3}$深度处。

18. B 【考点】预应力混凝土

【解析】《混凝土结构工程施工规范》（GB 50666—2011）第 6.4.12 条规定，先张法预应力筋的放张顺序应符合下列规定：宜采取缓慢放张工艺进行逐根或整体放张；对轴心受压构件，所有预应力筋宜同时放张；对受弯或偏心受压的构件，应先同时放张预压应力较小区域的预应力筋，再同时放张预压应力较大区域的预应力筋；当不能按上述规定放张时，应分阶段、对称、相互交错放张；放张后，预应力筋的切断顺序，宜从张拉端开始逐次切向另一端。压杆、桩均为轴心受压构件，梁受弯构件，板类构件应从板外边向里对称放张。AC 两项中压杆和桩可归为受压构件，做法符合规范。B 项，梁为受弯构件，应先同时放张预应力较小区域的钢筋。D 项，板类构件应从板外边向里对称放张，做法符合规范。

19. B 【考点】流水施工工作面的划分

【解析】工作面表明了施工对象上可能安置多少工人进行操作或布置多少机械进行施工的场所空间的大小。最小工作面指施工队为保证安全生产和充分发挥劳动效率所必需的工作面，最小工作面所对应安排的施工人数和机械数量是最多的。

20. D 【考点】双代号网络计划

【解析】关键线路有以下判定方法：①在双代号网络计划中，由总时差最小的工作（关键工作）连接的线路；②在单代号网络计划中，相邻工作之间时间间隔均为零的线路（单代号搭接网络计划也一样）；③在双代号时标网络计划中，自始至终无波形线的线路；④总持续时间最长的线路。总时差是指不影响工期的前提下，如不影响其紧后工作最迟开始时间或本工作最迟完成时间，工作可以利用的机动时间。自由时差是指不影响其紧后工作最早开始时间的前提下，工作可以利用的机动时间。

21. B 【考点】法律法规

【解析】《建筑工程质量管理条例》第四十条规定，在正常使用条件下，建设工程的最低保修期限为：基础设施工程、房屋建筑的地基基础工程和主体结构工程，为设计文件规定的该工程的合理使用年限；屋面防水工程、有防水要求的卫生间、房间和外墙面的防渗漏，为5年；供热与供冷系统，为2个采暖期、供冷期；电气管线、给排水管道、设备安装和装修工程，为2年，其他项目的保修期限由发包方与承包方约定，建设工程的保修期，自竣工验收合格之日起计算。

22. A 【考点】钢筋混凝土疲劳验算

【解析】A项，《混凝土结构设计规范》（GB 50010—2010）（2015年版）第6.7.1－2条规定，受压区混凝土的法向应力图形取为三角形。B项，第6.7.2条规定，在疲劳验算中，荷载应取用标准值。CD两项，第6.7.3条规定，钢筋混凝土受弯构件疲劳验算时，应计算下列部位的混凝土应力和钢筋应力幅：①正截面受压区边缘纤维的混凝土应力和纵向受拉钢筋的应力幅；②截面中和轴处混凝土的剪应力和箍筋的应力幅。注：纵向受压普通钢筋可不进行疲劳验算。

23. A 【考点】小偏心受压构件的构造要求

【解析】A项，小偏心受压构件的最大压应力大于轴心受压构件，故应采用高强度等级的混凝土；BD两项，由于钢筋的受压强度比混凝土的受压强度大得多，故纵筋不必采用高强钢筋以避免材料浪费；C项，小偏心受压构件截面的长宽比越大，最大压应力越大，故截面的长短边比值以较小为宜。

24. A 【考点】受弯构件弯矩计算

【解析】《混凝土结构设计规范》（GB 50010—2010）（2015年版）第9.1.1条规定，两对边支承的板应按单向板计算；四边支承的板应按下列规定计算：①当长边与短边长度之比不大于2.0时，应按双向板计算；②当长边与短边长度之比大于2.0，但小于3.0时，宜按双向板计算；③当长边与短边长度之比不小于3.0时，宜按沿短边方向受力的单向板计算，并应沿长边方向布置构造钢筋。所以最大弯矩为：$M_{max}=\frac{ql^2}{8}=\frac{8\times1^2}{8}=1\text{kN}\cdot\text{m}$。

25. C 【考点】反弯点法

【解析】反弯点法假定：对于上部各层柱，反弯点在柱中点；对于底层柱，由于柱脚为固定端，转角为零，但柱上端转角不为零，且上端弯矩较小，反弯点上移，故取反弯点在距固定端2/3高度处。

26. D 【考点】钢材的性质

【解析】钢材的标准拉伸试验可检测钢材的屈服强度、抗拉强度和伸长率；疲劳强度、冷弯角和冲击韧性分别由疲劳试验、冷弯试验和冲击试验确定。

27. C 【考点】钢结构压弯整体稳定性计算

【解析】压弯构件在弯矩作用平面内和平面外的整体稳定性计算是根据两端受轴心压力和等弯矩的情况下导出的。为了普遍应用于弯矩沿杆长有变化的情况，必须引入将各种非均匀分布弯矩换算成与两端等弯矩效应相同的系数，即为等效弯矩系数。根据《钢结构设计标准》(GB 50017—2017)公式(8.2.1－5)：$\beta_{mx}=0.6+0.4M_2/M_1$，分析可知，等效弯矩系数考虑了构件弯矩分布的影响。

28. B 【考点】钢结构连接

【解析】依据《钢结构工程施工质量验收标准》(GB 50205—2020)第5.2.4和5.2.5规定，一级焊缝要求对每条焊缝长度的100%进行超声波探伤。二级焊缝要求对每条焊缝长度的20%进行抽检，且不小于200mm进行超声波探伤。三级焊缝只需进行外观检测。

29. A 【考点】钢结构设计系杆布置

【解析】刚性系杆既可受拉亦可受压，受拉时主要由强度条件以及刚度条件控制设计。受压时，除强度条件以及刚度条件以外，还要保证稳定性，受压刚性系杆用于防止檩条侧向变形，为防止系杆自身失稳，长细比要求不超过200。B项，钢材屈服强度一般高于150MPa。CD两项，直径与壁厚之比和轴向变形与控制条件无关。

30. A 【考点】砌体结构

【解析】过梁上承受的荷载有砌体自重和过梁计算高度范围内梁、板传来的荷载。试验表明，当过梁上砌体的砌筑高度超过$l_n/3$后，跨中的挠度增加极小，这是由于砌体砌筑到一定高度之后，即可起到拱的作用，使一部分荷载不传给过梁而直接传给支承过梁的砖墙(窗间墙)。试验还表明，当在砌体高度等于$0.8l_n$左右的位置施加外荷载时，由于砌体的组合作用，过梁的挠度变化也极微。

31. C 【考点】砌体结构构造柱的设置

【解析】A项，《砌体结构设计规范》(GB 50003—2011)第2.1.14条规定，在砌体房屋墙体的规定部位，按构造配筋，并按先砌墙后浇灌混凝土柱的施工顺序制成的混凝土柱，通常称为混凝土构造柱，简称构造柱。B项，第10.4.11条规定，过渡层应在底部框架柱、抗震墙边框柱、砌体抗震墙的构造柱或芯柱所对应处设置构造柱或芯柱，并宜上下贯通。C项错误，构造柱是对墙体的一种加强措施，也可以说是墙体的一部分，是为了加强结构整体性和提高变形能力，在房屋中设置的钢筋混凝土竖向约束构件，不是承重受力构件，所以构造柱不单独设置柱基或扩大基础面积。D项，第10.2.5条规定，构造柱的最小截面可为180mm×240mm(墙厚190mm时为180mm×190mm)。

32. A 【考点】砌体结构材料性能

【解析】由《砌体结构设计规范》(GB 50003—2011)第3.2.1条砌体的计算指标中的各表格可以得出题目中的结论。例如，烧结普通砖、烧结多孔砖砌体的抗压强度设计值，应按题32解表采用。

题 32 解表

砖强度等级	砂浆强度等级					砂浆强度
	M15	M10	M7.5	M5	M2.5	0
MU30	3.94	3.27	2.93	2.59	2.26	1.15
MU25	3.60	2.98	2.68	2.37	2.06	1.05
MU20	3.22	2.67	2.39	2.12	1.84	0.94
MU15	2.79	2.31	2.07	1.83	1.60	0.82
MU10	–	1.89	1.69	1.50	1.30	0.67

当砖的强度等级一定时，砌体的抗压强度随砂浆强度的减小而减小；当砂浆的强度等级一定时，砌体的抗压强度随砖强度的减小而减小；而砌体的抗压强度始终没有超过其所对应的砖强度等级或者砂浆强度等级。其他类型的砖和砌体的规律也是完全相同的。

33. A 【**考点**】抗震设计

【**解析**】ABC 三项，《建筑抗震设计规范》(GB 50011—2010)(2016 年版)第 7.1.7 条规定，多层砌体房屋的建筑布置和结构体系，应符合下列要求：①应优先采用横墙承重或纵横墙共同承重的结构体系，不应采用砌体墙和混凝土墙混合承重的结构体系；②纵横向砌体抗震墙的布置应符合下列要求：宜均匀对称，沿平面内宜对齐，沿竖向应上下连续；且纵横向墙体的数量不宜相差过大；③略；④楼梯间不宜设置在房屋的尽端或转角处。D 项，第 7.1.4 条规定，多层砌体房屋总高度与总宽度的最大比值，宜符合题 33 解表的要求。D 项中高宽比为 1:1.5 已经符合烈度为 9 度的抗震要求，是非常安全的。

题 33 解表

烈度	6	7	8	9
最大高宽比	2.5	2.5	2.0	1.5

34. A 【**考点**】超静定结构的概念

【**解析**】超静定结构的基本特征包括：①几何特征。几何不变，有多余约束。②静力特征。未知力数大于独立平衡方程式数，仅依靠平衡方程不能将全部反力及内力求出，满足平衡的内力解答不唯一。

35. D 【**考点**】静定结构的受力分析

【**解析**】图示刚架通过三个不共线的链杆与大地相连，结构为静定结构。由于水平方向只有一个约束，可算得：$F_{Bx}=12\times3=36\text{kN}$。因此，$M_{EB}=F_{Bx}l=36\times3=108\text{kN}\cdot\text{m}$。

36. C 【**考点**】刚架的受力分析

【**解析**】题 36 图示对称结构 $M_{AD}=ql^2/36$(左拉)，$F_{NAD}=-5ql/12$(压)，取杆 AB 为隔离体(见题 36 解图)，由于杆 AB 以下侧受拉为正，则隔离体 AB 右端 M_{BA} 以逆时针为正。对 B 点取矩，由 $\sum M_B=0$，$M_{BA}+M_{AD}+F_{NAD}l+ql^2/2=0$，解得：$M_{BA}=-M_{AD}-F_{NAD}l-ql^2/2=-ql^2/36-(-5ql/12)\times l-ql^2/2=-ql^2/9$。

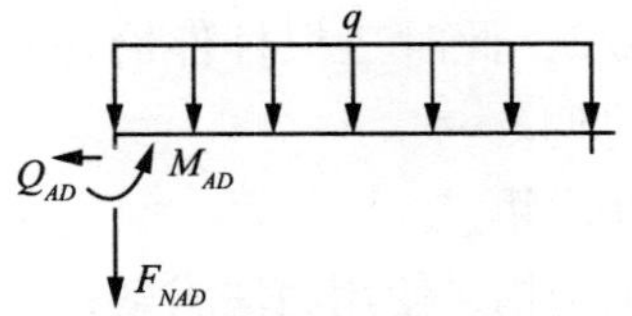

题36解图

37. B 【考点】静定结构的受力分析

【解析】该结构为对称结构，受对称荷载作用，且中间通过铰连接弯矩为零，取左侧结构分析，对中间铰取矩，$\sum M = M + F_H \cdot L = 0$，解得：$F_H = -M/L$。

38. A 【考点】静定结构的位移计算

【解析】对于静定结构在有支座位移的情况下计算节点位移，可以采用虚力原理下的单位荷载法做分析。在A点施加向右水平单位力，可以得到单位力作用下的结构弯矩图$\overline{M}_1$。分析结构在原有荷载下的弯矩，得到弯矩图M_P。A点处的水平位移为：$\Delta = \int \frac{\overline{M}_1 M_P}{EI} ds + \frac{1}{4k}$。由于$\overline{M}_1$与$M_P$在同侧，则第一项大于0；弹簧刚度减小，则由支座位移引起的第二项增大。因此，A点的水平位移增大。

39. C 【考点】结构受力分析

【解析】对B点取矩，由$\sum M_B = 0$，$V_A \cdot 2l + 2Pl + 2Pl + 2Pl = 0$，解得A支座的竖向反力为：$V_A = -(2Pl + 2Pl + 2Pl)/(2l) = -3P$。

40. A 【考点】三铰拱受力分析

【解析】由静力平衡求解。对A点取矩$\sum M_A = 0$，可求得B支座竖向支反力$F_{By} = \frac{3F_P}{4}$(↑)；$\sum F_y = 0$，可求得A支座竖向支反力$F_{Ay} = F_P - \frac{3F_P}{4} = \frac{F_P}{4}$(↑)；将结构从C点断开，取左半部分研究，对C点取矩，$\sum M_C = F_H \times f - F_{Ay} \times \frac{L}{2} = 0$，可得A支座水平支反力$F_H = \frac{LF_P}{8f}$(→)，又$F_H = \frac{F_P}{3}$，所以$\frac{f}{L} = \frac{3}{8}$。

41. D 【考点】超静定结构内力求解

【解析】利用力法求解，取基本结构，断开B处支座，反力以X_1代替。在B处施加向上的单位力，分别作出荷载作用下与单位力作用下基本结构的弯矩，并进行图乘，可求得：$\delta_{11} = \frac{l^3}{6EI}$，$\Delta_{1P} = -\frac{Pl^3}{6EI}$，列出力法的基本方程：$X_1\delta_{11} + \Delta_{1P} = -\frac{X_1}{k}$，解得：$X_1 = \frac{2P}{3}$。将荷载作用下与单位力作用下的弯矩图叠加，可求得原结构B截面弯矩为：$M_B = M_{BP} + M_{B1} \times X_1 = \frac{Pl}{2} - \frac{l}{2} \times \frac{2P}{3} = \frac{Pl}{6}$(下侧受拉)。

42. B 【考点】超静定结构在温度作用下的位移计算

【解析】几何分析法。题42图(a)结构，当温度均匀降低时，若竖杆缩短量为Δ，则根据杆长比例关系，AB、CD杆缩短量为$\sqrt{2}\Delta$，但为满足结构零内力变形协调，AB、CB杆仅需缩短$\sqrt{2}\Delta/2$，因此题42图(a)结构有内力；题42图(b)结构，若BD杆缩短量Δ，

则 AB、CB 杆的缩短量为$\sqrt{2}\Delta/2$，此时三根杆件恰好共点 B，说明该结构受低温杆件缩短后满足零内力平衡的变形协调。

43. B 【考点】超静定结构的内力计算

【解析】图示结构为一次超静定结构，使用力法求解，取基本结构如题 43 解图所示，作出 M_P 图与 $\overline{M}_1$ 图，用图乘法计算力法方程系数 δ_{11} 与自由项 Δ_{1P}，$\delta_{11}=2\times\frac{1}{EI}\times\frac{1}{2}l^2\times\frac{2}{3}l=\frac{2l^3}{3EI}$，$\Delta_{1P}=-\frac{1}{EI}\times\frac{1}{2}\times\frac{Pl^2}{2}\times\frac{2}{3}l=-\frac{Pl^3}{6EI}$。列出力法方程，$X_1\delta_{11}+\Delta_{1P}=0$，解得：$X_1=\frac{P}{4}$，于是对下侧约束点取矩可得 $F_{Ay}=\frac{\frac{Pl}{4}+\frac{Pl}{2}-Pl}{l}=-\frac{P}{4}$，故 $F_{QBA}=F_{Ay}=-\frac{P}{4}$。

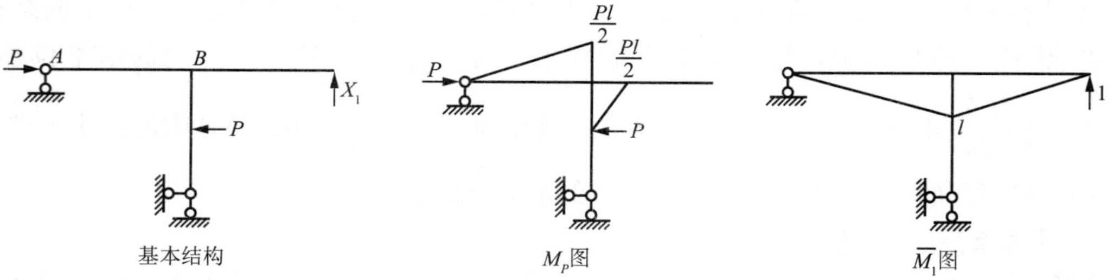

题 43 解图

44. D 【考点】影响线的定义与静定结构内力的计算

【解析】令 OK 线与竖直方向间的夹角为 α，由几何分析可知，$\alpha=\frac{\pi}{6}$。由影响线的定义可知，F_{NK}影响线 C 点竖标即为单位荷载作用于 C 点时的 F_{NK}值，先由静力平衡 $\sum F_y=0$，可求得 A 支座的竖向支反力为：$F_{Ay}=1$（方向向上）；对 C 点取矩，$\sum M_C=0$，可求得 A 支座的水平支反力为：$F_{Ax}=-1$（方向向左）。取 K 截面右侧部分为隔离体，此时 K 点轴力为：$F_{NK}=-\left(1\times\cos\frac{\pi}{6}+1\times\sin\frac{\pi}{6}\right)=-\frac{\sqrt{3}+1}{2}$（受压）。

45. B 【考点】力矩分配法中杆件转动刚度的计算

【解析】结构无侧移，用力矩分配法计算时，杆件的转动刚度与另一端的约束形式有关。从 A 节点出发，1 端相当于定向支座，2、4 端相当于固定支座，3 端相当于铰支座，于是各杆件的转动刚度依次为：$S_{A1}=i_2=2$；$S_{A2}=4i_4=4$；$S_{A3}=3i_1=3$；$S_{A4}=4i_3=12$。分配系数 $\mu_{A4}=\frac{S_{A4}}{S_{A1}+S_{A2}+S_{A3}+S_{A4}}=\frac{12}{2+4+3+12}=\frac{4}{7}$。

46. B 【考点】单自由度体系的动力放大系数

【解析】单自由度体系有阻尼强迫振动，位移及受力特点是：当$\frac{\theta}{\omega}$很小时，体系振动很慢，惯性力、阻尼力都很小，这时动荷载主要由弹性恢复力平衡，位移与荷载基本同步；当$\frac{\theta}{\omega}$很大时，体系振动很快，惯性很大，而弹性力和阻尼力较小，这时动荷载主要由惯性力平衡，位移与动荷载方向相反；当$\frac{\theta}{\omega}\approx1$ 时，位移与荷载的相位角相差接近于

90°，这时惯性力与弹性恢复力平衡而动荷载与阻尼力平衡。

47. D【考点】单自由度体系在简谐荷载下的强迫振动

【解析】单自由度体系的强迫振动分为两种形式：简谐动荷载作用在质点上、简谐动荷载不作用在质点上。但无论是否作用在质点上，位移动力放大系数均为：$\beta=\dfrac{1}{1-\dfrac{\theta^2}{\omega^2}}$。

故本题位移动力放大系数为：$\beta=\dfrac{1}{1-\dfrac{\theta^2}{\omega^2}}=\dfrac{1}{1-2^2}=-\dfrac{1}{3}$。

48. B 【考点】单自由度体系在简谐荷载下的强迫振动

【解析】先用柔度法计算体系刚度 k。在 m 上施加一单位力，画出 M_1 图如下：

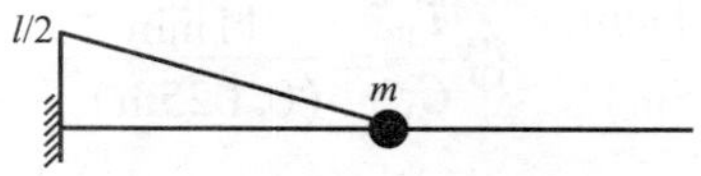

题 48 解图 1

故$\dfrac{1}{k}=\dfrac{1}{EI}\left(\dfrac{1}{2}\times\dfrac{l}{2}\times\dfrac{l}{2}\right)\times\left(\dfrac{l}{2}\times\dfrac{2}{3}\right)=\dfrac{l^3}{24EI}$，$k=\dfrac{24EI}{l^3}$。

再求 m 处的等效简谐荷载，选取图 2 示基本结构，建立力法方程：$\delta_{11}X_1+\Delta_{1P}=0$，易求 $\delta_{11}=\dfrac{l^3}{24EI}$，$\Delta_{1P}=-\dfrac{l^2}{8}M\sin(\theta t)$，解得：$X_1=\dfrac{3M}{l}\sin(\theta t)$。

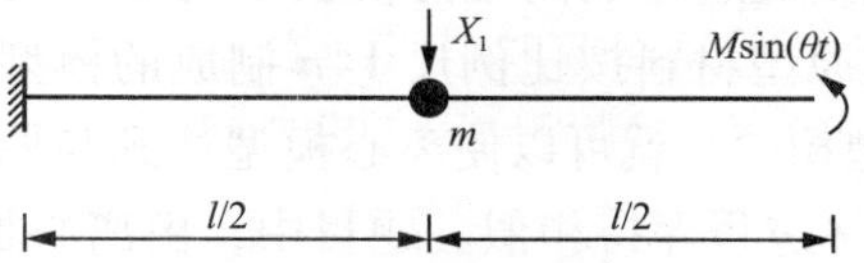

题 48 解图 2

故图示体系的运动方程为：$m\ddot{y}+\dfrac{24EI}{l^3}y=\dfrac{3M}{l}\sin(\theta t)$。

49. A 【考点】结构试验设计

【解析】材料的物理力学性能即在一定的温度条件和外力作用下，抵抗变形和断裂的能力。弹性模量和泊松比均为弹性常量，而实际的材料不可能是理想的弹性材料，实际的材料必定是有一定的塑性的，因此实际物理力学性能指标应包括强度、变形和轴向应力—应变曲线。

50. B 【考点】结构应变试验

【解析】手持应变仪的标距为：$L=200\text{mm}$，所测变形为：$\Delta L=0.003\text{mm}$，故应变 $\varepsilon=\Delta L/L=0.003/200=15\times10^{-6}=15\mu_E$。

51. C 【考点】电工与电子技术

【解析】这是一个半桥测应变的电路图，且 $\varepsilon_1=-\varepsilon_2$，故 $\varepsilon_{仪}=\varepsilon_1-\varepsilon_2=2\varepsilon_1$，即电桥的测试值是实际值的 2 倍。

52. C 【考点】结构动力特性的测试

【解析】AD 两项，根据不同的激励方法，结构动力特性的试验测定大体可分为自由振动法、共振法和脉动法三种。B 项，锤击激励属于自由振动法中的突加荷载法。

53. D 【考点】非破坏检验技术

【解析】根据《建筑结构检测技术标准》(GB/T 50344—2004)第 D.0.1 条规定，钢筋锈蚀状况的检测可根据测试条件和测试要求选择剔凿检测方法、电化学测定方法、或综合分析判定方法，其中电化学测定方法即为电位差法。

54. A 【考点】土的压缩性

【解析】我国标准(常用对数)土样压缩指数的计算方法为：$C_c=(e_1-e_2)/(\lg P_2-\lg P_1)=0.0112$。故 $e_1-e_2=0.0112\lg(P_2/P_1)=0.0112[\ln(P_2/P_1)/\ln 10]=0.0112(\ln P_2-\ln P_1)/\ln 10$。因此，根据国外标准，$C'_c=(e_1-e_2)/(\lg P_2-\lg P_1)\ln 10=0.0112/\ln 10=4.86\times 10^{-3}$。

55. B 【考点】土的固结

【解析】由 $T_V=\frac{C_Vt}{H^2}=\frac{C_V\times 11\text{min}}{(0.025\text{m})^2}$，得 $\frac{T_V}{C_V}=\frac{11\text{min}}{(0.025\text{m})^2}$；又由 $T_V=\frac{C_Vt}{\left(\frac{4.6}{2}\text{m}\right)^2}$，解得：$t=93104\text{min}$，约 64.7 天。

56. A 【考点】水力坡降

【解析】临界水力坡降公式为：$i_{cr}=\gamma'/\gamma_w$。式中，γ' 为有效重度；γ_w 为水的重度。因此，地基的临界水力坡降与有效重度和水的重度有关。

57. A 【考点】结构模型试验

【解析】离心模型试验就是通过施加离心力使模型的容重增大，从而使模型中各点的应力与原型一致。对于用原型材料按比例尺 $1:n$ 制成的模型，只要离心模型加速度达到 $a=ng$，加载条件与原型相同，就可以使离心模型达到与原型相同的应力状态，且两者的塑性区域发展及其破坏过程保持相似。题目中，由离心加速度为 61g 可得 $n=61$，故真实堤坝可能的高度为：$H=0.10\text{m}\times n=0.10\text{m}\times 61=6.1\text{m}$。

58. D 【考点】不均匀沉降

【解析】A 项，减小地基不均匀沉降的措施有：①建筑措施，即建筑物的体型力求简单、合理布置墙体，控制建筑物的长高比、合理布置沉降缝、合理考虑建筑物基础间的净距、调整建筑物的标高；②结构措施，即减小建筑物自重、设置圈梁、调整基底附加应力、增强上部结构的整体刚度、采用对位移不敏感的结构；③施工措施，即合理安排施工程序、工序、次序及工法、轻型建筑物周围不宜堆放重物。B 项，当天然地基不能满足建筑物沉降变形控制要求时，必须采取技术措施，如打预制钢筋混凝土短桩等。同一建筑物尽量采用同一类型的基础并埋置于同一土层中。在软弱地基上的砌体承重结构，可采用钢筋混凝土梁板式基础，其支承面积和整体刚度大，抗弯能力强，能有效地调整不均匀沉降。C 项，钢筋混凝土十字交叉条形基础或筏板基础、箱形基础等整体性好，受力面积增大，有效减小地基不均匀沉降。D 项错误，为减小地基不均匀沉降，上部结构应采用超静定结构，增加结构约束，以此增大建筑物的刚度和整体性。

59. A 【考点】不均匀沉降

【解析】基桩施工时桩距应满足桩的最小中心距限值，否则会出现群桩效应。群桩效应是指群桩基础受竖向荷载后，由于承台、桩、土的相互作用使其桩侧阻力、桩端阻力、沉降等性状发生变化而与单桩明显不同，承载力往往不等于各单桩承载力之和这一现象。端承桩桩与桩的相互作用效应很小，可忽略不计。摩擦型桩群桩导致应力分布的范围及强度均较大，应力传递的深度也将比单桩情况大，所以群桩的沉降量比单桩的沉降量要大。桩距为桩径 3 倍时会出现群桩效应，因此群桩沉降量比单桩沉降量要大。

60. C 【考点】土工聚合物

【解析】土工聚合物是指岩土工程中应用的合成材料的总称，其原料主要是人工合成的高分子聚合物，如塑料、化纤、合成橡胶，等等。土工聚合物可置于岩土或其他工程结构内部、表面或各结构层之间，具有加强、保护岩土或其他结构的功能，是一种新型工程材料，其作用有加筋、反滤、排水、隔离、防渗、防护。

2017年一级注册结构工程师执业资格考试《专业基础考试》真题

单项选择题(共60题，每题2分。每题的备选项中只有一个最符合题意)

1. 材料的孔隙率增加，特别是开口孔隙率增加时，会使材料的性能发生如下(　　)变化。

A. 抗冻性、抗渗性、耐腐蚀性提高　B. 抗冻性、抗渗性、耐腐蚀性降低

C. 密度、导热系数、软化系数提高　D. 密度、导热系数、软化系数降低

2. 当外力达到一定限度后，材料突然破坏，且破坏时无明显的塑性变形，材料的这种性质称为(　　)。

A. 弹性　B. 塑性　C. 脆性　D. 韧性

3. 硬化水泥浆体的强度与自身的孔隙率有关，与强度直接相关的孔隙率是指(　　)。

A. 总孔隙率　B. 毛细孔隙率　C. 气孔孔隙率　D. 层间孔隙率

4. 在我国西北干旱和盐渍土地区，影响地面混凝土构件耐久性的主要过程是(　　)。

A. 碱骨料反应　B. 混凝土碳化反应

C. 盐结晶破坏　D. 盐类化学反应

5. 混凝土材料的抗压强度与下列哪个因素不直接相关？(　　)

A. 骨料强度　B. 硬化水泥浆强度

C. 骨料界面过渡区　D. 拌合水的品质

6. 以下性质中哪个不属于石材的工艺性质？(　　)

A. 加工性　B. 抗酸腐蚀性　C. 抗钻性　D. 磨光性

7. 配制乳化沥青时需要加入(　　)。

A. 有机溶剂　B. 乳化剂　C. 塑化剂　D. 无机填料

8. 若 $\Delta X_{AB}<0$，且 $\Delta Y_{AB}<0$，下列何项表达了坐标方位角 α_{AB}？(　　)

A. $\alpha_{AB}=\text{arctg}\dfrac{\Delta Y_{AB}}{\Delta X_{AB}}$　B. $\alpha_{AB}=\text{arctg}\dfrac{\Delta Y_{AB}}{\Delta X_{AB}}+\pi$

C. $\alpha_{AB}=\pi-\text{arctg}\dfrac{\Delta Y_{AB}}{\Delta X_{AB}}$　D. $\alpha_{AB}=\text{arctg}\dfrac{\Delta Y_{AB}}{\Delta X_{AB}}-\pi$

9. 某图幅编号为J50B001001，则该图比例尺为(　　)。

A. 1∶100000　B. 1∶50000　C. 1∶500000　D. 1∶250000

10. 经纬仪测量水平角时，下列何种方法用于测量两个方向所夹的水平角？(　　)

A. 测回法　B. 方向观测法　C. 半测回法　D. 全圆方向法

11. 在工业企业建筑设计总平面图上，根据建(构)筑物的分布及建筑物的轴线方向，布设矩形网的主轴线，纵横两条主轴线要与建(构)筑物的轴线平行。下列何项关于主轴线上主点的个数的要求是正确的？(　　)

A. 不少于2个　B. 不多于3个　C. 不少于3个　D. 4个以上

12. 视距测量方法测量水平距离时，水平距离 D 可用下列何公式表示(l 为尺间隔，α 为竖直角)？(　　)

A. $D = Kl\cos^2\alpha$　　B. $D = Kl\cos\alpha$　　C. $\frac{1}{2}Kl \cdot \sin^2\alpha$　　D. $\frac{1}{2}Kl \cdot \sin\alpha$

13. 在我国，房地产价格评估制度是根据以下哪一层级的法律法规确立的一项房地产交易基本制度？(　　)

A. 法律　　B. 行政法规

C. 部门规章　　D. 政府规范性文件

14. 我国《节约能源法》所称能源，是指以下哪些能源和电子、热力以及其他直接或者通过加工、转换而取得有用能的各种资源？(　　)

A. 煤炭、石油、天然气、生物质能　　B. 太阳能、风能

C. 煤炭、水电、核能　　D. 可再生能源和新能源

15. 根据工程量清单计价法，为完成工程项目施工，发生于该工程施工前和施工过程中非工程实体项目的费用被称为(　　)。

A. 工程建设费用　　B. 措施费　　C. 规费　　D. 直接工程费

16. 违反工程建设强制性标准造成工程质量、安全隐患或者工程事故的，按照《建设工程质量管理条例》有关规定(　　)。

A. 对事故责任单位和责任人进行处罚

B. 对事故责任单位的法定代表人进行处罚

C. 对事故责任单位法定代理人进行处罚

D. 对事故责任单位负责人进行处罚

17. 当沉桩采用以桩尖设计标高控制为主时，桩尖应处于的土层是(　　)。

A. 坚硬的黏土　　B. 碎石土　　C. 风化岩　　D. 软土层

18. 冬期施工中配制混凝土用的水泥，应优先选用(　　)。

A. 矿渣水泥　　B. 硅酸盐水泥　　C. 火山灰水泥　　D. 粉煤灰水泥

19. 对平面呈板式的六层钢筋混凝土预制结构吊装时，宜使用(　　)。

A. 人字桅杆式起重机　　B. 履带式起重机

C. 附着式塔式起重机　　D. 轨道式塔式起重机

20. 某工作最早完成时间与其所有紧后工作的最早开始时间之差中的最小值，称为(　　)。

A. 总时差　　B. 自由时差　　C. 虚工作　　D. 时间间隔

21. 施工过程中，对于来自外部的各种因素所导致的工期延长，应通过工期签证予以扣除，下列不属于应办理工期签证的情形是(　　)。

A. 不可抗拒的自然灾害(地震、洪水、台风等)导致工期拖延

B. 由于设计变更导致的返工时间

C. 基础施工时，遇到不可预见的障碍物后停止施工，进行处理的时间

D. 下雨导致场地泥泞，施工材料运输不通畅导致工期拖延

22. 当钢筋混凝土受扭构件还同时作用有剪力时，此时构件的受扭承载力将发生下列哪种变化？(　　)

A. 减小　　B. 增大　　C. 不变　　D. 不确定

23. 在按《混凝土结构设计规范》(GB 50010—2010)所给的公式计算钢筋混凝土受弯构件斜截面承载力时，下列哪个不需考虑？(　　)

A. 截面尺寸是否过小

B. 所配的配箍是否大于最小配箍率

C. 箍筋的直径和间距是否满足其构造要求

D. 箍筋间距是否满足 10 倍纵向受力钢筋的直径

24. 下面给出的混凝土楼板塑性铰线正确的是(　　)。

A. 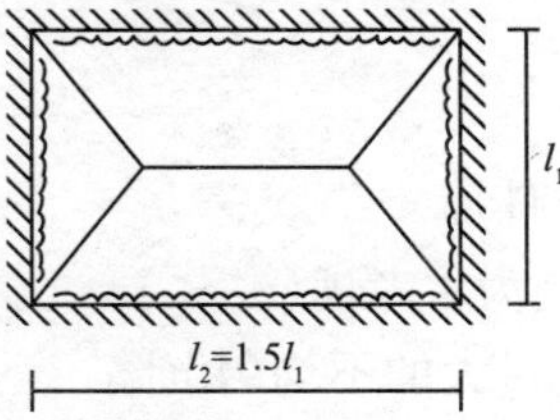

B. 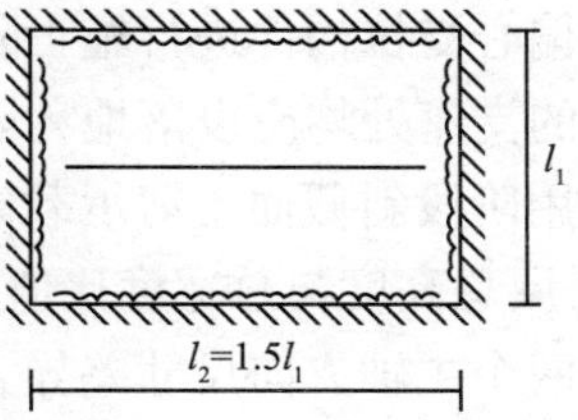

C. 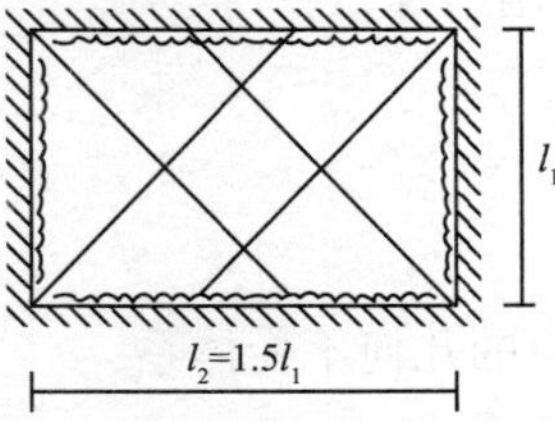

D. 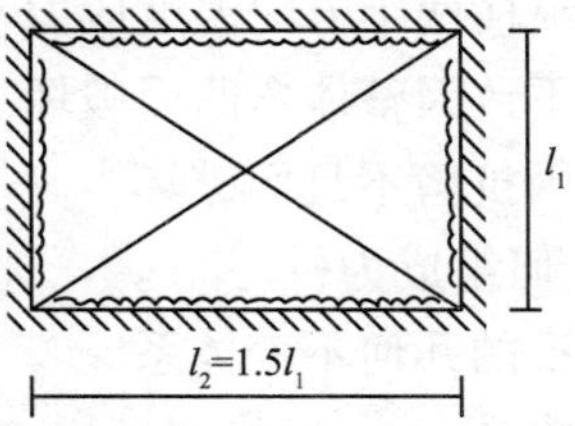

25. 下面关于钢筋混凝土剪力墙结构中边缘构件说法中不正确的是(　　)。

A. 分为构造边缘构件和约束边缘构件两类

B. 边缘构件内混凝土为受约束的混凝土，因此可提高墙体的延性

C. 构造边缘构件内可不设置箍筋

D. 所有剪力墙都要设置边缘构件

26. 高强度低合金钢划分为 A、B、C、D、E 五个质量等级，其划分指标为(　　)。

A. 屈服强度　　B. 伸长率　　C. 冲击韧性　　D. 含碳量

27. 计算普通钢结构轴心受压构件的整体稳定性时应计算(　　)。

A. 构件的长细比　　B. 板件的宽厚比

C. 钢材的冷弯效应　　D. 构件的净截面处应力

28. 计算角焊缝抗剪承载力时需要限制焊缝的计算长度，主要考虑了(　　)。

A. 焊脚尺寸的影响　　B. 焊缝剪应力分布的影响

C. 钢材标号的影响　　D. 焊缝检测方法的影响

29. 钢结构屋盖中横向水平支撑的主要作用是(　　)。

A. 传递吊车荷载　　B. 承受屋面竖向荷载

C. 固定檩条和系杆　　D. 提供屋架侧向支承点

30. 某截面尺寸、砂浆、块体强度等级都相同的墙体，下面哪种说法是正确的？(　　)

A. 承载能力随偏心矩的增大而增大

B. 承载能力随高厚比增加而减小

C. 承载能力随相邻横墙间距增加而增大

D. 承载能力不随截面尺寸、砂浆、砌体强度等级变化

31. 影响砌体结构房屋空间工作性能的主要因素是下面哪一项？(　　)

A. 房屋结构所用块材和砂浆的强度等级

B. 外纵墙的高厚比和门窗洞口的开设是否超过规定

C. 圈梁和构造柱的设置是否满足规范的要求

D. 房屋屋盖、楼盖的类别和横墙的距离

32. 墙梁设计时，下列概念正确的是(　　)。

A. 无论何种设计阶段，其顶面的荷载设计值计算方法相同

B. 托梁应按偏心受拉构件进行施工阶段承载力计算

C. 承重墙梁的支座处均应设落地翼墙

D. 托梁在使用阶段斜截面受剪承载力应按偏心受拉构件计算

33. 对多层砌体房屋总高度与总宽度比值要加以限制，主要是为了考虑(　　)。

A. 避免房屋两个主轴方向尺寸差异大、刚度悬殊，产生过大的不均匀沉陷

B. 避免房屋纵横两个方向温度应力不均匀，导致墙体产生裂缝

C. 保证房屋不致因整体弯曲而破坏

D. 防止房屋因抗剪不足而破坏

34. 图示体系的几何组成为(　　)。

A. 无多余约束的几何不变体系　　B. 有多余约束的几何不变体系

C. 几何瞬变体系　　D. 几何常变体系

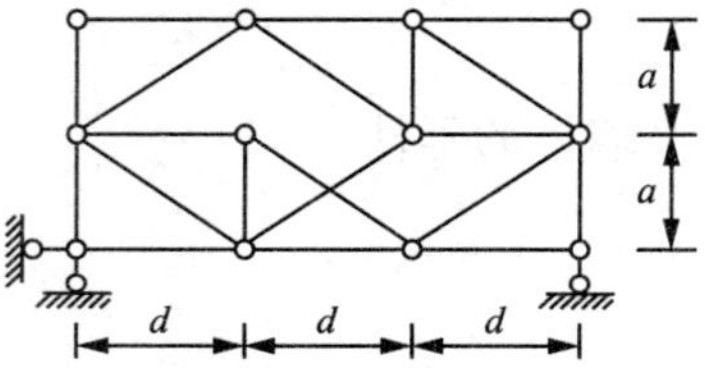

题 34 图

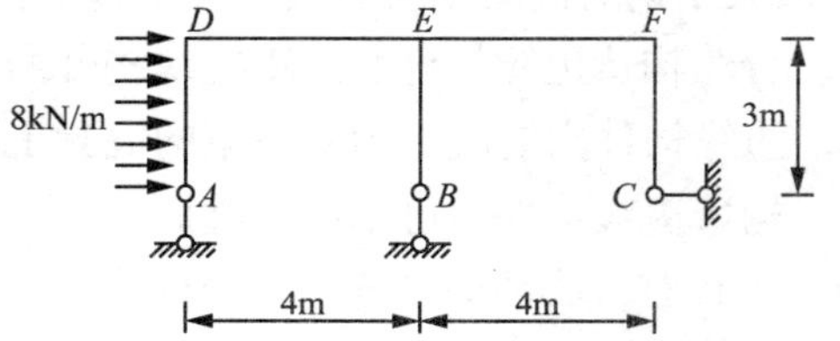

题 35 图

35. 图示刚架 M_{ED} 值为(　　)。

A. 36kN · m　　B. 48kN · m　　C. 60kN · m　　D. 72kN · m

36. 图示对称结构 $M_{AD} = ql^2/36$(左拉)，$F_{NAD} = -5ql/12$(压)，则 M_{BC} 为(以下侧受拉为正)(　　)。

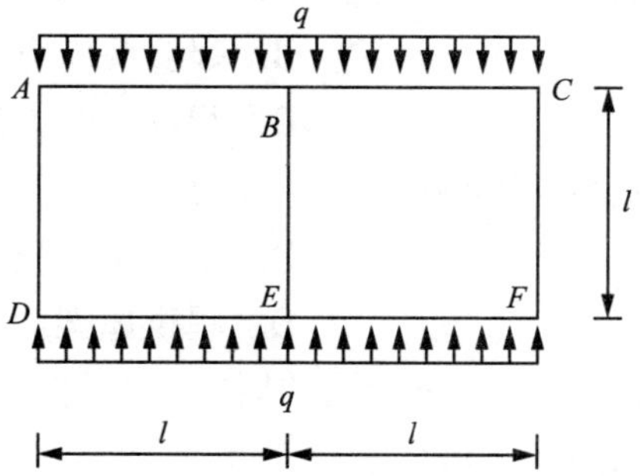

题 36 图

A. $-ql^2/6$　　B. $ql^2/6$　　C. $-ql^2/9$　　D. $ql^2/9$

37. 图示圆弧曲梁 K 截面弯矩 M_K(外侧受拉为正)影响线 C 点竖标为(　　)。

A. $4(\sqrt{3}-1)$　　B. $4\sqrt{3}$　　C. 0　　D. 4

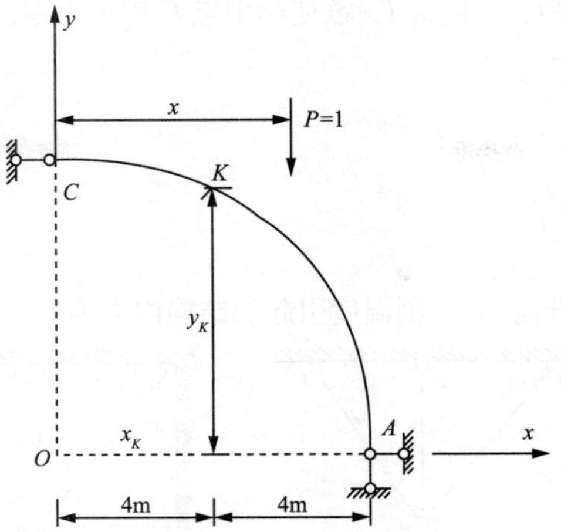

题 37 图

38. 图示三铰拱支座 B 的水平反力(以向右为正)等于(　　)。

A. P　　B. $\frac{\sqrt{2}}{2}P$　　C. $\frac{\sqrt{3}}{2}P$　　D. $\frac{\sqrt{3}-1}{2}P$

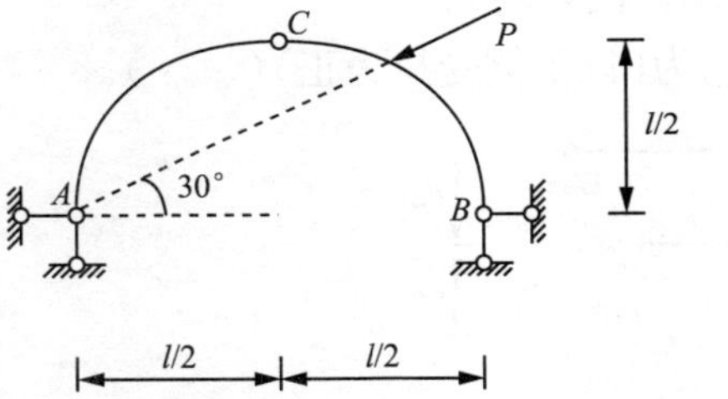

题 38 图

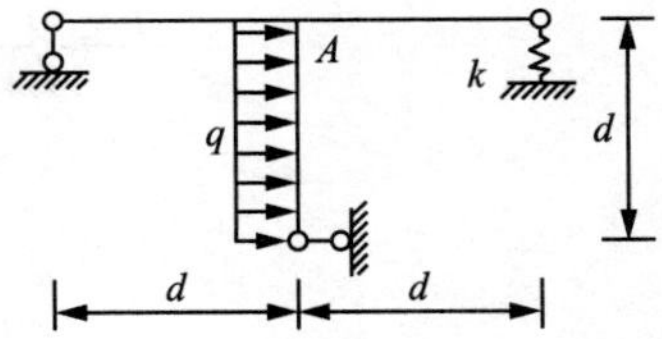

题 39 图

39. 图示结构忽略轴向变形和剪切变形，若增大弹簧刚度 k，则 A 结点水平位移 Δ_{AH}(　　)。

A. 增大　　B. 减小

C. 不变　　D. 可能增大，亦可能减小

40. 图示结构 $EI=$ 常数，在给定荷载作用下，水平反力 H_A 为(　　)。

A. P　　B. $2P$　　C. $3P$　　D. $4P$

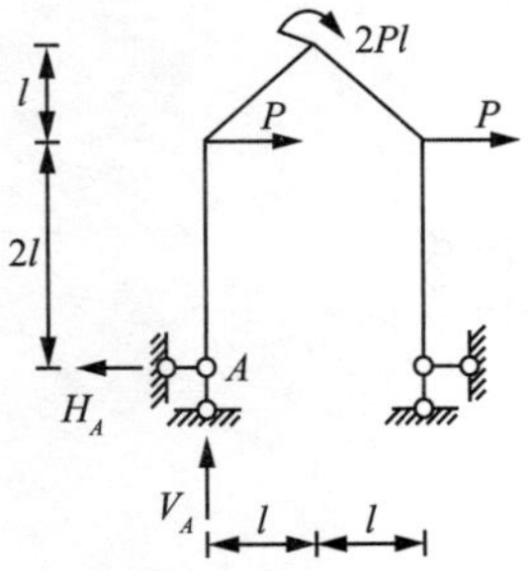

题 40 图

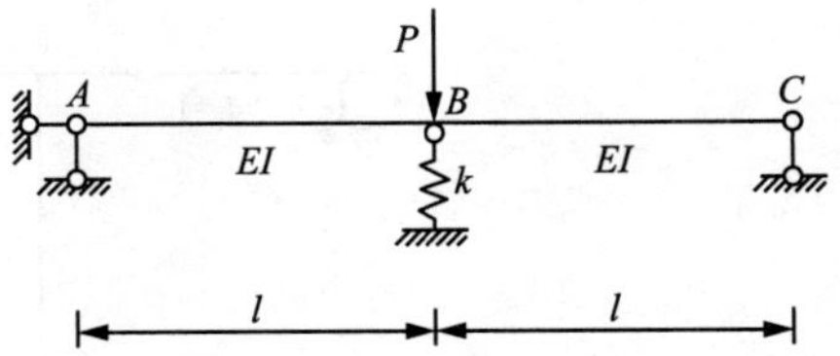

题 41 图

41. 图示结构 B 处弹性支座的弹簧刚度 $k=6EI/l^3$，B 截面的弯矩为(　　)。

A. Pl　　B. $\frac{Pl}{2}$　　C. $\frac{Pl}{3}$　　D. $\frac{Pl}{4}$

42. 图示梁的抗弯刚度为 EI，长度为 l，欲使梁中点 C 弯矩为零，则弹性支座刚度 k 的取值应为(　　)。

A. $3EI/l^3$

B. $6EI/l^3$

C. $9EI/l^3$

D. $12EI/l^3$

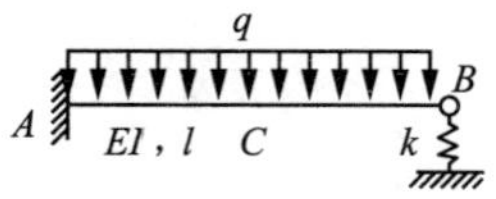

题 42 图

43. 图示两桁架温度均匀升高 t℃，则温度引起的结构内力为(　　)。

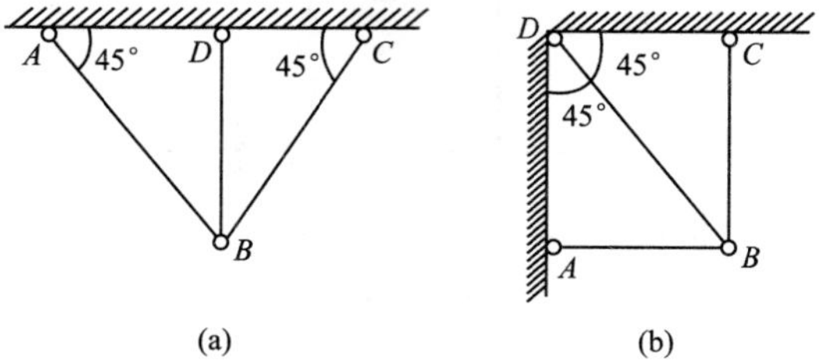

题 43 图

A. (a)无，(b)有　　B. (a)有，(b)无

C. 两者均有　　D. 两者均无

44. 图示结构 EI = 常数，不考虑轴向变形，M_{BA} 为(以下侧受拉为正)(　　)。

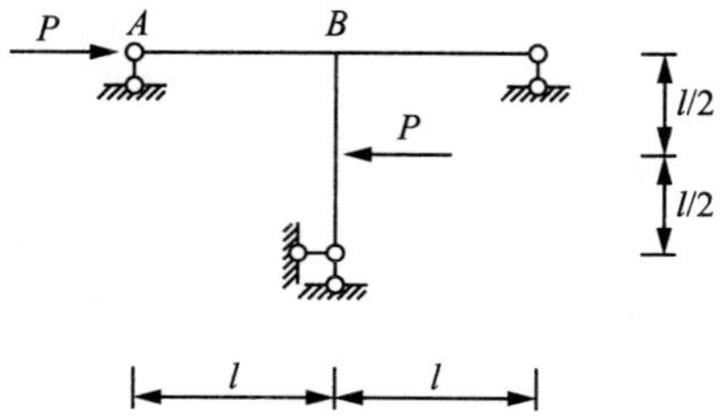

题 44 图

A. $\dfrac{Pl}{4}$　　B. $-\dfrac{Pl}{4}$　　C. $\dfrac{Pl}{2}$　　D. $-\dfrac{Pl}{2}$

45. 图示结构用力矩分配法计算时，分配系数 μ_{A4} 为(　　)。

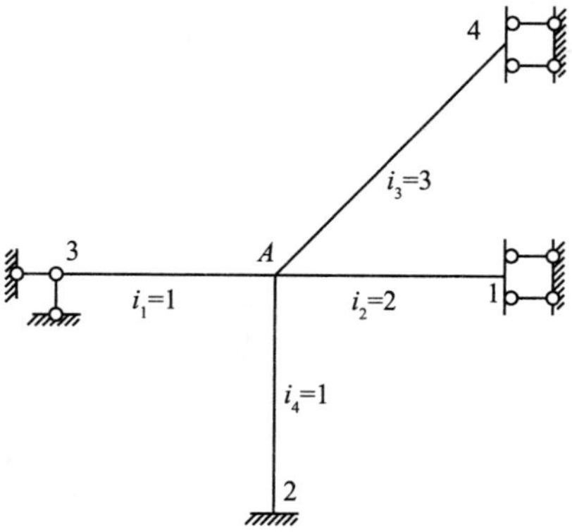

题 45 图

A. 1/4　　B. 4/7　　C. 1/2　　D. 6/11

46. 图示结构，质量 m 在杆件中点，$EI=\infty$，弹簧刚度为 k，该体系自振频率为(　　)。

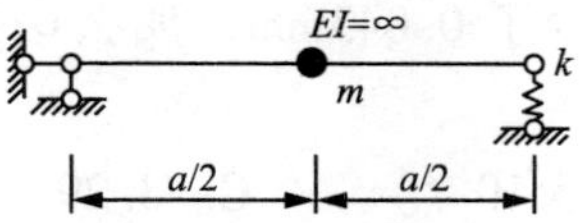

题46图

A. $\sqrt{\dfrac{9k}{4m}}$　　B. $\sqrt{\dfrac{2k}{m}}$　　C. $\sqrt{\dfrac{9k}{2m}}$　　D. $\sqrt{\dfrac{4k}{m}}$

47. 图示单自由度体系受简谐荷载作用，简谐荷载频率等于结构自振频率的两倍，则位移的动力放大系数为(　　)。

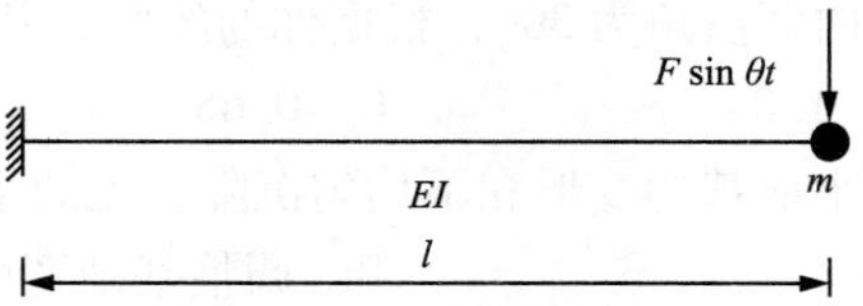

题47图

A. 2　　B. 4/3　　C. －1/2　　D. －1/3

48. 单自由度体系自由振动时，实测振动5周后振幅衰减为 $y_5=0.04y_0$，则阻尼比等于(　　)。

A. 0.05　　B. 0.02　　C. 0.008　　D. 0.1025

49. 在结构试验室进行混凝土构件的最大承载能力试验，需在试验前计算最大加载值和相应变形值，应选取下列哪一项材料参数值进行计算？(　　)

A. 材料的设计值　　B. 实际材料性能指标

C. 材料的标准值　　D. 试件最大荷载值

50. 通过测量混凝土棱柱体试件的应力应变曲线计算所测混凝土试件的弹性模量，棱柱体试件的尺寸为 $100\times100\times300\text{mm}^3$，浇筑试件所用骨料的最大粒径为20mm，最适合完成该试件的应变测量的应变片为(　　)。

A. 选用标距为20mm的电阻应变片　　B. 选用标距为50mm的电阻应变片

C. 选用标距为70mm的电阻应变片　　D. 选用标距为90mm的电阻应变片

51. 对砌体结构墙体进行低周反复加载试验时，下列哪一项做法是不正确的？(　　)

A. 水平反复荷载在墙体开裂前采用荷载控制

B. 按位移控制加载时，应使骨架曲线出现下降段，下降到极限荷载的90%，试验结束

C. 通常以开裂位移为控制参数，按开裂位移的倍数逐级加载

D. 墙体开裂后按位移进行控制

52. 为获得建筑结构的动力特性，常采用脉动法量测和分析，下面描述方法的说明哪一条是不正确的？(　　)

A. 结构受到的脉动激励来自大地环境的扰动，包括地基的微振、周边车辆的运动

B. 还包括人员的运动和周围环境风的扰动

C. 上述扰动对结构的激励可以看作为有限带宽的白噪声激励

D. 脉动实测时采集到的信号可认为是非各态历经的平稳随机过程

53. 采用下面哪一种方法可检测混凝土内部钢筋的锈蚀？(　　)

A. 电位差法　　B. 电磁感应法　　C. 超声波方法　　D. 声发射方法

54. 厚度为21.7mm干砂试样在固结仪中进行压缩实验，当垂直应力由初始的10.0kPa增加

到40.0kPa后，试样厚度减少了0.043mm，那么该试样的体积压缩系数 m_v（MPa^{-1}）为(　　)。

A. 8.40×10^{-2}　　B. 6.60×10^{-2}　　C. 3.29×10^{-2}　　D. 3.40×10^{-2}

55. 一个真空粘聚而成的土颗粒团坠入了10m深的水池池底，其刚度的变化为(　　)。

A. 约提高10%　　B. 基本不变　　C. 约提高10倍　　D. 约提高1倍

56. 完全饱和的黏土试样在三轴不排水试验中，先将围压提高到40.0kPa，然后再将垂直加载杆附加应力提高至37.7kPa，那么理论上该试样的孔隙水压力为(　　)。

A. 52.57kPa　　B. 40kPa　　C. 77.7kPa　　D. 25.9kPa

57. 正常固结砂土地基土的内摩擦角为30°，根据你的经验，其静止土压力系数为(　　)。

A. 0.50　　B. 1.0　　C. 0.68　　D. 0.25

58. 在软土上的建筑物为减小地基的变形和不均匀沉降，无效果的措施是(　　)。

A. 减小基底附加压力　　B. 调整基础宽度和埋深

C. 增大基础的强度　　D. 增加上部结构的刚度

59. 某4×4等间距排列的端承桩群，桩径1m，桩距5m，单桩承载力2000kN/桩，此群桩承载力为(　　)。

A. 32000kN　　B. 16000kN　　C. 12000kN　　D. 8000kN

60. 按地基处理作用机理，加筋法属于(　　)。

A. 土质改良　　B. 土的置换　　C. 土的补强　　D. 土的化学加固

答案及详解

单项选择题(共60题，每题2分。每题的备选项中只有一个最符合题意)

1. B 【考点】孔隙率及孔隙特征对材料性质的影响

【解析】孔隙率是指材料中孔隙体积占总体积的比例，反映了材料的致密程度。AB两项，材料抗渗性、抗冻性、耐腐蚀性的好坏，与材料的孔隙率及孔隙特征有关，当开口孔隙率增加时，其抗渗性、抗冻性、耐腐蚀性降低。CD两项，密度是指材料在绝对密实状态下，单位体积的质量，与孔隙率无关。导热系数是衡量材料导热性的主要指标，随着开口孔隙率的增加，材料的导热性有一定程度降低。材料软化系数是衡量材料耐水性质的参量，开口孔隙率增加，材料的耐水性降低，软化系数降低。

2. C 【考点】材料的变形性能

【解析】外力作用于材料并达到一定限度后，材料无明显塑性变形而发生突然破坏的性质称为脆性。A项，弹性是指在外力作用下，材料产生变形，外力取消后变形消失，材料能完全恢复原来形状的性质。B项，塑性是指材料在外力作用下产生变形，当外力取消后，变形不能恢复的性质。D项，韧性是指在冲击、振动荷载作用下，材料能够吸收较大能量，同时还能产生一定的变形而不致破坏的性质。

3. B 【考点】影响水泥凝结硬化的主要因素

【解析】水泥加水拌合后，成为可塑的水泥浆，水泥浆开始失去塑性后，固态水化物不断增多，固相颗粒之间的空隙(毛细孔)不断减小，结构逐渐紧密。当水泥浆体完全失去可塑性，达到能承担一定荷载的强度，水泥表现为终凝并进入硬化阶段。进入硬化期后，水化速度减慢，水化物随时间的增长而逐渐增加，扩展到毛细孔中，使结构更趋致密，强度相应提高。由此可见硬化水泥浆体强度与毛细孔隙率密切相关。

4. D 【考点】影响混凝土耐久性的因素及影响过程

【解析】A项，碱骨料反应是指混凝土内水泥中的碱性氧化物与骨料中的活性二氧化硅发生化学反应，导致混凝土膨胀开裂而破坏；碱骨料反应发生的必要条件为：较高含量的碱性物质和骨料活性成分以及混凝土处于潮湿环境中。B项，混凝土碳化反应是指混凝土内部的碱性物质与空气中的CO_2在有水的条件下反应生成$CaCO_3$，造成混凝土内部pH值降低，从而使钢筋锈蚀；该反应的必要条件为潮湿环境。C项，盐结晶破坏是指盐类物质在干湿交替环境中产生体积膨胀和压力使得混凝土表面产生剥蚀破坏。该破坏发生的必要条件为干湿交替和降温。D项，盐类化学反应是指盐类离子(氯离子等)对混凝土的化学腐蚀；该破坏发生条件：盐渍土环境。

5. D 【考点】影响混凝土抗压强度的因素

【解析】影响混凝土强度的因素有很多，其中水泥的强度和水灰比是决定混凝土强度的最主要因素，此外集料的特性对混凝土强度也有明显影响，骨料强度直接影响混凝土的强度；同时骨料表面状况会影响水泥石与骨料的粘结，故也直接影响着混凝土的强度。拌合水的品质会影响混凝土的和易性、凝结时间及强度发展，从而进一步影响混凝土强度，但非混凝土强度直接影响因素。

6. B 【考点】石材的工艺性质

【解析】石材的物理性质包括表观密度、吸水性、耐水性、耐热性、导热性、抗腐蚀性、抗风化性；石材的力学性质包括石材的强度和硬度；石材的工艺性质包括加工性、磨光性、抗钻性等。B 项，抗酸腐蚀性属于石材的物理性质。

7. B 【考点】乳化沥青的配制方法

【解析】乳化沥青是将沥青加热至热熔状态，经机械的强力搅拌作用，使沥青以细微液滴状态分布在含有乳化剂的水溶液中，成为水包油状的沥青乳液。主要包含成为有：沥青、水、乳化剂、稳定剂。

8. B 【考点】坐标方位角的基本概念

【解析】坐标方位角又称方向角。在平面直角坐标系统内，以平行于 X 轴的方向为基准方向，于某边的一个端点，从基准方向顺时针转至该边的水平角（0°～360°）称为坐标方位角（也可简称为方位角）。$\Delta X_{AB}<0$，$\Delta Y_{AB}<0$，如题 8 解图所示，$\alpha_{BA}=\mathrm{arctg}\dfrac{\Delta Y_{AB}}{\Delta X_{AB}}$，$\alpha_{AB}=\mathrm{arctg}\dfrac{\Delta Y_{AB}}{\Delta X_{AB}}+\pi$。

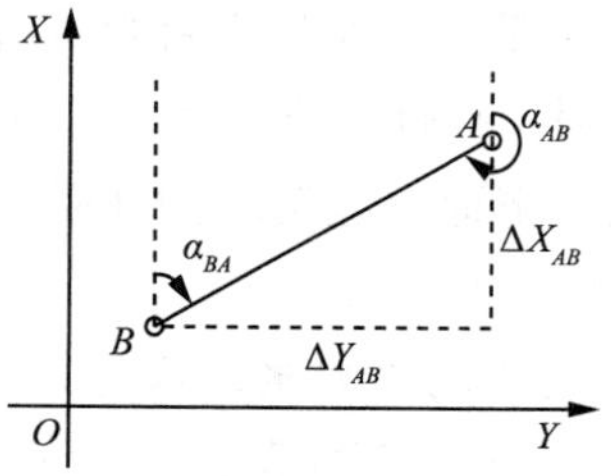

题 8 解图

9. C 【考点】地形图图幅编号的方法

【解析】根据《国家基本比例尺地形图分幅和编号》（GB/T 13989—2012）中规定，1∶100 万比例尺的编号仍采用国际统一标准，其余比例尺的编号为 1∶100 万比例尺地形图编号加比例尺代号加行号加列号。以 J50B001001 为例，编号的组成方法为：1∶100 万比例尺编号（J50）+比例尺代码（B）+图幅行号（001）+图幅列号（001）。其中，比例尺代码 B 表示 1∶50 万比例尺。

10. A 【考点】经纬仪测量水平角的方法

【解析】常用的水平角观测方法有测回法、方向观测法和复测法。A 项，测量两个方向所夹的水平角，使用测回法；B 项，在三角测量或导线测量中进行水平角观测时，在一个测站上往往需要观测 2 个或 2 个以上的角度，此时，可采用方向观测法观测水平方向值；C 项，半测回法未进行水平角限差的校核，水平角测量会存在误差，不能作为用来测量水平角的方法；D 项，如果需要观测的水平方向超过 3 个，则依次对各个目标观测水平方向值后，还应继续向前转到第一个目标进行第二次观测，称为“归零”，此时的方向观测法因为整整旋转了一个圆周，所以又称全圆方向法。因此，使用测回法可以精确的测量两个方向所夹的一个水平角。

11. C 【考点】矩形方格网的设计以及主轴线的测定

【解析】布设矩形方格网时，纵横两条主轴线要与建（构）筑物的轴线平行，并且主点数不得少于3个。

12. A 【考点】视距测量水平距离的方法

【解析】用经纬仪进行视距测量时，当地面有明显高差，可以使视准轴倾斜进行观测。设瞄准视距尺时其垂直角为α，视距间隔为l，视距常数为K。此时，水平距离D的计算式为：$D=Kl\cos^2\alpha$。

13. A 【考点】法律法规的制定主体以及房地产价格评估制度的确立

【解析】《中华人民共和国城市房地产管理法》规定了房地产价格评估制度。该法于1994年7月5日第八届全国人民代表大会常务委员会第八次会议通过，并于2007年8月30日第十届全国人民代表大会常务委员会第二十九次会议《关于修改〈中华人民共和国城市房地产管理法〉的决定》修正。法律的制定权：全国人民代表大会和全国人民代表大会常务委员会行使国家立法权。行政法规的制定权：国务院根据宪法和法律，制定行政法规。

14. A 【考点】《中华人民共和国节约能源法》中对“能源”的定义

【解析】《中华人民共和国节约能源法》第二条规定，本法所称能源，是指煤炭、石油、天然气、生物质能和电力、热力以及其他直接或者通过加工、转换而取得有用能的各种资源。

15. B 【考点】清单计价的费用组成项目

【解析】措施费是指为完成工程项目施工，发生于该工程施工前和施工过程中非工程实体项目的费用，由施工技术措施费和施工组织措施费组成。

16. A 【考点】《建设工程质量管理条例》对违反工程建设强制性标准的处罚

【解析】违反工程建设强制性标准造成工程质量、安全隐患或者工程事故的，按照《建设工程质量管理条例》有关规定对事故责任单位和责任人进行处罚。

17. D 【考点】摩擦桩沉桩的方法与特点

【解析】采用以桩尖设计标高控制为主的桩为摩擦桩，摩擦桩是指悬在软土层中靠摩擦力承重的桩。

18. B 【考点】常用水泥的适用条件及混凝土的冬期施工

【解析】配制冬期混凝土，应选用硅酸盐水泥，因为其水化热较大。矿渣水泥多用于大体积、耐热、海水侵蚀环境中，普通硅酸盐水泥多用于严寒地区、干燥等地区或有高强耐磨性要求的混凝土中，火山灰水泥多用于有抗渗性要求或大体积的混凝土中，粉煤灰水泥多用于厚大体积混凝土中。

19. D 【考点】起重机的分类及各自的工作特点

【解析】A项，位于偏僻地区的吊装工程，或路途遥远、道路状况不佳，则选用独脚拔杆或人字拔杆、桅杆式起重机等简易起重机械。B项，吊装工程量较大的普通单层装配式结构宜选用履带式起重机，因履带式起重机对路面要求不太高，变幅、行驶方便，可以负荷行驶。C项，对于高层或超高层装配式结构，则需选用附着式塔式起重机或内爬升式塔式起重机。D项，对于多层装配式结构由于上层构件安装高度高，常选用大起重量履带起重机或普通塔式起重机(轨道式或固定式)。

20. B 【考点】双代号网络图中自由时差的计算

【解析】本工作的自由时差等于紧后工作的最早开始时间减去本工作的最早完成时间。A

项，总时差是指双代号网络图中一项工作在不影响总工期的前提下所具有的机动时间，用工作的最迟开始时间与最早开始时间之差表示。C 项，虚工作是在双代号网络图中，只表示其相邻的前后工作之间相互制约、相互依存的逻辑关系，既不占用时间也不消耗资源的一种虚拟工作。D 项，时间间隔是指一项工作的持续时间。

21\. D 【考点】办理工期签证的情形

【解析】通常需办理工期签证的有以下几种情形：①由于不可抗拒的自然灾害(地质、洪水和台风等)和社会政治的原因(战争、骚乱和罢工等)，使工期难以进行的时间。②建设单位不按合同规定日期供应施工图示、材料和设备等，造成停工、窝工的时间。③由于设计变更或设备变更的返工时间。④基础施工中，遇到不可预见的障碍物后停止施工，进行处理的时间。⑤由于建设单位提供的水源、电源中断而造成的停工时间。⑥由建设单位调整工程项目而造成的中途停工时间。A 项属于不可抗力因素导致的工期拖延；BC 项属于建设单位的责任；D 项属于施工方的责任。

22\. A 【考点】剪扭构件的受扭承载力的计算

【解析】剪扭构件在计算构件的抗剪承载力与抗扭承载力时，需要考虑剪力和扭矩的相关性，对构件的抗剪承载力和抗扭承载力公式予以修正。根据《混凝土结构设计规范》(GB 50010—2010)(2015 年版)第 6. 4. 8 条规定，修正后的抗扭承载力按下式计算：

$$T \leqslant \beta_t\left(0.35f_t + 0.05\frac{N_{p0}}{A}\right)W_t + 1.2\sqrt{\xi}f_{yv}\frac{A_{sv}A_{cor}}{s}$$

其中，β_t 为剪扭构件混凝土抗扭承载力降低系数，计算方法为：

$$\beta_t = \frac{1.5}{1 + 0.5\dfrac{VW_t}{Tbh_0}}$$

当 β_t 小于 0. 5 时，取 0. 5；当 β_t 大于 1. 0 时，取 1. 0。

由此可见，剪力的存在使构件的抗扭承载力降低。

23\. D 【考点】混凝土构件斜截面承载力的计算

【解析】A 项，《混凝土结构设计规范》(GB 50010—2010)(2015 年版)第 6. 3. 1 条规定，矩形、T 形和 I 形截面的受弯构件，其受剪截面应符合下列条件：当 $h_w/b \leqslant 4$ 时，$V \leqslant 0.25\beta_c f_c bh_0$；当 $h_w/b \geqslant 6$ 时，$V \leqslant 0.2\beta_c f_c bh_0$；当 $4 < h_w/b < 6$ 时，按线性内插法确定。因此需要考虑截面尺寸是否过小。BCD 三项，第 9. 2. 9 条规定，梁中箍筋的最大间距宜符合表 9. 2. 9 的规定(见题 23 解表)，当 $V > 0.7f_t bh_0 + 0.05N_{p0}$ 时，箍筋的配箍率 ρ_{sv} 尚不应小于 $0.24f_t/f_{yv}$。

题 23 解表　梁中箍筋的最大间距(mm)

梁高 h	$V > 0.7f_t bh_0 + 0.05N_{p0}$	$V \leqslant 0.7f_t bh_0 + 0.05N_{p0}$
$150 < h \leqslant 300$	150	200
$300 < h \leqslant 500$	200	300
$500 < h \leqslant 800$	250	350
$h > 800$	300	400

24\. A 【考点】双向板按塑性铰线法

【解析】本题中板的相邻两边的长度比值为1.5，按双向板设计。破坏机构的确定原则有：①对称结构具有对称的塑性铰线分布。②正弯矩部位出现正塑性铰线，负弯矩区域出现负塑性铰线。③应满足板块转动要求，塑性铰线通过相邻板块转动轴交点。④塑性铰线的数量应使整块板成为一个几何可变体系。

25. C 【考点】剪力墙中边缘构件的设置

【解析】A项，边缘构件分为构造边缘构件和约束边缘构件两类；B项，抗震墙中设置边缘构件，主要是为了提高墙体的延性，边缘构件内混凝土受到约束，提高了墙体延性；C项，构造边缘构件的配筋除满足抗弯承载力要求外，还需符合构造要求，需要设置箍筋；D项，《建筑抗震设计规范》(GB 50011—2010)(2016年版)第6.4.5条规定，抗震墙两端和洞口两侧应设置边缘构件(抗震墙是指结构抗侧力体系中的钢筋混凝土剪力墙，不包括只承担重力荷载的混凝土墙)。

26. C 【考点】钢材的力学性能以及质量等级的划分

【解析】钢材质量等级划分主要依据是以对冲击韧性(夏比V型缺口试验)的要求区分的，对冷弯试验的要求也有区别。

【说明】在2019年2月即将实行的《低合金高强度结构钢》(GB/T 1591—2018)中，低合金高强度结构钢的质量等级已修改为B、C、D、E、F五种。

27. A 【考点】轴心受压构件整体稳定性的影响因素

【解析】根据《钢结构设计标准》(GB 50017—2017)第7.2.1条规定，除可考虑屈服后强度的实腹式构件外，轴心受压构件的稳定性计算应符合下式要求：$\frac{N}{\varphi Af}\leqslant 1.0$。稳定系数$\varphi$主要由构件的长细比、钢材的屈服强度和截面类型控制。

28. B 【考点】焊缝中的应力分布图形

【解析】角焊缝抗剪时，多为侧面角焊缝。侧面角焊缝在弹性工作阶段沿长度方向受力不均，两端大而中间小。如果焊缝长度不是太大，焊缝两端达到屈服强度后，继续加载，应力会渐趋均匀；焊缝长度越长，当焊缝过长后，可能破坏首先发生在焊缝两端。

29. D 【考点】钢屋盖结构的布置以及各部分的作用

【解析】屋盖支撑的主要作用：①保证在施工和使用阶段厂房屋盖结构的空间几何稳定性。②保证屋盖结构的横向、纵向空间刚度和空间整体性。③为屋架弦杆提供必要的侧向支撑点，避免压杆侧向失稳和防止拉杆产生过大的振动。④承受和传递水平荷载。其中，横向水平支撑的作用是为屋架提供侧向支承点。

30. B 【考点】无筋砌体墙的承载力计算

【解析】对无筋砌体墙、柱的承载力应按下式计算：$N\leqslant\varphi fA$。式中，φ为高厚比β和轴向力的偏心距e对受压构件承载的影响系数；f为砌体的抗压强度设计值；A为截面面积。当高厚比$\beta>3$时，$\varphi=\frac{1}{1+12\left[\frac{e}{h}+\sqrt{\frac{1}{12}\left(\frac{1}{\varphi_0}-1\right)}\right]^2}$，其中，轴心受压构件的稳定系数为：$\varphi_0=\frac{1}{1+\alpha\beta^2}$，$\alpha$为与砂浆强度等级有关的系数；$\beta$为构件的高厚比。A项，偏心距$e$增大，$\varphi$减小，墙体承载能力减小；B项，高厚比$\beta$增加，$\varphi_0$减小，$\varphi$减小，墙体

承载能力减小；C 项，墙体承载能力与相邻横墙间距无关；D 项，墙体承载能力与截面尺寸、砂浆、砌体强度等级有关。

31. D 【考点】房屋静力计算方案的划分以及影响砌体结构房屋空间工作性能的因素

【解析】影响房屋空间工作性能的因素较多，但主要是屋盖、楼盖的类别及横墙的间距。屋盖或楼盖类别与砌体结构房屋的横墙间距最大间距限值有关。横墙的最大间距确定房屋的静力计算方案，横墙间距又直接影响砌体结构房屋的抗震性能，不同的抗震设防烈度，横墙的最大间距要求是不同的，抗震设防烈度越高，横墙的最大间距的限值越小。

32. C 【考点】墙梁的设计方法

【解析】墙梁应按《砌体结构设计规范》(GB 50003—2011)第 7.3 节规定进行设计。A 项，顶面的荷载设计值计算方法与所处的设计阶段有关，有使用阶段及施工阶段墙梁荷载计算两种情况；B 项，施工阶段，托梁应按钢筋混凝土受弯构件进行抗弯、抗剪承载力验算；C 项，承重墙梁的支座处应设置落地翼墙，翼墙厚度，对砖砌体不应小于 240mm，对混凝土砌块砌体不应小于 190mm，翼墙宽度不应小于墙梁墙体厚度的 3 倍，并与墙梁墙体同时砌筑。当不能设置翼墙时，应设置落地且上、下贯通的混凝土构造柱；D 项，使用阶段，托梁跨中截面应按钢筋混凝土偏心受拉构件计算，托梁支座正截面和托梁斜截面应按钢筋混凝土受弯构件计算。

33. C 【考点】砌体结构抗震设计

【解析】根据《建筑抗震设计规范》(GB 50011—2010)(2016 年版)条文说明第 7.1.4 条规定，若砌体房屋考虑整体弯曲进行验算，目前的方法即使在 7 度时，超过三层就不满足要求，与大量的地震宏观调查结果不符。实际上，多层砌体房屋一般可以不做整体弯曲验算，但为了保证房屋的稳定性，限制了其高宽比。

34. D 【考点】平面体系的几何组成分析

【解析】撤去不影响几何构造性质的底部简支支座以及四个角上的二元体后，剩下 13 根链杆，如题 34 解图所示。该结构可视为由 2 个刚片通过 3 根链杆连接而成。由于三根链杆 1、2、3 平行且等长，因此该结构为几何常变体系。

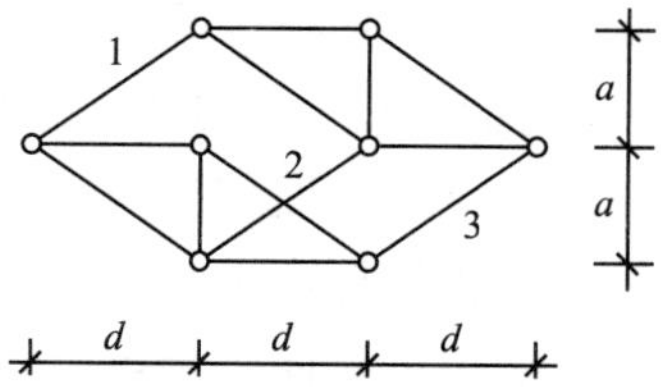

题 34 解图

35. D 【考点】静定结构内力的计算

【解析】对 B 点取矩，$\sum M_B = F_A \times 4 + \dfrac{1}{2} \times 8 \times 3^2 = 0$，解得 A 支座的支反力为：$F_A = -9\text{kN} \cdot \text{m}$(方向向下)，于是可求得：$M_{ED} = 9 \times 4 + \dfrac{1}{2} \times 8 \times 3^2 = 72\text{kN} \cdot \text{m}$(上侧受拉)。

36. C 【考点】结构的对称性；取隔离体对结构内力求解

【解析】题 36 图示对称结构 $M_{AD} = ql^2/36$(左拉)，$F_{NAD} = -5ql/12$(压)，取杆 AB 为隔离体(如题 36 解图)所示，由于杆 AB 以下侧受拉为正，则隔离体 AB 右端 M_{BA} 以逆时针为正。对 B 点取矩，由 $\sum M_B=0$，$M_{BA}+M_{AD}+F_{NAD}l+ql^2/2=0$，解得：$M_{BA}=-M_{AD}-F_{NAD}l-ql^2/2=-ql^2/36-(-5ql/12)\times l-ql^2/2=-ql^2/9$（上侧受拉）。最后，根据结构的对称性可知，$M_{BC}=M_{BA}=-ql^2/9$（上侧受拉）。

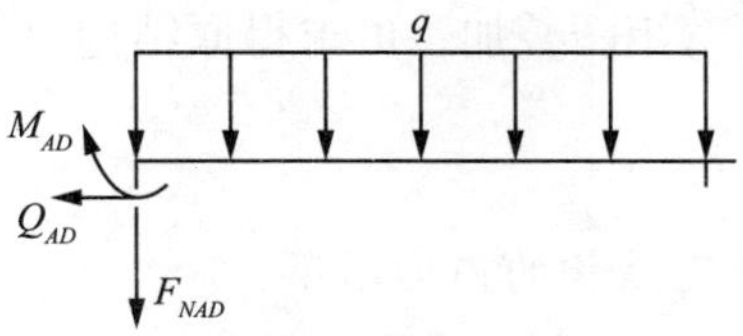

题 36 解图

37. A 【考点】影响线的定义与静定结构内力的计算

【解析】令 OK 线与竖直方向间的夹角为 α，由几何分析可知，$\alpha=\frac{\pi}{6}$。由影响线的定义可知，M_K 影响线 C 点竖标即为单位荷载作用于 C 点时的 M_K 值，先由静力平衡求出此时的支反力，$\sum F_y=0$，可求得 A 支座的竖向支反力 $F_{Ay}=1$（方向向上）；对 C 点取矩，$\sum M_C=0$，可求得 A 支座的水平支反力 $F_{Ax}=-1$（方向向左）。取 K 截面右侧部分为隔离体，对 K 点取矩，$\sum M_K=0$，则此时 K 点弯矩 $M_K=-1\times4+1\times8\times\cos\frac{\pi}{6}=4(\sqrt{3}-1)$（外侧受拉）。

38. D 【考点】静定结构的内力求解

【解析】由拱的静力平衡条件求解，分为四步：①求 B 支座竖向支反力。P 的作用线通过 A 点，因此对 A 点取矩计算较为方便，由 $\sum M_A=0$，可求得 B 支座竖向支反力为：$F_{By}=0$。②求 A 支座竖向支反力。由整体竖向平衡条件：$\sum F_y=0$，可求得 A 支座竖向支反力为：$F_{Ay}=P\times\sin30°=P/2$（方向向上）。③求 A 支座水平反力。将结构从 C 点断开，取左半部分研究，对 C 点取矩，由 $\sum M_C=F_{Ax}\times(l/2)-F_{Ay}\times(l/2)=0$，可得 A 支座水平支反力 $F_{Ax}=P/2$（方向向右）。④求 B 支座水平支反力。由整平水平方向平衡条件：$\sum F_x=0$，$F_{Bx}+F_{Ax}-P\cdot\cos30°=0$，求得 B 支座水平支反力为：$F_{Bx}=\frac{\sqrt{3}-1}{2}P$（方向向右）。

39. B 【考点】静定结构位移的计算

【解析】对于静定结构在有支座位移的情况下计算节点位移，可以采用虚力原理下的单位荷载法做分析。在 A 点施加向右水平单位力，可以得到单位力作用下的结构弯矩图 $\overline{M}_1$。分析结构在原有荷载下的弯矩，得到弯矩图 M_P。A 点处的水平位移为：

$$\Delta=\int\frac{\overline{M}_1M_P}{EI}\mathrm{d}s+\frac{1}{4k}$$

由于 $\overline{M}_1$ 与 M_P 在同侧，则第一项大于0。因此，弹簧刚度变大，A 点的水平位移减小。

40. A 【考点】超静定结构，利用对称性对内力进行求解

【解析】图示结构为对称结构，荷载为反对称荷载，结构的内力应当是反对称的，因此两支座的水平支反力应当大小相等，方向相同，故水平反力 H_A 为 P（方向向左）。

41. D 【考点】超静定结构内力求解

【解析】利用力法求解，取基本结构，断开 B 处支座，反力以 X_1 代替。在 B 处施加向上

的单位力，分别作出荷载作用下与单位力作用下基本结构的弯矩，并进行图乘，可求得 $\delta_{11}=\dfrac{l^3}{6EI}$，$\Delta_{1P}=-\dfrac{Pl^3}{6EI}$，列出力法的基本方程：$X_1\delta_{11}+\Delta_{1P}=-\dfrac{X_1}{k}$，解得 $X_1=\dfrac{P}{2}$。将荷载作用下与单位力作用下的弯矩图叠加，可求得原结构 B 截面弯矩 $M_B=M_{BP}+M_{B1}\times X_1=\dfrac{Pl}{2}-\dfrac{l}{2}\times\dfrac{P}{2}=\dfrac{Pl}{4}$（下侧受拉）。

42. B 【考点】利用力法对超静定结构的内力求解

【解析】利用力法求解，取基本结构，断开 B 处支座，反力以 X_1 代替。欲使 C 处弯矩为零，则有：$M_C=(ql/2)\cdot(l/4)-X_1\cdot(l/2)=0$，解得：$X_1=-ql/4$。在 B 处施加向上的单位力，分别作出荷载作用下与单位力作用下基本结构的弯矩，并进行图乘，可求得：$\delta_{11}=l^3/(3EI)$，$\Delta_1 P=-ql^4/(8EI)$。列出力法的基本方程：$\delta_{11}X_1+\Delta_{1P}=-X_1/k$；将解得的 X_1 代入该基本方程，求得弹簧刚度为：$k=6EI/l^3$。

43. B 【考点】超静定结构在温度作用下的位移计算

【解析】温度均匀升高，$\Delta t=0$，弯矩的影响为零，仅考虑温度作用下轴力的影响。用力法求解，取基本结构，(a)图中，令 BD 杆长为 l，断开 BD 链杆，用未知力 X_1 代替，如果力法方程中的自由项 $\Delta_{1t}=0$，则结构在温度作用下无内力产生，(a)图中的自由项

$$\Delta_{1t}=-\frac{\sqrt{2}}{2}\alpha t\times\sqrt{2}l\times 2+1\times\alpha t\times l=-\alpha tl\neq 0$$

(a)图中有内力产生；同理，(b)图中，令 BD 杆长为 l，断开 BD 链杆，用未知力 X_1 代替，自由项 $\Delta_{1t}=-\dfrac{\sqrt{2}}{2}\alpha t\times\dfrac{\sqrt{2}}{2}l\times 2+1\times\alpha t\times l=0$，(b)图中无内力产生。

44. B 【考点】超静定结构的内力计算

【解析】图示结构为一次超静定结构，使用力法求解，取基本结构如题 44 解图所示，作出 M_P 图与 $\overline{M_1}$ 图，用图乘法计算力法方程系数 δ_{11} 与自由项 Δ_{1P}，$\delta_{11}=2\times\dfrac{1}{EI}\times\dfrac{1}{2}l^2\times\dfrac{2}{3}l=\dfrac{2l^3}{3EI}$，$\Delta_{1P}=-\dfrac{1}{EI}\times\dfrac{1}{2}\times\dfrac{Pl^2}{2}\times\dfrac{2}{3}l=-\dfrac{Pl^3}{6EI}$。列出力法方程，$X_1\delta_{11}+\Delta_{1P}=0$，解得：$X_1=\dfrac{P}{4}$，于是 $M_{BA}=\dfrac{P}{4}\times l-\dfrac{Pl}{2}=-\dfrac{Pl}{4}$（上侧受拉）。

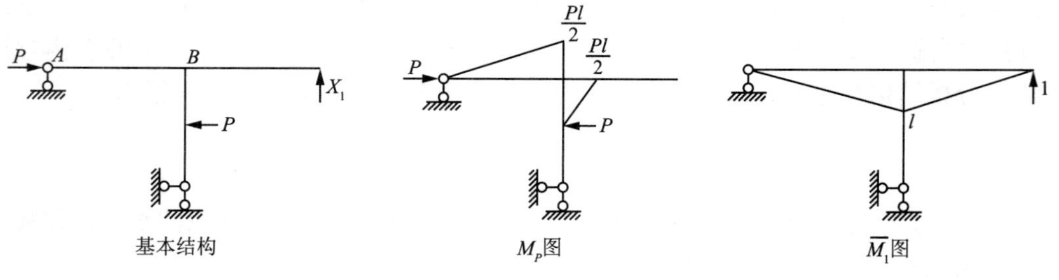

题 44 解图

45. B 【考点】力矩分配法中杆件转动刚度的计算

【解析】结构无侧移，用力矩分配法计算时，杆件的转动刚度与另一端的约束形式有关。从 A 节点出发，1 端相当于定向支座，2、4 端相当于固定支座，3 端相当于铰支座，于

是各杆件的转动刚度依次为：$S_{A1}=i_2=2$；$S_{A2}=4i_4=4$；$S_{A3}=3i_1=3$；$S_{A4}=4i_3=12$。因此，分配系数μ_{A4}为：$\mu_{A4}=12/(2+4+3+12)=4/7$。

46. D 【考点】单自由度体系的自振频率求解

【解析】在质点处施加向下的单位力，计算杆件中点的位移。由于杆件刚度无穷大，所以不考虑杆件弯矩引起的位移，只考虑由于弹性支座引起的位移，此时弹性支座处支反力为：$F_k=\frac{1}{2}$(方向向上)，于是杆件中点位移$\delta_{11}=\frac{F_k}{2k}=\frac{1}{4k}$(方向向下)，体系自振频率$\omega=\sqrt{\frac{1}{m\delta_{11}}}=\sqrt{\frac{4k}{m}}$。

47. D 【考点】单自由度体系在简谐荷载下的强迫振动

【解析】单自由度体系的强迫振动分为两种形式：①简谐动荷载作用在质点上；②简谐动荷载不作用在质点上。但无论是否作用在质点上，位移动力放大系数均为：$\beta=\frac{1}{1-\frac{\theta^2}{\omega^2}}$。故本题位移动力放大系数为：$\beta=\frac{1}{1-\frac{\theta^2}{\omega^2}}=\frac{1}{1-2^2}=-\frac{1}{3}$。

48. D 【考点】阻尼比的计算

【解析】单自由度体系有阻尼自由振动时，阻尼比的计算公式为：$\xi=\frac{1}{2\pi n}\ln\frac{y_k}{y_{k+n}}=\frac{1}{2\pi\times5}\ln\frac{1}{0.04}=0.1025$。

49. B 【考点】最大承载能力试验

【解析】对于科学研究性试验，由于不是针对某一具体工程的荷载情况来设计试验结构试件，且又不知试件材料的实测强度和构件截面尺寸实测值等参数，故可以由材性和截面的实际参数计算试件控制截面上的内力计算值，以此来确定试验荷载值。在结构室进行混凝土构件最大承载能力试验时，通常在混凝土配制时会取构件同材料混凝土制备标准试块进行压力试验、弹性模量试验、劈裂试验等来确定材料的性能指标。以此为依据进行构件最大承载能力及变形量的试验前的预计算来确定试验的加载设备、加载机制等试验条件。

50. D 【考点】应变测量的标距要求

【解析】根据《混凝土结构试验方法标准》(GB/T 50152—2012)第6.4.4条第1款规定，金属粘贴式电阻应变计或电阻片的技术等级不应低于C级，其应变计电阻、灵敏系数、蠕变和热输出等工作特性应符合相应等级的要求；量测混凝土应变的应变计或电阻片的长度不应小于50mm和4倍粗骨料粒径。

51. B 【考点】低周反复加载的试验要求

【解析】B项，按位移控制加载时，应使骨架曲线出现下降段，墙体至少应加载到荷载下降为极限荷载的85%时，方可停止试验。

52. D 【考点】脉动法量测结构的动力特性的原理以及基本假定

【解析】脉动法通常用于测量整体建筑物的动力特性，通过测量建筑物由于外界不规则的干扰而产生的微小振动，即“脉动”来确定建筑物的动力特性。AB两项，建筑结构受到的脉动主要与地面脉动、风和气压变化有关，特别是受城市车辆、机器设备等产生的扰动和附近地壳内部小的破裂以及远处地震传来的影响尤为显著，建筑结构的脉动为此类环境随机振动的响应；CD 两项，脉动法假设脉动激励信号是白噪声信号，假设建筑物的脉动是一种平稳的各态历经的随机过程，并假设结构各阶阻尼比很小，各阶固有频率相隔较远，这样就可以利用脉动振幅谱的峰值确定建筑物固有频率和振型，用各峰值处的半功率带确定阻尼比。

53. A 【考点】混凝土内部非破损检测方法

【解析】钢筋的锈蚀，可用电位差法加以测定。其原理是由于钢筋的腐蚀产生腐蚀电流，锈蚀的程度不同，其接地电位差也不一样。B 项，电磁感应法是以岩石的导电性、导磁性和介电性的差异为物质基础，应用电磁感应原理，通过观测和研究人工或天然源形成的电磁场的空间分布和时间（或频率）的变化规律，从而寻找良导矿床或解决有关的各类地质问题的一组电法勘查的重要分支方法。C 项，超声波常常被用于监测工程施工过程的质量和验收工程，通过精确的测定首波波形和幅度、声速，再综合分析其变化及大小，能够推测混凝土的内部结构、性能及其组成情况。D 项，声发射法是通过接收和分析材料的声发射信号来评定材料性能或结构完整性的无损检测方法。

54. B 【考点】土体压缩性指标的定义及计算

【解析】土体的体积压缩系数定义为土体在侧限条件下的竖向（体积）应变与竖向附加压应力之比，即 $m_v=\dfrac{\frac{\Delta H}{H}}{\Delta p}=\dfrac{\frac{0.043}{21.7}}{(40.0-10.0)\times10^{-3}}=6.60\times10^{-2}\text{MPa}^{-1}$。

55. B 【考点】土的三相组成

【解析】土是三相分散体系，真空中粘聚的土颗粒团中不存在空气，只存在土颗粒及水，可视为饱和土体状态。当坠入到 10m 深池底以后，仍为饱和土体状态，土颗粒团内部孔隙水压力不会发生变化，故土颗粒团抵抗变形能力不会发生变化，刚度基本不变。

56. C 【考点】饱和土的渗透固结理论

【解析】饱和土的渗透固结实质上是孔隙水压力向有效应力转化的过程。加荷瞬时，水来不及排出，全部外荷由孔隙水承担，在渗透固结过程中，随着水的逐渐排出，孔隙水压力逐渐消散，有效应力逐渐增长。而在三轴不排水试验中，孔隙水无法排出，由于试样饱和，因此外荷全部由孔隙水承担，因此理论上试样的孔隙水压力为 77.7kPa。

57. A 【考点】静止土压力系数的计算公式

【解析】静止土压力系数可通过试验测定，也可采用经验公式确定。正常固结砂土地基，有效内摩擦角 $\varphi'=30°$，静止土压力系数 $K_0=1-\sin\varphi'=1-\sin30°=0.50$。

58. C 【考点】地基变形和不均匀沉降的原因以及改善措施

【解析】地基变形过大会导致建筑物损坏或影响使用功能，对此可以在建筑、结构设计和施工中采取相应的措施，从而减小地基的不均匀沉降。A 项，减小基底附加压力，是减少基础不均匀沉降的根本措施；B 项，调整基础宽度和埋深，可以减小建筑物的基底压力，从而减小地基的不均匀沉降；C 项，增大基础强度对减小地基变形无明显效果；D 项，增加上部结构刚度将减小基础挠曲和内力不均匀分布，可以减小地基的不均匀沉降。

59. A 【考点】端承桩的群桩竖向承载力计算

【解析】端承型群桩的桩端持力层坚硬，轴向压力作用下桩身几乎只有弹性压缩而无整体位移，桩侧摩擦阻力的发挥受到较大限制，在桩底平面处地基所受压力可认为只分布在桩底面积范围内，可以认为群桩基础各桩的工作情况与独立单桩相同，因此群桩的承载力等于各单桩承载力之和，$P_u = nQ_u = 4 \times 4 \times 2000 = 32000\text{kN}$。

60. C 【考点】地基处理作用机理

【解析】按照地基处理的作用机理大致分为土质改良、土的置换、土的补强三种类型。加筋法是指在人工填土的路堤或挡墙内铺设土工合成材料(或钢带、钢条、钢筋混凝土带、尼龙绳等)，或在边坡内打入土锚(或土钉、树根桩)等抗拉材料，依靠它们限制土的变形，改善土的力学性能，提高土的强度和稳定性的方法。

2016 年一级注册结构工程师执业资格考试
《专业基础考试》真题

单项选择题(共 60 题，每题 2 分。每题的备选项中只有一个最符合题意)

1. 截面相同的混凝土的棱柱体强度(f_{cp})与混凝土的立方体强度(f_{cu})，二者的关系为(　　)。

A. $f_{cp} < f_{cu}$　　B. $f_{cp} \leqslant f_{cu}$　　C. $f_{cp} \geqslant f_{cu}$　　D. $f_{cp} > f_{cu}$

2. 500g 潮湿的砂经过烘干后，质量变为 475g，其含水率为(　　)。

A. 5.0%　　B. 5.26%　　C. 4.75%　　D. 5.50%

3. 伴随着水泥的水化和各种水化产物的陆续生成，水泥浆的流动性发生较大的变化；其中水泥浆的初凝是指其(　　)。

A. 开始明显固化　　B. 塑性开始减小

C. 流动性基本丧失　　D. 强度达到一定水平

4. 影响混凝土的徐变但不影响其干燥收缩的因素为(　　)。

A. 环境湿度　　B. 混凝土水灰比

C. 混凝土骨料含量　　D. 外部应力水平

5. 混凝土配合比设计中需要确定的基本变量不包括(　　)。

A. 混凝土用水量　　B. 混凝土砂率

C. 混凝土粗骨料用量　　D. 混凝土密度

6. 衡量钢材的塑性高低的技术指标为(　　)。

A. 屈服强度　　B. 抗拉强度　　C. 断后伸长率　　D. 冲击韧性

7. 在测定沥青的延度和针入度时，需保持以下哪项条件恒定？(　　)

A. 室内温度　　B. 试件所处水浴的温度

C. 试件质量　　D. 试件的养护条件

8. 下列何项对正、反坐标方位角的描述是正确的？(　　)

A. 正、反坐标方位角相差 180 度　　B. 正坐标方位角比反坐标方位角小 180 度

C. 正、反坐标方位角之和为 0　　D. 正坐标方位角比反坐标方位角大 180 度

9. 设 v 为一组同精度观测值改正数，则下列何项表示最或是值的中误差？(　　)

A. $m = \pm\sqrt{\dfrac{[vv]}{n(n-1)}}$　　B. $m = \pm\sqrt{\dfrac{[vv]}{n}}$

C. $m = \pm\dfrac{1}{n}\sqrt{\dfrac{[vv]}{n-1}}$　　D. $m = \pm\sqrt{\dfrac{[vv]}{n-1}}$

10. 坐标正算中，下列何项表达了纵坐标增量？(　　)

A. $\Delta X_{AB} = D_{AB} \cdot \cos\alpha_{AB}$　　B. $\Delta Y_{AB} = D_{AB} \cdot \sin\alpha_{AB}$

C. $\Delta Y_{AB} = D \cdot \sin\alpha_{BA}$　　D. $\Delta X_{AB} = D \cdot \cos\alpha_{BA}$

11. 下列何项描述了比例尺精度的意义？(　　)

A. 数字地形图上 0.1mm 所代表的实地长度

B. 传统地形图上 0.1mm 所代表的实地长度

C. 数字地形图上0.3mm所代表的实地长度

D. 传统地形图上0.3mm所代表的实地长度

12. 1∶500地形图上，量得*AB*两点间的图上距离为25.6mm，则*AB*间实地距离为(　　)。

A. 51.2m　　B. 5.12m　　C. 12.8m　　D. 1.25m

13. 我国环境污染防治法规定的承担民事责任的方式是(　　)。

A. 排除危害、赔偿损失、恢复原状　　B. 排除危害、赔偿损失、支付违约金

C. 具结悔过、赔偿损失、恢复原状　　D. 排除危害、登门道歉、恢复原状

14. 下列有关编制建设工程勘察设计文件的说法中，错误的是(　　)。

A. 编制建设工程勘察文件，应当真实、准确，满足建设工程规划、选址、设计、岩土治理和施工的需要

B. 编制方案设计文件，应当满足编制初步设计文件的需要

C. 编制初步设计文件，应当满足编制施工招标文件、施工图设计文件的需要

D. 编制施工图设计文件，应当满足设备材料采购、非标准设备制作和施工的需要，并注明建设工程合理使用年限

15. 实行强制监理的建筑工程的范围由(　　)。

A. 国务院规定　　B. 省、自治区、直辖市人民政府规定

C. 县级以上人民政府规定　　D. 建筑工程所在地人民政府规定

16. 根据《建设工程安全生产管理条例》，不属于建设单位的责任和义务的是(　　)。

A. 向施工单位提供施工现场毗邻地区地下管道的资料

B. 及时报告安全生产事故隐患

C. 保证安全生产投入

D. 将拆除工程发包给具有相应资质的施工单位

17. 在预制桩打桩过程中，如发现贯入度有骤减，说明(　　)。

A. 桩尖破坏　　B. 桩身破坏　　C. 桩下有障碍物　　D. 遇软土层

18. 某工程冬季施工中使用普通硅酸盐水泥拌制的混凝土强度等级为C40，则其要求防冻的最低立方体抗压强度为(　　)。

A. $5N/mm^2$　　B. $10N/mm^2$　　C. $12N/mm^2$　　D. $15N/mm^2$

19. 砌筑砂浆的强度等级划分中，强度等级最高的是(　　)。

A. M20　　B. M25　　C. M10　　D. M15

20. 描述流水施工空间参数的指标不包括(　　)。

A. 建筑面积　　B. 施工段　　C. 工作面　　D. 施工层

21. 对工程网络进行工期—成本优化的主要目的是(　　)。

A. 确定工程总成本最低时的工期

B. 确定工期最短时的工程总成本

C. 确定工程总成本固定条件下的最短工期

D. 确定工期固定下的最低工程成本

22. 有关横向约束逐渐增加对混凝土竖向受压性能的影响，下列说法中正确的是(　　)。

A. 受压强度不断提高，但其变形能力逐渐下降

B. 受压强度不断提高，但其变形能力保持不变

C. 受压强度不断提高，但其变形能力得到改善

D. 受压强度和变形能力均逐渐下降

23. 对于钢筋混凝土受压构件，当相对受压区高度大于1时，则(　　)。

A. 属于大偏心受压构件

B. 受拉钢筋受压但一定达不到屈服

C. 受压钢筋侧混凝土一定先被压溃

D. 受拉钢筋一定处于受压状态且可能先于受压钢筋达到屈服状态

24. 两端固定的均布荷载作用钢筋混凝土梁，其支座负弯矩与正弯矩的极限承载力绝对值相等。若按塑性内力重分布计算，支座弯矩调幅系数为(　　)。

A. 0.8　　B. 0.75　　C. 0.7　　D. 0.65

25. 钢筋混凝土结构抗震设计中轴压比限值的作用是(　　)。

A. 使混凝土得到充分利用　　B. 确保结构的延性

C. 防止构件剪切破坏　　D. 防止柱的纵向屈曲

26. 常用结构钢材中，含碳量不作为交货条件的钢材型号是(　　)。

A. Q345A　　B. Q235B - b　　C. Q345B　　D. Q235A - F

27. 焊接工形截面钢梁设置腹板横向加劲肋的目的是(　　)。

A. 提高截面的抗弯强度　　B. 减少梁的挠度

C. 提高腹板局部稳定性　　D. 提高翼缘局部承载能力

28. 计算钢结构螺栓连接超长接头承载力时，需要对螺栓的抗剪承载力进行折减，主要是考虑了(　　)。

A. 螺栓剪力分布不均匀的影响　　B. 连接钢板厚度

C. 螺栓等级的影响　　D. 螺栓间距的差异

29. 简支平行弦钢屋架下弦杆的长细比应控制在(　　)。

A. 不大于150　　B. 不大于300　　C. 不大于350　　D. 不大于400

30. 下面关于配筋砖砌体的说法，哪一项是正确的？(　　)

A. 轴向力的偏心距超过规定值时，宜采用网状配筋砌体

B. 网状配筋砌体抗压强度较无筋砌体提高的原因是砌体中配有钢筋，钢筋的强度高，可与砌体共同承担压力

C. 组合砖砌体在轴向压力下，钢筋混凝土面层与砌体共同承担轴向压力并对砌体有横向约束作用

D. 网状配筋砖砌体的配筋率越大，砌体强度越大

31. 按刚性方案计算的砌体房屋的主要特点为(　　)。

A. 空间性能影响系数 η 大，刚度大　　B. 空间性能影响系数 η 小，刚度小

C. 空间性能影响系数 η 小，刚度大　　D. 空间性能影响系数 η 大，刚度小

32. 砌体结构中构造柱的作用是(　　)。

①提高砖砌体房屋的抗剪能力；

②构造柱对砌体起了约束作用，使砌体变形能力增强；

③提高承载力、减小墙的截面尺寸；

④提高墙、柱高厚比的限值。

A. ①②　　B. ①③④　　C. ①②④　　D. ③④

33. 砌体在轴心受压时，块体的受力状态为(　　)。

A. 压力　　B. 剪力、压力

C. 弯矩、压力　　D. 弯矩、剪力、压力、拉力

34. 图示体系的几何组成为(　　)。

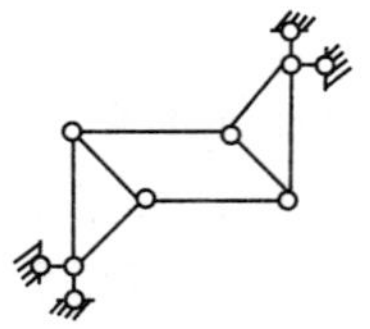

题 34 图

A. 几何不变，无多余约束　　B. 几何不变，有多余约束

C. 瞬变体系　　D. 常变体系

35. 静定结构在支座移动时，会产生(　　)。

A. 内力　　B. 应力　　C. 刚体位移　　D. 变形

36. 图示简支梁在所示移动荷载下截面 K 的最大弯矩值为(　　)。

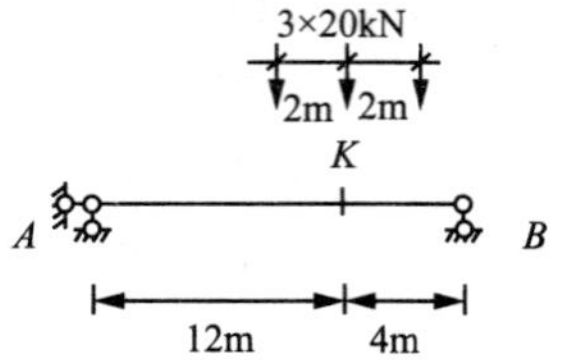

题 36 图

A. 90kN · m　　B. 120kN · m　　C. 150kN · m　　D. 180kN · m

37. 图示三铰拱 $y=\frac{4f}{l^2}x(l-x)$，$l=16\text{m}$，D 右侧截面的弯矩值为(　　)。

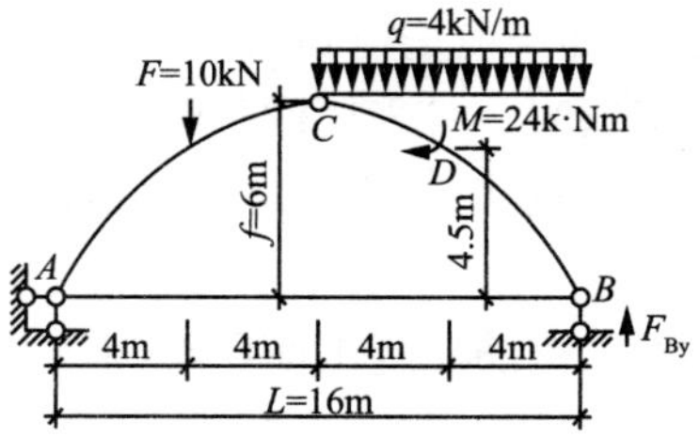

题 37 图

A. 26kN · m　　B. 66kN · m　　C. 58kN · m　　D. 82kN · m

38. 图示结构杆 2 的内力为(　　)。

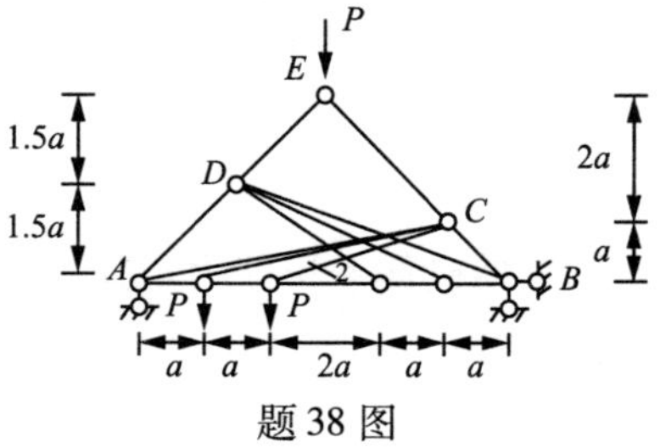

题 38 图

A. $-P$　　B. $-\sqrt{10}P$　　C. P　　D. $\sqrt{10}P$

39. 图示对称结构 C 点的水平位移 $\Delta_{CH}=\Delta(\rightarrow)$，若 AC 杆 EI 增大一倍，BC 杆 EI 不变，则 Δ_{CH}变为(　　)。

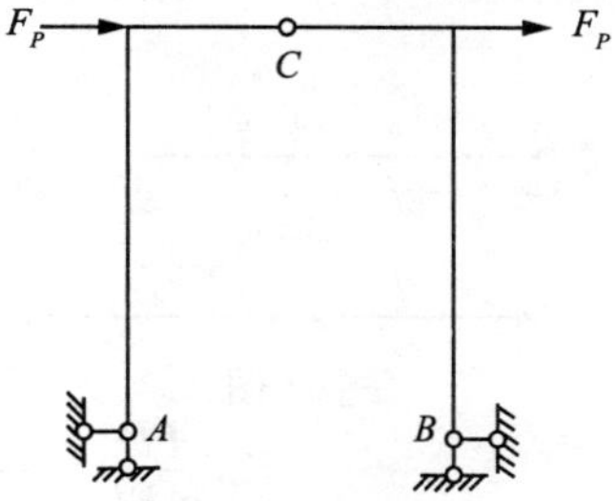

题 39 图

A. 2Δ　　B. 1.5Δ　　C. 0.5Δ　　D. 0.75Δ

40. 图示结构 K 截面的弯矩值为(以内侧受拉为正)(　　)。

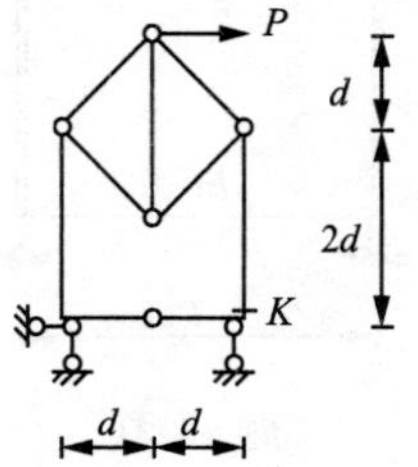

题 40 图

A. Pd　　B. $-Pd$　　C. $2Pd$　　D. $-2Pd$

41. 图示等截面梁正确的 M 图是(　　)。

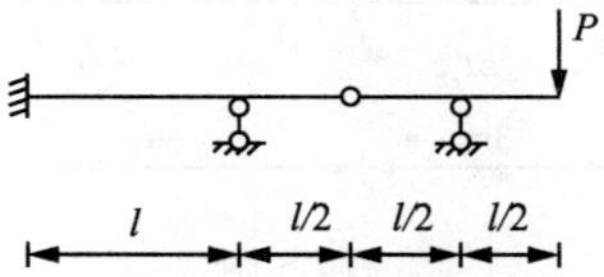

题 41 图

A.
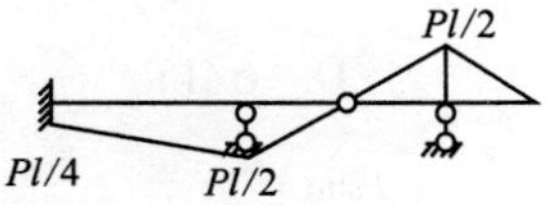

B.
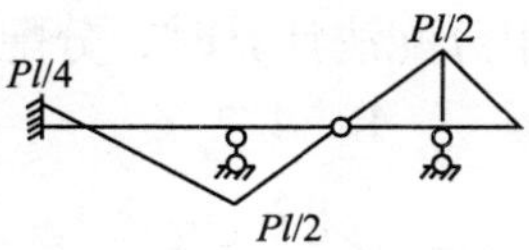

C.
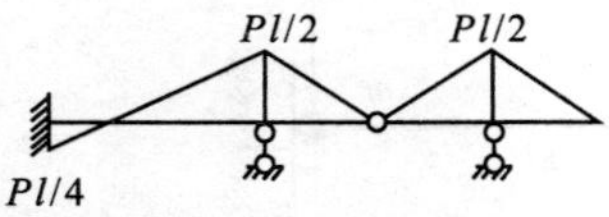

D.
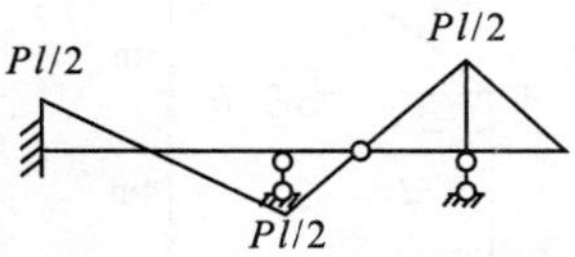

42. 图示结构 $EI=$常数，当支座 B 发生沉降 Δ 时，支座 B 处梁截面的转角为(以顺时针为正)(　　)。

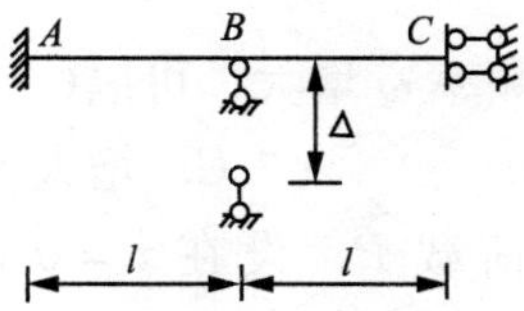

题 42 图

A. Δ/l　　B. $1.2\Delta/l$　　C. $1.5\Delta/l$　　D. $\Delta/(2l)$

43. 图示结构 B 处弹性支座的弹簧刚度 $k=\dfrac{6EI}{l^3}$，B 结点向下的竖向位移为(　　)。

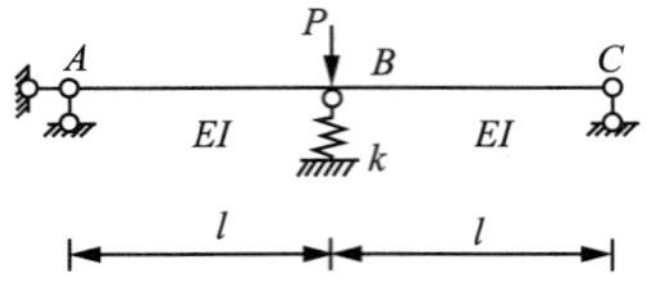

题 43 图

A. $\dfrac{Pl^3}{12EI}$　　B. $\dfrac{Pl^3}{6EI}$　　C. $\dfrac{Pl^3}{4EI}$　　D. $\dfrac{Pl^3}{3EI}$

44. 图示结构 M_{BA} 值的大小为(　　)。

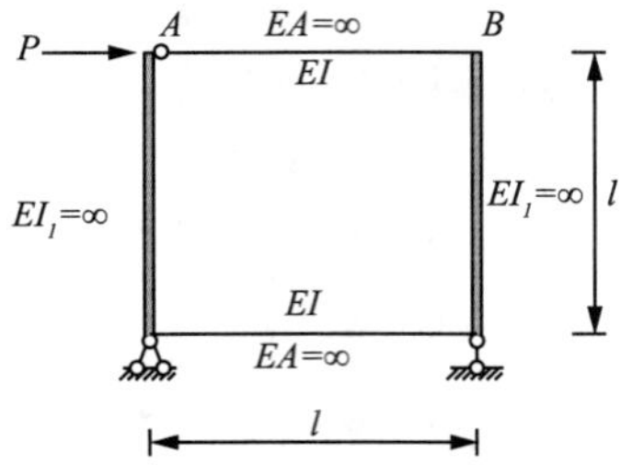

题 44 图

A. $Pl/2$　　B. $Pl/3$　　C. $Pl/4$　　D. $Pl/5$

45. 欲使图示连续梁 BC 跨中点正弯矩与 B 支座负弯矩绝对值相等，则 $EI_{AB}:EI_{BC}$ 应等于(　　)。

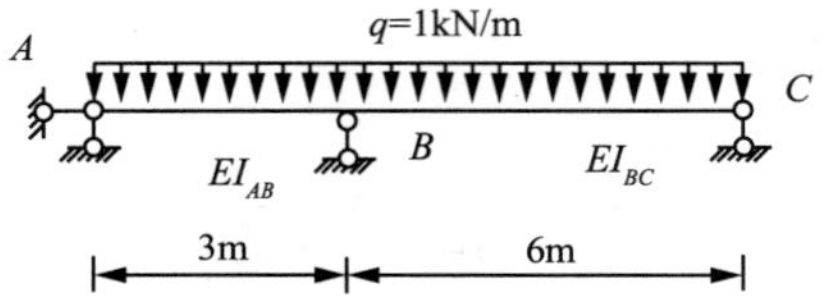

题 45 图

A. 2　　B. 5/8　　C. 1/2　　D. 1/3

46. 图示结构用力矩分配法计算时，分配系数 μ_{AC} 为(　　)。

A. 1/4　　B. 4/7　　C. 1/2　　D. 6/11

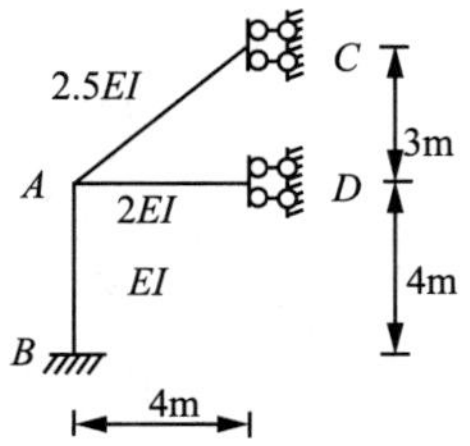

题 46 图

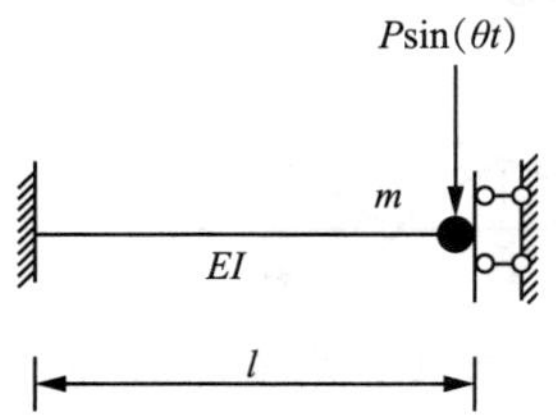

题 47 图

47. 在图示结构中，若要使其自振频率 ω 增大，可以(　　)。

A. 增大 P　　B. 增大 m　　C. 增大 EI　　D. 增大 l

48. 无阻尼等截面梁承受一静力荷载 P，设在 $t=0$ 时，撤掉荷载 P，点 m 的动位移为(　　)。

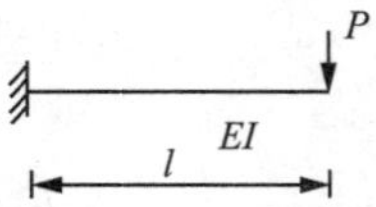

题48图

A. $y(t)=\dfrac{Pl^3}{3EI}\cos\sqrt{\dfrac{3EI}{ml^3}}t$　　B. $y(t)=\dfrac{Pl^3}{3EI}\sin\sqrt{\dfrac{3EI}{ml^3}}t$

C. $y(t)=\dfrac{Pl^3}{8EI}\cos\sqrt{\dfrac{3EI}{ml^3}}t$　　D. $y(t)=\dfrac{Pl^3}{8EI}\sin\sqrt{\dfrac{3EI}{ml^3}}t$

49. 通过测量混凝土棱柱体试件的应力应变曲线计算所用试件的刚度，已知棱柱体试件的尺寸为 $100\times100\times300\text{mm}^3$，浇筑试件完毕并养护，且实测同批次立方体（$150\times150\times150\text{mm}^3$）强度为 300kN，则使用下列哪种试验机完成上述试件的加载试验最合适？（　　）

A. 使用最大加载能力为 300kN 的拉压试验机进行加载
B. 使用最大加载能力为 500kN 的拉压试验机进行加载
C. 使用最大加载能力为 1000kN 的拉压试验机进行加载
D. 使用最大加载能力为 2000kN 的拉压试验机进行加载

50. 在检验构件承载能力的低周反复加载试验，下列不属于加载制度的是（　　）。

A. 试验始终控制位移加载
B. 控制加速度加载
C. 先控制作用力加载再转换位移控制加载
D. 控制作用力和位移的混合加载

51. 结构模型试验使用量纲分析法进行模型设计，下列哪一组是正确的基本量纲？（　　）

A. 长度[L]、应变[ε]、时间[T]
B. 长度[L]、时间[T]、应变[σ]
C. 长度[L]、时间[T]、质量[M]
D. 时间[T]、弹性模量[E]、质量[M]

52. 结构动力试验研究的计算分析中，下列哪一项参数不能由计算所得？（　　）

A. 结构的阻尼比　　B. 结构的固有振型
C. 结构的固有频率　　D. 结构的质量

53. 采用超声波检测混凝土内部的缺陷，下面哪一项不适宜使用该方法检测？（　　）

A. 检测混凝土内部空洞和缺陷的范围
B. 检测混凝土表面损伤厚度
C. 检测混凝土内部钢筋直径和位置
D. 检测混凝土裂缝深度

54. 一层 5.1m 厚的黏土层受到 30.0kPa 的地表超载。其渗透系数为 0.0004m/d。根据以往经验该层黏土会被压缩 0.040m。如果仅上或下表面发生渗透，则计算的主固结完成的时间约为（　　）。

A. 240d　　B. 170d　　C. 50d　　D. 340d

55. 均匀地基中，地下水位埋深为 1.80m，毛细水向上渗流 0.60m。如果土的干重度为

15.9kN/m^3，土的饱和重度为17kN/m^3，地表超载为25.60kN/m^2，那么地基埋深3.50m处的垂直有效应力为(　　)。

A. 66.78kPa　　B. 72.99kPa　　C. 70.71kPa　　D. 41.39kPa

56. 针对一项地基基础工程，到底是进行排水、不排水固结，与下列哪项因素基本无关？(　　)

A. 地基渗透性　　B. 施工速率　　C. 加载或者卸载　　D. 都无关

57. 无重饱和黏土地基受宽度为 B 的地表均布荷载 q，饱和黏土的不排水抗剪强度为50kPa，那么该地基的承载力为(　　)。

A. 105kPa　　B. 50kPa　　C. 157kPa　　D. 257kPa

58. 在工程地质勘察中，能够直观的观测地层的结构和变化是(　　)。

A. 坑探　　B. 钻探　　C. 触探　　D. 地球物理勘探

59. 对于建筑体型复杂荷载的结构，减小基础底面的沉降的措施不包括(　　)。

A. 采用箱基　　B. 柱下条形基础　　C. 采用筏基　　D. 单独基础

60. 某桩基础的桩的截面为400mm×400mm，建筑地基土层由上而下依次为粉质黏土(3m厚)、中密粗砂(4m厚)、微风化软质岩(5m厚)。对应的桩周土摩擦力特征值分别为20kPa、40kPa、65kPa，桩长为9m，桩端岩土承载力特征值为6000kPa，则单桩竖向承载力特征值为(　　)。

A. 1120kN　　B. 1420kN　　C. 1520kN　　D. 1680kN

答案及详解

单项选择题(共60题，每题2分。每题的备选项中只有一个最符合题意)

1. A 【考点】混凝土的抗压强度

【解析】测定混凝土立方体试件抗压强度时试件尺寸不同、形状不同，会影响试件的抗压强度测定结果。因为混凝土试件在压力机上受压时，在沿加荷方向发生纵向变形的同时，也按泊松比效应产生横向膨胀。而钢制压板的横向膨胀较混凝土小，因而在压板与混凝土试件受压面形成摩擦力，对试件的横向膨胀起着约束作用，这种约束作用称为“环箍效应”。在环箍效应作用下，混凝土试件的横向变形减小，强度提高，而当试件高度提高时环箍效应在试件中部的作用效果减小，强度减小。

2. B 【考点】砂的含水率

【解析】砂的含水率的计算公式为：$w=\frac{m-m_g}{m_g}$。式中，m 为潮湿的砂的重量；m_g 为砂的干质量。代入已知数据，计算得：$w=\frac{500-475}{475}=5.26\%$。

3. B 【考点】水泥的凝结过程

【解析】水泥加水拌合成为可塑的水泥浆后，逐渐变稠失去塑性，但尚不具有强度的过程，称为水泥的“凝结”。其中，水泥拌合物开始失去塑性的状态称为初凝，完全失去塑性开始产生强度的状态称为终凝。

4. D 【考点】混凝土的徐变和干燥收缩

【解析】混凝土的徐变是指结构承受的应力不变，而应变随时间增长的现象。影响混凝土徐变的因素包括水灰比、骨料的含量和性质、环境湿度和温度、外部应力水平、构件尺寸等。混凝土凝结硬化时体积会收缩，影响因素包括：水灰比、骨料的含量和性质、环境温度和湿度、混凝土制作方法等。故外部应力水平会影响混凝土的徐变但不会影响混凝土的干燥收缩。

5. D 【考点】混凝土的配合比设计

【解析】混凝土配合比设计的三个基本参数为：①水灰比——水和水泥之间的比例；②砂率——砂和石子间的比例；③单位用水量——骨料与水泥浆之间的比例。故不包含混凝土的密度。

6. C 【考点】建筑钢材的性能

【解析】钢材的塑性指标包括伸长率和冷弯性能。其中，伸长率是指钢材受拉发生断裂时所能承受的永久变形能力，是试件拉断后标距长度的增量与原标距长度之比。冷弯性能是指钢材在常温下承受弯曲变形的能力，常用试件在常温下所能承受的弯曲程度表示。

7. B 【考点】沥青的性质

【解析】根据《公路工程沥青及沥青混合料试验规程》(JTG E20—2011)T0604—2011 沥青针入度试验第1条规定，标准试验条件为温度25℃，荷重100g，贯入时间5s。第2.4条规定，恒温水槽：容量不小于10L，控温的准确度为0.1℃。T0605—2011 沥青延度试验第1.2条规定，延度试验的试验温度与拉伸速率可根据要求采用，通常采用的试验温度为25℃、15℃、10℃或5℃。第2.4条规定，恒温水槽：容量不小于10L，控温的准确度为0.1℃。综上，沥青针入度和延度试验时，应该保持试件的温度不变，控制试件温度的方法是控制试件所在水浴的温度，故选B项。

8. A 【考点】坐标方位角概念

【解析】坐标方位角是指在平面直角坐标系统内，以平行于x轴的方向为基准方向，于某边的一个端点，从基准方向顺时针转至该边的水平角。假设一条导线1—2，$\alpha_{1,2}$为正坐标方位角，$\alpha_{2,1}$为反坐标方位角，则两者关系为：$\alpha_{1,2}=\alpha_{2,1}\pm180°$。

9. A 【考点】最或是值中误差的计算

【解析】测量时有某些量无法得到真值，常采用平均值作为该量的最可靠值，称为最或是值。观测值与平均值之差称为最或是误差(又称似真误差)。在等精度观测条件下，某量的n次观测值的算术平均值为$x=[l]/n$，按观测值的改正值v计算，似真误差为$v_i=l_i-x(i=1,2,\cdots,n)$，观测值的中误差为：$m=\pm\sqrt{\frac{[vv]}{n-1}}$，最或是值的中误差为：$M=\frac{m}{\sqrt{n}}$。

10. A 【考点】平面控制网的定位与定向

【解析】首先，纵坐标的增量为x轴向的增量，可排除BC两项。其次，坐标正算方位角应该是从A到B，方位角为α_{AB}，故为A项。

11. B 【考点】地形图基本知识

【解析】CD两项，比例尺精度是地形图上0.1mm所代表的实地水平距离。A项，数字地形图是指纸质的地图的数字存在和数字表现形式，是在一定的坐标系统内具有确定的坐标和属性的地面要素和现象的离散数据。数字地形图的应用不受比例尺精度的限制。

12. C 【考点】地形图基本知识

【解析】AB两点间的实际距离为：$D_{AB}=25.6\text{mm}\times500=12800\text{mm}=12.8\text{m}$。

13. A 【考点】环境污染防治法规定的民事责任承担方式

【解析】我国环境污染防治法规定的承担民事责任的方式是：排除危害、赔偿损失和恢复原状。B项，支付违约金只适用于违约责任；C项，具结悔过是刑法中的非刑罚处理方法之一，即责令免于刑事处罚的犯罪分子用书面方式，保证悔改；D项，赔礼道歉主要适用于对人身权和财产权的各种侵犯。

14. C 【考点】勘察设计文件编制

【解析】城市建筑设计可分为三个阶段，即：方案阶段、初步设计阶段和施工图阶段。小型和技术简单的城市建筑，可以方案设计阶段代替初步设计阶段，对技术复杂而又缺乏经验的项目，需增加技术设计阶段。根据《建设工程勘察设计管理条例》第二十六条规定，编制建设工程勘察文件，应当真实、准确，满足建设工程规划、选址、设计、岩土治理和施工的需要；编制方案设计文件，应当满足编制初步设计文件和控制概算的需要；编制初步设计文件，应当满足编制施工招标文件、主要设备材料订货和编制施工图设计文件的需要；编制施工图设计文件，应当满足设备材料采购、非标准设备制作和施工的需要，并注明建设工程合理使用年限。施工图设计文件是施工图阶段形成的文件，在初步设计阶段尚未编制。

15. A 【考点】实行强制监理的建筑工程范围的规定机构

【解析】《中华人民共和国建筑法》第三十条规定，国家推行建筑工程监理制度，国务院可以规定实行强制监理的建筑工程的范围。

16. B 【考点】建设单位的安全责任

【解析】根据《建设工程安全生产管理条例》第二章，建设单位的安全责任包括：建设单位应当向施工单位提供施工现场及毗邻区域内供水、排水、供电、供气、供热、通信、广播电视等地下管线资料；建设单位应当将拆除工程发包给具有相应资质等级的施工单位；建设单位在申请领取施工许可证时，应当提供建设工程有关安全施工措施的资料。

17. C 【考点】预制桩施工

【解析】打桩前应做好各项准备工作：①清除妨碍施工的地上和地下的障碍物；②平整施工场地；③定位放线；④设置供电、供水系统；⑤安设打桩机等。在预制桩打桩过程中，若贯入度减小，说明桩下可能有障碍物。

18. C 【考点】混凝土冬期施工

【解析】冬期浇筑的混凝土抗压强度，在受冻前，普通硅酸盐拌制的混凝土不得低于其抗压强度标准值的30%，即 $40\times0.3=12\text{N/mm}^2$。

19. D 【考点】砌筑砂浆的强度等级

【解析】根据《砌体结构设计规范》(GB 50003—2011)第3.1.3条规定，砂浆的强度等级应按下列规定采用：①烧结普通砖、烧结多孔砖、蒸压灰砂普通砖和蒸压粉煤灰普通砖砌体采用的普通砂浆强度等级：M15、M10、M7.5、M5和M2.5；蒸压灰砂普通砖和蒸压粉煤灰普通砖砌体采用的专用砌筑砂浆强度等级：Ms15、Ms10、Ms7.5、Ms5.0；②混凝土普通砖、混凝土多孔砖、单排孔混凝土砌块和煤矸石混凝土砌块砌体采用的砂浆强度等级：Mb20、Mb15、Mb10、Mb7.5和Mb5；③双排孔或多排孔轻集料混凝土砌块砌体采用的砂浆强度等级：Mb10、Mb7.5和Mb5；④毛料石、毛石砌体采用的砂浆强度等级：M7.5、M5和M2.5。其中强度等级最高的是M15、Ms15和Mb20。

20. A 【考点】流水施工参数

【解析】在施工组织设计中，一般把流水施工参数分为：①工艺参数，包括施工过程和流水强度；②时间参数，包括流水节拍、流水步距、间歇时间、组织搭接时间和流水工期；③空间参数，包括工作面、施工段和施工层。

21. A 【考点】网络计划优化

【解析】网络计划的优化是指在一定约束条件下，按既定目标对网络计划进行不断改进，以寻求满意方案的过程。网络计划的优化目标应按计划任务的需要和条件选定，包括工期目标、费用目标和资源目标。根据优化目标的不同，网络计划的优化可分为工期优化、费用优化和资源优化三种。其中，费用优化又称工期—成本优化，是指寻求工程总成本最低时的工期安排，或按要求工期寻求最低成本的计划安排的过程。

22. C 【考点】混凝土受压构件横向约束的作用

【解析】混凝土受压构件在横向约束作用下处于三向约束状态。由于受到侧向的压力约束作用，最大主应力轴的抗压强度有较大程度地增长，受压承载力明显提高，同时极限压应变也变大，故其变形能力也得到改善。

23. D 【考点】混凝土小偏心受压

【解析】当相对受压区高度大于1时，可能为小偏心全截面受压构件或者轴心受压构件，其破坏时的特点是：受拉钢筋一定受压但不一定达到屈服强度，受压区边缘混凝土被压碎或两侧混凝土同时被压碎。当 A_s' 比 A_s 大得多且轴向力很大时，受拉钢筋可能先于受压钢筋屈服，且受拉钢筋同侧混凝土有可能先于受压区边缘混凝土被压坏，称为反向受压破坏。

24. B 【考点】塑性内力重分布

【解析】根据《混凝土结构设计规范》(GB 50010—2010)(2015 年版)第 5.4.3 条规定，钢筋混凝土梁支座或节点边缘截面的负弯矩调幅幅度不宜大于 25%；弯矩调整后的梁端截面相对受压区高度不应超过 0.35，且不宜小于 0.10。钢筋混凝土板的负弯矩调幅幅度不宜大于 20%。调幅系数定义为：$\beta=1-M_a/M_d$，此处，M_a 为调整后的弯矩值，M_d 为按弹性分析算得的荷载弯矩设计值，故支座弯矩调幅系数为 $\beta=1-25\%=0.75$。

25. B 【考点】轴压比限值的作用

【解析】框架柱所承受的轴向压力，可影响其变形能力。轴向力愈大，柱的变形能力就愈小，所以轴压比(N/f_cA)的大小是影响框架柱延性的一个主要因素。钢筋混凝土结构抗震设计中限制轴压比，主要是为了控制结构的延性，防止脆性破坏。

26. D 【考点】钢材的选用

【解析】我国碳素结构钢有五种牌号，Q235 是钢结构常用的钢材品种，其质量等级分为 A、B、C、D 四级，由 A 到 D 表示质量由低到高。其中，AQ235 级钢根据买方需要可提供 180°冷弯试验，但无冲击功规定，含碳量含硅量和含锰量不作为交换条件。

27. C 【考点】钢材的构造措施

【解析】不考虑屈曲后强度的腹板，通常设置横向加劲肋和纵向加劲肋来保证其局部稳定，且横向、纵向加劲肋的尺寸应满足《钢结构设计标准》(GB 50017—2017)的要求。

28. A 【考点】钢结构的螺栓连接

【解析】根据《钢结构设计标准》(GB 50017—2017)条文说明第 11.4.5 条规定，当构件的节点处或拼接接头的一端，螺栓(包括普通螺栓和高强度螺栓)或铆钉的连接长度 l_1 过大时，螺栓或铆钉的受力很不均匀，端部的螺栓或铆钉受力最大，往往首先破坏，并将依次向内逐个破坏。因此规定当 $l_1>15d_0$ 时，应将承载力设计值乘以折减系数。

29. C 【考点】钢结构轴心受力构件的构造要求

【解析】简支平行弦钢屋架下弦杆为受拉杆件。根据《钢结构设计标准》(GB 50017—2017)第 7.4.7 条表 7.4.7 受拉构件容许长细比，可查得：一般建筑的桁架杆件的容许长细比不应超过 350。

30. C 【考点】配筋砖砌体结构设计

【解析】A 项，根据《砌体结构设计规范》(GB 50003—2011)第 8.1.1 条第 1 款规定，偏心距超过截面核心范围(对于矩形截面即 $e/h>0.17$)，或构件的高厚比 $\beta>16$ 时，不宜采用网状配筋砖砌体构件。D 项，第 8.1.3 条规定，网状配筋砖砌体中的体积配筋率，不应小于 0.1%，并不应大于 1%。BC 两项，砌体结构的破坏主要是剪切破坏，网状钢筋不承受压力，但可以有效阻止剪切破坏时产生的竖向裂缝，且水平钢筋网的有效约束作用，间接提高砖砌体的抗压强度。组合砖砌体在轴向压力下，钢筋混凝土面层与砌体共同承担轴向压力并对砌体有横向约束作用。

31. C 【考点】砌体结构的静力计算方案

【解析】空间性能影响系数是外荷载作用下房屋排架水平位移的最大值与外荷载作用下平面排架的水平位移的最大值的比值。空间性能影响系数的值越大，建筑物的空间性能越弱。砌体房屋采用刚性方案时，空间刚度较大，空间性能影响系数较小。

32. C 【考点】构造柱的作用

【解析】构造柱对砌体起约束作用，使结构房屋承受变形的性能大为改善，在一定程度上提高砌体的抗剪能力。根据《砌体结构设计规范》(GB 50003—2011)第 6. 1. 2 条第 2 款规定，当构造柱截面宽度小于墙厚时，可按公式(6. 1. 1)验算带构造柱墙的高厚比，此时公式中 h 取墙厚；当确定带构造柱墙的计算高度 H_0 时，s 应取相邻横墙间的距离；墙的允许高厚比[β]可乘以修正系数 μ_c，μ_c 可按下式计算：$\mu_c = 1 + \gamma(b_c/l)$。系数 μ_c 是恒大于 1 的，可见构造柱具有提高墙、柱高厚比的作用。

33. D 【考点】块体的受力状态

【解析】由于块体之间砌筑砂浆的各向异性和表面的凹凸不平，会使块体处于复杂的受力状态下，可能受弯矩、剪力、压力和拉力的共同作用。又由于块体的抗弯、抗剪强度远低于抗压强度，因而较早地使单个块体出现裂缝，导致块体的抗压能力不能充分发挥，这是砌体抗压强度远低于块体抗压强度的主要原因。

34. A 【考点】平面几何组成

【解析】将上下两个三角形和大地分别看成三个刚片，两个三角形刚片与大地之间分别用两个实铰相连；两个三角形刚片之间用两根平行链杆相连，相当于无穷远处的虚铰相连。故根据三刚片规则，三个刚片用不共线的三个铰两两相连，构成无多余约束的几何不变体系。

35. C 【考点】静定结构的受力

【解析】静定结构在非荷载因素如支座移动或温度变化下，不会产生内力和变形，只可能发生刚体位移。

36. C 【考点】影响线的应用

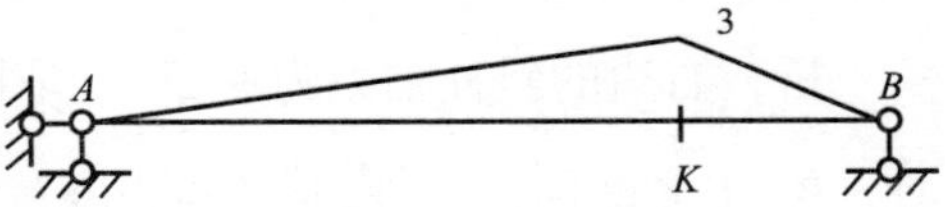

题 36 解图

【解析】先作出截面 K 弯矩的影响线如题 36 解图所示，截面 K 处影响线最大竖标为：$y_K = ab/l = 12 \times 4/16 = 3$。当右端第一个集中力作用在 K 点处，K 截面弯矩值为：$M_1 = 20 \times 3 + 20 \times \frac{5}{6} \times 3 + 20 \times \frac{2}{3} \times 3 = 150\text{kN}\cdot\text{m}$；当右端第二个集中力作用在 K 点处，K 截面弯矩值为：$M_2 = 20 \times 3 + 20 \times \frac{5}{6} \times 3 + 20 \times \frac{3}{2} = 140\text{kN}\cdot\text{m}$；当右端第三个集中力作用在 K 点处，K 截面弯矩值为：$M_3 = 20 \times 3 + 20 \times \frac{3}{2} = 90\text{kN}\cdot\text{m}$；故截面 K 的最大弯矩值为 150kN · m。

37. A 【考点】静定拱的内力分析

【解析】先进行整体受力分析，对 A 支座取矩，由 $\sum M_A = 0$，$4 \times 8 \times 12 + 10 \times 4 + 24 = F_{By} \times 16$，算得 B 支座竖向承载力为：$F_{By} = 28\text{kN}$；由竖向力的平衡，算得 A 支座的约束反力为：$F_{Ay} = 10 + 4 \times 8 - 28 = 14\text{kN}$。再进行局部受力分析，在中间铰接点处将结构分为两部分，先对左半部分受力分析，对 C 铰取矩，由 $\sum M_C = 0$，$10 \times 4 + F_{AB} \times 6 = 14 \times 8$，解得 AB 杆的轴力为：$F_{AB} = 12\text{kN}$(拉力)。取右半部分结构进行分析，则 $M_D = F_{By} \times 4 - F_{AB} \times 4.5 - 4 \times 4 \times 2 = 28 \times 4 - 12 \times 4.5 - 4 \times 4 \times 2 = 26\text{kN}\cdot\text{m}$

38. D 【考点】静定桁架的内力分析

【解析】利用结点法求解。直接对 2 杆所连下侧结点进行受力分析，根据竖向受力平衡：$P = \frac{1}{\sqrt{10}} P_1$，解得：$P_1 = \sqrt{10}P$(受拉)。

39. D 【考点】结构的位移计算、对称性利用

【解析】图示结构为静定体系，故结构的抗弯刚度不影响结构内力，故 AC 杆 EI 增加一

倍后，依旧可以利用对称性求解。正对称结构在反对称荷载作用下只有反对称力和反对称位移，取半结构，C 处只有竖向的支撑链杆，如题 39 解图所示。根据单位荷载法，AC 杆 EI 增大一倍，左侧半结构的水平位移为原来的一半，即$\frac{\Delta}{4}$；BC 杆 EI 不变，右侧半结构的水平位移不变仍为$\frac{\Delta}{2}$。故总的水平位移为：$\Delta_{CH}=\frac{\Delta}{4}+\frac{\Delta}{2}=\frac{3\Delta}{4}=0.75\Delta$。

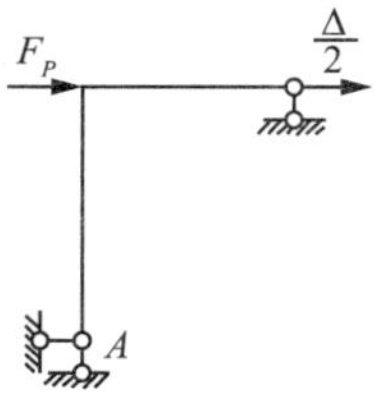

题 39 解图

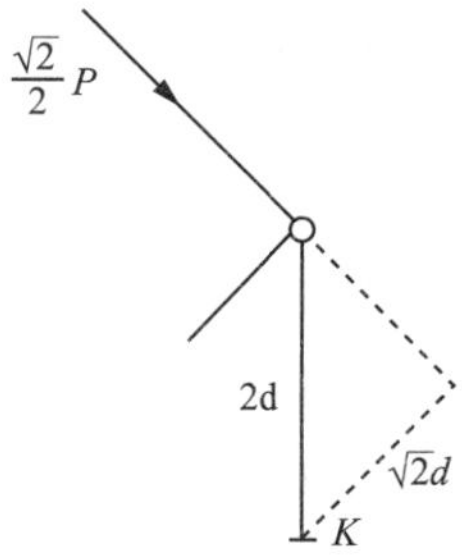

题 40 解图

40. A 【考点】对称性利用

【解析】将水平力 P 分解为反对称的两个力 $P/2$，则对称结构在反对称力作用下，中间竖向杆的轴力为零。对结点分析可得，中部两根 45°斜杆轴力为零。再根据结点受力分析，右边的斜杆轴力为 $-\frac{\sqrt{2}}{2}P$。取隔离体如图，对 K 截面取矩得：$M_k=Pd$（内侧受拉）。

41. B 【考点】超静定结构的内力分析

【解析】首先，根据铰接点左右两侧的剪力相同，即弯矩图在铰接点左右两侧的弯矩图的斜率相同，可排除 C 项。由力矩分配法中两端固定端的传递系数 0.5，可得左侧固定端的弯矩为 $Pl/4$（上侧受拉）。

42. B 【考点】位移法

【解析】利用位移法求解。设 B 处的转角为 θ_B，则各杆杆端弯矩为：$M_{AB}=2i\theta_B-6i\Delta/l$；$M_{BA}=4i\theta_B-6i\Delta/l$；$M_{BC}=i\theta_B$；$M_{CB}=-i\theta_B$。考虑结点 B 的平衡，列位移法基本方程为：$\sum M_B=0$，$M_{BA}+M_{BC}=0$，解得：$\theta_B=1.2\Delta/l$。

43. A 【考点】超静定结构位移计算

【解析】】利用力法求解，取基本结构，断开 B 处支座，反力以 X_1 代替。在 B 处施加向上的单位力，分别作出荷载作用下与单位力作用下基本结构的弯矩，并进行图乘，可求得 $\delta_{11}=l^3/(6EI)$，$\Delta_{1P}=-Pl^3/(6EI)$，列出力法的基本方程：$X_1\delta_{11}+\Delta_{1P}=-X_1/k$，解得 $X_1=P/2$。故 B 结点向下的竖向位移为：$X/k=(P/2)/(6EI/l^3)=Pl^3/(12EI)$。

44. D 【考点】剪力分配法

【解析】根据平衡条件求出支座反力大小为 P，AB 杆的抗剪刚度为 $3i/l^2$，与 AB 杆平行的杆的抗剪刚度为 $12i/l^2$。竖向的力 P 按抗剪刚度分配，故 AB 杆的在 A 处的剪力大小为 $P/5$，计算得：$M_{BA}=Pl/5$。

45. B 【考点】位移法

【解析】采用位移法求解。在支座 B 处添加刚臂，设 B 点的转角为 Z，列位移法基本方程为：$r_{11}Z+R_{1p}=0$，系数计算如下：$r_{11}=EI_{AB}+\frac{EI_{BC}}{2}$，$R_{1p}=-\frac{27}{8}\text{kN}\cdot\text{m}$，解得：$Z=$

$\frac{27}{8EI_{AB}+4EI_{BC}}$。再根据叠加法，解得 BC 跨跨中弯矩值为：$M_{BCZ}=\frac{18}{8}+\frac{EI_{BC}}{4}\times\frac{27}{8EI_{AB}+4EI_{BC}}$，$B$ 支座的截面弯矩值为：$M_{BC}=\frac{EI_{BC}}{2}\times\frac{27}{8EI_{AB}+4EI_{BC}}-\frac{36}{8}$。连续梁 BC 跨中点正弯矩与 B 支座负弯矩绝对值相等，即 $|M_{BC}|=|M_{BCZ}|$，解得：$\frac{EI_{AB}}{EI_{BC}}=\frac{5}{8}$。

46. B 【考点】力矩分配法

【解析】C 处支座可看成固定端，所以各杆的刚度为：$S_{AC}=\frac{4\times2.5EI}{5}=2EI$，$S_{AD}=\frac{2EI}{4}=\frac{EI}{2}$，$S_{AB}=\frac{4EI}{4}=EI$，故 $\mu_{AC}=\frac{2EI}{2EI+\frac{EI}{2}+EI}=\frac{4}{7}$。

47. C 【考点】单自由度体系的自振频率

【解析】根据柔度法求解体系的自振频率。图示超静定结构的柔度为：$\delta=\frac{l^3}{12EI}$。根据计算自振频率的公式 $\omega=\sqrt{\frac{1}{m\delta}}$，可得自振频率为：$\omega=\sqrt{\frac{12EI}{ml^3}}$。故只有增大 EI，才会使自振频率增大。

48. A 【考点】单自由度体系运动方程

【解析】利用柔度法求解悬臂梁的柔度为：$\delta=\frac{l^3}{3EI}$，故自振频率为：$\omega=\sqrt{\frac{1}{m\delta}}=\sqrt{\frac{3EI}{ml^3}}$，动位移幅值为：$y=P_\delta=\frac{Pl^3}{3EI}$。又在 $t=0$ 时，撤掉荷载 P，此时位移最大，速度为零，故 A 项正确。

49. B 【考点】试验加载装置的设计

【解析】对于加载装置的强度，首先要满足试验最大荷载量的要求，并保证有足够的安全储备，在做试验设计时，加载装置的承载能力要求提高70%左右。根据《混凝土结构设计规范》(GB 50010—2010)(2015年版)条文说明第4.1.3条第1款可知，棱柱体强度与相应的立方体强度之比值在0.76～0.82之间。题中，已知立方体抗压强度为300kN，棱柱体抗压强度大约为：$p=[0.76, 0.82]\times300=[228, 246]$kN，加载装置的承载能力应为：$p'=[228, 246]\times1.7=[387.6, 418.2]$kN，故应使用最大加载能力为500kN的拉压试验机进行加载。试验加载装置还必须考虑刚度要求，如果刚度不足，将难以获得试件极限荷载后的变形和受力性能。

50. B 【考点】低周反复加载试验

【解析】低周反复加载试验有三种加载制度：控制位移加载法、控制作用力加载法、控制作用力和控制位移混合加载法。

51. C 【考点】量纲分析法

【解析】物理学中质量系统的基本量纲为：长度[L]、时间[T]、质量[M]；工程学中力量系统的基本量纲为：力[F]、长度[L]、时间[T]。

52. A 【考点】结构动力试验

【解析】结构动力试验研究的计算分析中，结构质量为已知，结构阻尼比必须由试验测得，固有振型和固有频率可根据动力方程计算得到。

53. C 【考点】结构试验的非破损检测技术

【解析】超声波检验混凝土缺陷是指采用低频超声波检测仪测量混凝土内部缺陷：裂缝深度、表面损伤厚度、内部空洞和不密实的位置及范围等，但是不能测定钢筋的直径和位置，因为超声波遇到钢筋会发生“短路”现象。

54. B 【考点】土固结中的时间计算

【解析】黏土层受到地表超载，则 $\sigma_z = p_0 = 30\text{kPa}$。

由于沉降量 $s = \dfrac{a}{1+e_0}\sigma_z H = 0.04$，可得：$\dfrac{a}{1+e_0} = \dfrac{0.04}{\sigma_z H} = \dfrac{0.04}{30 \times 5.1} = 0.261 \times 10^{-3}\text{kPa}^{-1}$。

则竖向固结系数为：$C_v = \dfrac{k(1+e_0)}{a\gamma_w} = \dfrac{0.4 \times 10^{-3}}{0.261 \times 10^{-3} \times 10} = 0.153\text{m}^2/\text{d}$。

又固结度 $U_t = 1$，时间因数 $T_v = 1$，故主固结时间为：$t = \dfrac{T_v H^2}{C_v} = \dfrac{1 \times 5.1^2}{0.153} = 170\text{d}$。

55. A 【考点】毛细水上升时土中的有效应力的计算

【解析】有效应力是指颗粒间传递的总荷载与土体总截面积之比，有效应力原理即有效应力等于上层总压力减去孔隙水压力；竖向有效应力又称土的自重应力，它只和土的埋深与容重有关，与其他因素无关。毛细水上升时，在土中有效应力的计算中，毛细水上升部分层厚 0.60m，重度应为饱和重度；地下水位以下、地基埋深以上部分层厚为：$3.50 - 1.80 = 1.70\text{m}$，由于受到水的浮力作用，因而重度应为浮重度，大小等于土的饱和重度减去水的重度，即 $17 - 10 = 7\text{kN/m}^3$。因此，地基埋深 3.50m 处的垂直有效应力为：$p_0 = \sum \gamma_i h = 25.6 + 1.2 \times 15.9 + 0.6 \times 17 + 7 \times 1.7 = 66.78\text{kPa}$，其中 γ_i、h_i 分别为各层土的有效重度和厚度。

56. C 【考点】土的抗剪强度的试验

【解析】对于地基渗透性差或排水条件不好的地基工程进行不排水试验，对于地基渗透性好或排水条件良好的地基工程进行排水试验；根据施工加载速度（施工速度）快慢确定是否进行固结试验，加载速度（施工速度）快进行固结试验。

57. B 【考点】土的抗剪强度

【解析】无重饱和黏土地基受宽度为 B 的地表均布荷载 q，相当于无侧限抗压试验，而土的抗剪强度等于土的不排水抗剪强度，故地基承载力为 50kPa。

58. A 【考点】岩土工程勘察

【解析】岩土工程勘察常用的原位勘察方法包括坑探、钻探、触探、地球物理勘探。其中，坑探能够直观的观测地层的结构和变化。

59. D 【考点】浅基础减少不均匀沉降损害的措施

【解析】根据《建筑地基基础设计规范》（GB 50007—2011）第 7.4.2 条规定，对于建筑体型复杂、荷载差异较大的框架结构，可采用箱基、桩基、筏基等加强基础整体刚度，减少不均匀沉降。柱下条形基础相比单独基础有更好的横向联系，整体性更好，可以在一定程度上减小基底沉降。单独基础没有横向联结，整体性差，不能用于减小基底沉降。

60. C 【考点】单桩竖向承载力特征值

【解析】单桩竖向承载力特征值的计算公式为：$R_a = q_{pa}A_p + u_p \sum q_{\text{sia}} l_i$。式中，桩端岩土承载力特征值 $q_{pa} = 6000\text{kPa}$；桩截面面积 $A_p = 0.4 \times 0.4 = 0.16\text{m}^2$；桩身周长为：$u_p = 1.6\text{m}$。故单桩竖向承载力特征值为：$R_a = 6000 \times 0.16 + 1.6 \times (20 \times 3 + 40 \times 4 + 65 \times 2) = 1520\text{kN}$。

2013年一级注册结构工程师执业资格考试
《专业基础考试》真题

单项选择题(共60题，每题2分。每题的备选项中只有一个最符合题意)

1. 下列矿物中仅含有碳元素的是(　　)。

A. 石膏　　B. 芒硝　　C. 石墨　　D. 石英

2. 材料积蓄热量的能力称为(　　)。

A. 导热系数　　B. 热容量　　C. 温度　　D. 传热系数

3. 有关通用硅酸盐水泥的技术性质及应用中，不正确的叙述是(　　)。

A. 水泥强度是指水泥胶砂强度，而非水泥净浆强度

B. 水泥熟料中，铝酸三钙水化速度最快，水化热最高

C. 水泥的细度指标作为强制性指标

D. 安定性不良的水泥严禁用于建筑工程

4. 混凝土材料在外部力学荷载、环境温度以及内部物理化学过程的作用下均会产生变形，以下属于内部物理化学过程引起的变形是(　　)。

A. 混凝土徐变　　B. 混凝土干燥收缩

C. 混凝土温度收缩　　D. 混凝土自身收缩

5. 在沿海地区，钢筋混凝土构件的主要耐久性问题是(　　)。

A. 内部钢筋锈蚀　　B. 碱—骨料反应

C. 硫酸盐反应　　D. 冻融破坏

6. 钢材试件受拉应力—应变曲线上从原点到弹性极限点称为(　　)。

A. 弹性阶段　　B. 屈服阶段　　C. 强化阶段　　D. 颈缩阶段

7. 黏性土由半固态变成可塑状态时的界限含水率称为土的(　　)。

A. 塑性指数　　B. 液限　　C. 塑限　　D. 最佳含水率

8. 下列何项反映了测量工作应遵循的原则？(　　)

A. 先测量，后计算　　B. 先控制，后碎部

C. 先平面，后高程　　D. 先低精度，后高精度

9. 坐标正算中，下列何项表达了横坐标增量？(　　)

A. $\Delta X_{AB}=D_{AB}\cdot\cos\alpha_{AB}$　　B. $\Delta Y_{AB}=D_{AB}\cdot\sin\alpha_{AB}$

C. $\Delta Y_{AB}=D\cdot\sin\alpha_{BA}$　　D. $\Delta X_{AB}=D\cdot\cos\alpha_{BA}$

10. 光学经纬仪下列何种误差可以通过盘左盘右取均值的方法消除？(　　)

A. 对中误差　　B. 视准轴误差　　C. 竖轴误差　　D. 照准误差

11. 某双频测距仪，测程为1km，设计了精、粗二个测尺，精尺为10m(载波频率f_1 = 15MHz)，粗尺为1000m(载波频率f_2 = 150kHz)，测相精度为1/1000，则下列何项为仪器所能达到的精度？(　　)

A. m　　B. dm　　C. cm　　D. mm

12. 在1:500地形图上量得某两点间的距离d = 234.5mm，下列何项表示了两地水平距离D

的值？(　　)

A. 117.25m　　B. 234.5m　　C. 469.0m　　D. 1172.5m

13. 根据我国《土地管理法》，土地利用总体规划的编制原则之一是(　　)。

A. 严格控制农业建设占用未利用土地

B. 严禁占用基本农田

C. 严格控制土地利用率

D. 占用耕地与开发复垦耕地相平衡

14. 建设项目对环境可能造成轻度影响的，应当编制(　　)。

A. 环境影响报告书　　B. 环境影响报告表

C. 环境影响分析表　　D. 环境影响登记表

15. 节约资源是我国的基本国策，国家实施以下哪一项能源发展战略？(　　)

A. 开发为主，合理利用

B. 利用为主，加强开发

C. 开发与节约并举，把开发放在首位

D. 节约与开发并举，把节约放在首位

16. 国家对从事建设工程勘察、设计活动的单位实行(　　)。

A. 资格管理制度　　B. 资质管理制度

C. 注册管理制度　　D. 执业管理制度

17. 在填方工程中，如采用透水性不同的土料分层填筑时，下层宜填筑(　　)。

A. 渗透系数极小的填料　　B. 渗透系数较小的填料

C. 渗透系数中等的填料　　D. 渗透系数较大的填料

18. 浇筑混凝土单向板时，施工缝应留置在(　　)。

A. 中间1/3跨度范围内且平行于板的长边

B. 平行于板的长边的任何位置

C. 平行于板的短边的任何位置

D. 中间1/3跨度范围内

19. 屋架采用反向扶直时，起重机立于屋架上弦一边，吊钩对位上弦中心，则臂与吊钩满足下列(　　)关系。

A. 升臂升钩　　B. 升臂降钩　　C. 降臂升钩　　D. 降臂降钩

20. 单代号网络图中，某工作最早完成时间与其紧后工作的最早开始时间之差为(　　)。

A. 总时差　　B. 自由时差　　C. 虚工作　　D. 时间间隔

21. 施工过程中设计变更是经常发生的，下列关于设计变更处理的方式规定中不正确的是(　　)。

A. 对于变更较少的设计，设计单位可通过变更通知单，由建设单位自行修改，在修改的地方加盖图章，注明设计变更编号

B. 若设计变更对施工产生直接影响，涉及到工程造价与施工预算的调整，施工单位应及时与建设单位联系，根据承包合同和国家有关规定，商讨解决办法

C. 设计变更与分包施工单位有关，应及时将设计变更交给分包施工单位

D. 设计变更若与以前洽商记录有关，要进行对照，看是否存在矛盾或不符之处

22．不能提高钢筋混凝土构件中钢筋与混凝土间的粘结强度的处理措施是(　　)。

A．减小钢筋净间距　　B．提高混凝土的强度等级

C．由光圆钢筋改为变形钢筋　　D．配置横向钢筋

23．除了截面形式和尺寸外其他均相同的单筋矩形截面和T型截面，当截面高度及单筋矩形截面宽度与T型截面的翼缘计算宽度相同时，正确描述它们正截面极限承载能力的情况是(　　)。

A．当受压区高度 x 小于T型截面翼缘厚度 h_f' 时，单筋矩形截面的正截面承载力 M_u 与T型截面的 M_u^{T} 相同

B．当 $x<h_f'$ 时，$M_u>M_u^{\mathrm{T}}$

C．当 $x<h_f'$ 时，$M_u<M_u^{\mathrm{T}}$

D．当 $x>h_f'$ 时，$M_u<M_u^{\mathrm{T}}$

24．在均布荷载作用下，必须按照双向板计算的钢筋混凝土板是(　　)。

A．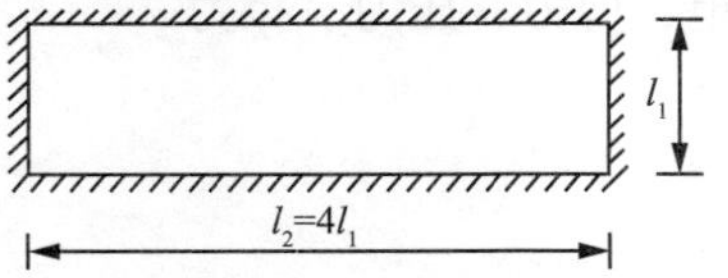

B．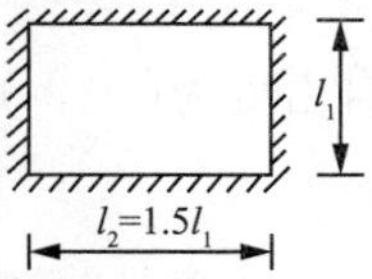

C．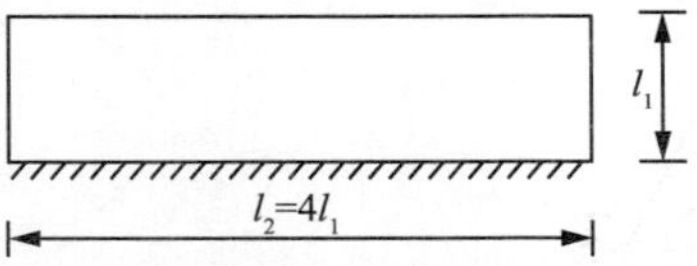

D．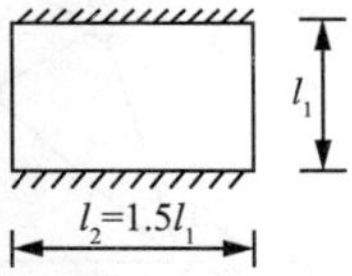

25．关于钢筋混凝土单层厂房柱牛腿，说法正确的是(　　)。

A．牛腿应按照悬臂梁设计

B．牛腿的截面尺寸根据斜裂缝控制条件和构造要求确定

C．牛腿设计仅考虑斜截面承载力

D．牛腿部位可允许带裂缝工作

26．随着钢板厚度增加，钢材的(　　)。

A．强度设计值下降　　B．抗拉强度提高

C．可焊性提高　　D．弹性模量降低

27．计算有侧移多层框架时，柱的计算长度系数取值(　　)。

A．应小于1.0　　B．应大于1.0　　C．应小于2.0　　D．应大于2.0

28．高强度螺栓摩擦型连接中，螺栓的抗滑移系数主要与(　　)。

A．螺栓直径有关　　B．螺栓预拉力值有关

C．连接钢板厚度有关　　D．钢板表面处理方法有关

29．设计采用钢桁架的屋盖结构时，必须(　　)。

A．布置纵向支撑和刚性系杆　　B．采用梯形桁架

C．布置横向支撑和垂直支撑　　D．采用角钢杆件

30．为防止砌体房屋墙体开裂，构造措施正确的是(　　)。

A．对于三层和三层以上的房屋，长高比 L/H 宜小于或等于3.5

B．小型空心砌块，在常温施工时，宜将块体浇水湿润后再进行砌筑

C．圈梁宜连续地设置在同一水平面上，在门窗洞口处不得将圈梁截断

D. 多层砌块房屋，对外墙及内纵墙，屋盖处应设置圈梁，楼盖处应隔层设置

31. 关于伸缩缝的说法不正确的是(　　)。

A. 伸缩缝应设在温度和收缩变形可能引起应力集中的部位

B. 伸缩缝应设在高度相差较大或荷载差异较大处

C. 伸缩缝的宽度与砌体种类、屋盖、楼盖类别、保温隔热措施有关

D. 伸缩缝只将墙体及楼盖分开，不必将基础断开

32. 关于砂浆强度等级 M_0 的说法正确的是(　　)。

①施工阶段尚未凝结的砂浆；②抗压强度为零的砂浆；③用冻结法施工的砂浆；④抗压强度很小接近零的砂浆。

A. ①③　　B. ①②　　C. ③④　　D. ②

33. 砌体在轴心受压时，块体的受力状态为(　　)。

A. 压力　　B. 剪力、压力

C. 弯矩、压力　　D. 弯矩、剪力、压力、拉力

34. 图示平面体系的计算自由度为(　　)。

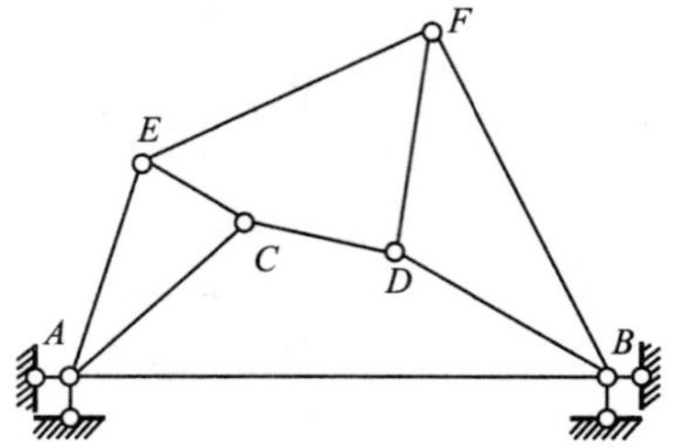

题 34 图

A. 2 个　　B. 1 个　　C. 0 个　　D. －1 个

35. 图示静定三铰拱，拉杆 AB 的轴力等于(　　)。

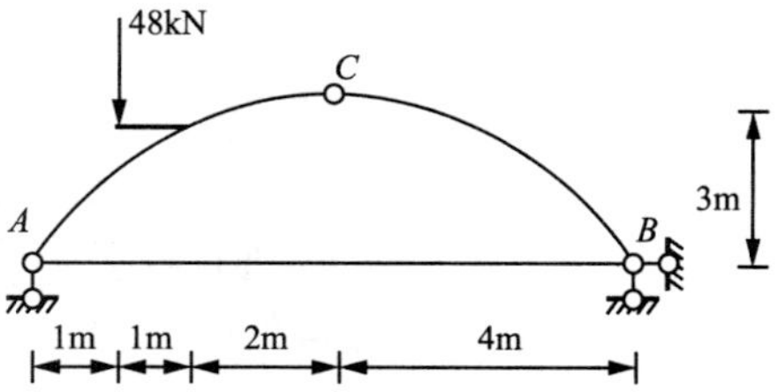

题 35 图

A. 6kN　　B. 8kN　　C. 10kN　　D. 12kN

36. 下面方法中，不能减小静定结构弯矩的是(　　)。

A. 在简支梁的两端增加伸臂段，使之成为伸臂梁

B. 减小简支梁的跨度

C. 增加简支梁的梁高，从而增大截面惯性矩

D. 对于拱结构，根据荷载特征，选择合理拱轴曲线

37. 图示结构，EI = 常数，截面高 h = 常数，线膨胀系数为 α，外侧环境温度降低 t℃，内侧环境温度升高 t℃。引起的 C 点竖向位移大小为(　　)。

A. $\dfrac{3\alpha tL^2}{h}$　　B. $\dfrac{4\alpha tL^2}{h}$　　C. $\dfrac{9\alpha tL^2}{2h}$　　D. $\dfrac{6\alpha tL^2}{h}$

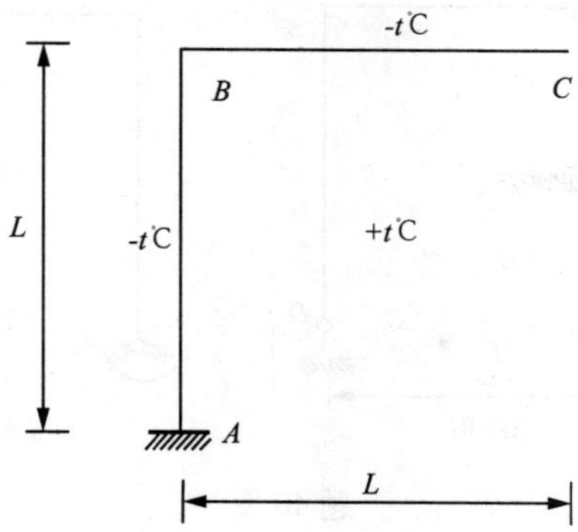

题 37 图

38. 图示结构，$EA=$常数，杆 BC 的转角为(　　)。

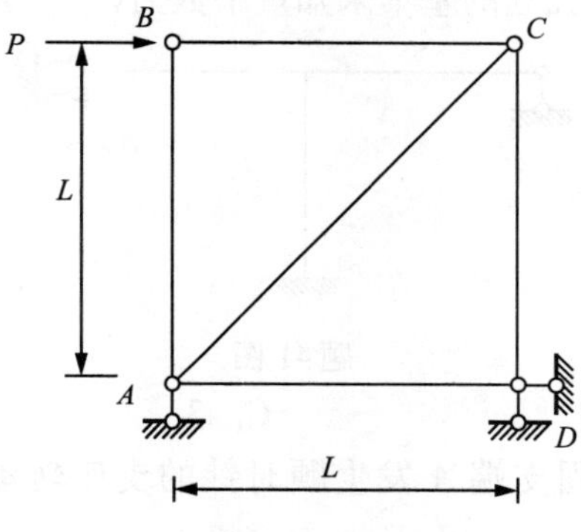

题 38 图

A. $P/(2EA)$　　B. $P/(EA)$　　C. $3P/(2EA)$　　D. $2P/(EA)$

39. 用力法求解图示结构($EI=$常数)。基本体系及基本未知量如图所示，力法方程中的系数 Δ_{1P} 为(　　)。

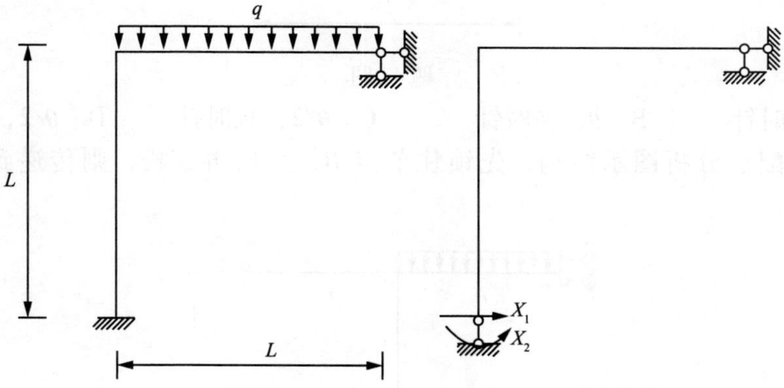

题 39 图

A. $-\dfrac{5qL^4}{36EI}$　　B. $\dfrac{5qL^4}{36EI}$　　C. $-\dfrac{qL^4}{24EI}$　　D. $\dfrac{5qL^4}{24EI}$

40. 图示结构，D 支座沉降量为 a。用力法求解($EI=$常数)，基本体系及基本变量如图，基本方程 $\delta_{11}X_1+\Delta_{1C}=0$，则 Δ_{1C} 为(　　)。

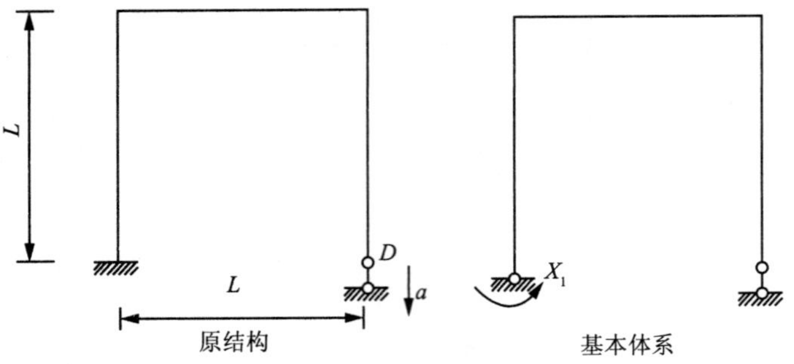

题 40 图

A. $-\dfrac{2a}{L}$　　B. $-\dfrac{3a}{2L}$　　C. $-\dfrac{a}{L}$　　D. $-\dfrac{a}{2L}$

41. 用位移法求解图示结构，独立的基本未知量个数为(　　)。

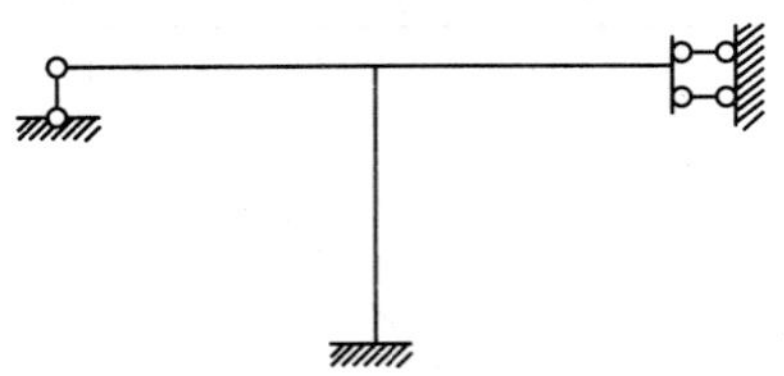

题 41 图

A. 1　　B. 2　　C. 3　　D. 4

42. 图示梁 AB，EI 为常数，固支端 A 发生顺时针的支座转动 θ，由此引起的 B 处的转角为(　　)。

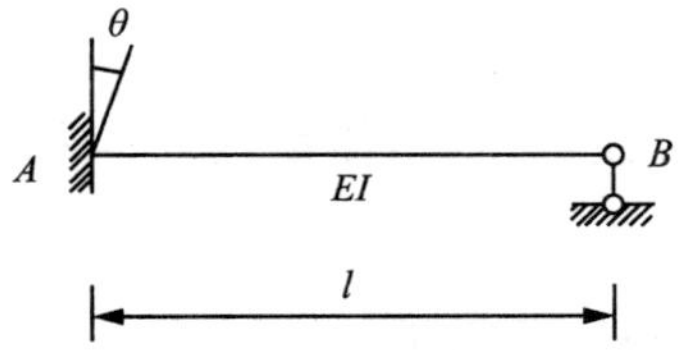

题 42 图

A. θ，顺时针　　B. θ，逆时针　　C. $\theta/2$，顺时针　　D. $\theta/2$，逆时针

43. 用力矩分配法分析图示结构，先锁住节点 B，然后再放松，则传递到 C 处的力矩为(　　)。

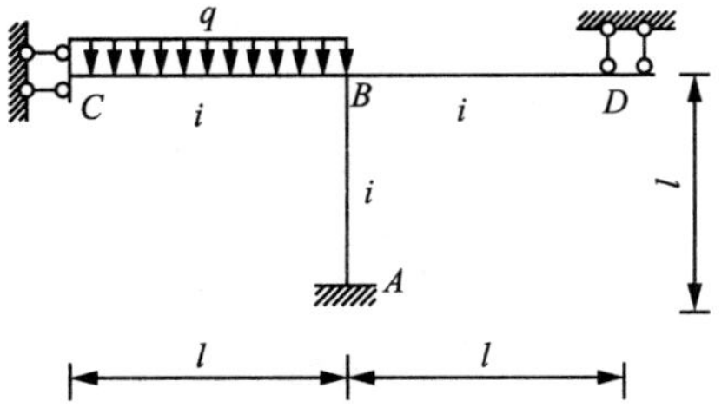

题 43 图

A. $ql^2/27$　　B. $ql^2/54$　　C. $ql^2/23$　　D. $ql^2/46$

44. 若要保证图示结构在外荷载作用下，梁跨中截面产生负弯矩(上侧纤维受拉)，可采用(　　)。

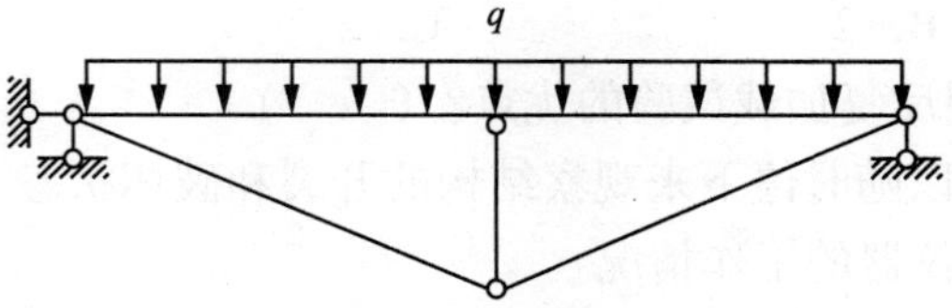

题44图

A. 增大二力杆刚度且减小横梁刚度

B. 减小二力杆刚度且增大横梁刚度

C. 减小均布荷载 q

D. 该结构为静定结构，与构件刚度无关

45. 在图示移动荷载(间距为0.2m、0.4m的三个集中力，大小为6kN、10kN和2kN)作用下，结构 A 支座的最大弯矩为(　　)。

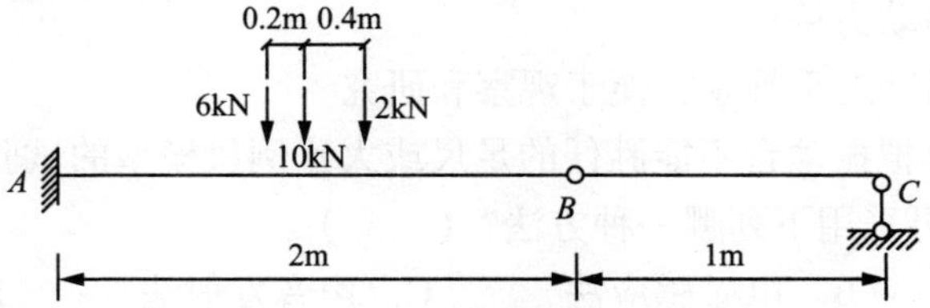

题45图

A. 26.4kN · m　　B. 28.2kN · m　　C. 30.8kN · m　　D. 33.2kN · m

46. 如图，梁 EI = 常数。弹簧刚度为 $k=\frac{48EI}{l^3}$，梁的质量忽略不计，则结构的自振频率为(　　)。

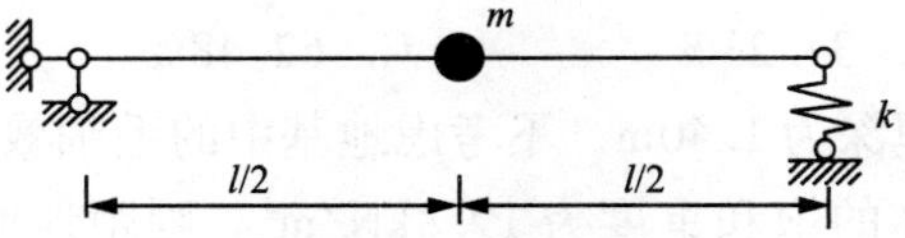

题46图

A. $\sqrt{\frac{32EI}{ml^3}}$　　B. $\sqrt{\frac{192EI}{5ml^3}}$　　C. $\sqrt{\frac{192EI}{9ml^3}}$　　D. $\sqrt{\frac{96EI}{9ml^3}}$

47. 单自由度体系自由振动时实测10周后振幅衰减为最初的1%，则阻尼比为(　　)。

A. 0.1025　　B. 0.0950　　C. 0.0817　　D. 0.0733

48. 图示结构，忽略轴向变形，梁柱质量忽略不计。该结构动力自由度的个数为(　　)。

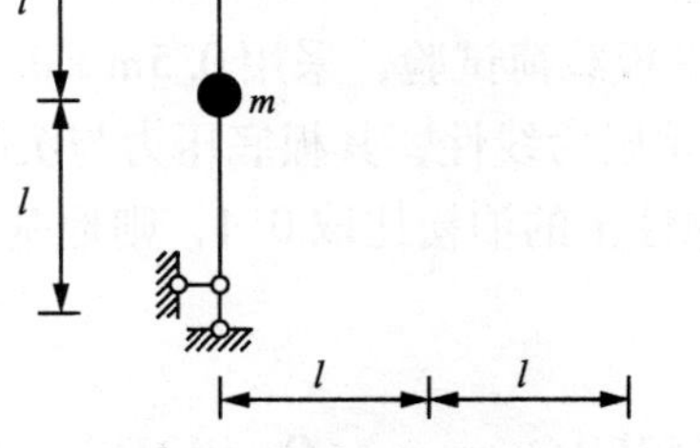

题48图

A. 1　　B. 2　　C. 3　　D. 4

49. 下列哪一点不是低周反复加载试验的优点？(　　)

A. 在试验过程中可以随时停下来观察结构的开裂和破坏状态

B. 便于检验数据和仪器的工作情况

C. 可按试验需要修正和改变加载历程

D. 试验的加载历程由研究者按力或位移对称反复施加

50. 柱子试验中铰支座是一个重要的试验设备，比较可靠灵活的铰支座是(　　)。

A. 圆球形铰支座　　B. 半球形铰支座

C. 可动铰支座　　D. 刀口铰支座

51. 下列哪一点不是拟静力试验的优点？(　　)

A. 不需要对结构的恢复力特性作任何假设

B. 可以考察结构动力特性

C. 加载的时间周期近乎静态，便于观察和研究

D. 能进行地震模拟振动台不能胜任的足尺或大比例尺模型的试验

52. 钢筋锈蚀的检测可采用下列哪一种方法？(　　)

A. 电位差法　　B. 电磁感应法　　C. 声音发射法　　D. 射线法

53. 结构静载试验对量测仪器精度要求为下列哪一项？(　　)

A. 测量最大误差不超过5%　　B. 测量最大误差不超过2%

C. 测量误差不超过5‰　　D. 测量误差不超过2‰

54. 盛放在金属容器中的土样连同容器总重为454g，经烘箱干燥后，总重变为391g，空的金属容器重量为270g，那么用百分比表示的土样的初始含水量为(　　)。

A. 52.07%　　B. 34.23%　　C. 62.48%　　D. 25.00%

55. 均匀地基中地下水位埋深为1.40m，不考虑地基中的毛细效应，地基土重度为15.8kN/m^3，地下水位以下土体的饱和重度为19.8kN/m^3。则距地面3.60m处的竖向有效应力为(　　)。

A. 64.45kPa　　B. 34.68kPa　　C. 43.68kPa　　D. 71.28kPa

56. 要估计一个过去曾经滑动过的古老边坡的稳定性，你准备采用下述哪个土体强度指标？(　　)

A. 峰值强度　　B. 临界强度　　C. 残余强度　　D. 特征应力强度

57. 黏聚力为10kPa，内摩擦角为10度，重度为18kN/m^3的黏土中进行垂直开挖，侧壁保持不滑动的最大高度为(　　)。

A. 1.3m　　B. 0m　　C. 5.2m　　D. 10m

58. 在黏性土地基上进行浅层平板载荷试验，采用0.5m×0.5m荷载板，得到结果为：压力与沉降曲线($p-s$曲线)初始段为线性，其板底压力与沉降的比值为25kPa/mm，方形承载板形状系数取0.886，黏性土的泊松比取0.4，则地基土的变形模量为(　　)。

$\left(E_0=\omega(1-\mu^2)\dfrac{P}{s}b\right)$

A. 9303kPa　　B. 9653kPa　　C. 9121kPa　　D. 8243kPa

59. 条形基础埋深3m，宽3.5m，上部结构传至基础顶面的竖向力为200kN/m，偏心弯矩为

$50kN \cdot m/m$，基础自重和基础上的土重可按综合重度 $20kN/m^3$ 考虑，则该基础底面边缘的最大压力值为(　　)。

A. 141.6kPa　B. 212.1kPa　C. 340.3kPa　D. 180.5kPa

60. 按地基处理作用机理，强夯法属于(　　)。

A. 土质改良　B. 土的置换　C. 土的补强　D. 土的化学加固

答案及详解

单项选择题(共60题，每题2分。每题的备选项中只有一个最符合题意)

1. C 【考点】材料的组成

【解析】石墨是碳元素的一种同素异形体，每个碳原子的周边连结着另外三个以共价键结合的碳原子(排列方式呈蜂巢式的多个六边形)，构成共价分子。A项，石膏是单斜晶系矿物，其主要化学成分为硫酸钙($CaSO_4$)的水合物；B项，芒硝是由一种分布很广泛的硫酸盐矿物经加工精制而成的结晶体；D项，石英是一种物理性质和化学性质均十分稳定的矿产资源，属于三方晶系的氧化物矿物，主要成分是SiO_2。

2. B 【考点】导热性强度

【解析】热容量是指材料受热时吸收热量、冷却时放出热量的性质。表征热容量的指标是比热容(又称比热)，是指1kg的物质，温度升高或降低1℃所需吸收或放出的热量。A项，导热系数是指在稳定传热条件下，1m厚的材料，两侧表面的温差为1度(K,℃)，在1秒钟内，通过1平方米面积传递的热量。D项，传热系数K值，是指在稳定传热条件下，围护结构两侧空气温差为1度(K,℃)，1s内通过1平方米面积传递的热量。

3. C 【考点】通用硅酸盐水泥的技术性质

【解析】根据《通用硅酸盐水泥》(GB 175—2007)第7章技术要求和第8章试验方法规定，水泥的强制性指标包括安定性、标准稠度用水量、凝结时间和强度，细度为选择性指标。

4. D 【考点】混凝土材料变形

【解析】A项，混凝土在长期荷载作用下随时间而增加的变形称为徐变。B项，混凝土停止养护后，置于未饱和空气中的混凝土因失去内部毛细孔和凝胶孔的吸附水而发生的不可逆收缩，称为干燥收缩变形，简称干缩。C项，混凝土浇筑后，由于水泥水化反应会放出热量，在混凝土的凝结硬化过程，混凝土的温度会升高。然后，随着水泥水化反应速率降低至水化反应结束，由于热量不断散失，混凝土进入降温过程，温度降低伴随的体积缩小，称作温度收缩或温降收缩。D项，混凝土的自身收缩与干缩一样，是由于水的迁移而引起的。但它是由于水泥水化时消耗水分造成凝胶孔的液面下降形成弯月面，产生自干燥作用，从而导致混凝土体的相对湿度降低和体积减小而最终自身收缩。

5. C 【考点】钢筋混凝土构件的耐久性

【解析】A项，在钢筋外部混凝土保护层出现贯穿性裂缝之前，内部钢筋的锈蚀可以忽略。B项，碱—骨料反应发生的条件是较高含量的碱性物质和骨料活性成分以及混凝土处于潮湿环境中。C项，硫酸盐反应需要一定量的硫酸根离子，而海水可以提供这些硫酸根离子。D项，冻融破坏发生的条件是饱水条件以及冻融循环。

6. A 【考点】建筑钢材组成组织与性能的关系

【解析】钢材试件受拉应力—应变曲线从原点到弹性极限的点称为弹性阶段。题6解图中*OA*段为弹性阶段，该段的应力与应变成线性关系；*AB*段为屈服阶段，该段钢筋将产生很大的塑性变形，应力应变关系呈水平直线；*BC*段为强化阶段，该段应力应变关系曲线重新变成上升趋势，将达到钢筋抗拉强度值的顶点；*CD*段为破坏阶段，该段应力应变关系曲线变成下降曲线，应变加大至钢筋最终被拉断。

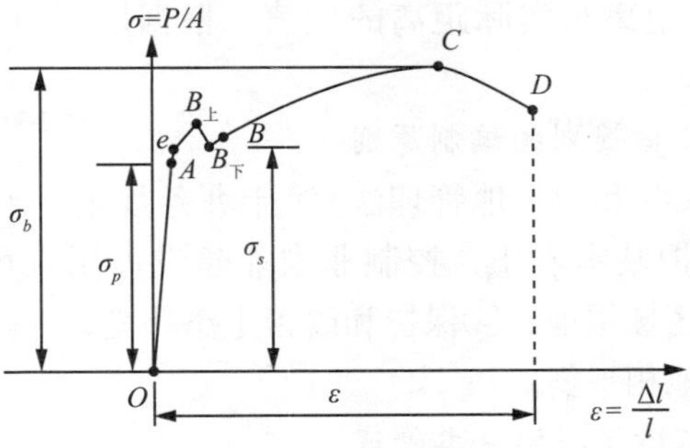

题6解图　低碳钢拉伸应力—应变曲线

7. C 【考点】黏性土的组成性能

【解析】塑限是指土由可塑状态过渡到半固体状态时的界限含水率(w_P)，可用搓条法直接测定，或用液、塑限联合测定法获得。A项，塑性一般用塑性指数来表示，液限与塑限的差值称为塑性指数；B项，土从流动状态转变为可塑状态的界限含水率称为液限；D项，对同一种土料，在标准击实条件下，能够达到的干密度的最大值称为最大干密度，此时相应的含水率称为最佳含水率。

8. B 【考点】测量工作的原则

【解析】测量工作应遵循的原则包括：①在测量布局上，应遵循"由整体到局部"的原则；在测量精度上，应遵循"由高级到低级"的原则；在测量次序上应遵循"先控制后碎部"的原则。②在测量过程中应遵循"随时检查，杜绝错误"的原则。③测量的三项基本工作包括距离测量、角度测量和高差测量。

9. B 【考点】测量的基本概念

【解析】测量坐标系中Y轴为横坐标轴，X为纵坐标轴。坐标正算是指根据直线的边长、坐标方位角和一个端点的坐标，计算直线另一个端点的坐标的工作。坐标反算是指根据直线的起点和终点的坐标，计算直线的水平距离和坐标方位角的过程。极坐标化为直角坐标又称坐标正算，是已知两点间的边长和方位角，计算两点间的坐标增量，纵坐标增量：$\Delta X_{AB}=D_{AB}\cdot\cos\alpha_{AB}$，横坐标增量：$\Delta Y_{AB}=D_{AB}\cdot\sin\alpha_{AB}$。由于正弦和余弦函数值随角度所在的象限而有正、负之分，增量的正负决定于方位角的三角函数的正负。

10. B 【考点】经纬仪的构造使用和检验校正

【解析】视准轴误差是指视准轴不垂直于横轴及横轴不垂直于竖轴的误差，可通过盘左盘右取均值的方法消除。A项，对中误差是指观测时仪器对中不精确，度盘中心和测站中心不重合产生的误差，可通过对中消除。C项，竖轴误差是指照准部水准管轴不垂直于竖轴，或者仪器在使用时没有严格整平时所产生的误差，可通过整平消除。D项，照准误差是指仪器照准目标产生的误差，可通过测回法消除。在一测回中，用盘左、盘右观测水平角而取其平均值，可以抵消仪器误差对测角的影响，同时也可作为观测中有无错误的检核。用盘左、盘右观测取平均值，也可消除指标差的影响。

11. D 【考点】光电测距

【解析】粗尺用于测10m以上的大数，精尺用于测10m以存疑下的小数。精测尺为10米，测相精度为1/1000，故得仪器所能达到的精度为毫米。

12. A 【考点】地形图应用的基本知识

【解析】比例尺为图上距离与实际距离的比值，根据题干可得：$D = 234.5/(1/500) = 117250\text{mm} = 117.25\text{m}$。

13. D 【考点】土地利用总体规划的编制原则

【解析】根据《中华人民共和国土地管理法》第十九条规定，土地利用总体规划按照下列原则编制：①严格保护基本农田，控制非农业建设占用农用地；②提高土地利用率；③统筹安排各类、各区域用地；④保护和改善生态环境，保障土地的可持续利用；⑤占用耕地与开发复垦耕地相平衡。

14. B 【考点】建设项目环境保护的分类管理

【解析】根据《建设项目环境保护管理条例》第七条规定，国家根据建设项目对环境的影响程度，按照下列规定对建设项目的环境保护实行分类管理：①建设项目对环境可能造成重大影响的，应当编制环境影响报告书，对建设项目产生的污染和对环境的影响进行全面、详细的评价。②建设项目对环境可能造成轻度影响的，应当编制环境影响报告表，对建设项目产生的污染和对环境的影响进行分析或者专项评价。③建设项目对环境影响很小，不需要进行环境影响评价的，应当填报环境影响登记表。建设项目环境保护分类管理名录，由国务院环境保护行政主管部门在组织专家进行论证和征求有关部门、行业协会、企事业单位、公众等意见的基础上制订并公布。

15. D 【考点】能源发展战略

【解析】根据《中华人民共和国节约能源法》第四条规定，节约资源是我国的基本国策。国家实施节约与开发并举、把节约放在首位的能源发展战略。

16. B 【考点】工程勘察、设计活动的管理制度

【解析】根据《建设工程勘察设计管理条例》第七条规定，国家对从事建设工程勘察、设计活动的单位，实行资质管理制度。具体办法由国务院建设行政主管部门商国务院有关部门制定。

17. D 【考点】土石方工程

【解析】为了保证填筑密实，填筑应该要分层进行，并尽量采用同类土填筑，填土中如采用不同透水性的土料填筑时，必须将透水性较大的土层置于透水性较小的土层之下，且不得将各种土料任意混杂使用，以免填方内形成水囊。渗透系数越大的土料，透水性越大。

18. C 【考点】钢筋混凝土工程

【解析】根据《混凝土结构工程施工规范》(GB 50666—2011)第8.6.3条第2款规定，单向板施工缝应留设在与跨度方向平行任何位置。

19. C 【考点】单层与多层房屋的结构吊装

【解析】扶直屋架时由于起重机与屋架的相对位置不同，有两种方法：①正向扶直。起重机位于屋架下弦一边，扶直时，吊钩对准上弦中点，收紧起重钩，再起臂约2°，随之升钩、起臂，使屋架以下弦为轴缓慢转为直立状态。②反向扶直。起重机位于屋架上弦一边，吊钩对准上弦中点，收紧吊钩，起臂约2°，随之升钩、降臂，使屋架绕下弦转动而直立。屋架扶直之后，立即排放就位，一般靠柱边斜向排放，或以3~5榀为一组平行于柱边纵向排放。

20. D 【考点】网络图的基本概念

【解析】相邻两项工作 i 和 j 之间的时间间隔 $LAG_{i,j}$ 等于紧后工作 j 的最早开始时间 ES_j 和本工作的最早完成时间 EF_i 之差。A 项，总时差是指双代号网络图中一项工作在不影响总工期的前提下所具有的机动时间，用工作的最迟开始时间与最早开始时间之差表示。B 项，自由时差是指某工作最早完成时间与其所有紧后工作的最早开始时间之差中的最小值。C 项，虚工作是指在双代号网络图中，只表示其相邻的前后工作之间相互制约、相互依存的逻辑关系，既不占用时间也不消耗资源的一种虚拟工作。

21. C 【考点】施工管理

【解析】设计变更是指设计单位依据建设单位要求调整，或对原设计内容进行修改、完善和优化的过程。设计变更应以图纸或设计变更通知单的形式发出，并交给建设单位和工程总包单位协商处理。

22. A 【考点】钢筋混凝土的粘结性能

【解析】钢筋和混凝土的粘结力主要有下面四种影响因素：①化学胶结力，钢筋和混凝土接触面上的化学吸附作用力；②摩擦力，混凝土收缩后将钢筋紧紧地握裹住而产生的力；③机械咬合力，钢筋表面凹凸不平与混凝土产生的机械咬合作用而产生的力；④钢筋端部的锚固力，一般是用在钢筋端部弯钩、弯折，在锚固区焊短钢筋、短角钢等方法来提供锚固力。影响钢筋与混凝土粘结强度的因素有混凝土强度、保护层厚度、横向配筋、横向压力及浇筑位置等。混凝土的强度是影响粘结强度最主要的因素，减小钢筋净距对粘结强度不利。

23. A 【考点】受弯构件承载能力极限状态计算

【解析】在计算构件正截面极限承载力时，受拉区混凝土已经破坏不起作用，此时计算承载力不需要考虑受拉区混凝土强度。当受压区高度 x 小于 T 型截面翼缘厚度 h_f' 时，不考虑受拉区混凝土的强度，受压区宽度是相同的，故 T 型截面可等效成相同宽度的矩形截面，即单筋矩形截面的正截面承载力 M_u 与 T 型截面的 M_u^T 相同。当受压区高度 x 大于 T 型截面翼缘厚度 h_f' 时，受拉区是相同的，矩形截面受压区混凝土面积要比 T 形截面大，所求得的承载力就要比 T 形截面的大，所以 $M_u > M_u^{\mathrm{T}}$。

24. B 【考点】单向板肋梁楼盖

【解析】根据《混凝土结构设计规范》(GB 50010—2010)(2015 年版)第 9.1.1 条规定，混凝土板按下列原则进行计算：①两对边支承的板应按单向板计算；②四边支承的板应按下列规定计算：当长边与短边长度之比不大于 2.0 时，应按双向板计算；当长边与短边长度之比大于 2.0，但小于 3.0 时，宜按双向板计算；当长边与短边长度之比不小于 3 时，宜按沿短边方向受力的单向板计算，并应沿长边方向布置构造钢筋。B 项，板的长边与短边长度之比不大于 2.0 时，应按双向板计算。

25. B 【考点】单层厂房柱牛腿

【解析】牛腿是指在单层厂房中，通常采用柱侧伸出的牛腿来支承屋架、吊车梁及墙梁等构件的重要部件，可以起到传承力和装饰的作用。根据《混凝土结构设计规范》(GB 50010—2010)(2015 年版)条文说明第 9.3.10 条规定，牛腿(短悬臂)的受力特征可以用由顶部水平的纵向受力钢筋作为拉杆和牛腿内的混凝土斜压杆组成的简化三角桁架模型描述。竖向荷载将由水平拉杆的拉力和斜压杆的压力承担；作用在牛腿顶部向外的水平拉力则由水平拉杆承担。牛腿要求不致因斜压杆压力较大而出现斜压裂缝，故其截面尺寸通常以不出现斜裂缝为条件，即由本条的计算公式控制，并通过公式中的裂缝控制系数β考虑不同使用条件对牛腿的不同抗裂要求。

26. A 【考点】钢材性能基本性能

【解析】根据《钢结构设计标准》(GB 50017—2017)第4.4.1条表4.4.1中的数据可得，随着钢板厚度增加，钢材的强度设计值和抗拉强度均下降。根据第4.4.8条表4.4.8中的数据可得，钢板的弹性模量与厚度无关。影响可焊性的主要因素是钢材的化学成分，特别是碳元素的含量，钢板厚度对可焊性的影响不大。

27. B 【考点】多层及高层房屋结构体系

【解析】根据《钢结构设计标准》(GB 50017—2017)附录E第E.0.2条规定，有侧移框架柱的计算长度系数μ应按表E.0.2(见题27解表)取值。

题27解表　有侧移框架柱的计算长度系数μ

K_2 \ K_1	0	0.05	0.1	0.2	0.3	0.4	0.5	1	2	3	4	5	≥10
0	∞	6.02	4.46	3.42	3.01	2.78	2.64	2.33	2.17	2.11	2.08	2.07	2.03
0.05	6.02	4.16	3.47	2.86	2.58	2.42	2.31	2.07	1.94	1.90	1.87	1.86	1.83
0.1	4.46	3.47	3.01	2.56	2.33	2.20	2.11	1.90	1.79	1.75	1.73	1.72	1.70
0.2	3.42	2.86	2.56	2.23	2.05	1.94	1.87	1.70	1.60	1.57	1.55	1.54	1.52
0.3	3.01	2.58	2.33	2.05	1.90	1.80	1.74	1.58	1.49	1.46	1.45	1.44	1.42
0.4	2.78	2.42	2.20	1.94	1.80	1.71	1.65	1.50	1.42	1.39	1.37	1.37	1.35
0.5	2.64	2.31	2.11	1.87	1.74	1.65	1.59	1.45	1.37	1.34	1.32	1.32	1.30
1	2.33	2.07	1.90	1.70	1.58	1.50	1.45	1.32	1.24	1.21	1.20	1.19	1.17
2	2.17	1.94	1.79	1.60	1.49	1.42	1.37	1.24	1.16	1.14	1.12	1.12	1.10
3	2.11	1.90	1.75	1.57	1.46	1.39	1.34	1.21	1.14	1.11	1.10	1.09	1.07
4	2.08	1.87	1.73	1.55	1.45	1.37	1.32	1.20	1.12	1.10	1.08	1.08	1.06
5	2.07	1.86	1.72	1.54	1.44	1.37	1.32	1.19	1.12	1.09	1.08	1.07	1.05
≥10	2.03	1.83	1.70	1.52	1.42	1.35	1.30	1.17	1.10	1.07	1.06	1.05	1.03

其中，K_1、K_2分别为相交于柱上端、柱下端的横梁线刚度之和与柱线刚度之和的比值。当横梁远端为铰接时，应将横梁线刚度乘以0.5；当横梁远端为嵌固时，应乘以2/3。分析表中的数据，可得柱的计算长度系数均大于1.0。

28. D 【考点】高强度螺栓连接

【解析】根据《钢结构设计标准》(GB 50017—2017)表11.4.2-1(见题28解表)中的内容，螺栓的抗滑移系数主要与钢板表面处理方法有关。

题28解表　钢材摩擦面的抗滑移系数μ

连接处构件接触面的处理方法	构件的钢材牌号		
	Q235钢	Q345钢或Q390钢	Q420钢或Q460钢
喷硬质石英砂或铸钢棱角砂	0.45	0.45	0.45
抛丸(喷砂)	0.40	0.40	0.40
钢丝刷清除浮锈或未经处理的干净轧制面	0.30	0.35	—

29. C 【考点】钢屋盖的组成布置

【解析】钢桁架的屋盖结构分为三角形屋架、梯形屋架和平行弦屋架三种形式。屋盖是房屋最上部的围护结构，由屋面和支撑结构组成，应满足相应的使用功能要求，为建筑提供适宜的内部空间环境。屋盖也是房屋顶部的承重结构，受到材料、结构、施工条件等因素的制约。屋盖支撑布置的原则有：①上弦横向水平支撑，上弦横向水平支撑在钢屋盖中，无论是有檩条的屋盖或采用大型钢筋混凝土屋面板的无檩屋盖，都应设置上弦横向水平支撑。②下弦横向水平支撑，下弦横向水平支撑与上弦横向水平支撑共同设置时，再加竖向支撑则使相邻两榀屋架组成六面盒式空间稳定体，对整个房屋结构的空间工作性能大有好处。③下弦纵向水平支撑，在有桥式吊车的单层工业厂房中，除上、下弦横向水平支撑外，还应设置下弦纵向水平支撑。当有托架时，在托架处必须布置下弦纵向水平支撑。④竖向支撑，在梯形屋架两端必须设置竖向支撑，它是屋架上弦横向水平支撑的支承结构，将承受上弦横向水平支撑桁架传来的水平力并将其传递给柱顶(或柱间支撑)。⑤在相邻两屋架间和天窗架间设置与上下弦横向水平支撑相对应的垂直支撑，以确保结构为几何不变体系。对于未设置横向支撑的屋架，均应在垂直支撑位置，沿房屋纵向通长设置系杆，以保证不设横向支撑的屋架的侧向稳定。

30. D 【考点】砌体结构构造

【解析】根据《砌体结构设计规范》(GB 50003—2011)第 7.1.3 条规定，住宅、办公楼等多层砌体结构民用房屋，且层数为 3 层 ~4 层时，应在底层和檐口标高处各设置一道圈梁。当层数超过 4 层时，除应在底层和檐口标高处各设置一道圈梁外，至少应在所有纵、横墙上隔层设置。多层砌体工业房屋，应每层设置现浇混凝土圈梁。设置墙梁的多层砌体结构房屋，应在托梁、墙梁顶面和檐口标高处设置现浇钢筋混凝土圈梁。第 7.1.5 条第 1 款规定，圈梁宜连续地设在同一水平面上，并形成封闭状；当圈梁被门窗洞口截断时，应在洞口上部增设相同截面的附加圈梁。附加圈梁与圈梁的搭接长度不应小于其中到中垂直间距的 2 倍，且不得小于 1m。根据《建筑地基基础设计规范》(GB 50007—2011)第 7.4.3 条第 1 款规定，对于三层和三层以上的房屋，其长高比 L/H_f 宜小于或等于 2.5。小型空心砌块，在炎热天气施工时，可以提前洒水润湿砌块，常温施工时不需润湿，以免影响砂浆的水灰比。

31. B 【考点】砌体结构构造

【解析】B 项，沉降缝应设在高度相差较大或荷载差异较大处，沉降缝不但应贯通上部结构，而且也应贯通基础本身。沉降缝的宽度不宜小于 120mm，并应考虑缝两侧结构不均匀沉降倾斜和地面高差的影响。伸缩缝主要目的为防止结构在温度变化时产生的内力和变形造成结构开裂损坏。根据《砌体结构设计规范》(GB 50003—2011)第 6.5.1 条规定，伸缩缝应设在因温度和收缩变形引起应力集中、砌体产生裂缝可能性最大处。伸缩缝将建、构筑物分割成两个或若干个独立单元，建筑物伸缩缝在地面以下的结构可不断开。

32. B 【考点】砂浆强度等级

【解析】砂浆的强度用强度等级来表示，是以边长为 70.7mm 的立方体试块，在标准养护条件(温度(20 ±2)℃、相对湿度为 90% 以上)下，用标准试验方法测得 28d 龄期的抗压强度值(单位为 MPa)确定。M_0 号砂浆是指施工阶段砂浆尚未硬化的新砌砌体，或经检测砂浆抗压强度为零的砌体。

33. D 【考点】砌体承载力

【解析】当构件所受外力的作用点与构件截面的形心重合时，则构件横截面产生的应力为均匀分布，这种构件称为轴心受力构件。虽然砌体轴心受压，即砌体由荷载所产生的偏心距为零，但由于几何尺寸、材料、加工制造等方面的原因，使砌体存在附加偏心距，故砌体在轴心受压时，存在弯矩、剪力、压力、拉力。

34. D 【考点】平面体系的几何组成

【解析】将体系看作由许多结点受链杆的约束而组成。计算自由度数 W 可按下式确定：$W=2j-b$。式中，j 为结点（具有两个自由度）个数，b 为单链杆（具有一个约束）个数。本题中，结点个数为6，链杆根数为13。因此，计算自由度数 W 为：$2\times6-13=-1$。

35. B 【考点】静定结构受力分析

【解析】对整体受力分析，可知 B 处水平支座反力为零，对 B 点取矩，得：$F_A=48\times7/8=42\text{kN}(\uparrow)$；在 C 处取竖直截面，把截面拆开成两个部分，取左半部分为隔离体，对 C 点取矩，$M_C=0$，$F_{AB}\times3+48\times3-42\times4=0$，可得：$F_{AB}=8\text{kN}$。

36. C 【考点】静定结构受力分析

【解析】静定结构的弯矩只与外部条件有关，与结构自身的性质无关。C 项，增加简支梁的梁高，从而增大截面惯性矩有利于提高结构自身的抗力，但不能减小外力效应。ABD 三项均与外荷载有关，且均能减小弯矩。

37. A 【考点】静定结构温度变化引起的位移

【解析】根据单位荷载法，单位力作用下力矩图如图所示，由温度变化引起的静定结构的位移按下式计算：

$$\Delta=\sum\int\overline{M}\cdot\alpha\frac{\Delta t}{h}\mathrm{d}s+\sum\int\overline{N}\cdot\alpha t_0\mathrm{d}s=\sum\frac{\alpha\cdot2t}{h}\int\overline{M}\mathrm{d}s+0=\frac{2\alpha t}{h}\left(L\cdot L+\frac{1}{2}L\cdot L\right)=\frac{3\alpha tL^2}{h}$$

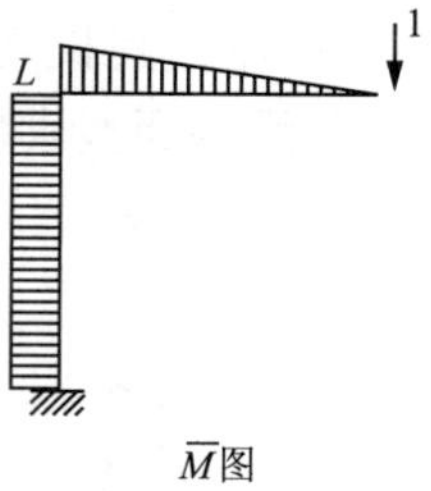

题37解图

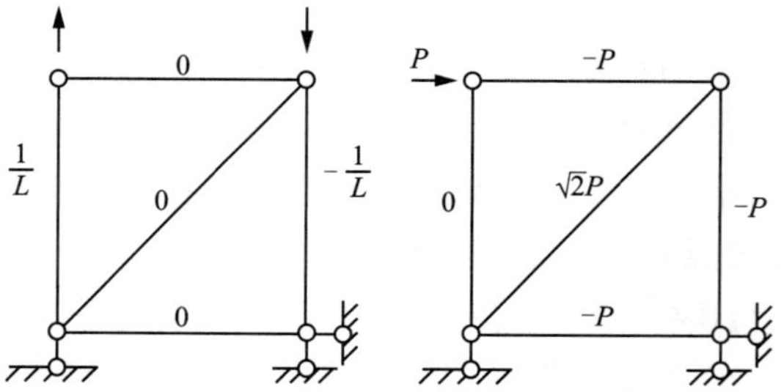

题38解图

38. B 【考点】荷载下静定结构的位移计算

【解析】在 B、C 两点施加方向相反大小为 $1/L$ 的竖向力，求轴力如图所示，求出 P 作用下的轴力如图所示，图乘得 BC 杆的转角为：$\theta_{BC}=\dfrac{\left(-\frac{1}{L}\right)(-P)\cdot L}{EA}=\dfrac{P}{EA}$。

39. C 【考点】超静定结构受力分析

【解析】根据力法公式计算：$\Delta_{iP}=\sum\int\dfrac{\overline{M}_iM\mathrm{d}s}{EI}+\sum\int\dfrac{\overline{N}_iN\mathrm{d}s}{EA}+\sum\int\dfrac{k\overline{V}_iV\mathrm{d}s}{GA}$，作出基本体系在 $X_1=1$ 时结构的弯矩图，然后作出基本体系在实际荷载作用下的弯矩，如题39解

图所示。采用图乘法，可得：$\Delta_{1P}=-\frac{1}{EI}\cdot\frac{2}{3}\cdot L\cdot\frac{qL^2}{8}\cdot\frac{L}{2}=-\frac{qL^4}{24EI}$。

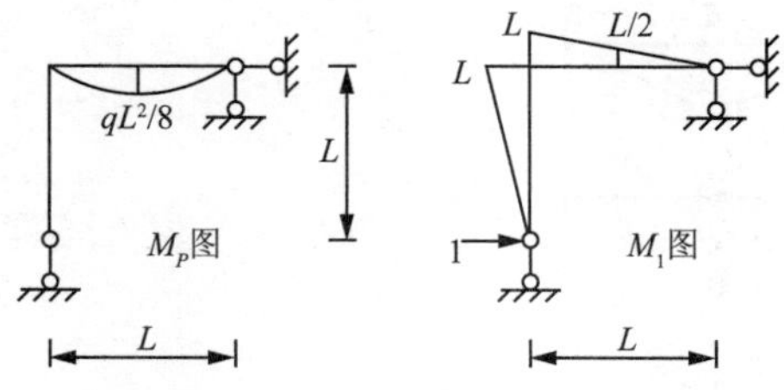

题 39 解图

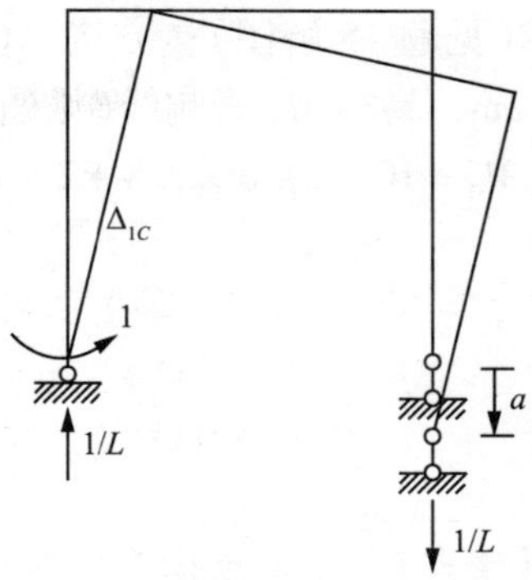

题 40 解图

40\. C 【考点】力法方程及其意义

【解析】根据单位荷载法计算：$\Delta=\sum\int\frac{\overline{M}M\mathrm{d}s}{EI}+\sum\int\frac{\overline{N}N\mathrm{d}s}{EA}+\sum\int\frac{k\overline{V}V\mathrm{d}s}{GA}-\sum\overline{F}_{RK}c_K$。式中，$\Delta_{1C}$为基本结构在支座移动时在 X_1 处发生的位移。作出 $\overline{X}=1$ 时的受力分析图，如题 40 解图所示，$\Delta_{1C}=-\sum\overline{F}_{RK}c_K$。基本体系在 $\overline{X}=1$ 作用下，D 处的支座反力为：$\frac{1}{L}$（↓），$\Delta_{1C}=-\frac{1}{L}\cdot a=-\frac{a}{L}$。或者由几何直观可得：$\Delta_{1C}=-\sum\overline{R}_1C=-\left(\frac{1}{L}a\right)$。

41\. A 【考点】位移法基本体系

【解析】确定位移法基本未知量的原则是，在原结构的结点上逐渐增加附加约束，直到能将结构拆成具有已知形常数和载常数的单跨梁为止。图示结构，只需在中间的刚结点上增加刚臂即可，即只有一个基本未知量。

42\. D 【考点】超静定结构位移

【解析】用单位荷载法进行计算，在 B 处施加一个顺时针的单位力矩 1，利用位移法载常数弯矩图可得 A 处的弯矩为$\frac{1}{2}$，则 B 处的转角为：$\theta_B=-\frac{1}{2}\cdot\theta=-\frac{\theta}{2}$（逆时针）。

43\. A 【考点】力矩分配法

【解析】锁住节点 B，BC 杆在 q 作用下产生的 B 端弯矩为 $ql^2/3$，BC、BA、BD 的转动刚度分别为 i、$4i$、$4i$，根据刚度分配原则，故三根杆的分配系数分别为 1/9、4/9、4/9，故BC 杆 B 端分配的弯矩为：$-\frac{ql^2}{3}\cdot\frac{1}{9}=-\frac{ql^2}{27}$，$BC$ 杆 C 端的传递系数为 -1，故传递给 C 处的弯矩为：$-\frac{ql^2}{27}\times(-1)=\frac{ql^2}{27}$。

44\. A 【考点】超静定结构受力分析及特性

【解析】超静定结构内部杆件受力与相对刚度有关，刚度越大的杆件分担的内力也越大，因此，应增大二力杆的刚度来改变横梁的受力状态，二力杆刚度越大，竖杆对横梁的支撑作用越大，使得横梁跨中产生负弯矩。

45\. D 【考点】静定结构影响线

【解析】先作 M_A 影响线，方法一（静力法）：在 A 处加一单位荷载，得 $M_A=0$；在 B 处加一单位荷载，易求得 $M_A=2\text{kN}\cdot\text{m}$；在 C 处加一单位荷载，得 $M_A=0$。连线画出 M_A 影响线（见题 45 解图）；方法二（机动法）：在 A 处加一顺时针单位转角，则 B 处竖标 $=l\alpha=2\text{m}$，易得 M_A 影响线（见题 45 解图）。当 10kN 位于 B 点时荷载为最不利位置，可得：$M_A=10\times2+6\times1.8+2\times1.2=33.2\text{kN}\cdot\text{m}$。

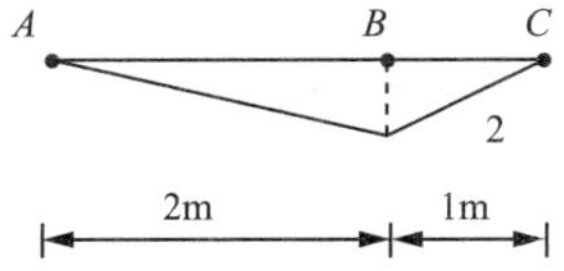

题 45 解图

46. B 【考点】单自由度体系周期频率

【解析】采用柔度法，在 m 处施加竖直向下的单位作用力，则结构在 m 处产生的竖向位移为：$\delta=2\cdot\frac{1}{EI}\cdot\frac{1}{2}\cdot\frac{l}{4}\cdot\frac{l}{2}\cdot\frac{2}{3}\cdot\frac{l}{4}+\frac{1}{2k}\cdot\frac{1}{2}=\frac{5l^3}{192EI}$，所以自振频率为：$\sqrt{\frac{1}{m\delta}}=\sqrt{\frac{192EI}{5ml^3}}$。

47. D 【考点】阻尼对振动的影响

【解析】阻尼比是指阻尼系数与临界阻尼系数之比，表示结构体标准化的阻尼大小。阻尼比是无单位量纲，表示结构在受激振后振动的衰减形式。阻尼比 =0 即不考虑阻尼影响，结构常见的阻尼比都在 0 ~ 1 之间。根据阻尼比计算公式 $\zeta=\frac{1}{2\pi j}\ln\frac{y_n}{y_{n+j}}$，可得：

$\zeta=\frac{1}{2\pi j}\ln\frac{y_n}{y_{n+j}}=\frac{1}{2\times3.14\times10}\ln\frac{y_n}{1\%\times y_n}=0.0733$。

48. B 【考点】多自由度体系

【解析】动力自由度是指在振动过程的任一时刻，为了表示全部有意义的惯性力的作用，所必须考虑的独立位移分量的个数。本题中，因忽略轴向变形，故在竖直杆及水平杆中部的两个 m 处分别有一个水平自由度和竖向自由度，故共有 2 个独立自由度。

49. D 【考点】低周反复加载试验

【解析】低周反复荷载试验是指对结构或结构构件施加多次往复循环作用的静力试验，是使结构或结构构件在正反两个方向重复加载和卸载的过程，用以模拟地震时结构在往复振动中的受力特点和变形特点。低周反复试验的优点包括：①试验设备比较简单；②加载历程可人为控制，并可按需要加以改变或修正；③在试验的过程中，可以停下来观察结构的开裂和破坏状态，便于检验校核试验数据和仪器设备工作情况。D 项，低周反复加载静力试验的缺点是试验的加载历程是事先由研究者主观确定的，荷载是按位移或力对称反复施加，因此与任一次确定性的非线性地震反应相差很远，不能反映出应变速率对结构的影响。

50. D 【考点】结构试验的加载设备

【解析】柱与压杆试验时，构件两端均采用铰支座。柱试验时铰支座分为单向铰和双向铰，还可以分为活动铰支座和固定铰支座，圆球形铰支座为活动铰支座。对于有两个方向发生屈曲可能时应使用双向铰刀口支座。

51. B 【考点】结构低周反复加载试验

【解析】拟静力试验又称低周反复加载试验。拟静力试验一般用于地震荷载试验。由于设备和试验条件的限制，国内外大量的结构抗震试验都是采用低周反复加载的试验方法，即假定在第一振型(倒三角形)条件下给试验对象施加低周反复循环作用的位移或力，由于低周反复加载时每一加载的周期远远大于结构自身的基本周期，所以这实质上还是用静力加载方法来近似模拟地震作用。低周反复加载静力试验的缺点是试验的加载历程是事先由研究者主观确定的，荷载是按位移或力对称反复施加，因此与任一次确定性的非线性地震反应相差很远，不能反映出应变速率对结构的影响。结构动力特性是指结构物的自振频率、阻尼系数、振型等基本参数。

52. A 【考点】结构试验的非破损检测技术

【解析】根据《建筑结构检测技术标准》(GB/T 50344—2004)附录D第D.0.1条规定，钢筋锈蚀状况的检测可根据测试条件和测试要求选择剔凿检测方法、电化学测定方法或综合分析判定方法。A项，电位差法即规范中的电化学测定方法；B项，电磁感应法主要用于检测钢筋的直径、位置及分布；C项，声音发射法主要用于混凝土内部缺陷的检测；D项，射线法一般用于混凝土裂缝检测。

53. A 【考点】结构静力(单调)加载试验

【解析】试验所用仪器要符合量测所需的精度要求，一般的试验，要求测定结果的相对误差不超过5%。精度要求高的试验需要高精度，误差要非常小。结构静载试验属于正常普通试验，应使仪表的最小刻度值不大于5%的最大被测值。

54. A 【考点】土的物理力学性质

【解析】根据土的含水量(率)公式计算可得：

$$w=\frac{m_w}{m_s}\times 100\%=(454-391)/(391-270)\times 100\%=52.07\%$$

式中，m_w 为土中水的质量；m_s 为烘干后土的质量。

55. C 【考点】土中应力

【解析】土的有效应力是指颗粒间传递的总荷载与土体总截面积之比，有效应力原理即有效应力等于上层总压力减去等效孔隙压力。竖向有效应力又称土的自重应力，只和土的埋深与容重有关。则根据公式计算，$p_0=\sum\gamma_i h_i=15.8\times 1.4+(19.8-10)\times 2.2=43.68\text{kPa}$。式中，$\gamma_i$、$h_i$ 分别为各层土的有效重度和厚度。

56. C 【考点】边坡稳定

【解析】边坡的稳定性基本上是由岩土的残余强度决定的。A项，峰值强度是指土或岩石抗剪断试验的剪应力—剪位移关系曲线上最大的剪应力值；C项，残余强度是指岩石在破坏后所残留的抵抗外荷的能力，可在应力—应变全过程曲线上求得。

57. A 【考点】边坡稳定

【解析】对黏性土，垂直壁允许最大高度为：$h_{\max}=\dfrac{2c}{K\gamma\tan\left(45°-\dfrac{\varphi}{2}\right)}$。

取 $K=1.0$，代入数据，得：$h_{\max}=\dfrac{2\times 10\times 10^3}{1.0\times 18\times 10^3\times\tan\left(45°-\dfrac{10°}{2}\right)}=1.32\text{m}$。

58. A 【考点】地基载荷试验

【解析】根据荷载试验的变形模量的公式计算可得：

$$E_0 = \omega(1-\mu^2)\frac{P}{s}b = 0.886\times(1-0.4^2)\times 25\times 500 = 9303\text{kPa}$$

式中，ω 为方形荷载板形状系数；μ 为黏性土的泊松比；P/s 为底板压力与沉降之比；b 为方形承压板宽度。

59. A 【考点】地基承载力

【解析】基础底面边缘的最大压力值是需要叠加的，它和力的大小及位置种类有关。单位长度基础底面的抗弯惯性矩为：$W=\frac{bh^2}{6}=\frac{1\times 3.5^2}{6}$，则根据基础底面边缘的最大压力的计算公式可得：$p_{\max}=\frac{M}{W}+\frac{\sum F}{bl}=\frac{6\times 50}{1\times 3.5^2}+\frac{200}{3.5}+20\times 3=141.64\text{kPa}$。

60. A 【考点】地基处理方法

【解析】A 项，土质改良是指尽可能地利用原有路基，用机械（如强夯法）、化学、电、热等手段增加路基土的密度，或使路基土固结。B 项，土的置换是将软土层换填为良质土，如砂垫层等。C 项，土的补强是采用薄膜、绳网、板桩等约束住路基土，或者在土中放入抗拉强度高的补强材料形成复合路基以加强和改善路基土的剪切特性。D 项，化学加固法是利用化学溶液或固结剂，灌入土中，将土粒胶结起来。强夯法主要用来提高土的强度，减少压缩性，改善土体抵抗动液化能力和消除土的湿陷性，属于土质改良的范畴。

2011年一级注册结构工程师执业资格考试《专业基础考试》真题

单项选择题（共60题，每题2分。每题的备选项中只有一个最符合题意）

1. 下列与材料的孔隙率没有关系的是（　　）。

A. 强度　　B. 绝热性　　C. 密度　　D. 耐久性

2. 石灰的陈伏期应为（　　）。

A. 两个月以上　　B. 两星期以上

C. 一个星期以上　　D. 两天以上

3. 在不影响混凝土强度的前提下，当混凝土的流动性太大或太小时，调整的方法通常是（　　）。

A. 增减用水量　　B. 保持水灰比不变，增减水泥用量

C. 增大或减少水灰比　　D. 增减砂石比

4. 在混凝土配合比设计中，选用合理砂率的主要目的是（　　）。

A. 提高混凝土的强度　　B. 改善拌合物的和易性

C. 节省水泥　　D. 节省粗骨料

5. 在下列混凝土的技术性能中，正确的是（　　）。

A. 抗剪强度大于抗压强度

B. 轴心抗压强度小于立方体抗压强度

C. 混凝土不受力时内部无裂纹

D. 徐变对混凝土有害无利

6. 对钢材的冷弯性能要求越高，实验时采用的（　　）。

A. 弯曲角度越大，弯心直径对试件直径的比值越大

B. 弯曲角度越小，弯心直径对试件直径的比值越小

C. 弯曲角度越小，弯心直径对试件直径的比值越大

D. 弯曲角度越大，弯心直径对试件直径的比值越小

7. 导致木材物理力学性质发生改变的临界含水率是（　　）。

A. 最大含水率　　B. 平衡含水率　　C. 纤维饱和点　　D. 最小含水率

8. 进行往返路线水准测量时，从理论上说$\sum h_{往}$与$\sum h_{返}$之间应具备的关系为（　　）。

A. 符号相反，绝对值不等　　B. 符号相反，绝对值相等

C. 符号相同，绝对值相等　　D. 符号相同，绝对值不等

9. 某电磁波测距仪的标称精度为±(3+3ppm)mm，用该仪器测得500m距离，如不顾及其他因素影响，则产生的测距中误差为（　　）。

A. ±18mm　　B. ±3mm　　C. ±4.5mm　　D. ±6mm

10. 确定地面点位相对位置的三个基本观测量是水平距离及（　　）。

A. 水平角和方位角　　B. 水平角和高差

C. 方位角和竖直角　　D. 竖直角和高差

11. 磁偏角和子午线收敛角分别是指磁子午线、中央子午线与下列哪项的夹角？(　　)

A. 坐标纵轴　　B. 指北线　　C. 坐标横轴　　D. 真子午线

12. 测站点与测量目标点位置不变，但仪器高度改变，则此时所测得的(　　)。

A. 水平角改变，竖直角不变　　B. 水平角改变，竖直角也改变

C. 水平角不变，竖直角改变　　D. 水平角不变，竖直角也不变

13. 建筑工程开工前，建筑单位应当按照国家有关规定向工程所在地以下何部门申请领取施工许可证？(　　)

A. 市级以上政府建设行政主管　　B. 县级以上城市规划

C. 县级以上政府建设行政主管　　D. 乡、镇级以上政府主管

14.《中华人民共和国城市房地产管理法》中所称房地产交易不包括(　　)。

A. 房产中介　　B. 房地产抵押　　C. 房屋租赁　　D. 房地产转让

15. 城市详细规划应当在城市总体规划或分区规划的基础上，对城市近期区域内各项建设做出具体规划。详细规划应包括(　　)。

①区域规划和土地利用总体规划；

②规划地段的各项建设的具体用地范围；

③建设密度和高度等控制指标；

④总平面布置和竖向规划；

⑤工程管线综合规划。

A. ①②③④　　B. ②③④⑤　　C. ①③④⑤　　D. ①②④⑤

16. 注册结构工程师的执业范围包括(　　)。

①结构工程设计和设计技术咨询；

②建筑物、构筑物、工程设施等调查和鉴定；

③结构工程的鉴定和加固；

④对本人主持设计的项目进行施工指导和监督；

⑤对本人主持设计的项目进行监理。

A. ①②③④　　B. ①②③⑤　　C. ①②④⑤　　D. ①③④⑤

17. 泥浆护壁成孔过程中，泥浆的作用除了保护孔壁、防止塌孔外，还有(　　)。

A. 提高钻进速度　　B. 排出土渣

C. 遇硬土层易钻进　　D. 保护钻机设备

18. 关于梁模板拆除的一般顺序，下面描述正确的是(　　)。

Ⅰ. 先支的先拆，后支的后拆；

Ⅱ. 先支的后拆，后支的先拆；

Ⅲ. 先拆除承重部分，后拆除非承重部分；

Ⅳ. 先拆除非承重部分，后拆除承重部分。

A. Ⅰ、Ⅲ　　B. Ⅱ、Ⅳ　　C. Ⅰ、Ⅳ　　D. Ⅱ、Ⅲ

19. 在进行钢筋混凝土框架结构的施工过程中，对混凝土集料的最大粒径的要求，下面正确的是(　　)。

A. 不超过结构最小截面的1/4，钢筋间最小净距的1/2

B. 不超过结构最小截面的1/4，钢筋间最小净距的3/4

C. 不超过结构最小截面的1/2，钢筋间最小净距的1/2

D. 不超过结构最小截面的1/2，钢筋间最小净距的3/4

20. 影响冷拔低碳钢丝质量的主要因素是(　　)。

A. 原材料的质量　　B. 冷拔的次数

C. 冷拔总压缩率　　D. A 和 C

21. 在有关流水施工的概念中，下列正确的是(　　)。

A. 对于非节奏专业流水施工，工作队在相邻施工段上的施工，可以间断

B. 节奏专业流水的垂直进度图表中，各个施工相邻过程的施工进度线是相互平行的

C. 在组织搭接施工时，应先计算相邻施工过程的流水步距

D. 对于非节奏专业流水施工，各施工段上允许出现暂时没有工作队投入施工的现象

22. 对适筋梁，受拉钢筋刚屈服时，则(　　)。

A. 承载力达到极限　　B. 受压边缘混凝土达到极限压应变 ε_{cu}

C. 受压边缘混凝土被压碎　　D. $\varepsilon_s = \varepsilon_y$，$\varepsilon_c < \varepsilon_{cu}$

23. 提高受弯构件抗弯刚度(减小挠度)最有效的措施是(　　)。

A. 加大截面宽度　　B. 增加受拉钢筋截面面积

C. 提高混凝土强度等级　　D. 加大截面的有效高度

24. 在结构抗震设计中，框架结构在地震作用下(　　)。

A. 允许在框架梁端处形成塑性铰　　B. 允许在框架节点处形成塑性铰

C. 允许在框架柱端处形成塑性铰　　D. 不允许框架任何位置形成塑性铰

25. 单层工业厂房设计中，若需要将伸缩缝、沉降缝、抗震缝合成一体时，其正确的设计构造做法为(　　)。

A. 在缝处从基础底至屋顶把结构分成两部分，其缝宽应满足三种缝中的最小缝宽的要求

B. 在缝处只需从基础顶以上至屋顶把结构分成两部分，其缝宽取三者的最大值

C. 在缝处只需从基础底至屋顶把结构分成两部分，其缝宽取三者的平均值

D. 在缝处只需从基础底至屋顶把结构分成两部分，其缝宽按抗震缝要求设置

26. 对钢材进行冷加工，使其产生塑性变形引起钢材硬化的现象，使钢材的(　　)。

A. 强度、塑性和韧性提高　　B. 强度和韧性提高，塑性降低

C. 强度和弹性模量提高，塑性降低　　D. 强度提高，塑性和韧性降低

27. 钢结构轴心受压构件应进行下列哪项计算？(　　)

A. 强度、刚度、局部稳定　　B. 强度、局部稳定、整体稳定

C. 强度、整体稳定　　D. 强度、刚度、局部稳定、整体稳定

28. 计算钢结构构件的疲劳和正常使用极限状态的变形时，荷载的取值为(　　)。

A. 采用标准值

B. 采用设计值

C. 疲劳计算采用设计值，变形验算采用标准值

D. 疲劳计算采用设计值，变形验算采用标准值并考虑长期荷载的作用

29. 在荷载作用下，侧焊缝的计算长度大于某一数值时，其超过部分在计算中一般不予考虑，其值为(　　)。

A. $40h_f$　　B. $60h_f$　　C. $80h_f$　　D. $100h_f$

30. 在确定砌体强度时，下列哪项叙述是正确的？(　　)

A. 块体的长宽对砌体抗压强度影响很小

B. 水平灰缝厚度越厚，砌体抗压强度越高

C. 砖砌筑时含水量越大，砌体抗压强度越高，但抗剪强度越低

D. 对于提高砌体抗压强度而言，提高块体强度比提高砂浆强度更有效

31. 砌体结构设计时，必须满足下列中的哪几项要求？(　　)

①满足承载能力极限状态；

②满足正常使用极限状态；

③一般工业和民用建筑中的砌体构件，可靠指标 $\beta \geqslant 3.2$；

④一般工业和民用建筑中的砌体构件，可靠指标 $\beta \geqslant 3.7$。

A. ①②③　　B. ①②④　　C. ①③　　D. ①④

32. 砌体结构为刚性方案、刚弹性方案或弹性方案的判别因素是(　　)。

A. 砌体的高厚比

B. 砌体的材料与强度

C. 屋盖、楼盖的类别与横墙的刚度及间距

D. 屋盖、楼盖的类别与横墙的间距，而与横墙本身条件无关

33. 无洞口墙梁和开洞口墙梁在顶部荷载作用下，可采用什么进行分析？(　　)

A. 两种墙梁均采用梁—拱组合模型

B. 无洞墙梁采用梁—拱组合模型，开洞口墙梁采用偏心拉杆拱模型

C. 无洞墙梁采用偏心拉杆拱模型，开洞口墙梁采用梁—拱组合模型

D. 无洞墙梁采用梁—柱组合模型，开洞口墙梁采用偏心压杆拱模型

34. 图示体系是几何(　　)。

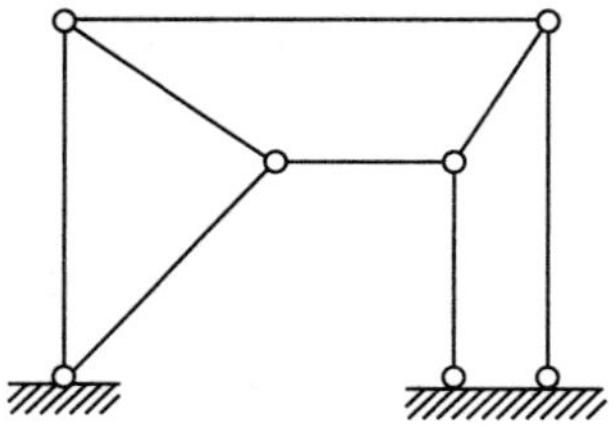

题 34 图

A. 常变的体系

B. 不变且无多余约束的体系

C. 瞬变的体系

D. 不变，有一个多余约束的体系

35. 在建立虚功方程时，力状态与位移状态的关系是(　　)。

A. 彼此独立无关

B. 位移状态必须是由力状态产生的

C. 互为因果关系

D. 力状态必须是由位移状态引起的

36. 图示刚架中，M_{AC}等于(　　)。

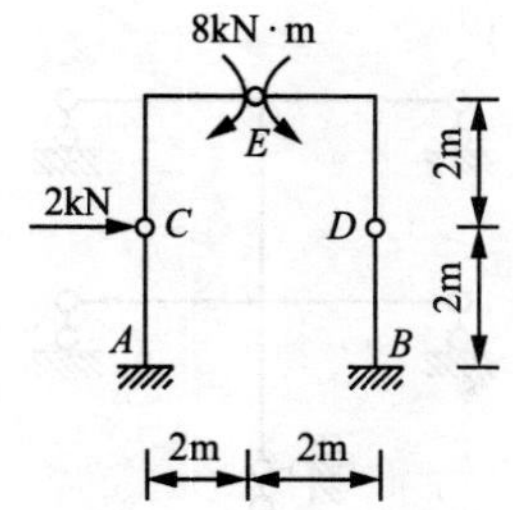

题 36 图

A. 2kN · m(右拉)　B. 2kN · m(左拉)　C. 4kN · m(右拉)　D. 6kN · m(左拉)

37. 用位移法计算静定、超静定结构时，每根杆都视为(　　)。

A. 单跨静定梁　　B. 单跨超静定梁

C. 两端固定梁　　D. 一端固定而另一端铰支的梁

38. 图示结构(E 为常数)，杆端弯矩(顺时针为正)正确的一组为(　　)。

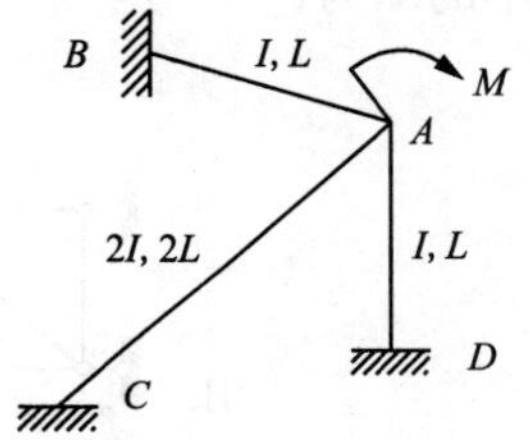

题 38 图

A. $M_{AB}=M_{AD}=M/4$，$M_{AC}=M/2$　　B. $M_{AB}=M_{AC}=M_{AD}=M/3$

C. $M_{AB}=M_{AD}=0.4M$，$M_{AC}=0.2M$　　D. $M_{AB}=M_{AD}=M/3$，$M_{AC}=2M/3$

39. 图示结构当水平支杆产生单位位移时(未注的杆件抗弯刚度为 EI)，B—B 截面的弯矩值为(　　)。

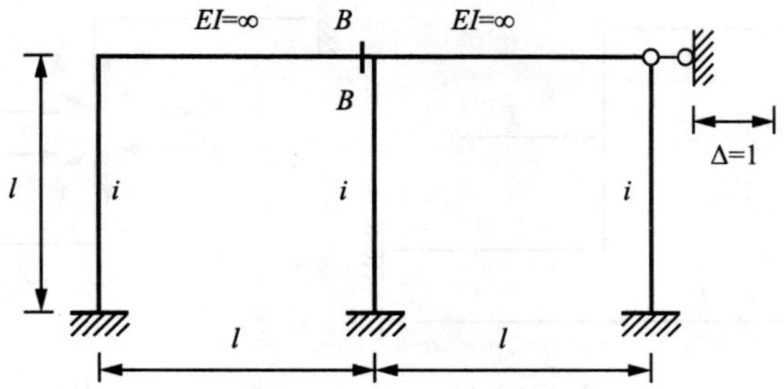

题 39 图

A. EI/l^2　　B. $2EI/l^2$　　C. $3EI/l^2$　　D. 不定值

40. 图示结构用位移法计算时，独立的结点线位移和结点角位移数分别(　　)。

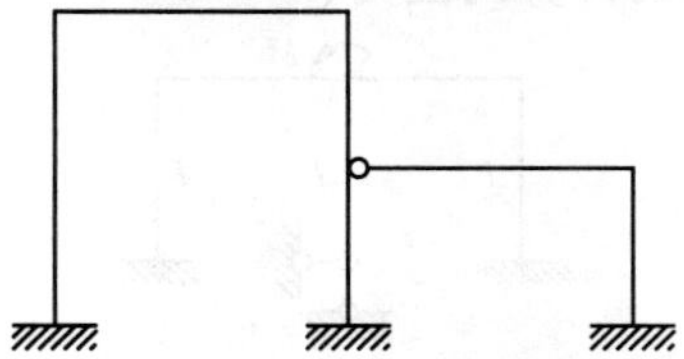

题 40 图

A. 2，3　　　　B. 1，3　　　　C. 3，3　　　　D. 2，4

41. 图示结构的超静定次数为(　　)。

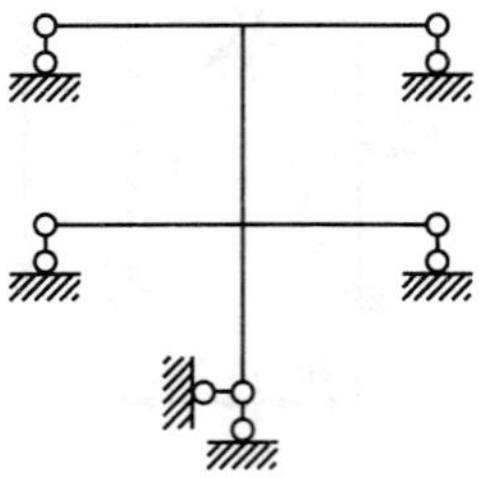

题 41 图

A. 2　　　　B. 3　　　　C. 4　　　　D. 5

42. 多自由度体系的自由振动是(　　)。

A. 简谐振动　　　　B. 若干简谐振动的叠加

C. 衰减周期振动　　　　D. 难以确定

43. 图示桁架 K 点的竖向位移为最小的图为(　　)。

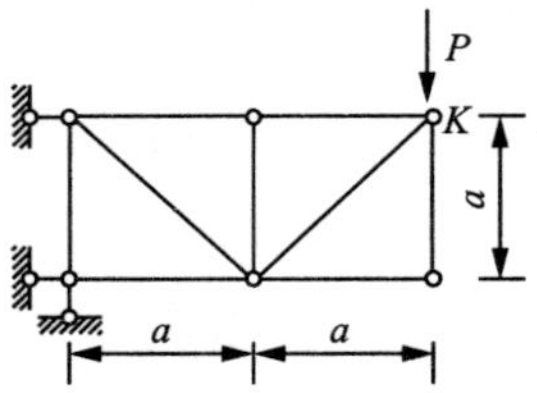

A.

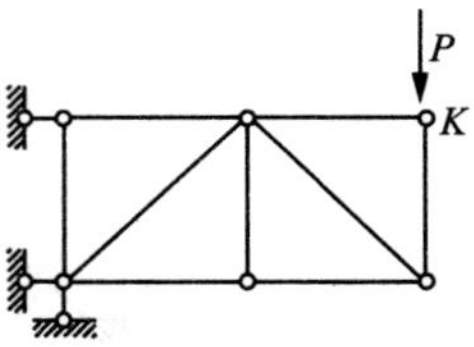

B.

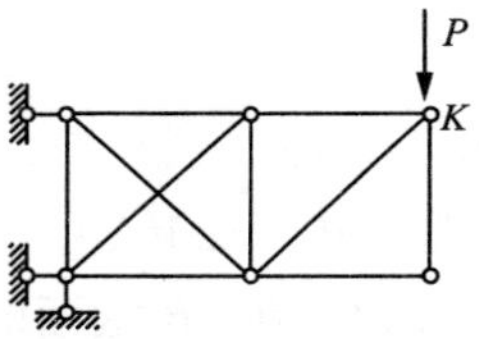

C.

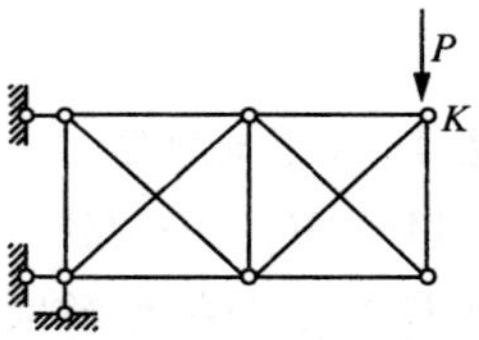

D.

44. 图示结构取图(b)为力法基本体系，EI 为常数，下列哪项是错误的？(　　)

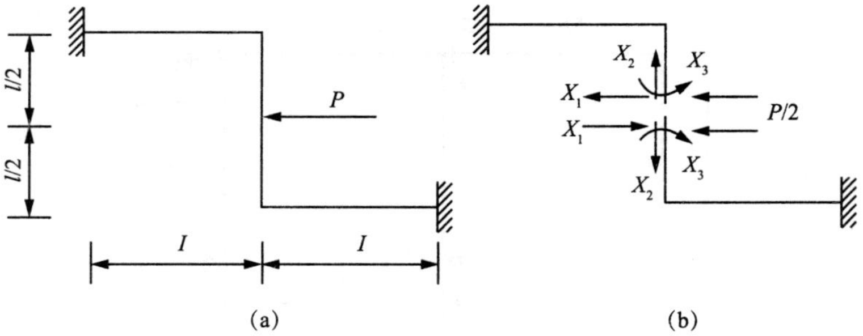

题 44 图

A. $\delta_{23}=0$　　　　B. $\delta_{31}=0$　　　　C. $\Delta_{2P}=0$　　　　D. $\delta_{12}=0$

45. 图示结构利用对称性简化后的计算简图为(　　)。

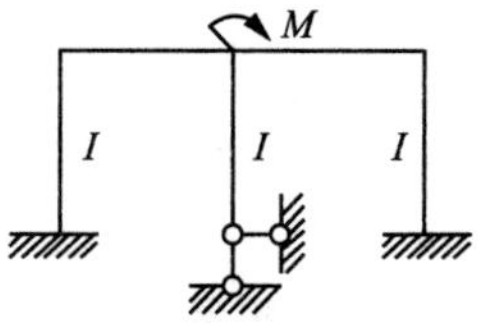

题 45 图

A. 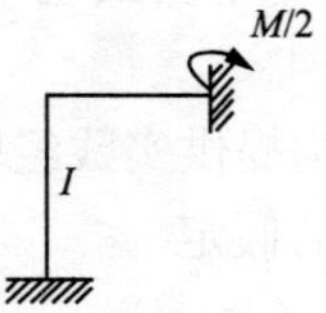

B. 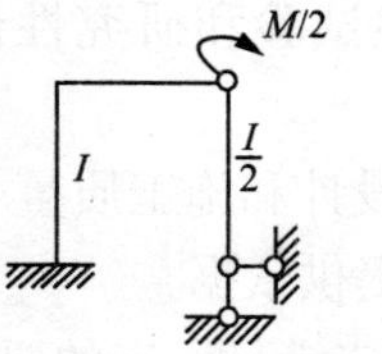

C. 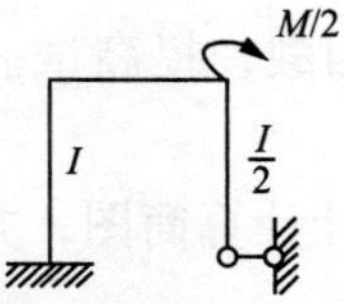

D. 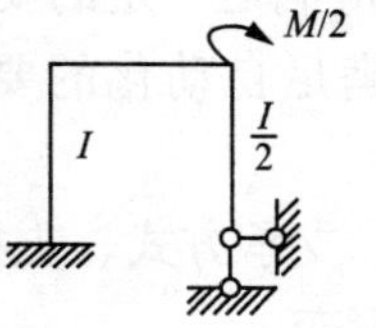

46. 图示结构 M_{AC} 和 M_{BD} 正确的一组为(　　)。

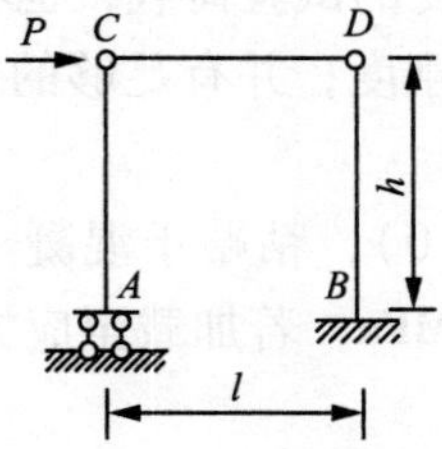

题 46 图

A. $M_{AC}=M_{BD}=Ph$(左边受拉)

B. $M_{AC}=Ph$(左边受拉)，$M_{BD}=0$

C. $M_{AC}=0$，$M_{BD}=Ph$(左边受拉)

D. $M_{AC}=Ph$(左边受拉)，$M_{BD}=2Ph/3$(左边受拉)

47. 图示桁架杆 1 的轴力为(　　)。

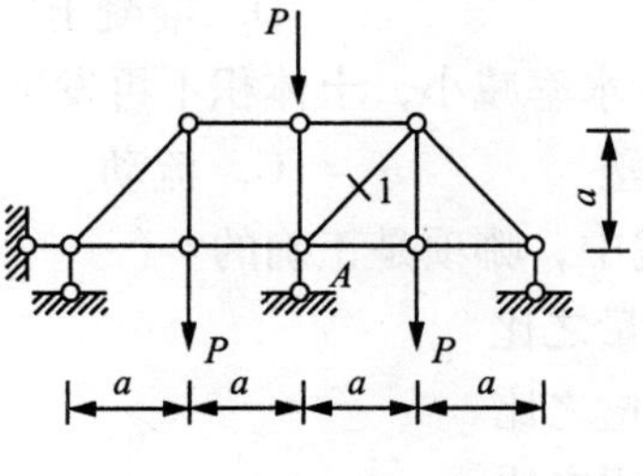

题 47 图

A. $2P$　　B. $2\sqrt{2}P$　　C. $-2\sqrt{2}P$　　D. 0

48. 图示体系杆的质量不计，$EI_1=\infty$，则体系的自振频率 ω 等于(　　)。

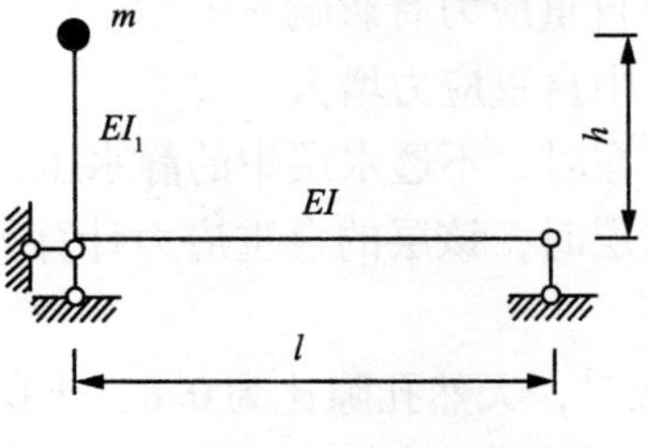

题 48 图

A. $\sqrt{\dfrac{3EI}{ml}}$　　B. $\dfrac{1}{h}\sqrt{\dfrac{3EI}{ml}}$　　C. $\dfrac{2}{h}\sqrt{\dfrac{EI}{ml}}$　　D. $\dfrac{1}{h}\sqrt{\dfrac{EI}{3ml}}$

49. 结构试验分为生产性试验和研究性试验两类，下列哪项不属于研究性试验解决的问题？(　　)

A. 综合鉴定建筑的设计和施工质量　　B. 为发展和推广新结构提供实践经验

C. 为制定设计规范提供依据　　D. 验证结构计算理论的假定

50. 试验装置设计和配置应满足一定的要求，下列哪项要求是不对的？(　　)

A. 采用先进技术，满足自动化的要求，减轻劳动强度，方便加载，提高试验效率和质量

B. 应使试件的跨度、支承方式、支撑等条件和受力状态满足设计计算简图，并在整个试验过程中保持不变

C. 试验装置不应分担试件应承受的试验荷载，也不应阻碍试件变形的自由发展

D. 试件装置应有足够的强度和刚度，并有足够的储备，在最大试验荷载作用下，保证加载设备参与结构试件工作

51. 一电阻应变片($R=120\Omega$，$K=2.0$)，粘贴于混凝土轴心受拉构件平行于轴线方向，试件材料的弹性模量为$E=2\times10^5$MPa，若加载至应力$\sigma=400$MPa时，应变片的阻值变化dR为(　　)。

A. 0.24Ω　　B. 0.48Ω　　C. 0.42Ω　　D. 0.96Ω

52. 下列钢筋混凝土构件的各测量参数中，不适宜用位移计测量的是(　　)。

A. 简支梁的转角　　B. 截面曲率

C. 顶部截面应变　　D. 受扭构件应变

53. 下列哪项不能用超声法进行检测？(　　)

A. 混凝土的裂缝　　B. 混凝土的强度

C. 钢筋的位置　　D. 混凝土的内部缺陷

54. 黏性土处于什么状态时，含水率减小，土体积不再发生变化？(　　)

A. 固体　　B. 可塑　　C. 流动　　D. 半固体

55. 下列表示土的饱和度的表述中，哪项是正确的？(　　)

A. 土中水的质量与土粒质量之比

B. 土中水的质量与土的质量之比

C. 土中水的体积与孔隙体积之比

D. 土中水的质量与土粒质量加水的质量的和之比

56. 下列说法中错误的是(　　)。

A. 地下水位的升降对土中自重应力有影响

B. 地下水位的下降会使土中自重应力增大

C. 当地层中有不透水层存在时，不透水层中的静水压力为零

D. 当地层中存在有承压水层时，该层的自重应力计算方法与潜水层相同，即该层土的重度取有效重度来计算

57. 某土层压缩系数为0.50MPa^{-1}，天然孔隙比为0.8，土层厚1m，已知该土层受到的平均附加应力$\overline{\sigma}_z=60$kPa，则该土层的沉降量为(　　)。

A. 16.3mm　　B. 16.7mm　　C. 30mm　　D. 33.6mm

58. 土坡高度为8m，土的内摩擦角$\varphi=10°$($N_s=9.2$)，$c=25$kPa，$\gamma=18$kN/m^{3}的土坡，其

稳定安全系数为(　　)。

A. 1.6　　　　B. 1.0　　　　C. 2.0　　　　D. 0.5

59. 在设计柱下条形基础的基础梁最小宽度时，下列哪项为正确的？(　　)

A. 梁宽应大于柱截面的相应尺寸

B. 梁宽应等于柱截面的相应尺寸

C. 梁宽应大于柱截面宽高尺寸中的最小值

D. 由基础梁截面强度计算确定

60. 某深层搅拌桩桩长8m，桩径0.5m，桩体压缩模量为120MPa，置换率为25%，桩间土承载力特征值110kPa，压缩模量为6MPa，加固区受到平均应力为121kPa，加固区的变形量为(　　)。

A. 13mm　　　　B. 25mm　　　　C. 28mm　　　　D. 26mm

答案及详解

单项选择题(共 60 题，每题 2 分。每题的备选项中只有一个最符合题意)

1. C 【**考点**】建筑材料的基本性质

【**解析**】密度是指材料在绝对密实状态下单位体积的质量，与孔隙率无关。A 项，材料在外力作用下抵抗永久变形和断裂的能力称为强度，孔隙率对强度有很大的影响，孔隙率越大，强度越低。B 项，绝热性是指物体本身能阻止热量的传递、散失和对流，使得某个密闭区域内温度或者热量不受外界影响而保持自身稳定或者独立发生变化的过程和作用，导热系数或热阻是评定材料保温绝热性能的主要指标，通常孔隙率越大、表观密度越小，导热系数越小。D 项，耐久性是指材料抵抗自身和自然环境长期破坏作用的能力。材料的耐久性中的抗渗性和抗冻性与孔隙率、孔隙大小、特征等有很大关系。

2. B 【**考点**】石灰技术性质与应用

【**解析**】由于石灰石原料的尺寸大或煅烧时窑中温度分布不匀等原因，石灰中常含有欠火石灰和过火石灰。欠火石灰中的碳酸钙未完全分解，使用时缺乏粘结力。过火石灰结构密实，表面常包覆一层熔融物，熟化很慢，当石灰已硬化，其中过火石灰颗粒才开始熟化，体积膨胀要引起隆起和开裂。工程上，将生石灰加大量的水(生石灰质量的 2 ~ 3 倍)熟化成石灰乳，然后经筛网流入储灰池并“陈伏”至少两周，以消除过火石灰的危害，经沉淀除去多余的水分得到的膏状物即为石灰膏。

3. B 【**考点**】混凝土拌合物的和易性及影响因素

【**解析**】改变水灰比、水泥强度、骨料强度、骨料最大粒径、碎石粗糙程度以及砂率都会较大影响混凝土的强度。混凝土的流动性大是因为含水量高。AC 两项，减少用水量时，水泥石中由于水分蒸发留下的孔隙越少，则水泥石强度提高，进而提高了混凝土的强度，因此减小水灰比会提高混凝土强度；B 项，保持水灰比不变，增减水泥用量时也会增减用水量，使流动性增大或减小，同时不影响混凝土强度；D 项，增减砂石比会影响砂率，水灰比不变，调整砂率就会改变混凝土的浆集比，改变混凝土的和易性，强度降低。

4. B 【**考点**】混凝土配合比设计

【**解析**】混凝土配合比是指混凝土中各组成材料数量之间的比例关系。常用的表示方法有两种：①以每 $1m^3$ 混凝土中各项材料的质量表示；②以各项材料间的质量比表示(以水泥质量为 1)。砂率是指细骨料含量(重量)占骨料总量的百分数。试验证明，砂率对拌合物的和易性有很大影响。在保持水和水泥用量一定的条件下，砂率对拌合物坍落度的影响存在极大值。因此，砂率有一合理值，采用合理砂率时，在用水量和水泥用量不变的情况下，可使拌合物获得所要求的流动性和良好的粘聚性与保水性。

5. B 【**考点**】混凝土强度与变形性能

【**解析**】由于环箍效应的影响，混凝土的轴心抗压强度小于立方体抗压强度。A 项，混凝土的抗剪强度小于抗压强度；C 项，由于水化收缩、干缩等使得混凝土在不受力时内部存在裂缝；D 项，徐变的优点是可以减轻大体积混凝土因温度变化所产生的破坏应力，缓和局部应力集中，松弛支座沉陷引起的应力。其缺点是使受弯构件的挠度增大，使预应力钢筋混凝土结构中的预加应力受到损失。

6. D 【考点】建筑钢材性能

【解析】冷弯性能是指钢材在常温下承受弯曲变形的能力。冷弯试验是将钢材按规定的弯曲角度与弯心直径进行弯曲，检查受弯部位的外拱面和两侧面，不发生裂纹、起层或断裂为合格。弯曲角度越大，弯心直径对试件厚度（或直径）的比值越小，则表示钢材冷弯性能越好。该试验能反映试件弯曲处的塑性变形，揭示钢材是否存在内部组织不均匀、内应力和夹杂物等缺陷。

7. C 【考点】木材的性能

【解析】纤维饱和点是指当木材中的吸附水达到饱和、而尚无自由水时的含水率。当含水率低于纤维饱和点时，含水率越大则强度越低，超过时不再有此规律。因此纤维饱和点是木材物理力学性能发生改变的临界含水率。A项，最大含水率是指木材可吸收水分的最大含量；B项，平衡含水率是指木材在一定空气状态（温度、相对湿度）下最后达到的吸湿或稳定含水率；D项，最小含水率是指木材可吸收水分的最小含量。

8. B 【考点】水准测量方法及成果整理

【解析】水准路线是指在水准点之间进行水准测量所经过的路线，其布设形式分为闭合水准路线、附合水准路线和支水准路线。支水准路线是指从某一已知高程的水准点出发，沿某一路线，测定若干个高程待定的水准点，其路线不闭合又不附合，一般需往返观测。支水准路线的往测高差理论值应和其返测高差理论值绝对值相等，符号相反，即：$\sum h_{往} = -\sum h_{返}$，其高差闭合差为：$f_h = \sum h_{往} + \sum h_{返}$。

9. C 【考点】测量误差基本知识

【解析】光电测距仪的精度，通常用标称精度来表征，即 $m_D = \pm(A + B \cdot D)$。式中，A 为与距离无关的固定误差；B、D 为比例误差，也可写成 Cppm，表示 1km 比例误差 C(mm)，即 10^{-6}。因此，该题的测距中误差为：$m_D = \pm(3 + 3 \times 10^{-6} \times 500 \times 10^3)\text{mm} = \pm 4.5\text{mm}$。

10. B 【考点】地面点位的确定

【解析】地面两点间的相对位置可以根据其距离（分为水平距离和倾斜距离）、角度（分为水平角和垂直角）和高差之间的关系来确定。这三个量称为基本观测量（三个基本要素）。

11. D 【考点】测量工作基本概念

【解析】真子午线方向与过该点的坐标 X 轴方向的夹角称为子午线收敛角，规定东偏（X 轴偏于真子午线方向东侧）为正，西偏为负。磁偏角是指过该点的真子午线方向与磁子午线方向的夹角，规定东偏（磁子午线方向偏于真子午线方向以东）为正，西偏为负。

12. C 【考点】角度测量

【解析】根据水平角观测原理，地面上任意两直线间的水平角度为通过该两直线所作铅垂面间的两面角。在测量中，把地面上的实际观测角度投影在测角仪器的水平度盘上，然后按度盘读数求出水平角值。根据垂直角观测原理，在同一铅垂面内，某方向的视线与水平线的夹角称为垂直角（又称竖直角），其角值为 $0° \sim \pm 90°$。综上所述，水平角测量不受仪器高度的变化影响，而竖直角测量受仪器高度的变化影响。

13. C 【考点】施工许可证的申领

【解析】根据《中华人民共和国建筑法》第七条规定，建筑工程开工前，建设单位应当按照国家有关规定向工程所在地县级以上人民政府建设行政主管部门申请领取施工许可证。但是，国务院建设行政主管部门确定的限额以下的小型工程除外。按照国务院规定的权限和程序批准开工报告的建筑工程，不再领取施工许可证。

14. A 【考点】房地产交易的概念

【解析】根据《中华人民共和国城市房地产管理法》第二条规定，本法所称房地产交易，包括房地产转让、房地产抵押和房屋租赁。

15. B 【考点】城市详细规划的内容

【解析】根据《中华人民共和国城市规划法》第二十条规定，城市详细规划应当在城市总体规划或者分区规划的基础上，对城市近期建设区域内各项建设作出具体规划。城市详细规划应当包括：规划地段各项建设的具体用地范围，建筑密度和高度等控制指标，总平面布置、工程管线综合规划和竖向规划。

【说明】本题考点已过时。自 2008 年 1 月 1 日起施行的《中华人民共和国城乡规划法》已将《中华人民共和国城市规划法》废止。

16. A 【考点】注册结构工程师的执业范围

【解析】根据《注册结构工程师执业资格制度暂行规定》第十八条规定，注册结构工程师的执业范围：①结构工程设计；②结构工程设计技术咨询；③建筑物、构筑物、工程设施等调查和鉴定；④对本人主持设计的项目进行施工指导和监督；⑤建设部和国务院有关部门规定的其他业务。一级注册结构工程师的执业范围不受工程规模及工程复杂程度的限制。

17. B 【考点】桩基础工程

【解析】泥浆护壁是指在充满水和膨润土以及其他外加剂的混合液的情况下，对地下连续墙成槽、钻孔灌注桩成孔等工程。泥浆对槽壁的静压力和泥浆在槽壁上形成的泥皮可以有效地防止槽、孔壁坍塌。泥浆相对密度大，加大了孔内的水压力，可以稳固孔壁，防止塌孔。泥浆还具有携渣和冷却、润滑机具等作用，具有一定黏度的泥浆可以携同泥渣一起排出。

18. B 【考点】模板工程

【解析】模板拆除时，可采取先支的后拆、后支的先拆，先拆非承重模板、后拆承重模板的顺序，并应从上而下进行拆除。浇筑钢筋混凝土拆模时应符合下列规定：①侧模应在混凝土强度能保证其表面及棱角不受损伤后，方可拆除；②底膜及支架应在同条件养护的试件满足如下要求后方可拆除：跨度小于等于 2m 的板，应达到设计强度标准值的 50% 以上；跨度 2 ~ 8m 的板和跨度小于等于 8m 的梁、拱、壳，应达到 75%；跨度大于 8m 的梁、板，拱、壳以及任何跨度悬臂的构件，应达到 100%；③后张法施工的预应力混凝土构件，侧模宜在张拉前拆除，底模应在张拉后拆除。

19. B 【考点】混凝土工程

【解析】根据《混凝土质量控制标准》（GB 50164—2011）第 2. 2. 3 条第 2 款规定，对于混凝土结构，粗骨料最大公称粒径不得大于构件截面最小尺寸的 1/4，且不得大于钢筋最小净间距的 3/4；对混凝土实心板，骨料的最大公称粒径不宜大于板厚的 1/3，且不得大于 40mm；对于大体积混凝土，粗骨料最大公称粒径不宜小于 31. 5mm。

20. D 【考点】钢筋工程

【解析】钢筋冷拔是用热轧钢筋(直径8mm以下)通过钨合金的拔丝模进行强力冷拔。钢筋通过拔丝模时，受到轴向拉伸与径向压缩的作用，使钢筋内部晶格变形而产生塑性变形，因而抗拉强度提高(可提高50%～90%)，塑性降低，呈硬钢性质。光圆钢筋经冷拔后称“冷拔低碳钢丝”。在钢筋冷加工中，影响冷拔低碳钢丝质量的主要因素是原材料的质量和冷拔总压缩率。

21. D 【考点】流水施工原则

【解析】对于非节奏专业流水施工，各施工段上允许出现暂时没有工作队投入施工的现象。A项，非节奏流水施工中同一施工过程的节拍相等或不等，不同施工过程之间的节拍不等，也无规律可循。原则上要运用流水施工的基本概念，使每一个施工过程的队组在施工段上依次作业，各施工过程的队组在不同段上平行作业，使主要施工过程和主要工种的队组尽可能连续施工。B项，节奏专业流水施工过程在各施工段上持续时间相等，用垂直图表示时，施工进度线是一条斜率不变的直线。C项，在组织搭接施工时，其主要过程要求连续，其他过程允许间断。施工的特点在于充分利用工作空间，使单位工程的工期缩短。因此搭接施工不需要计算相邻施工过程之间的流水步距。

22. D 【考点】适筋梁的破坏特点

【解析】钢筋混凝土梁可分为适筋梁、超筋梁和少筋梁。适筋梁是指含有正常配筋的梁。破坏的主要特点是受拉区混凝土先出现裂缝，然后受拉钢筋达到屈服强度，最后受压区混凝土被压碎，构件即破坏。根据适筋梁的破坏特点，受拉钢筋刚屈服时，构件进入第三阶段，此时钢筋拉应变 ε_s 等于屈服应变 ε_y，受压边缘的混凝土小于其极限压应变 ε_{cu}，结构继续承重很短时间之内混凝土的压应变达到混凝土的极限压应变，受压区混凝土压溃，梁受弯破坏。

23. D 【考点】受弯构件正常使用极限状态验算

【解析】抗弯刚度是指物体抵抗其弯曲变形的能力，以材料的弹性模量与受弯构件横截面绕其中性轴的惯性矩的乘积来表示材料抵抗弯曲变形的能力。抗弯刚度与截面的宽度成正比，与截面有效高度的平方成正比，因此截面有效高度对挠度的影响最大。

24. A 【考点】抗震设计要点

【解析】若一个结构构件在受力时出现某一点相对面的纤维屈服但未破坏，则认为此点为一塑性铰。强柱弱梁框架延性结构在地震下会出现塑性铰，其塑性铰可能发生在梁端或柱端而导致结构破坏，但柱端破坏比梁端破坏造成的后果严重。然而，由于框架柱受轴向压力与弯矩的共同作用，属于压弯构件，尤其是轴压比大的柱，不容易实现好的延性和耗能能力。其延性通常比框架梁小，而且作为结构的主要承重构件，柱破损后不易修复，也容易导致结构倒塌。一旦框架柱先于框架梁出现塑性铰，就会产生较大的层间侧移，甚至形成同层各柱上同时出现塑性铰的“柱铰机制”，进而危及结构承受竖向荷载的能力。因此，在设计延性框架时，应控制塑性铰出现的部位，使之在梁端出现(不允许在跨中出塑性铰)，形成“梁铰机制”。

25. D 【考点】单层厂房的组成与布置

【解析】由于温度变化，地基不均匀沉降和地震因素的影响，易使建筑发生变形或破坏，故在设计时应事先将房屋划分成若干个独立部分，使各部分能自由独立地变化。这种将建筑物垂直分开的预留缝称为变形缝，包括伸缩缝、沉降缝和抗震缝。根据结构抗震设计原则，伸缩缝、沉降缝的宽度均应符合抗震缝最小宽度的要求，因为抗震缝是三个缝之中最宽的，以此才能保证各个阶段施工能正常进行。此外，在地震设防区，当建筑物需设置伸缩缝或沉降缝时，应统一按抗震缝对待，但要从基础底至屋顶把结构分成两部分。

26. D 【考点】冷加工对钢材性能的影响

【解析】冷加工是指在低于再结晶温度下使金属产生塑性变形的加工工艺，如冷轧、冷拔、冷锻、冲压、冷挤压等。冷加工变形抗力大，在使金属成形的同时利用加工硬化提高工件的硬度和强度。将经过冷拉的钢筋存放于常温下15～20d，或加热到100～200℃并保持一定时间，此过程称为时效处理，前者为自然时效，后者为人工时效。冷拉后再经时效处理的钢筋，其屈服点进一步提高，抗拉极限强度稍见增长，塑性和冲击韧性继续降低，弹性模量可基本恢复。

27. D 【考点】轴心受力构件

【解析】轴心受压构件除了有些短粗杆因截面有较大孔洞削弱，需计算其强度外，一般其承载力是由稳定条件决定的。稳定性包括构件的整体稳定性和局部稳定性。同样，受压构件还要求有一定的刚度。因此，钢结构轴心受压构件需要计算其强度、整体稳定性、局部隐定性及刚度验算。

28. A 【考点】钢结构的承载能力极限状态设计

【解析】根据《钢结构设计标准》(GB 50017—2017)第3.1.5条规定，按承载能力极限状态设计钢结构时，应考虑荷载效应的基本组合，必要时尚应考虑荷载效应的偶然组合。按正常使用极限状态设计钢结构时，应考虑荷载效应的标准组合。根据第3.1.6条规定，计算结构或构件的强度、稳定性以及连接的强度时，应采用荷载设计值；计算疲劳时，应采用荷载标准值。

29. B 【考点】钢结构焊缝连接

【解析】根据《钢结构设计规范》(GB 50017—2003)第8.2.7条第5款规定，侧面角焊缝的计算长度不宜大于$60h_f$，当大于上述数值时，其超过部分在计算中不予考虑。若内力沿侧面角焊缝全长分布时，其计算长度不受此限。

【说明】规范已更新。最新规范《钢结构设计标准》(GB 50017—2017)第11.2.6条规定，角焊缝的搭接焊缝连接中，当焊缝计算长度l_w超过$60h_f$时，焊缝的承载力设计值应乘以折减系数α_f，$\alpha_f = 1.5—l_w/120h_f$，并不小于0.5。

30. D 【考点】砌体结构的受压性能

【解析】块体和砂浆的强度是影响砌体抗压强度的主要因素，块体和砂浆的强度越高，砌体的抗压强度越高。试验证明，提高砖的强度等级比提高砂浆的强度等级对增大砌体抗压强度的效果好。A项，块体尺寸、几何形状及表面的平整度对砌体的抗压强度有一定影响；B项，砌体内水平灰缝越厚，砂浆横向变形越大，砖内横向拉应力亦越大，砌体内的复杂应力状态亦随之加剧，砌体抗压强度降低；C项，砌体抗压强度随砌筑时砖的含水率的增加而提高，抗剪强度将降低，但施工中砖浇水过湿，施工操作困难，强度反而降低。

31. B 【考点】砌体结构基本设计原则

【解析】结合砌体结构材料的特点，采用以概率理论为基础的极限状态设计方法，用可靠指标度量结构的可靠度，用分项系数设计表达式进行设计。砌体结构应按承载能力极限状态设计，并满足正常使用极限状态要求。根据《建筑结构可靠性设计统一标准》(GB 50068—2018)第3.2.1条规定，建筑结构设计时，应根据结构破坏可能产生的后果(危及人的生命、造成经济损失、产生社会影响等)的严重性，采用不同的安全等级。建筑结构安全等级的划分应符合题31解表1的规定。

题31解表1　建筑结构安全等级

安全等级	破坏后果	建筑物类型
一级	很严重	重要的房屋
二级	严重	一般的房屋
三级	不严重	次要的房屋

根据第3.2.6条规定，结构构件承载能力极限状态的可靠指标，不应小于题31解表2规定。

题31解表2　结构构件承载能力极限状态的可靠指标

破坏类型	安全等级		
	一级	二级	三级
延性破坏	3.7	3.2	2.7
脆性破坏	4.2	3.7	3.2

一般工业与民用建筑中的砌体构件，其安全等级为二级，且呈脆性破坏特征，可靠指标$\beta \geq 3.7$。

32. C　**【考点】**砌体结构房屋的静力计算

【解析】根据《砌体结构设计规范》(GB 50003—2011)第4.2.1条规定，房屋的静力计算，根据房屋的空间工作性能分为刚性方案、刚弹性方案和弹性方案。设计时，可按表4.2.1(见题32解表)确定静力计算方案。

题32解表　房屋的静力计算方案

屋盖或楼盖类别		刚性方案	刚弹性方案	弹性方案
1	整体式、装配整体和装配式无檩体系钢筋混凝土屋盖或钢筋混凝土楼盖	$s<32$	$32 \leq s \leq 72$	$s>72$
2	装配式有檩体系钢筋混凝土屋盖、轻钢屋盖和有密铺望板的木屋盖或木楼盖	$s<20$	$20 \leq s \leq 48$	$s>48$
3	瓦材屋面的木屋盖和轻钢屋盖	$s<16$	$16 \leq s \leq 36$	$s>36$

注：①表中s为房屋横墙间距，其长度单位为“m”；②当屋盖、楼盖类别不同或横墙间距不同时，可按本规范第4.2.7条的规定确定房屋的静力计算方案；③对无山墙或伸缩缝处无横墙的房屋，应按弹性方案考虑。

故刚性方法、刚弹性方案、弹性方案的判别因素是屋盖、楼盖类型和横墙间距，当横墙本身条件特殊时，本身条件也会成为判别因素。

33. C　**【考点】**砌体结构墙梁

【解析】无洞口墙梁主压力迹线呈拱形，作用于墙梁顶面的荷载通过墙体的拱作用向支座传递。托梁主要承受拉力，两者组成拉杆拱受力结构。当洞口偏开在墙体一侧时，墙顶荷载通过墙体的大拱和小拱作用向两端支座及托梁传递。托梁既作为大拱的拉杆承受拉力，又作为小拱一端的弹性支座承受小拱传来的垂直压力，因此偏洞口墙梁具有梁-拱组合受力结构。

34. B 【考点】平面体系的几何组成

【解析】用三刚片的连接规则分析，把大地看成一个刚片，左边的三角形看成一个刚片，右边的斜杆看成一个刚片。三角形刚片与大地刚片之间通过实铰连接，斜杆刚片与三角形刚片之间通过由两根平行不等长的链杆组成的无穷远处瞬铰连接，斜杆刚片与大地刚片之间也通过由两根平行不等长的链杆组成的无穷远处瞬铰连接；这三个铰不在同一直线上，所以组成的体系是几何不变体系且无多余约束。

35. A 【考点】虚功原理

【解析】虚功原理是指一个原为静止的质点系，如果约束是理想双面定常约束，则系统继续保持静止的条件是所有作用于该系统的主动力对作用点的虚位移所做的功的和为零。根据题35解图的状态所建立的方程是同一结构的两种状态，状态Ⅰ上产生了内力和支座反力，状态Ⅱ上产生了变形和支座位移。状态Ⅰ和状态Ⅱ毫无关系，只是两种不同状态。虚功原理中的力状态与位移状态彼此独立无关。

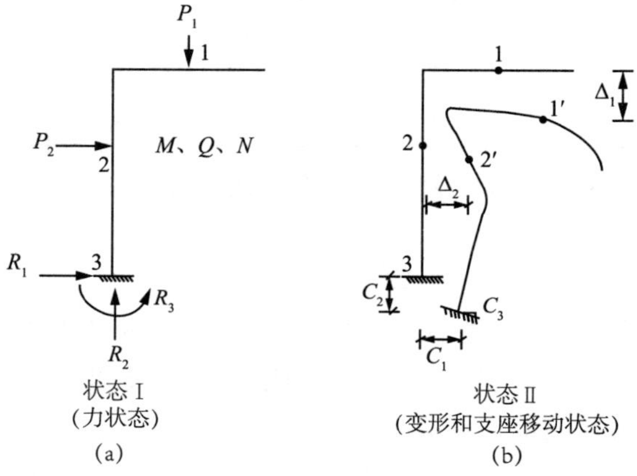

题35解图

36. C 【考点】静定结构受力分析

【解析】图为静定刚架结构，先求解附属结构 CED，对 D 点取矩，$\sum M_D=0$，可得 C 支座的竖向力为零；把 CED 结构拆开，以 CE 部分为隔离体，对 E 点取矩：$\sum M_E=0$，$F_{QCE}\times 2=8\text{kN}$，可得折杆 C 端剪力为：$F_{QCE}=4\text{kN}(\rightarrow)$；分析结点 C，根据水平方向受力平衡：$\sum F_{Cx}=0$，$-4+2+F_{QCA}=0$，解得：$F_{QCA}=2\text{kN}$；最后，求解主体结构 AC，可得截面 A 的弯矩为：$M_{AC}=2\times 2=4\text{kN}\cdot\text{m}$（右拉）。

37. B 【考点】位移法

【解析】位移法求解超静定结构，与超静定次数无关。其基本未知量是刚性结点的角位移和结点（包括铰结点）的独立线位移。位移法的基本结构一般可视为单跨超静定梁的组合体。

38. B 【考点】力矩分配法

【解析】三杆线刚度相同，远端均为固定端，力矩分配系数只和杆件的刚度和杆端的固定形式有关。由力矩分配法知近端转动刚度和力矩分配系数相同，所以 $M_{AB}=M_{AC}=M_{AD}=M/3$。

39. C 【考点】超静定结构特性

【解析】用位移法求解，作 M_1、M_2、M_P 图如题39解图所示，列位移法方程

$$\begin{cases}8iX_1+2iX_2=\dfrac{6i}{l}\\2iX_1+11iX_2=\dfrac{6i}{l}\end{cases}$$

解得

$$X_1=\frac{9}{14l}\qquad X_2=\frac{3}{7l}$$

叠加法求 B 截面弯矩

$$M_B=\frac{9}{14l}\times 2i+\frac{3}{7l}\times 4i=\frac{3i}{l}=\frac{3EI}{l^2}$$

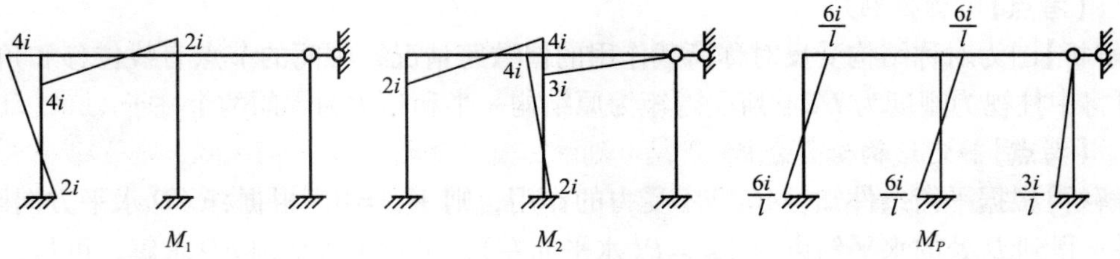

题39解图

40. D 【考点】位移法基本体系

【解析】一般情形下结构有多少个刚结点就有多少个角位移。在组合节点处(铰和支杆相连的节点)也会发生角位移，所以独立的角位移有四个。至于独立的线位移数，则可用机构法判别。机构法是指将原结构的刚结点换成铰结点，固定端换成铰支座，使其变成机构。把最左边和最右边的刚节点处用支杆固定，则整个结构的线位移和支杆的线位移是有关系的，所以独立的线位移有两个。

41. B 【考点】超静定次数

【解析】利用去掉多余约束法，将超静定结构的多余约束去掉，使之变成静定结构。所去掉多余约束的数目，即为原结构的超静定次数。去掉三个竖向链杆即成为静定结构。

42. B 【考点】多自由度体系的概念

【解析】一般情况下，不同自由度的自由振动，其自振频率是不一样的。对于多自由度体系来说，它的自由振动是由不同自振频率简谐振动的线性组合。

43. D 【考点】荷载下静定结构的位移计算

【解析】由位移的计算公式 $\Delta=\sum\int\frac{\overline{M_1}M_P}{EI}ds+\sum\int\frac{\overline{N_1}N_P}{EA}ds$ 知，刚度越大，位移越小。在四个选项中，D项结构组成最复杂，在轴力图图乘时，所得的刚度也最大，故位移最小。

44. D 【考点】力法基本体系

【解析】将该结构下部分绕截点旋转180°，则旋转后的力 X_1、X_2 与上半部分的力 X_1、X_2

方向相同，而 X_3、$\dfrac{P}{2}$ 的方向相反。作 M_P、M_2、M_3、M_1 图，由对称性可得，$\delta_{12} \neq 0$，$\delta_{23} = 0$，$\delta_{31} = 0$，$\Delta_{2P} = 0$。

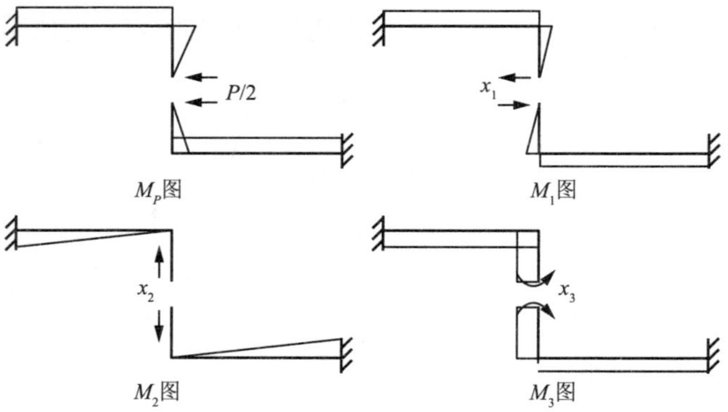

题 44 解图

45. D 【考点】对称性利用

【解析】图为对称结构受反对称荷载作用的偶数跨情况，中间的节点有线位移和角位移，可将中柱视为刚度为 $I/2$、所受弯矩为原结构一半和相距为零的两个柱子。

46. C 【考点】静定结构受力分析

【解析】根据平衡条件知，AC 杆不受力的作用，则 $M_{AC} = 0$。根据杆 CD 水平方向平衡条件，得到 D 处的水平约束力 $F_{Dx} = P$（水平向左），再对主体结构 BD 求解，可得：$M_{BD} = Ph$（左侧受拉）。

47. D 【考点】静定桁架结构的内力分析

【解析】题 47 图所示结构为静定桁架结构，假设 1 杆的轴力为零，在对称作用下，结构也是对称的，可以满足结构的稳定性；又因为结构是静定的，所以结构只有一种解，即结构 1 杆的内力为零，这也是本题的唯一解。

48. B 【考点】体系的自振频率

【解析】沿振动方向加单位力求柔度系数，代入频率计算公式，得：$\delta = \dfrac{1}{EI_1}\dfrac{1}{2}h^2 \times \dfrac{2}{3}h + \dfrac{1}{EI}\dfrac{1}{2}hl \times \dfrac{2}{3}h = \dfrac{h^2 l}{3EI}$，则自振频率为：$\omega = \sqrt{\dfrac{1}{m\delta}} = \sqrt{\dfrac{3EI}{mh^2 l}} = \dfrac{1}{h}\sqrt{\dfrac{3EI}{ml}}$。

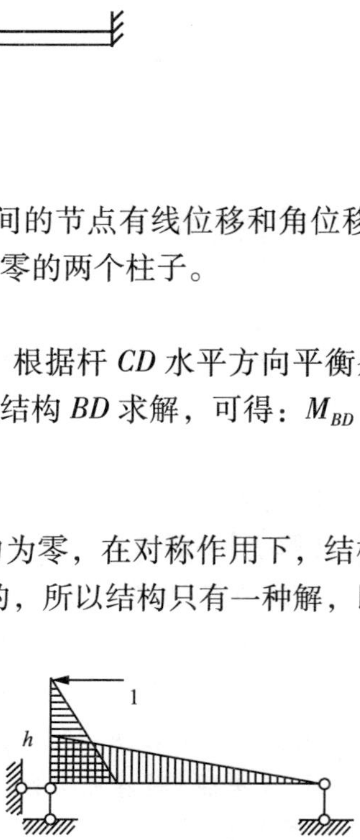

题 48 解图

49. A 【考点】结构试验的基本概念

【解析】结构试验的目的有：①科学研究性试验，包括验证结构计算理论的各种假定，为发展和推广新结构、新材料与新工艺提供实践经验，为制定设计规范提供依据。②生产鉴定性试验，包括：a. 鉴定结构设计和施工质量的可靠程度；b. 鉴定预制构件的产品质量；c. 工程改建或加固，通过试验判断结构的实际承载能力；d. 为处理受灾结构和工程事故提供技术根据；e. 对已建结构进行可靠性检验，推定结构剩余寿命。

50. D 【考点】试验装置设计

【解析】加载设备的基本要求有：①荷载试验的作用，应符合实际荷载作用的传递方式，能使被实验结构、构件再现其实际工作状态的边界条件，使截面或部位产生的截面内力与设计计算等效；②产生的荷载值应当明确，满足试验的精确度，除模拟动力作用之外，荷载值应能保持相对稳定，不会随时间、环境条件的改变和结构的变形而变化；③加载设备本身应有足够的承载力和刚度，并有足够的储备保证使用安全可靠；④加载设备不应参与结构工作，以致改变结构的受力状态或使结构产生次内力；⑤应能方便调节和分级加(卸)载，易于控制加(卸)载速率，分级值应能满足精度要求；⑥尽量采用先进技术，满足自动化的要求，减轻劳动强度，方便加载，提高试验效率和质量。D 项，根据第④条，加载设备不应参与结构工作，因此 D 项错误。

51. B 【考点】应变测量仪器

【解析】由应变片应变与应力公式可得，应变与应力的变化呈线性关系。应变 $\varepsilon=\frac{\sigma}{E}=\frac{400}{2\times10^5}=0.002$，应变片的阻值变化率为：$\frac{\mathrm{d}R}{R}=K\times\varepsilon$，$K$ 为灵敏度系数，则应变片的阻值变化 dR 为：$\mathrm{d}R=K\times\varepsilon\times R=2.0\times0.002\times120=0.48\Omega$。

52. C 【考点】结构试验的量测仪器

【解析】结构的位移主要是指构件的挠度、侧移、转角、支座偏移等参数，可分为线位移和角位移变形两种。用位移计可测量简支梁的支座转角，梁的截面曲率，受扭构件(板)的扭角。截面应变不适合用位移计去测量。

53. C 【考点】混凝土结构强度的非破损检测

【解析】超声法测混凝土主要是根据超声波的传播速度和混凝土的强度之间存在的关系，与钢筋无关。用超声法可以检测混凝土强度、混凝土裂缝和混凝土内部缺陷，但无法检测钢筋的位置。钢筋位置通过钢筋检测仪检测，其基本原理为利用电磁感应原理检测，可检测现有钢筋混凝土或新建钢筋混凝土内部钢筋直径、位置、分布及钢筋的混凝土保护层厚度。

54. A 【考点】土的物理性质

【解析】当黏性土由半固体状态转入固体状态时，黏性土的孔隙体积和位置已经固定，水分的减少不会改变孔隙比，所以其体积不再随含水率减少而变化。

55. C 【考点】土的物理性质

【解析】土的饱和度 S_r 是土中所含水分的体积与孔隙体积之比，表明孔隙被水充满的程度，用百分数表示，即 $S_r=\frac{V_w}{V_v}\times100\%$，饱和度为 100% 的土称为饱和土，饱和度为零的土称为干土。

56. D 【考点】土的自重应力

【解析】D 项，当地层中存在有承压水层时，该层的自重应力计算方法与潜水层不相同，潜水层使用天然重度与水重度之和。AB 两项，地下水位以上用天然重度，地下水位以下用浮重度，而浮重度相比天然重度小，所以地下水位的下降会使土中的自重应力加大。C 项，浮力是指物体上表面和下表面受到的压力差，而在不透水层中，只受到上表面的压力，不受浮力作用，故静水压力为零。

57. B 【考点】地基沉降量的计算

【解析】无侧向变形条件下，单向压缩量公式为：$s_i=a\overline{\sigma}_z h_i/(1+e_{1i})$。代入数据可得：

$$S=\frac{0.50\times60\times10^{-3}}{1+0.8}\times1000\text{mm}=16.7\text{mm}$$

58. A 【考点】边坡稳定性

【解析】对黏性土坡进行稳定性分析，则根据泰勒稳定系数 $N_s=\gamma H_{cr}/c$，得土坡的极限坡高为：$H_{cr}=N_s c/\gamma=9.2\times25\times10^3/(18\times10^3)\text{m}=12.78\text{m}$。

稳定安全系数为：$K=H_{cr}/H=12.78/8=1.6$。

59. D 【考点】浅基础设计

【解析】设计柱下条形基础时，梁宽一般比柱宽每侧宽 50mm。但当柱宽大于 400mm(特别是当柱截面更大)时，梁宽若仍每侧比柱宽 50mm，将不经济且无必要。此时，梁宽可不一定大于柱宽，可在柱附近做成八字形过渡，由基础梁截面强度计算确定。

60. C 【考点】地基处理方法

【解析】复合地基的压缩模量为

$$E_{sp}=mE_p+(1-m)E_a=0.25\times120+(1-0.25)\times6\text{MPa}=34.5\text{MPa}$$

代入加固区的变形量公式，可得

$$S=(\Delta p/E_{sp})\times H=(121\times10^{-3}/34.5)\times8000\text{mm}=28\text{mm}$$

2010年一级注册结构工程师执业资格考试《专业基础考试》真题

单项选择题(共60题，每题2分。每题的备选项中只有一个最符合题意)

1. 憎水材料的润湿角(　　)。

A. >90°　　B. ≤90°　　C. >45°　　D. ≤180°

2. 含水率5%的砂220g，其中所含的水量为(　　)。

A. 10g　　B. 10.48g　　C. 11g　　D. 11.5g

3. 煅烧石灰石可作为无机胶凝材料，其具有气硬性的原因是能够反应生成(　　)。

A. 氢氧化钙　　B. 水化硅酸钙　　C. 二水石膏　　D. 水化硫铝酸钙

4. 骨料的所有孔隙充满水但表面没有水膜，该含水状态被称为骨料的(　　)。

A. 气干状态　　B. 绝干状态　　C. 潮湿状态　　D. 饱和面干状态

5. 混凝土强度的形成受到其养护条件的影响，主要是指(　　)。

A. 环境温湿度　　B. 搅拌时间　　C. 试件大小　　D. 混凝土水灰比

6. 石油沥青的软化点反映了沥青的(　　)。

A. 粘滞性　　B. 温度敏感性　　C. 强度　　D. 耐久性

7. 钢材中的含碳量提高，可提高钢材的(　　)。

A. 强度　　B. 塑性　　C. 可焊性　　D. 韧性

8. 下列何项作为测量外业工作的基准面？(　　)

A. 水准面　　B. 参考椭球面　　C. 大地水准面　　D. 平均海水面

9. 下列何项是利用仪器所提供的一条水平视线来获取两点之间高差的测量方法？(　　)

A. 三角高程测量　　B. 物理高程测量　　C. 水准测量　　D. GPS高程测量

10. 在1∶2000地形图上，量得某水库图上汇水面积为$P=1.6\times10^4\text{cm}^2$，某次降水过程雨量(每小时平均降雨量)$m=50\text{mm}$，降水时间持续($n$)为2小时30分钟，设蒸发系数$k=0.5$，按汇水量$Q=P\cdot m\cdot n\cdot k$计算，本次降水汇水量为(　　)。

A. $1.0\times10^{11}\text{m}^3$　　B. $2.0\times10^4\text{m}^3$　　C. $1.0\times10^7\text{m}^3$　　D. $4.0\times10^5\text{m}^3$

11. 钢尺量距时，加入下列何项改正后，才能保证距离测量精度？(　　)

A. 尺长改正　　B. 温度改正

C. 倾斜改正　　D. 尺长改正、温度改正和倾斜改正

12. 建筑物的沉降观测是依据埋设在建筑物附近的水准点进行的，为了相互校核并防止由于某个水准点的高程变动造成差错，一般至少埋设水准点的数量为(　　)。

A. 2个　　B. 3个　　C. 6个　　D. 10个以上

13. 下列行为违反了《建设工程勘察设计管理条例》的是(　　)。

A. 将建筑艺术造型有特定要求项目的勘察设计任务直接发包

B. 业主将一个工程建设项目的勘察设计分别发包给几个勘察设计单位

C. 勘察设计单位将所承揽的勘察设计任务进行转包

D. 经发包方同意，勘察设计单位将所承揽的勘察设计任务的非主体部分进行分包

14. 《工程建设标准强制性条文》是设计或施工时(　　)。

A. 重要的参考指标　　B. 必须绝对遵守的技术法规

C. 必须绝对遵守的管理标准　　D. 必须绝对遵守的工作标准

15. 我国《节约能源法》规定，对直接负责的主管人员和其他直接责任人员依法给予处分，是因为批准或者核准的项目建设不符合(　　)。

A. 推荐性节能标准　　B. 设备能效标准

C. 设备经济运行标准　　D. 强制性节能标准

16. 房地产开发企业销售商品房不得采取的方式是(　　)。

A. 分期付款　　B. 收取预售款　　C. 收取定金　　D. 返本销售

17. 在建筑物稠密且为淤泥质土的基坑支护结构中，其支撑结构宜选用(　　)。

A. 自立式(悬臂式)　　B. 锚拉式

C. 土层锚杆　　D. 钢结构水平支撑

18. 钢筋经冷拉后不得用作构件的(　　)。

A. 箍筋　　B. 预应力钢筋　　C. 吊环　　D. 主筋

19. 砌体工程中，下列墙体或部位中可以留设脚手眼的是(　　)。

A. 120mm 厚砖墙、空斗墙和砖柱

B. 宽度小于 2m，但大于 1m 的窗间墙

C. 门洞窗口两侧 200mm 和距转角 450mm 的范围内

D. 梁和梁垫下及其左右 500mm 范围内

20. 以整个建设项目或建筑群为编制对象，用以指导其施工全过程各项施工活动的综合技术经济文件为(　　)。

A. 分部工程施工组织设计　　B. 分项工程施工组织设计

C. 单位工程施工组织设计　　D. 施工组织总设计

21. 进行资源有限—工期最短优化时，当将某工作移出超过限量的资源时段后，计算发现工期增量小于零，以下说明正确的是(　　)。

A. 总工期会延长　　B. 总工期会缩短　　C. 总工期不变　　D. 这种情况不会出现

22. 钢筋混凝土构件承载力计算中受力钢筋的强度限值为(　　)。

A. 有明显流幅的取其极限抗拉强度，无明显流幅的按其条件屈服点取

B. 所有均取其极限抗拉强度

C. 有明显流幅的按其屈服点取，无明显流幅的按其条件屈服点取

D. 有明显流幅的按其屈服点取，无明显流幅的取其极限抗拉强度

23. 为了避免钢筋混凝土受弯构件因斜截面受剪承载力不足而发生斜压破坏，下列措施不正确的是(　　)。

A. 增加截面高度　　B. 增加截面宽度

C. 提高混凝土强度等级　　D. 提高配箍率

24. 为使 5 等跨连续梁的边跨跨中出现最大正弯矩，其活荷载应布置在(　　)。

A. 第 2 和 4 跨　　B. 第 1、2、3、4 和 5 跨

C. 第 1、2 和 3 跨　　D. 第 1、3 和 5 跨

25. 钢筋混凝土单层厂房排架结构中吊车的横向水平作用在(　　)。

A. 吊车梁顶面水平处　　B. 吊车梁底面，即牛腿顶面水平处

C. 吊车轨顶水平处　　D. 吊车梁端1/2高度处

26. 选用结构钢材牌号时必须考虑的因素包括(　　)。

A. 制作安装单位的生产能力　　B. 构件的运输和堆放条件

C. 结构的荷载条件和应力状态　　D. 钢材的焊接工艺

27. 提高受集中荷载作用简支钢架整体稳定性的有效方法是(　　)。

A. 增加受压翼缘宽度　　B. 增加截面高度

C. 布置腹板加劲肋　　D. 增加梁的跨度

28. 采用高强度螺栓的梁柱连接中，螺栓的中心间距应(　　)(d_0为螺栓孔径)。

A. 不小于$2d_0$　　B. 不小于$3d_0$　　C. 不大于$4d_0$　　D. 不大于$5d_0$

29. 简支梯形钢屋架上弦杆的平面内计算长度系数应取(　　)。

A. 0.75　　B. 1.1　　C. 0.9　　D. 1.0

30. 网状配筋砌体的抗压强度较无筋砌体高，这是因为(　　)。

A. 网状配筋约束砌体横向变形　　B. 钢筋可以承受一部分压力

C. 钢筋可以加强块体强度　　D. 钢筋可以使砂浆强度提高

31. 《砌体结构设计规范》(GB 50003—2001)中砌体弹性模量的取值为(　　)。

A. 原点弹性模量　　B. $\sigma=0.43f_m$时的切线模量

C. $\sigma=0.43f_m$时的割线模量　　D. $\sigma=f_m$时的切线模量

32. 配筋砌体结构中，下列正确的描述是(　　)。

A. 当砖砌体受压承载力不满足要求时，应优先采用网状配筋砌体

B. 当砖砌体受压构件承载能力不满足要求时，应优先采用组合砌体

C. 网状配筋砌体灰缝厚度应保证钢筋上下至少有10mm厚的砂浆层

D. 网状配筋砌体中，连弯钢筋网的间距S_n取同一方向网的间距

33. 进行砌体结构设计时，必须满足下面哪些要求？(　　)

①砌体结构必须满足承载力极限状态；

②砌体结构必须满足正常使用极限状态；

③一般工业与民用建筑中的砌体构件，目标可靠指标$\beta\geqslant3.2$；

④一般工业与民用建筑中的砌体构件，目标可靠指标$\beta\geqslant3.7$。

A. ①②③　　B. ①②④　　C. ①④　　D. ①③

34. 图示平面体系，多余约束的个数是(　　)。

A. 1个　　B. 2个　　C. 3个　　D. 4个

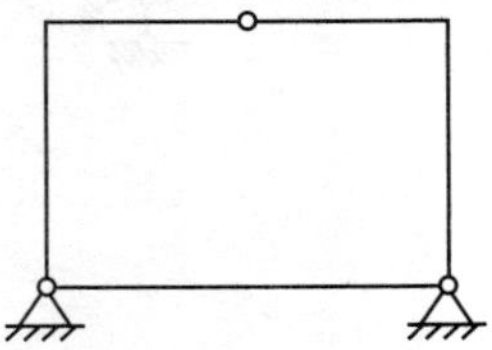

题34图

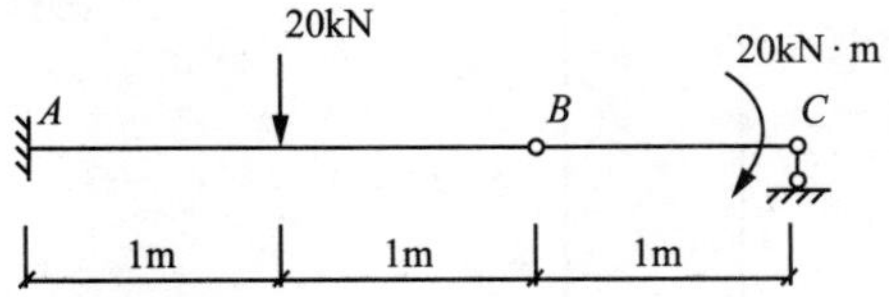

题35图

35. 图示结构，A支座提供的约束力矩是(　　)。

A. 60kN·m，下表面受拉　　B. 60kN·m，上表面受拉

C. 20kN·m，下表面受拉　　D. 20kN·m，上表面受拉

36. 桁架受力如图，下列杆件中，非零杆是(　　)。

A. 杆2—4　　B. 杆5—7　　C. 杆1—4　　D. 杆6—7

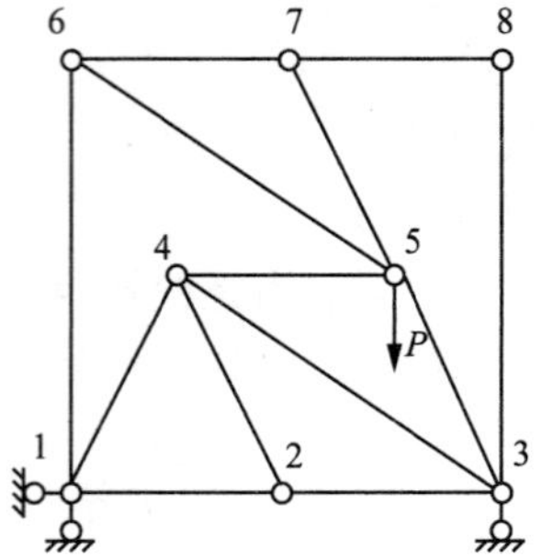

题36图

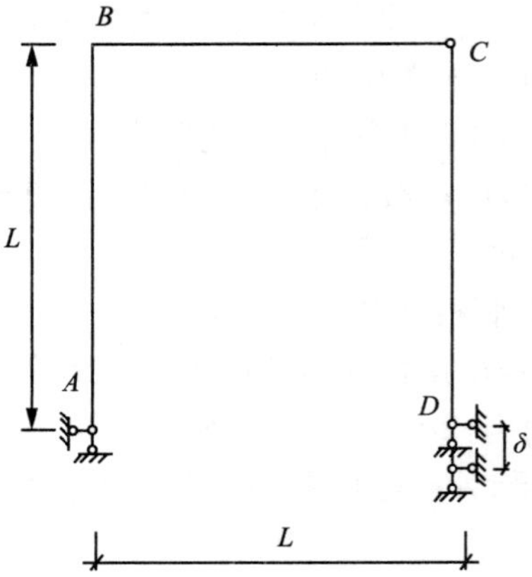

题37图

37. 图示刚架，EI 为常数，忽略轴向变形。当 D 支座发生支座沉降 δ 时，B 点转角为(　　)。

A. δ/L　　B. $2\delta/L$　　C. $\delta/(2L)$　　D. $\delta/(3L)$

38. 图示结构，EI 为常数。结点 B 处弹性支撑刚度系数 $k=3EI/L^3$，C 点的竖向位移为(　　)。

A. $\dfrac{PL^3}{EI}$　　B. $\dfrac{4PL^3}{3EI}$　　C. $\dfrac{11PL^3}{6EI}$　　D. $\dfrac{2PL^3}{EI}$

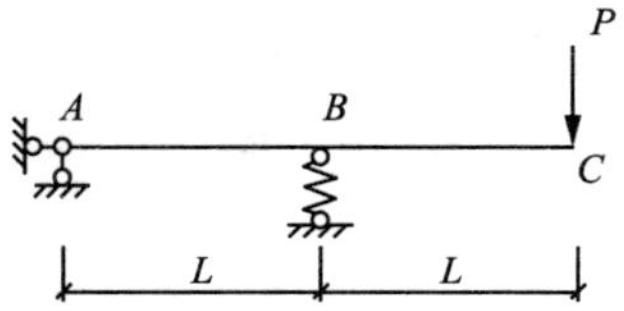

题38图

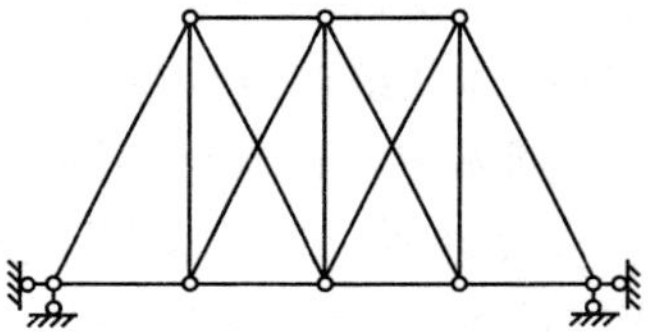

题39图

39. 图示桁架的超静定次数是(　　)。

A. 1次　　B. 2次　　C. 3次　　D. 4次

40. 用力法求解图示结构(EI 为常数)，基本体系及基本未知量如图所示，柔度系数 δ_{11} 为(　　)。

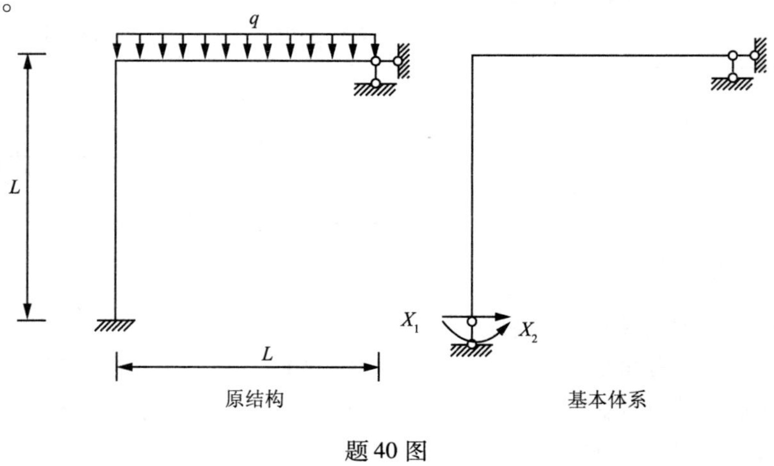

题40图

A. $\dfrac{2L^3}{3EI}$　　B. $\dfrac{L^3}{3EI}$　　C. $\dfrac{L^3}{2EI}$　　D. $\dfrac{3L^3}{2EI}$

41. 图示梁线刚度为 i，长度为 l，当 A 端发生微小转角 α，B 端发生微小位移 $\Delta = l\alpha$ 时，梁两端的弯矩(对杆端顺时针为正)为(　　)。

A. $M_{AB} = 2i\alpha$，$M_{BA} = 4i\alpha$　　B. $M_{AB} = -2i\alpha$，$M_{BA} = -4i\alpha$

C. $M_{AB} = 10i\alpha$，$M_{BA} = 8i\alpha$　　D. $M_{AB} = -10i\alpha$，$M_{BA} = -8i\alpha$

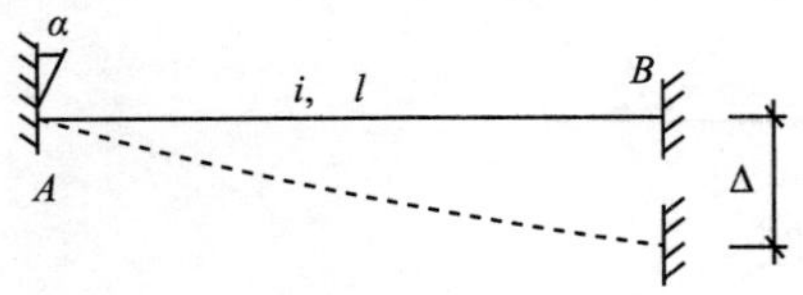

题 41 图

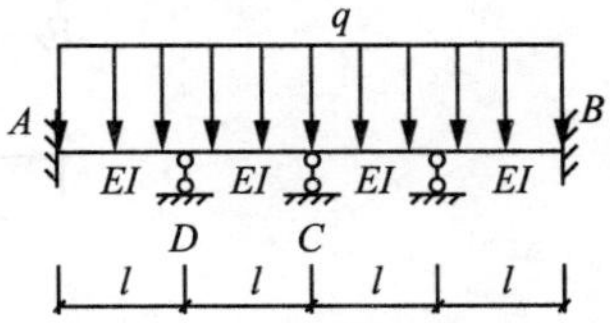

题 42 图

42. 图示梁 AB，EI 为常数，支座 D 的反力 R_D 为(　　)。

A. $ql/2$　　B. ql　　C. $3ql/2$　　D. $2ql$

43. 图示组合结构，梁 AB 的抗弯刚度为 EI，二力杆的抗拉刚度都为 EA。DG 杆的轴力为(　　)。

A. 0　　B. P，受拉　　C. P，受压　　D. $2P$，受拉

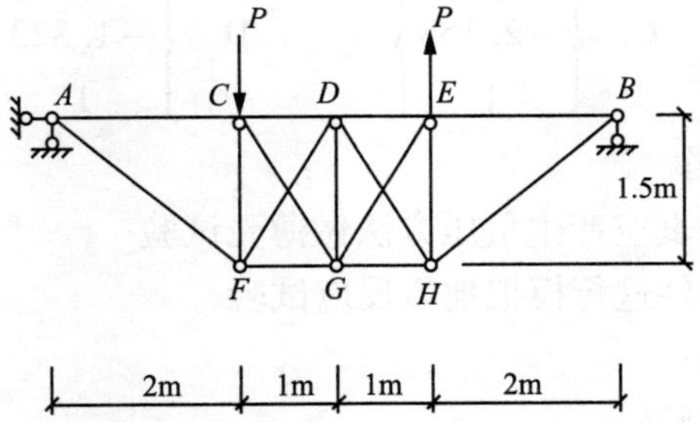

题 43 图

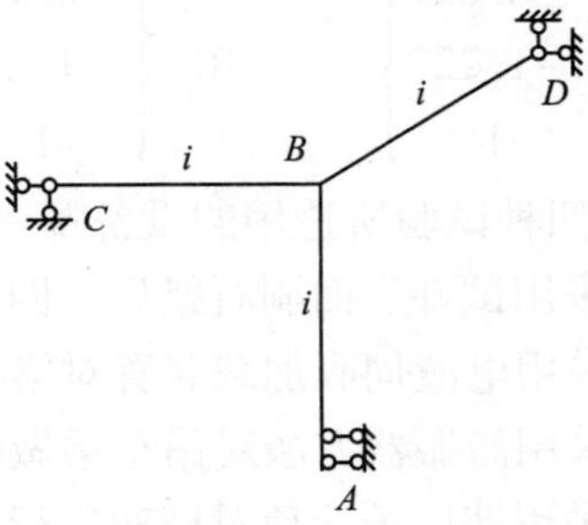

题 44 图

44. 用力矩分配法求解图示结构，分配系数 μ_{BD}、传递系数 C_{BA} 分别为(　　)。

A. $\mu_{BD} = 3/10$，$C_{BA} = -1$

B. $\mu_{BD} = 3/7$，$C_{BA} = -1$

C. $\mu_{BD} = 3/10$，$C_{BA} = 1/2$

D. $\mu_{BD} = 3/7$，$C_{BA} = 1/2$

45. 图示移动荷载(间距为 0.4m 的两个集中力，大小分别为 6kN 和 10kN)在桁架结构的上弦移动，杆 BE 的最大压力为(　　)。

A. 0kN

B. 6.0kN

C. 6.8kN

D. 8.2kN

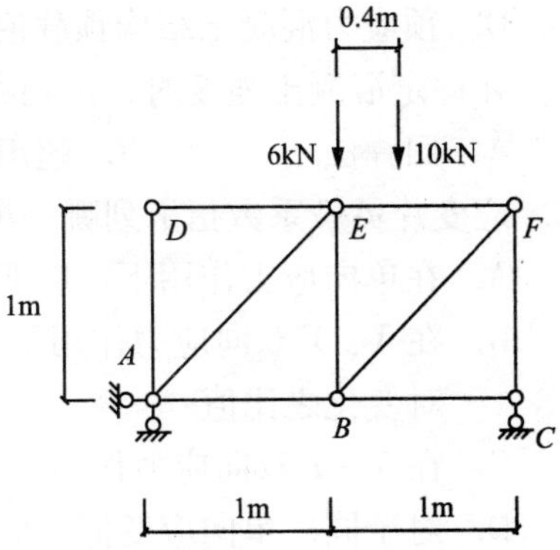

题 45 图

46. 图中所示梁的质量沿轴线均匀分布，该结构动力自由度的个数为(　　)。

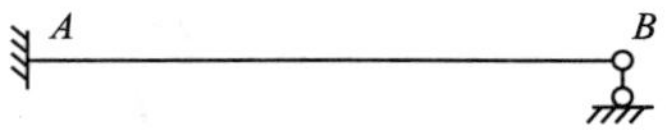

题 46 图

A. 1　　B. 2　　C. 3　　D. 无穷多

47. 图示结构，质量 m 在杆件中点，$EI=\infty$，弹簧刚度为 k。该体系自振频率为（　　）。

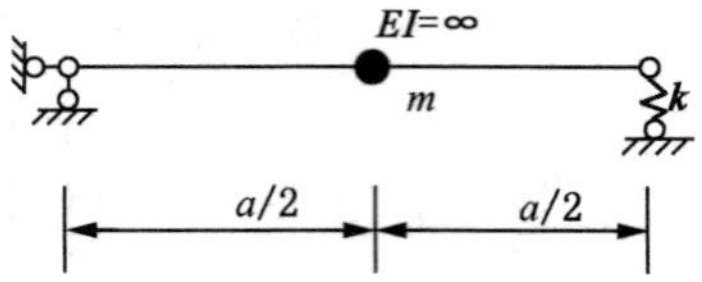

题 47 图

A. $\sqrt{\dfrac{9k}{4m}}$　　B. $\sqrt{\dfrac{2k}{m}}$　　C. $\sqrt{\dfrac{9k}{2m}}$　　D. $\sqrt{\dfrac{4k}{m}}$

48. 已知结构刚度矩阵 $\boldsymbol{K}=\begin{bmatrix}20 & -5 & 0\\ -5 & 8 & -3\\ 0 & -3 & 3\end{bmatrix}$，第一主振型为 $\begin{Bmatrix}0.163\\ 0.569\\ 1\end{Bmatrix}$，则第二主振型可能为（　　）。

A. $\begin{Bmatrix}-0.627\\ -1.227\\ 1\end{Bmatrix}$　　B. $\begin{Bmatrix}-0.924\\ -1.227\\ 1\end{Bmatrix}$　　C. $\begin{Bmatrix}-0.627\\ -2.158\\ 1\end{Bmatrix}$　　D. $\begin{Bmatrix}-0.924\\ -1.823\\ 1\end{Bmatrix}$

49. 下述四种试验所选用的设备哪一种最不当？（　　）

A. 采用试件表面刷石蜡后，四周封闭抽真空产生负压方法做薄壳试验

B. 采用电液伺服加载装置对梁柱节点构件进行模拟地震反应试验

C. 采用激振器方法对吊车梁做疲劳试验

D. 采用液压千斤顶对桁架进行承载力试验

50. 结构试验前，应进行预载，以下结论哪一条不当？（　　）

A. 混凝土结构预载值不可以超过开裂荷载

B. 预应力混凝土结构预载值可以超过开裂荷载

C. 钢结构的预载值可以加到使用荷载值

D. 预应力混凝土结构预载值可以加至使用荷载值

51. 在评定混凝土强度时，下列哪一种方法较为理想？（　　）

A. 回弹法　　B. 超声波法　　C. 钻孔后装法　　D. 钻芯法

52. 应变片灵敏系数指下列哪一项？（　　）

A. 在单向应力作用下，应变片电阻的相对变化与沿其轴向的应变之比值

B. 在 X、Y 双向应力作用下，X 方向应变片电阻的相对变化与 Y 方向应变片电阻的相对变化之比值

C. 在 X、Y 双向应力作用下，X 方向应变值与 Y 方向应变值之比值

D. 对于同一单向应变值，应变片在此应变方向垂直安装时的指示应变与沿此应变方向安装时指示应变的比值（以百分数表示）

53. 下列哪一种量测仪表属于零位测定法？（　　）

A. 百分表应变量测装置(量测标距250mm)

B. 长标距电阻应变计

C. 机械式杠杆应变仪

D. 电阻应变式位移计(量测标距250mm)

54. 土体的孔隙率为47.71%，那么用百分比表示的该土体的孔隙比为(　　)%。

A. 91.24　　B. 109.60　　C. 47.71　　D. 52.29

55. 一个地基包含1.50m厚的上层干土层和下卧饱和土层。干土层容重15.6kN/m^3而饱和土层容重为19.8kN/m^3。那么埋深3.50m处的总竖向地应力为(　　)。

A. 63kPa　　B. 23.4kPa　　C. 43kPa　　D. 54.6kPa

56. 直径为38mm的干砂土样品，进行常规三轴实验，围压恒定为48.7kPa，最大轴向加载杆的轴向力为75.2N，那么该样品的内摩擦角为(　　)。

A. 23.9度　　B. 22.0度　　C. 30.5度　　D. 20.1度

57. 在饱和软黏土地基上进行快速临时基坑开挖。不考虑坑内降水。如果有一个测压管埋置在基坑边坡位置内，开挖结束时的测压管水头比初始状态会(　　)。

A. 上升　　B. 不变　　C. 下降　　D. 不确定

58. 桩基岩土工程勘察中对碎石土宜采用的原位测试手段为(　　)。

A. 静力触探　　B. 标准贯入试验

C. 重型或超重型圆锥动力触探　　D. 十字板剪切试验

59. 某匀质地基承载力特征值为120kPa，基础深度的地基承载力修正系数为1.5，地下水位深2m，水位以上天然重度为16kN/m^3，水位以下饱和重度为20kN/m^3，条形基础宽3m，则基础埋置深度为3m时，按深宽修正后的地基承载力特征值为(　　)。

A. 159kPa　　B. 171kPa　　C. 180kPa　　D. 186kPa

60. 泥浆护壁法钻孔灌注混凝土桩属于(　　)。

A. 非挤土桩　　B. 部分挤土桩　　C. 挤土桩　　D. 预制桩

答案及详解

单项选择题(共60题，每题2分。每题的备选项中只有一个最符合题意)

1. A 【**考点**】建筑材料的基本性质

【**解析**】材料在空气中与水接触时，表面能被水浸润的性质称为亲水性，反之则为憎水性。表征材料亲水性的指标是润湿角。亲水性的材料其湿润边角 $\theta \leqslant 90°$，表示水分子之间的内聚力小于水分子与材料分子间的吸引力；憎水性材料的润湿边角 $\theta > 90°$，表示水分子之间的内聚力大于水分子与材料分子间的吸引力。

2. B 【**考点**】建筑材料的基本性质

【**解析**】含水率的计算公式为：$\omega_{含} = \dfrac{m_1 - m_0}{m_0} \times 100\%$。式中，$m_1$ 为材料在含水状态下的重量；m_0 为材料在干燥状态下的重量。把题干已知条件代入公式解得：$m_0 = 209.52\text{g}$，故含水量为：$m_1 - m_0 = 220 - 209.52 = 10.48\text{g}$。

3. A 【**考点**】无机胶凝材料的气硬性

【**解析**】煅烧石灰石产生的生石灰(CaO)在使用时加水消解为熟石灰，其主要成分为 $Ca(OH)_2$，在硬化过程中与空气中的 CO_2 发生反应形成不溶于水的 $CaCO_3$ 晶体，产生强度。

4. D 【**考点**】混凝土骨料的性质

【**解析**】骨料的含水状态分为绝干状态、气干状态、饱和面干状态和潮湿状态。D 项，饱和面干状态是指骨料表面干燥但内部孔隙含水达到饱和的状态。A 项，气干状态是指骨料内部孔隙中所含水分与周围大气湿度所决定的空气中水分达到平衡的含水状态。B 项，绝干状态是指骨料干燥、含水率为零的状态。C 项，潮湿状态是指骨料内部孔隙含水达到饱和且表面附有一层水的状态。

5. A 【**考点**】混凝土强度

【**解析**】为了获得质量良好的混凝土，混凝土成型后必须进行适当的养护，以保证水泥水化过程的正常进行。混凝土标准养护试块是在温度为 20 ±2℃范围，湿度不小于 95% 的条件下，养护 28 天，所以养护过程需要控制的参数为温度和湿度。

6. B 【**考点**】沥青的技术性质

【**解析**】沥青软化点是指沥青受热由固态转变为具有一定流动态势时的温度，用来表示石油沥青的温度稳定性。软化点越高，表明沥青的耐热性越好，即温度稳定性越好。当温度达到软化点时，任何一种沥青材料的黏度皆相同。沥青另外一个主要质量指标是沥青针入度，它表示沥青软硬程度和稠度、抵抗剪切破坏的能力，反映在一定条件下沥青的相对黏度。

7. A 【**考点**】建筑钢材组成组织与性能的关系

【**解析**】碳是影响钢材性能的主要元素之一，在碳素钢中随着含碳量的增加，其强度和硬度提高，塑性和韧性降低。当含碳量大于 0.3% 时，钢的可焊性显著降低；当含碳量大于 1% 后，脆性、硬度增加，强度下降。此外，钢的冷脆性和时效敏感性随含碳量增加而增大，但耐大气锈蚀性降低。

8. C 【考点】测量工作基本概念

【解析】地面点到大地水准面的铅垂距离称为该点的绝对高程，因此，大地水准面是测量外业工作的基准面。

9. C 【考点】水准测量原理

【解析】水准测量的原理是利用水准仪提供的水平视线，在竖立在两点上的水准尺上读数，以测定两点间的高差，从而由已知点的高程推算未知点的高程。A 项，三角高程测量是指通过观测两个控制点的水平距离和天顶距(或高度角)求定两点间高差的方法。B 项，物理高程测量又分气压高程测量、声波高程测量、雷达高程测量和液体静力水准测量，是通过测量其他物理量来推算高程的一种方法，精度低，较少运用。D 项，GPS 高程测量是指利用全球定位系统(GPS)测量技术直接测定地面点的大地高，或间接确定地面点的正常高的方法。

10. D 【考点】地形图应用的基本知识

【解析】根据比例尺，该水库实际汇水面积为：

$$P_{实} = 1.6 \times 10^4 \times 2000 \times 2000 \times 10^{-4} = 6.4 \times 10^6 \mathrm{m}^2$$

故汇水量 $Q = P \cdot m \cdot n \cdot k = 6.4 \times 10^6 \times 0.05 \times 2.5 \times 0.5 = 4 \times 10^5 \mathrm{m}^3$。

11. D 【考点】距离测量

【解析】钢尺量距的成果整理一般应包括计算每段距离的量得长度、尺长改正、温度改正和倾斜改正，最后算得经过各项长度改正后的水平距离。

12. B 【考点】建筑工程变形观测

【解析】根据《建筑变形测量规范》(JGJ 8—2016)第 5.2.1 条规定，沉降观测应设置沉降基准点。特等、一等沉降观测，基准点不应少于 4 个；其他等级沉降观测，基准点不应少于 3 个。故一般情况下至少埋设 3 个水准点。

13. C 【考点】工程发包和非分包的主体

【解析】根据《建设工程勘察设计管理条例》第二十条规定，建设工程勘察、设计单位不得将所承揽的建设工程勘察、设计转包。

14. B 【考点】《工程建设标准强制性条文》的重要性

【解析】《工程建设强制性条文》是工程建设过程中的强制性技术规定，是参与建设活动各方执行工程建设强制性标准的依据。执行《工程建设强制性条文》既是贯彻落实《建设工程质量管理条例》的重要内容，又是从技术上确保建设工程质量的关键，同时也是推进工程建设的标准体系改革所迈出的关键的一步。

15. D 【考点】处分相关责任人的根据

【解析】根据《中华人民共和国节约能源法》第六十八条规定，负责审批或者核准固定资产投资项目的机关违反本法规定，对不符合强制性节能标准的项目予以批准或者核准建设的，对直接负责的主管人员和其他直接责任人员依法给予处分。固定资产投资项目建设单位开工建设不符合强制性节能标准的项目或者将该项目投入生产、使用的，由管理节能工作的部门责令停止建设或者停止生产、使用，限期改造；不能改造或者逾期不改造的生产性项目，由管理节能工作的部门报请本级人民政府按照国务院规定的权限责令关闭。

16. D 【考点】商品房销售的合理方式

【解析】根据《商品房销售管理办法》第十一条规定，房地产开发企业不得采取返本销售或者变相返本销售的方式销售商品房。返本销售是指房地产开发企业以定期向买受人返还购房款的方式销售商品房的行为。

17. D 【考点】基坑支护

【解析】淤泥类土(包括淤泥质土、淤泥质砂土、淤泥质黏土)作为一种区域性特殊类土，具有天然含水量高、孔隙比大、透水性低、中压缩性、高灵敏度、抗剪强度低、承载力低、饱水状态下还具有触变、流变等特性，对工程的地质条件有着特殊影响。建筑物稠密且为淤泥质土的基坑，土质松软且对位移控制严格，应该采用钢结构水平支撑这种适用于土质较松散或湿度很高的场地的支撑结构。ABC 三项，自力式(悬臂式)支撑、锚拉式支撑、土层锚杆支撑多用用于土质较好、有较大内聚力和内摩擦角、开挖深度浅、对位移要求不严格的场地。

18. C 【考点】钢筋的冷加工

【解析】吊环为承受动力作用的构件，对延性要求很高。冷拉处理会降低钢材的延性，提高脆性，所以冷拉后的钢筋不宜用作构件的吊环。根据《钢框胶合板模板技术规程》(JGJ 96—2011)第 3.3.1 条规定，吊环应采用 HPB235 钢筋制作，严禁采用冷加工钢筋。

19. B 【考点】砌体施工

【解析】根据《砌体结构工程施工质量验收规范》(GB 50203—2011)第 3.0.9 条规定，不得在下列墙体或部位设置脚手眼：①120mm 厚墙、清水墙、料石墙、独立柱和附墙柱；②过梁上与过梁成 60°角的三角形范围及过梁净跨度 1/2 的高度范围内；③宽度小于 1m 的窗间墙；④门窗洞口两侧石砌体 300mm，其他砌体 200mm 范围内；转角处石砌体 600mm，其他砌体 450mm 范围内；⑤梁或梁垫下及其左右 500mm 范围内；⑥设计不允许设置脚手眼的部位；⑦轻质墙体；⑧夹心复合墙外叶墙。

20. D 【考点】施工组织设计分类

【解析】施工组织总设计是以一个建设项目或建筑群为编制对象，用以指导其施工全过程各项活动的技术和经济的综合性文件。AB 两项，分部分项工程施工组织设计，是以分部分项工程为编制对象，具体实施施工全过程的各项施工活动的综合性文件；C 项，单位工程施工组织设计是以一个建筑物、构筑物或一个交、竣工工程系统为编制单位，用以指导其施工全过程各项活动的技术和经济综合性文件。

21. D 【考点】网络计划优化

【解析】“资源有限，工期最短”优化是指利用网络的自由时差和总时差来优化资源的方法。未超出原工期时，总工期不变；超出原工期时，有工期增量。所以工期增量小于零的情况不会出现。

22. C 【考点】钢筋的强度与变形

【解析】流幅是描述钢筋塑性或者变形等物理性能的一种术语。钢筋的流幅愈长，伸长率愈大，即标志着钢筋的塑性指标好。根据《混凝土结构设计规范》(GB 50010—2010)(2015 年版)条文说明第 6.2.7 条规定，在钢筋标准中，有屈服点钢筋的屈服强度以 σ_s 表示，无屈服点钢筋的屈服强度以 $\sigma_{p0.2}$ 表示。σ_s 即屈服点的强度，$\sigma_{p0.2}$ 即条件屈服点的强度。

23. D 【考点】斜截面承载力

【解析】当混凝土受弯构件承受的剪力较大，而截面尺寸过小，或箍筋数量较多时，则会产生斜压破坏，此时箍筋应力达不到屈服强度，混凝土受弯构件的受剪承载力只取决于混凝土的抗压强度和截面尺寸，因此为避免斜压破坏，同时为了防止其在使用阶段斜裂缝过宽，对于矩形、T形和I形截面的受弯构件，其截面尺寸应符合下列条件：当$\frac{h_w}{b}\leqslant 4$时，应满足$V\leqslant 0.25\beta_c f_c bh_0$；当$\frac{h_w}{b}\geqslant 6$时，应满足$V\leqslant 0.2\beta_c f_c bh_0$。

V为剪力设计值；β_c为混凝土强度影响系数。当混凝土强度等级不超过$C50$时，取$\beta_c=1.0$，当混凝土强度等级为$C80$时，取$\beta_c=0.8$，其间按线性内插法确定；b为矩形截面宽度，对于T形和I形截面指腹板宽度；h_w为截面的腹板高度，对矩形截面取有效高度，对T形截面取有效高度减去翼缘高度，对I形截面取腹板净高。

24. D 【考点】超静定梁影响线的应用

【解析】根据超静定梁的影响线可知，活荷载只有布置在影响线的顶点时才会产生最大弯矩。5跨连续梁要求边跨最大弯矩，应从首跨开始隔跨布置，则活荷载应该布置在第1、3、5跨。

25. C 【考点】吊车的概念

【解析】吊车梁是支撑桁车运行的路基，多用于厂房中。吊车梁上有吊车轨道，吊车通过轨道在吊车梁上来回行驶。吊车的横向水平荷载通过行车梁传递到吊车梁轨道上，其作用点在吊车梁轨道的顶面处。

26. C 【考点】钢材的选用

【解析】为保证承重结构的承载能力和防止在一定条件下出现脆性破坏，应根据结构的重要性、荷载条件、结构形式、应力状态、连接方法、钢材厚度和工作环境等因素综合考虑，选用合适的钢材牌号和材性。

27. B 【考点】钢结构的整体稳定性

【解析】根据《钢结构设计标准》(GB 50017—2017)第6.2.2条规定，在最大刚度主平面内受弯的构件，其整体稳定性应按下式计算：$\frac{M_x}{\varphi_b W_x f}\leqslant 1.0$。第6.2.3条规定，在两个主平面受弯的$H$型钢截面或工字形截面构件，其整体稳定性应按下式计算：$\frac{M_x}{\varphi_b W_x f}+\frac{M_y}{\gamma_y W_y f}\leqslant 1.0$。公式中，$M_x$与荷载有关，题目中的荷载是一定的；$\varphi_b$与截面形式和长细比有关，杆件越长，$\varphi_b$越小，稳定性越差；$W_x$与截面形状有关，$W_x$越大，整体稳定性越好，提高$W_x$最有效的方法是增加截面高度。

28. B 【考点】高强度螺栓连接

【解析】螺栓的中心间距若是过小，易造成剪切破坏，在孔与孔间形成裂缝。但螺栓间距不宜太大，否则因构件接触不紧密或留有孔隙，使潮气侵入而引起锈蚀。为了防止螺栓孔与孔间的钢板不被剪坏，《钢结构设计标准》(GB 50017—2017)第11.5.2条表11.5.2规定，螺栓的中心间距的最小容许距离为$3d_0$。

29. D 【考点】钢屋架设计

【解析】根据《钢结构设计标准》(GB 50017—2017)第7.4.1条规定，确定桁架弦杆和单系腹杆的长细比时，其计算长度l_0应按表7.4.1-1(见题29解表)的规定采用。

题 29 解表　桁架弦杆和单系腹杆的计算长度 l_0

弯曲方向	弦杆	腹杆	
		支座斜杆和支座竖杆	其他腹杆
桁架平面内	l	l	$0.8l$
桁架平面外	l_1	l	l
斜平面	—	l	$0.9l$

其中 l 为构件的几何长度（节点中心间距离），l_1 为桁架弦杆侧向支承点之间的距离；斜平面系指与桁架平面斜交的平面，适用于构件截面两主轴均不在桁架平面内的单角钢腹杆和双角钢十字形截面腹杆。

故钢屋架上弦杆的平面内计算长度系数应取 1.0。

30. A　【考点】网状配筋砌体的受力特点

【解析】由于网状钢筋的存在，一定程度上提高了块体的抗弯及抗剪能力，推迟了块体中首批裂缝出现的时间。而且由于横向钢筋的约束作用，这些裂缝发展很慢，同时也不会相互贯通而把砌体分割成若干独立小柱，直到砌体破坏前都是完整的。

31. C　【考点】砌体的变形性能

【解析】根据《砌体结构设计规范》（GB 50003—2011）第 3.2.5 条规定，砌体的弹性模量取为应力—应变曲线上应力为 $0.43f_m$ 点的割线模量，此时 $E=0.8E_0$。

【说明】《砌体结构设计规范》（GB 50003—2001）已更新为《砌体结构设计规范》（GB 50003—2011）。

32. D　【考点】配筋砌体结构的构造要求

【解析】网状配筋砌体中，连弯钢筋网的间距 S_n 取同一方向网的间距。A 项，当砖砌体受压承载力不满足要求，且偏心距较小时，应优先采用网状配筋砌体；B 项，当砖砌体受压构件承载能力不满足要求，且偏心距较大时，应优先采用组合砌体；C 项，根据《砌体结构设计规范》（GB 50003—2011）第 8.1.3 条规定，灰缝厚度应保证钢筋上下至少各有 2mm 的砂浆厚度。

33. B　【考点】砌体结构的设计原则

【解析】根据《砌体结构设计规范》（GB 50003—2011）第 4.1.2 条规定，砌体结构应按承载能力极限状态设计并满足正常使用极限状态的要求。一般工业与民用建筑中的砌体构件规定的安全等级为二级。根据《建筑结构可靠性设计统一标准》（GB 50068—2018）第 3.2.6 条规定，安全等级为二级的结构构件，脆性破坏的可靠指标 $\beta \geqslant 3.7$。

34. A　【考点】平面体系的几何组成

【解析】刚片组成法。结构中的一根横杆和两根折杆可视作为 3 个刚片，这 3 个刚片之间通过 3 个不共线的铰两两相连，构成一个无多余约束的大刚片，由于大刚片与大地刚片通过两个铰相连，因此多余约束为 1 个。

35. C　【考点】静定结构受力分析

【解析】本题是求静定结构的反力，取 BC 部分，对 B 点取矩得：$\sum M_B = 20 - F_{Cy} \times 1 = 0$，故 $F_{Cy} = 20\text{kN}(\uparrow)$。对整体部分，对 A 点取矩得：$\sum M_A = 20 \times 1 + 20 - 20 \times 3 = -20\ \text{kN} \cdot \text{m}$，下表面受拉。

36. C　【考点】桁架的受力分析

【解析】对于8结点分析可知，7—8、8—3杆为零杆，对于7结点进行分析可知，5—7、6—7为零杆，对于6结点进行分析可知，5—6、6—1杆为零杆。对于5结点进行分析可知，4—5杆和3—5为非零杆；对1结点进行分析，1—4杆和1—2杆为非零杆；对于2结点进行分析，2—4杆为零杆，2—3杆为非零杆；对4结点进行分析，3—4杆为非零杆。

37. A 【考点】单位荷载法

【解析】运用单位荷载法，在 B 点作用一个顺时针方向的单位力矩，求得 D 点的支座反力为 $1/L(\uparrow)$，故 $\Delta\varphi_B=-\delta\cdot(-1/L)=\delta/L$。

38. D 【考点】单位荷载法

【解析】C点位移受到两方面的影响：①外荷载的产生的位移。运用单位荷载法，在C处设一竖直向下的单位力，由图乘法得：$\Delta_{Cy1}=\dfrac{1}{EI}\left(P\cdot L\cdot L\times\dfrac{1}{2}\times L\times\dfrac{2}{3}\times 2\right)=\dfrac{2PL^3}{3EI}$。②支座移动时产生的位移。由弹簧作用，有 $\Delta_{Cy2}=-\sum F_{RK}c_K=-(-2)\cdot\dfrac{2P}{k}=\dfrac{4PL^3}{3EI}$。因此，C点的竖向位移为：$\Delta_{Cy}=\Delta_{Cy1}+\Delta_{Cy2}=\dfrac{2PL^3}{EI}$。

39. C 【考点】超静定次数

【解析】桁架的计算自由度 W 计算公式为：$W=2j-b$。式中，j 为铰结点数；b 为链杆数与支座链杆数之和。根据题干可得：$W=2j-b=2\times8-(15+4)=-3$，因此该桁架超静定次数为3次。

40. A 【考点】力法方程

【解析】画出在 A 支座水平单位力作用下构件的弯矩图（见题40解图），图乘可得：$\delta_{11}=\dfrac{1}{EI}\left(L\times L\times\dfrac{1}{2}\times L\times\dfrac{2}{3}\times 2\right)=\dfrac{2}{3}\dfrac{L^3}{EI}$。

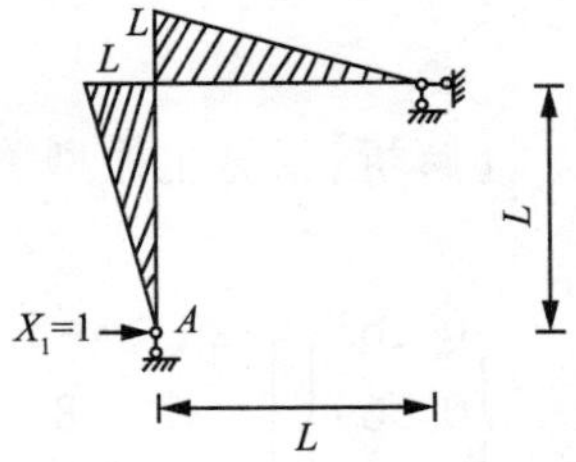

题40解图

41. B 【考点】等截面直杆刚度方程

【解析】在转角 α 单独作用下，$M_{AB}=4i\alpha$，$M_{BA}=2i\alpha$；在 $\Delta=l\alpha$ 单独作用下，$M_{AB}=-6i\alpha$，$M_{BA}=-6i\alpha$。故共同作用下，$M_{AB}=-2i\alpha$，$M_{BA}=-4i\alpha$。

42. B 【考点】半结构法

【解析】本题为正对称荷载作用下的正对称结构，取半结构 AC，由于 C 端不能转动且没有位移，所以 C 端为固定端，再取结构 AC 的半结构 AD，同理，D 端为固定端，此时支座 D 的支反力为：$R'_D=ql/2$，故整体结构支座 D 的反力 $R_D=2R'_D=ql$。

43. A 【考点】半结构法

【解析】该结构为对称结构，受到反对称荷载作用。在对称轴处，正对称内力（轴力、弯矩）为零，反对称内力（剪力）不为零，因此 DG 杆的轴力为零。

44. C 【考点】力矩分配法与传递系数

【解析】该结构 BA 杆件相当于两端固定梁，那么 B 结点处各杆转动刚度分别为：$S_{BA}=4i$，$S_{BC}=3i$，$S_{BD}=3i$，按刚度分配原则，分配系数 $\mu_{BD}=3/(4+3+3)=3/10$。此外，两端固定杆 BA 的传递系数为：$C_{BA}=1/2$。

45. C 【考点】影响线及应用

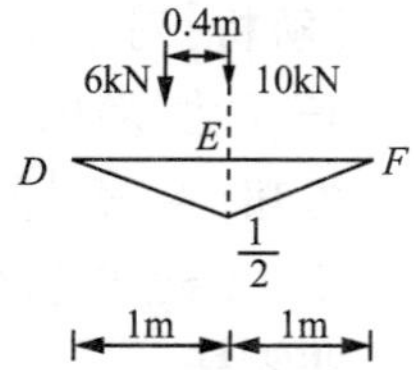

题 45 解图

【解析】采用截面法，可求得当荷载在 DE 段移动时，$N_{BE} = -F_{Cy}$，因此该段影响线取 F_{Cy} 的负值；当荷载在 EF 段移动时，$N_{BE} = -F_{Ay}$，因此该段影响线取 F_{Ay} 的负值，因此作出 BE 杆轴力的影响线如题 45 解图所示。由影响线图形可以看出，当 10kN 的力作用在 E 点时，BE 杆有最大的压力，此时 10kN 的力对杆 BE 的作用力为：$N_{10} = 10 \times 1/2 = 5\text{kN}$(压力)；6kN 的力作用在距 E 点 0.4m 处，其对杆 BE 的作用力为：$N_6 = 6 \times (1/2) \times (1-0.4)/1 = 1.8\text{kN}$(压力)，故杆 BE 的最大作用力 $N = N_{10} + N_6 = 5 + 1.8 = 6.8\text{kN}$(压力)。

46. D 【考点】多自由度体系

【解析】动力自由度是能够确定体系中所有运动质量相对位移所需的独立位移的数目。题目中梁的质量沿轴线均匀分布，体系中的运动质量为无穷多个，因此动力自由度也为无穷多个。

47. D 【考点】体系的自振频率

【解析】因为梁为刚性梁，对于简支梁跨中质量的竖向振动来说，其柔度系数只是由于弹簧引起，在跨中作用单位力 1，弹簧受力为$\frac{1}{2}$，向下位移为$\frac{1}{2k}$，所以跨中位移大小为：$\delta = \frac{1}{4k}$，故体系自振频率为：$f = \sqrt{\frac{1}{m\delta}} = \sqrt{\frac{4k}{m}}$。

48. B 【考点】多自由度体系的主振型正交性

【解析】根据主振型关于刚度矩阵的正交性，设第二主振型为$\begin{Bmatrix} x \\ y \\ z \end{Bmatrix}$，则：

$$\begin{Bmatrix} 0.163 \\ 0.569 \\ 1 \end{Bmatrix}^{\mathrm{T}} \begin{bmatrix} 20 & -5 & 0 \\ -5 & 8 & -3 \\ 0 & -3 & 3 \end{bmatrix} \begin{Bmatrix} x \\ y \\ z \end{Bmatrix} = 0\text{，解得第二振型为：}\begin{Bmatrix} -0.924 \\ -1.227 \\ 1 \end{Bmatrix}\text{。}$$

49. C 【考点】结构试验的加载设备

【解析】激振器用以产生激励力，并能将这种激励力施加到其他结构和设备上的装置，结构(吊车梁)疲劳试验，施加的荷载应为脉动循环的荷载，通常在结构疲劳试验机上进行，用液压脉动加载器加载。激振器产生的为对称循环荷载，而且一般的激振器也没有足够的激振力。

50. B 【考点】结构加载试验

【解析】预载一共分三级进行，每级取标准荷载的 20%，然后分 2 ~ 3 级卸完，对于混凝土试件，预载值不宜超过开裂荷载值的 70%。

51. D 【考点】混凝土强度检测技术

【解析】钻芯法是指在被测结构构件有代表性的部位钻芯取圆柱形芯样，经必要的加工后进行抗压强度试验，由抗压强度来推定混凝土的立方体抗压强度的方法。钻芯法被认为是一种直接、可靠，而又能较好反映材料实际情况的局部破损检验方法。

52. A 【考点】应变片的灵敏系数

【解析】应变片的灵敏系数是指应变片的单位应变所引起的应变片电阻相对变化。当金属导体在外力作用下发生机械变形时，其电阻值将相应地发生变化，这种现象称为金属导体的电阻—应变效应。

53. B 【考点】结构试验的量测仪器

【解析】零位测定法是指，测量时用被测量与标准量相比较，用指零仪表指示被测量与标准量相等(平衡)，从而获得被测量，即测量中没有将被测物理量示值进行放大的测量方法。A 项，百分表的放大倍数为 100 倍；B 项，长标距电阻应变计没有进行放大；C 项，机械式杠杆应变仪采用杠杆原理进行放大示值，放大率约为 1000；D 项，电阻应变式位移计采用放大电路进行放大示值，不同增益电阻的放大倍数是不同的。

54. A 【考点】土的物理性质

【解析】孔隙率是指孔隙体积占总体积的百分数，即 $n=\frac{V_v}{V}\times100\%$。孔隙比是指孔隙体积与固体体积之比，即 $e=\frac{V_v}{V_s}\times100\%=\frac{47.71\%}{1-47.71\%}\times100\%=91.24\%$。

55. C 【考点】土的自重应力

【解析】自重应力又称竖向地应力，是指由于土体自身重力所引起的应力，计算公式为：$\sigma_{cz}=\gamma_1h_1+\gamma_2h_2+\cdots+\gamma_nh_n=\sum_{i=1}^{n}\gamma_ih_i$。式中，$\gamma_i$ 为第 i 层土的重度；h_i 为第 i 层土的厚度；n 为从天然地面到深度 z 处的土层层数。则由题干可求得：

$$\sigma_{cz}=15.6\times1.5+(19.8-10)\times(3.5-1.5)\text{kPa}=43\text{kPa}$$

56. A 【考点】土的抗剪强度理论

【解析】轴向应力为：$\Delta\sigma=\frac{4N}{\pi d^2}=66.31\text{kPa}$，又 $\sigma_3=48.7\text{kPa}$，则 $\sigma_1=\sigma_3+\Delta\sigma=48.7+66.31\text{kPa}=115.01\text{kPa}$，根据土的极限平衡理论解得：

$$\sin\varphi=\frac{(\sigma_1-\sigma_3)/2}{(\sigma_1+\sigma_3)/2}=\frac{66.31}{115.01+48.7}=0.405$$

得 $\varphi=23.9°$。

57. B 【考点】边坡稳定

【解析】管道任意一点的测压管水头，等于该点相对于基准面的位置高度加上该点的压头值，即位置水头与压力水头之和。以测压管水面到基准面的高度表示的单位重量水的总势能。饱和软土地基有水，快速临时开挖意味着不排水，不考虑坑内降水，则开挖结束后测压管水头不变。

58. C 【考点】工程地质勘察方法

【解析】A 项，静力触探适用于软土、黏性土、粉土、砂类土、含少量碎石的土层，不适合于含较多碎石、砾石的土层和很密实的砂层；B 项，标准贯入试验适合于砂性土、黏性土，不适用于碎石类土及岩层；C 项，圆锥动力触探分为轻型、重型和超重型，轻型圆锥动力触探适合于浅部填土、砂土、粉土和黏性土，重型圆锥动力触探适合于砂土、中密以下的碎石土和极软岩，超重型圆锥动力触探适合于密实和很密的碎石土、极软岩、软岩；D 项，十字板剪切试验被沿海软土地区广泛使用，适用于灵敏度 $S_t\leq10$、

固结系数 $C_v \leqslant 100(m^2/a)$ 的均质饱和软黏土。

59. B 【考点】地基承载力计算

【解析】根据《建筑地基基础设计规范》(GB 50007—2011)第 5.2.4 条规定，当基础宽度大于 3m 或埋置深度大于 0.5m 时，从载荷试验或其他原位测试、经验值等方法确定的地基承载力特征值，尚应按下式修正：$f_a = f_{ak} + \eta_b \gamma(b-3) + \eta_d \gamma_m (d-0.5)$。本题中，$b = 3m$，$\gamma' = (20-10)kN/m^3 = 10kN/m^3$，$\gamma_m = \frac{16 \times 2 + 10 \times 1}{3} kN/m^3 = 14kN/m^3$，则修正后的地基承载力特征值为：$f_a = 120 + 0 + 1.5 \times 14 \times (3-0.5) kPa = 172.5kPa$。

60. A 【考点】桩的分类

【解析】桩按成桩方法的不同可分为：①非挤土桩，包括干作业法钻(挖)孔灌注桩、泥浆护壁法钻(挖)孔灌注桩和套管护壁法钻(挖)孔灌注桩；②部分挤土桩，包括长螺旋压灌灌注桩、冲孔灌注桩、钻孔挤扩灌注桩、搅拌劲芯桩、预钻孔打入(静压)预制桩、打入(静压)式敞口钢管桩、敞口预应力混凝土管桩和 H 形钢桩；③挤土桩，包括沉管灌注桩、沉管夯(挤)扩灌注桩、打入(静压)预制桩、闭口预应力混凝土管桩和闭口钢管桩。

2009年一级注册结构工程师执业资格考试《专业基础考试》真题

单项选择题(共60题，每题2分。每题的备选项中只有一个最符合题意)

1. 耐水材料的软化系数应大于(　　)。

A. 0.8　　B. 0.85　　C. 0.9　　D. 1.0

2. 对于同一种材料，各种密度参数的大小排列为(　　)。

A. 密度>堆积密度>表观密度　　B. 密度>表观密度>堆积密度

C. 堆积密度>密度>表观密度　　D. 表观密度>堆积密度>密度

3. 石膏制品具有良好的抗火性，是因为(　　)。

A. 石膏制品保温性好　　B. 石膏制品含大量结晶水

C. 石膏制品孔隙率大　　D. 石膏制品高温下不变形

4. 测定混凝土强度用的标准试件是(　　)。

A. 70.7mm×70.7mm×70.7mm　　B. 100mm×100mm×10mm

C. 150mm×150mm×150mm　　D. 200mm×200mm×200mm

5. 对混凝土抗渗性能影响最大的因素是(　　)。

A. 水灰比　　B. 骨料最大粒径　　C. 砂率　　D. 水泥品种

6. 钢材经过冷加工、时效处理后，性能发生了下列哪项变化?(　　)

A. 屈服点和抗拉强度提高，塑性和韧性降低

B. 屈服点降低，抗拉强度、塑性和韧性提高

C. 屈服点提高，抗拉强度、塑性和韧性降低

D. 屈服点降低，抗拉强度提高，塑性和韧性都降低

7. 下列石材中，属于人造石材的有(　　)。

A. 毛石　　B. 料石　　C. 石板材　　D. 铸石

8. 工程测量中所使用的光学经纬仪的度盘刻画注记形式为(　　)。

A. 水平度盘均为逆时针注记　　B. 竖直度盘均为逆时针注记

C. 水平度盘均为顺时针注记　　D. 竖直度盘均为顺时针注记

9. D点高程$H_m=43.251$m，测得后视读数$a=1.000$m，前视读数$b=2.283$m。测视线高H_1和待求点N的高程分别为(　　)。

A. 45.534m，43.251m　　B. 44.251m，41.968m

C. 40.968m，38.685m　　D. 42.251m，39.968m

10. 山脊的等高线为一组(　　)。

A. 凸向高处的曲线　　B. 凸向低处的曲线

C. 垂直于山脊的平行线　　D. 间距相等的平行线

11. 在1:500地形图上，量得某直线AB的水平距离$d=50.5$mm，$m_d=\pm0.2$mm，AB的实地距离可按公式$s=500d$进行计算，则s的误差m_s等于(　　)。

A. ±0.1mm　　B. ±0.2mm　　C. ±0.05mm　　D. ±0.1m

12. 水准管分划值的大小与水准管纵向圆弧半径的关系是(　　)。

A. 成正比　　B. 成反比　　C. 无关　　D. 成平方比

13. 采用招投标式订立建设工程合同过程中，下面说法正确的是(　　)。

A. 招标是合同订立中的要约，投标是合同订立中的承诺

B. 招标是合同订立中的要约，定标是合同订立中的承诺

C. 招标是合同订立中的要约，投标是合同订立中的反要约，定标是合同订立中的承诺

D. 招标是合同订立中的要约邀请，投标是合同订立中的要约，定标是合同订立中的承诺

14. 国家编制土地利用总体规划，规定土地用途，将土地分为(　　)。

①基本农田用地；②农用地；③建设用地；④预留用地；⑤未利用地。

A. ①②③④　　B. ②③④　　C. ③④⑤　　D. ②③⑤

15. 根据《建设项目环境保护设计规定》，环保设施与主体工程的关系为(　　)。

A. 先后设计、施工、投产　　B. 同时设计、先后施工、投产

C. 同时设计、施工、先后投产　　D. 同时设计、施工、投产

16. 注册结构工程师因在结构工程设计或相关业务中犯有错误受到行政处罚或者撤职以上行政处分，自处罚、处分决定之日起至申请注册之日止不满多少年的不予注册？(　　)

A. 2　　B. 3　　C. 4　　D. 5

17. 按照施工方法的不同，桩基础可以分为(　　)。

①灌注桩；②摩擦桩；③钢管桩；④预制桩；⑤端承桩。

A. ①④　　B. ②⑤　　C. ①③⑤　　D. ③④

18. 在模板和支架设计计算中，对梁模板的底板进行强度(承载力)计算时，其计算荷载应为(　　)。

A. 模板及支架自重、新浇筑混凝土的重量、钢筋重量、施工人员和浇筑设备、混凝土堆积料的重量

B. 模板及支架自重、新浇筑混凝土的重量、钢筋重量、倾倒混凝土时产生的荷载

C. 模板及支架自重、新浇筑混凝土的重量、钢筋重量、振捣混凝土时产生的荷载

D. 新浇筑混凝土的侧压力、振捣混凝土时产生的荷载

19. 混凝土搅拌时间的确定与下列哪几项有关？(　　)

①混凝土的和易性；②搅拌机的型号；③用水量的多少；④骨料的品种。

A. ①②④　　B. ②④　　C. ①②③　　D. ①③④

20. 砖砌体的砌筑时应做到“横平竖直、砂浆饱满、组砌得当、接搓可靠”。那么水平灰缝砂浆饱满度应不小于(　　)。

A. 80%　　B. 85%

C. 90%　　D. 95%

21. 某工程双代号网络图如图所示，则工作①—③的局部时差为(　　)。

A. 1d　　B. 2d

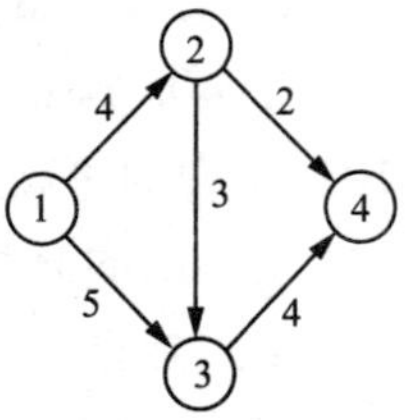

题21图

C. 3d　　　　　　　　　　　　　　　　D. 4d

22. 钢筋混凝土梁的受拉区边缘达到下列哪项时，受拉区开始出现裂缝？(　　)

A. 混凝土实际的抗拉强度　　　　　　B. 混凝土的抗拉标准强度

C. 混凝土的抗拉设计强度　　　　　　D. 混凝土弯曲时的极限拉应变

23. 对于一般的工业与民用建筑钢筋混凝土构件，延性破坏时的可靠指标 β 为(　　)。

A. 2.7　　　B. 3.7　　　C. 3.2　　　D. 4.2

24. 下列哪项属于承载能力极限状态？(　　)

A. 连续梁中间支座产生塑性铰

B. 裂缝宽度超过规定限值

C. 结构或构件作为刚体失去平衡

D. 预应力构件中混凝土的拉应力超过规范限值

25. 关于受扭构件的抗扭纵筋的说法，下列哪项是不正确的？(　　)

A. 在截面的四角必须设抗扭纵筋

B. 应尽可能均匀地沿截面周边对称布置

C. 抗扭纵筋间距不应大于200mm，也不应大于截面短边尺寸

D. 在截面的四角可以设抗扭纵筋也可以不设抗扭纵筋

26. 当屋架杆件在风吸力作用下由拉杆变为压杆时，其允许长细比为(　　)。

A. 100　　　B. 150　　　C. 250　　　D. 350

27. 采用摩擦型高强度螺栓或承压型高强度螺栓的抗拉连接中，二者承载力设计值(　　)。

A. 相等　　　B. 前者大于后者　　　C. 后者大于前者　　　D. 无法确定大小

28. 承压型高强螺栓比摩擦型高强螺栓(　　)。

A. 承载力低，变形小　　　　　　B. 承载力高，变形大

C. 承载力高，变形小　　　　　　D. 承载力低，变形大

29. 计算图示压弯构件在弯矩作用平面内的稳定性时，等效弯矩系数 β_{mx} 应取何值进行计算？(　　)

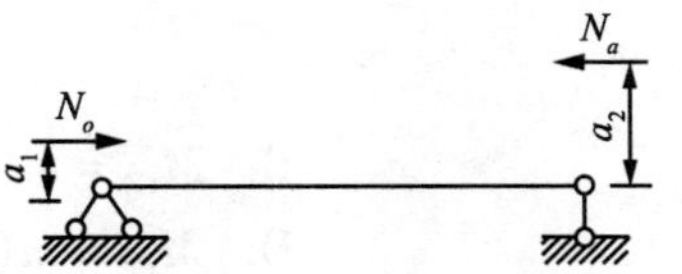

题29图

A. 1　　　B. 0.85　　　C. $1-0.2\dfrac{N}{N_{Ex}}$　　　D. $0.65+0.35\dfrac{M_2}{M_1}$

30. 处于局部受压的砌体，其抗压强度提高是因为(　　)。

A. 局部受压面积上的荷载小

B. 局部受压面积上的压应力不均匀

C. 周围砌体对局部受压砌体的约束作用

D. 荷载的扩散使局部受压面积上压应力减少

31. 刚性方案多层房屋的外墙，符合下列哪项要求时，静力计算可不考虑风荷载的影响？(　　)

①屋面自重不小于 $0.8kN/m^2$；

②基本风压值为 0.4kN/m^2，层高≤4m，房屋的总高≤28m；
③洞口水平截面积不超过全截面面积的 2/3；
④基本风压值为 0.6kN/m^2，层高≤4m，房屋的总高≤18m。

A. ①②　　B. ①②③　　C. ①②③④　　D. ①③④

32. 为防止或减轻砌体房屋顶层的裂缝，可采取的措施有(　　)。
①屋面设置保温隔热层；
②屋面保温或屋面刚性面层设置分隔缝；
③女儿墙设置构造柱；
④顶层屋面板下设置现浇钢筋混凝土圈梁；
⑤顶层和屋面采用现浇钢筋混凝土楼盖。

A. ①②③④　　B. ②③④⑤　　C. ①③④⑤　　D. ①②④⑤

33. 在砌体结构抗震设计中，决定砌体房屋总高度和层数限制的因素是(　　)。
A. 砌体强度与高厚比
B. 砌体结构的静力计算方案
C. 砌体类别、最小墙厚，地震设防烈度及横墙的多少
D. 砌体类别与高厚比及地震设防烈度

34. 图示体系是几何(　　)。
A. 不变，有两个多余约束的体系　　B. 不变且无多余约束的体系
C. 瞬变体系　　D. 有一个多余约束的体系

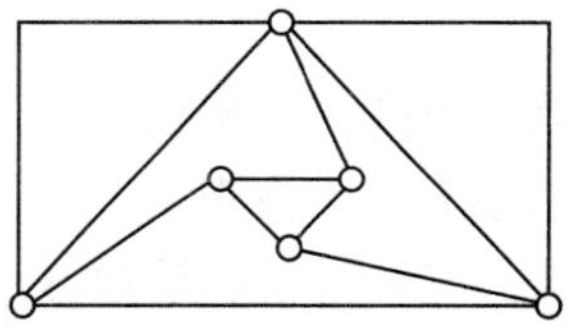

题 34 图

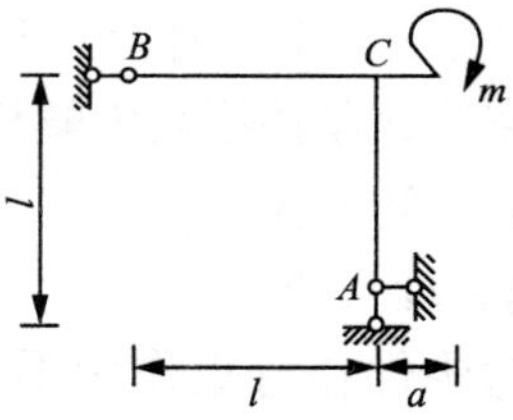

题 35 图

35. 图示结构中 M_{CA} 和 Q_{CB} 为(　　)。
A. $M_{CA}=0$，$Q_{CB}=\pm m/l$　　B. $M_{CA}=m$(左边受拉)，$Q_{CB}=0$
C. $M_{CA}=0$，$Q_{CB}=-m/l$　　D. $M_{CA}=m$(左边受拉)，$Q_{CB}=-m/l$

36. 图示刚架支座 A 下移量为 a，转角为 α 则 B 端竖向位移(　　)。
A. 与 h、l、EI 均有关　　B. 与 h、l 有关，与 EI 无关
C. 与 l 有关，与 h、EI 均无关　　D. 与 EI 有关，与 h、l 均无关

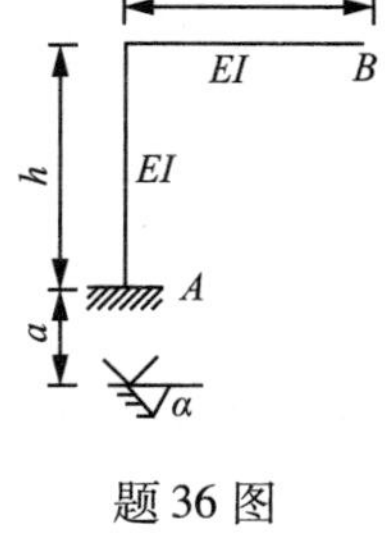

题 36 图

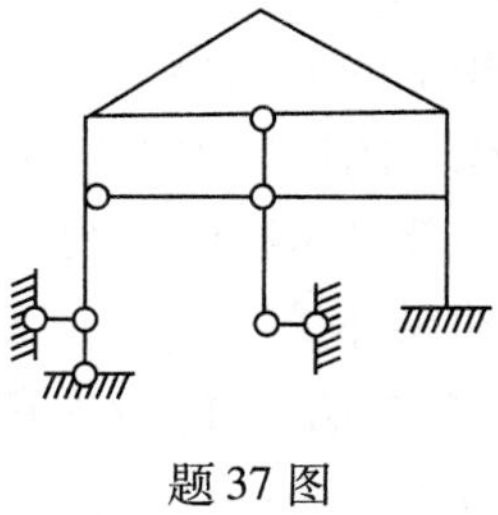

题 37 图

37. 图示结构的超静定次数(　　)。

A. 7　　B. 6　　C. 5　　D. 4

38. 力矩分配法中的传递弯矩为(　　)。

A. 固端弯矩　　B. 分配弯矩乘以传递系数

C. 固端弯矩乘以传递系数　　D. 不平衡力矩乘以传递系数

39. 位移法经典方程中主系数 γ_{11}，一定(　　)。

A. 等于零　　B. 大于零　　C. 小于零　　D. 大于等于零

40. 图示梁在给定移动荷载作用下，B 支座反力的最大值为(　　)。

A. 110kN　　B. 100kN　　C. 120kN　　D. 160kN

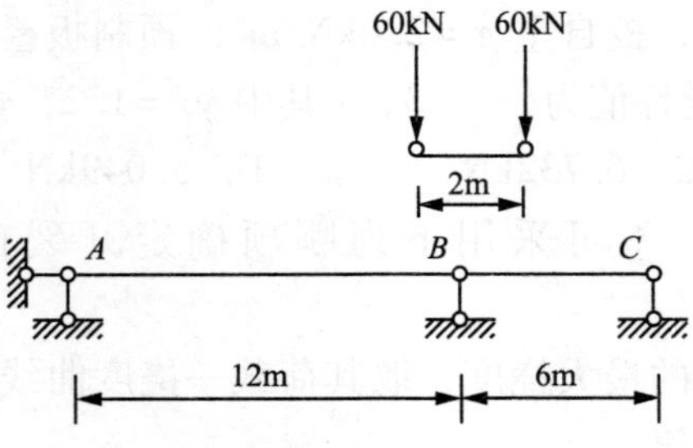

题 40 图

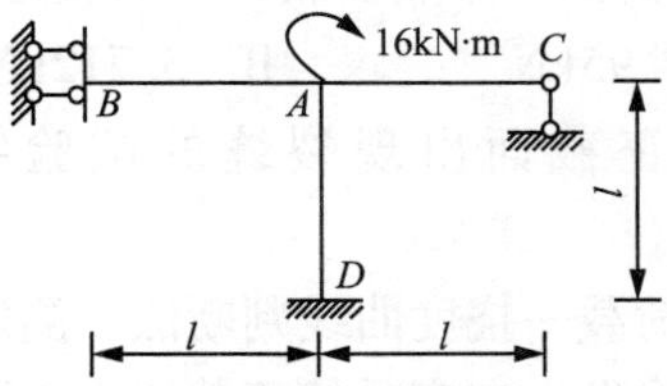

题 41 图

41. 图示结构 EI 为常数，用力矩分配法求得弯矩 M_{BA} 是(　　)。

A. 2kN · m　　B. −2kN · m　　C. 8kN · m　　D. −8kN · m

42. 图示结构中杆 1 的轴力为(　　)。

A. 0　　B. $-ql/2$

C. $-ql$　　D. $-2ql$

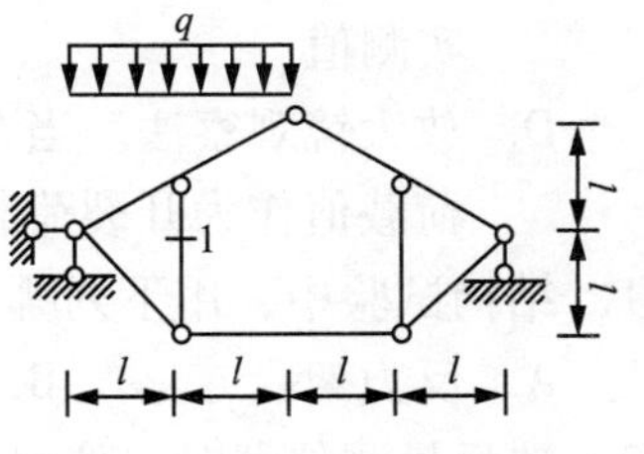

题 42 图

43. 位移法的理论基础是(　　)。

A. 力法

B. 胡克定律

C. 确定的位移与确定的内力之间的对应关系

D. 位移互等定理

44. 图示结构 E 为常数，在给定荷载作用下若使支座 A 反力为零，则应使(　　)。

A. $I_2 = I_3$　　B. $I_2 = 4I_3$　　C. $I_2 = 2I_3$　　D. $I_3 = 4I_2$

45. 图示结构用位移法计算时最少的未知数为(　　)。

A. 1　　B. 2　　C. 3　　D. 4

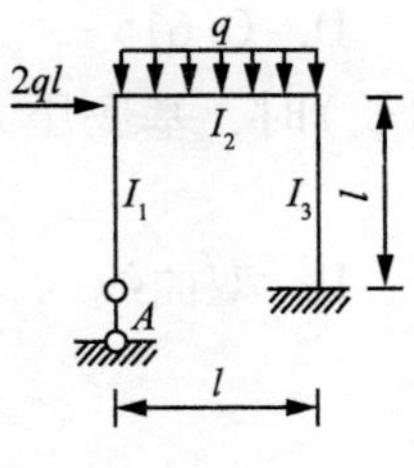

题 44 图

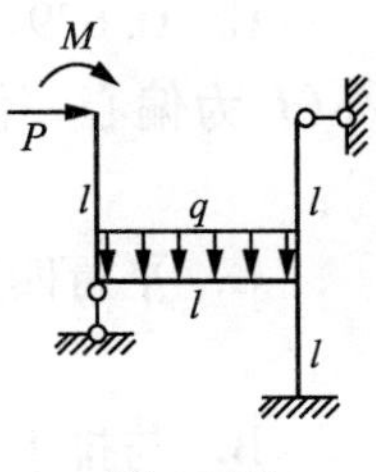

题 45 图

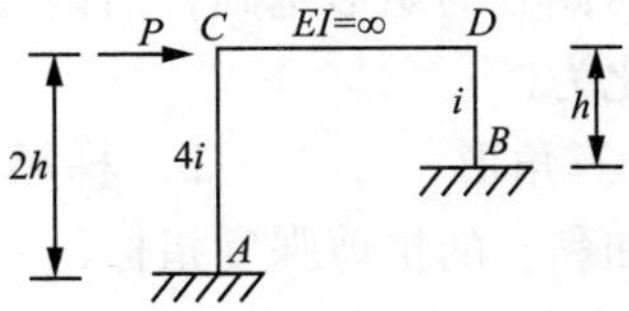

题 46 图

46. 图示结构，弯矩正确的一组为(　　)。

A. $M_{BD}=Ph/4$，$M_{AC}=Ph/4$　　B. $M_{BD}=-Ph/4$，$M_{AC}=-Ph/2$

C. $M_{BD}=Ph/2$，$M_{AC}=Ph/4$　　D. $M_{BD}=Ph/2$，$M_{AC}=Ph/2$

47. 用动平衡法进行动力分析时，其中的惯性力(　　)。

A. 实际上不存在　　B. 实际就作用在质点上

C. 实际存在，但不作用在质点上　　D. 竖向振动时存在，其余方向不存在

48. 已知无阻尼单自由度体系的自振频率 $\omega=60s^{-1}$，质点的初位移 $\gamma_0=0.4$cm，初速度 $v_0=15$cm/s，则质点的振幅为(　　)。

A. 0.65cm　　B. 4.02cm　　C. 0.223cm　　D. 0.472cm

49. 某钢筋混凝土预制板，计算跨度 $L_0=3.3$m，板宽 $b=0.6$m，永久荷载标准值 $g_k=5.0\text{kN/m}^2$，可变荷载标准值 $q_k=2.0\text{kN/m}^2$，板自重 $g=2.0\text{kN/m}^2$，预制板检验时用二集中力四点分点加载，则承载力检验荷载设计值为(　　)。(其中 $\gamma_G=1.2$，$\gamma_Q=1.4$)

A. 4.95kN　　B. 3.712kN　　C. 6.732kN　　D. 5.049kN

50. 对于正截面出现裂缝的试验结构构件，不可采用下列哪项确定开裂荷载实测值？(　　)

A. 荷载—挠度曲线判断法。测定试验结构的最大挠度，取其荷载—挠度曲线上斜率首次发生突变时的荷载值作为开裂荷载测值

B. 连续布置应变计法。在截面受拉区最外层表面，沿受力主筋在拉应力最大区段的全长范围内连续搭接布置应变计监测变值的发展，取应变计的应变增量有突变时的荷载值作为开裂荷载实测值

C. 放大镜观察法。当加载过程中第一次出现裂缝时，应取前一级荷载值作为开裂荷载实测值

D. 放大镜观察法。当在规定的荷载持续时间即将结束前第一次出现裂缝时，应取本级荷载值作为开裂荷载实测值

51. 结构试验中，用下列哪项装置可以施加均布荷载？(　　)

A. 反力架　　B. 卧梁　　C. 分配梁　　D. 试验台

52. 选择量测仪器时，仪器最大量程不低于最大被测值的(　　)。

A. 1.25 倍　　B. 2.0 倍　　C. 1.5 倍　　D. 1.4 倍

53. 钢筋的锈蚀可以用下列哪项检测？(　　)

A. 电磁感应法　　B. 回弹法　　C. 超声脉冲法　　D. 电位差法

54. 某砂土土样的天然孔隙比为0.461，最大孔隙比为0.943，最小孔隙比0.396，则该砂土的相对密实度为(　　)。

A. 0.404　　B. 0.881　　C. 0.679　　D. 0.615

55. 单向偏心的矩形基础，当偏心距 $e<L/6$(L 为偏心一侧基底边长)时，基底压力分布图简化为(　　)。

A. 三角形　　B. 梯形　　C. 平行四边形　　D. 双曲线

56. 饱和黏土的抗剪强度指标(　　)。

A. 与排水条件有关　　B. 与排水条件无关

C. 与试验时的剪切速率无关　　D. 与土中孔隙水压力的变化无关

57. 在工程地质勘察中，采用什么方法可以直接观察地层的结构和变化？(　　)

A. 坑探　　　B. 触探　　　C. 地球物理勘探　　　D. 钻探

58. 某一点的应力状态为 $\sigma_1 = 400\text{kPa}$，$\sigma_3 = 200\text{kPa}$，$c = 20\text{kPa}$，$\varphi = 20°$，则该点处于下列哪项所述情况？(　　)

A. 稳定状态　　　B. 极限平衡状态　　　C. 无法判断　　　D. 破坏状态

59. 下列关于桩的承载力的叙述，其中不恰当的一项是(　　)。

A. 桩的承载力与桩基截面的大小有关

B. 配置纵向钢筋的桩有一定的抗弯能力

C. 桩没有抗拔能力

D. 对于一级建筑物，桩的竖向承载力应通过荷载试验来确定

60. 某碎石桩处理软黏土地基。已知土的承载力为 100kPa，碎石桩直径 $d = 0.6\text{m}$，正方形布桩，间距 $s = 1\text{m}$，桩土应力比 $n = 5$，复合地基承载力为(　　)。

A. 212.8kPa　　　B. 151.1kPa　　　C. 171.1kPa　　　D. 120kPa

答案及详解

单项选择题(共60题，每题2分。每题的备选项中只有一个最符合题意)

1. B 【**考点**】耐水性的表示方法

【**解析**】耐水性是指材料长期在饱和水的作用下不破坏，其强度也不显著降低的性质，一般用软化系数表示。工程上将 $K \geq 0.85$ 的材料称为耐水性材料，其值越大，表明材料的耐水性越好。

2. B 【**考点**】材料的基本性质

【**解析**】密度是指材料在绝对密实状态下单位体积的质量；表观密度是指材料在自然状态下单位体积的质量；堆积密度是指散粒材料在堆积状态下单位体积的质量。所以对于同一种材料，各种密度参数的排列为：密度>表观密度>堆积密度。

3. B 【**考点**】石膏的技术性质

【**解析**】石膏硬化后的结晶物 $CaSO_4 \cdot 2H_2O$ 遇到火烧时，结晶水蒸发，吸收热量，并在表面生成具有良好绝热性的无结晶水产物，起到阻止火焰蔓延和温度升高的作用，所以石膏有良好的抗火性。

4. C 【**考点**】混凝土的强度试验

【**解析**】根据《混凝土结构设计规范》(GB 50010—2010)(2015年版)第4.1.1条规定，混凝土强度等级应按立方体抗压强度标准值确定，是指按标准方法制作、养护的边长为150mm的立方体试件，在28d或设计规定龄期以标准试验方法测得的具有95%保证率的抗压强度值。

5. A 【**考点**】混凝土的耐久性

【**解析**】影响混凝土抗渗性能的主要因素是混凝土的密实度和孔隙特征。其中水灰比是影响混凝土密实度的主要因素，一般情况下混凝土水灰比越小，密实度越高，抗渗性越好。

6. A 【**考点**】钢材的冷加工

【**解析**】冷加工是指在低于再结晶温度下使金属产生塑性变形的加工工艺，如冷轧、冷拔、冷拉、冲压、冷挤压等。钢材经冷加工后，随着时间的延长，钢的屈服强度和抗拉强度逐渐提高，而塑性和韧性逐渐降低的现象称为应变时效，简称时效。

7. D 【**考点**】石材的应用

【**解析**】铸石是采用天然岩石(玄武岩、辉绿岩等)或工业废渣(高炉矿渣、钢渣、铜渣、铬渣等)为主要原料，经配料、熔融、浇注、热处理等工序制成的晶体排列规整、质地坚硬和细腻的非金属工业材料，属于人造石材。ABC三项，毛石、料石和石制品属于天然石材。

8. C 【**考点**】经纬仪的构造

【**解析**】竖直度盘简称竖盘，它固定在望远镜旋转轴上，与望远镜一起转动。竖盘刻度有0~360°顺时针注记和逆时针注记两种形式，水平度盘为顺时针注记。

9. B 【**考点**】水准测量方法

【**解析**】水准测量的原理是利用水准仪提供的水平视线，在竖立在两点上的水准尺上读数，以测定两点间的高差，从而由已知点的高程推算未知点的高程。两点间高差计算公式为：$h_{AB}=a-b=$后视读数－前视读数。视线高程为：$H_1=H_m+a=43.251+1.000=44.251\text{m}$。待求点高程为：$H_N=H_1-b=44.251-2.283=41.968\text{m}$。

10. B 【考点】地形图基本知识

【解析】等高线稀疏的地方表示缓坡，密集的地方表示陡坡，间隔相等的地方表示均匀坡，等高线上疏下密表示凸形坡，等高线上密下疏表示凹形坡。山脊线是指沿山脊走向布设的路线，山脊线等高线表现为一凸向低处的曲线，又称分水线。山谷最低点的连线称为“山谷线”。山脊线为流域的分水线，山谷线为河流的集水线。山谷线的等高线表现为一弯曲部分向高处凸出的曲线。

11. D 【考点】误差传播定律

【解析】如果某线性函数只有一个自变量($Z=kx$)，则称为倍数函数。按照误差传播定律，则倍数函数的中误差为：$m_Z=\pm kx$。由于比例尺的关系，实际两点距离和图中两点距离成倍数关系。得：$m_Z=\pm 0.2\times 500\text{mm}=\pm 0.1\text{m}$。

12. B 【考点】水准仪的构造

【解析】水准管分划值是指水准管上相邻两分划线间的圆弧(一般弧长为2mm)所对的圆心角，其计算公式为：$\tau=\dfrac{2}{R}\rho''$，所以水准管分划值的大小与水准管纵向圆弧半径是成反比关系的。

13. D 【考点】要约邀请的概念

【解析】根据《中华人民共和国民法典》第四百七十三条规定，要约邀请是希望他人向自己发出要约的表示。拍卖公告、招标公告、招股说明书、债券募集办法、基金招募说明书、商业广告和宣传、寄送的价目表等为要约邀请。

14. D 【考点】土地用途管制制度

【解析】根据《中华人民共和国土地管理法》第四条规定，国家实行土地用途管制制度，国家编制土地利用总体规划，规定土地用途，将土地分为农用地、建设用地和未利用地。严格限制农用地转为建设用地，控制建设用地总量，对耕地实行特殊保护。

15. D 【考点】“三同时”制度

【解析】根据《建设项目环境保护设计规定》第五条规定，环境保护设计必须按国家规定的设计程序进行，执行环境影响报告书(表)的编审制度，执行防治污染及其他公害的设施与主体工程同时设计、同时施工、同时投产的“三同时”制度。

16. A 【考点】不予注册执业资格的情况

【解析】根据《注册结构工程师执业资格制度暂行规定》第十一条规定，有下列情形之一的，不予注册：①不具备完全民事行为能力的；②因受刑事处罚，自处罚完毕之日起至申请注册之日止不满5年的；③因在结构工程设计或相关业务中犯有错误受到行政处罚或者撤职以上行政处分，自处罚、处分决定之日起至申请注册之日止不满2年的；④受吊销注册结构工程师注册证书处罚，自处罚决定之日起至申请注册之日止不满5年的；⑤建设部和国务院有关部门规定不予注册的其他情形的。

17. A 【考点】桩基础的分类

【解析】桩基础按施工方法可分为：①预制桩，在工厂或施工现场制作，而后用锤击打入、振动沉入、静力压入、水冲送入或旋入等方式沉桩；②灌注桩，直接在设计桩位地基上用钻、冲、挖成孔，然后在孔内灌注混凝土。按桩的受力情况可分为：①端承桩，上部荷载通过桩身传递到桩端坚硬土层或岩层上；②摩擦桩，主要是通过桩侧土的摩擦作用，将上部荷载传递扩散于桩周土中，桩端土也起一定的支承作用。

18. C 【考点】模板工程

【解析】根据《建筑施工模板安全技术规范》(JGJ 162—2008)第4.3.2条表4.3.2的规定，梁和拱模板的底板及支架的计算承载能力组合为 $G_{1k}+G_{2k}+G_{3k}+Q_{2k}$，根据第4.2.3条表4.2.3的规定，荷载类型分为：模板及支架自重标准值(G_{1k})、新浇混凝土自重标准值(G_{2k})、钢筋自重标准值(G_{3k})、新浇混凝土对模板的侧压力标准值(G_{4k})、施工人员及施工设备荷载标准值(Q_{1k})、振捣混凝土时产生的荷载标准值(Q_{2k})、倾倒混凝土时产生的荷载标准值(Q_{3k})，风荷载(ω_k)。

19. A 【考点】混凝土浇筑

【解析】在生产中，应根据混凝土拌合料要求的均匀性、混凝土强度增长的效果及生产效率等因素，规定合适的搅拌时间。混凝土搅拌时间的确定与搅拌机的型号、骨料的品种和粒径以及混凝土的和易性等有关。

20. A 【考点】砖砌体施工

【解析】根据《砌体结构工程施工质量验收规范》(GB 50203—2011)第5.2.2条规定，砌体灰缝砂浆应密实饱满，砖墙水平灰缝的砂浆饱满度不得低于80%，砖柱水平灰缝和竖向灰缝饱满度不得低于90%。

21. B 【考点】双代号网络图

【解析】局部时差是指各工作在不影响计划子目标工期，或后续工作最早可能开始的情况下所具有的机动时间。经计算，工作①—③的紧后工作③—④的最早开始时间为7d，工作①—③的最早完成时间为5d。工作①—③的局部时差 = 紧后工作的最早开始时间 - 本工作的最早完成时间，即 $7-5=2$d。

22. D 【考点】受弯构件的破坏特点

【解析】根据钢筋混凝土梁受弯破坏特点可知，混凝土梁受拉区边缘钢筋达到极限拉应变时受拉区开始出现裂缝，荷载持续，裂缝继续发展，直至破坏。ABC三项，混凝土的抗拉标准强度、混凝土的抗拉设计强度和实际的抗拉强度都不能准确地反映混凝土受拉出现裂缝的状态。

23. C 【考点】结构构件承载能力极限状态

【解析】可靠指标是度量结构可靠性的一种数量指标，它是标准正态分布反函数在可靠概率处的函数值，并与失效概率在数值上有一一对应的关系。根据《建筑结构可靠性设计统一标准》(GB 50068—2018)第3.2.6条表3.2.6，结构构件承载能力极限状态的可靠指标在延性破坏的情况下，一级不应小于3.7，二级不应小于3.2，三级不应小于2.7。第3.2.1条表1对结构安全等级有如下规定：①大型的公共建筑等重要结构属于一级结构；②普通的住宅和办公楼等一般结构属于二级结构；③小型的或临时性储存建筑等次要结构属于三级结构。因此一般的工业与民用建筑安全等级为二级，其延性破坏时的可靠指标 β 为3.2。

24. C 【考点】承载能力极限状态

【解析】承载力极限状态是指结构或结构构件达到最大承载能力或不适于继续承载的变形。结构或结构构件出现下列状态之一时，应认为超过了承载力极限状态：①结构构件或连接因超过材料强度而破坏，或因过度变形而不适于继续承载；②整个结构或结构的一部分作为刚体失去平衡；③结构转变为机动体系；④结构或结构构件丧失稳定；⑤结构因局部破坏而发生连续倒塌；⑥地基丧失承载力而破坏；⑦结构或结构构件的疲劳破坏。

25. D 【考点】受扭构件的构造要求

【解析】根据《混凝土结构设计规范》(GB 50010—2010)(2015 年版)第 9.2.5 条规定，沿截面周边布置受扭纵向钢筋的间距不应大于 200mm 及梁截面短边长度；除应在梁截面四角设置受扭纵向钢筋外，其余受扭纵向钢筋宜沿截面周边均匀对称布置。受扭纵向钢筋应按受拉钢筋锚固在支座内。

26. C 【考点】钢屋架设计

【解析】规定构件的长细比是为了防止构件在受压状态时失稳破坏。根据《钢结构设计标准》(GB 50017—2017)第 7.4.7 条第 4 款规定，受拉构件在永久荷载与风荷载组合作用下受压时，其长细比不宜超过 250。

27. D 【考点】高强度螺栓连接

【解析】根据《钢结构设计标准》(GB 50017—2017)第 11.4.2 条第 2 款规定，高强度螺栓摩擦型连接应按下列规定计算，在螺栓杆轴方向受拉的连接中，每个高强螺栓的承载力应按下式计算：$N_t^b=0.8P$；第 11.4.3 条第 3 款规定，高强度螺栓承压型连接应按下列规定计算，在杆轴受拉的连接中，每个高强度螺栓的受拉承载力设计值的计算方法与普通螺栓相同。第 11.4.1 条第 2 款规定，在普通螺栓轴向方向受拉的连接中，每个普通螺栓的承载力设计值应按下式计算：$N_t^b=\dfrac{\pi d_e^2}{4}f_t^b$。式中，$f_t^b$、$P$ 分别为普通螺栓抗拉强度设计值和高强度螺栓的预拉力设计值，因此采用两种类型的高强螺栓进行抗拉连接的承载力设计值无法比较。

28. B 【考点】高强度螺栓连接

【解析】摩擦型高强螺栓和承压型高强螺栓实际上是同一种螺栓，只不过是设计是否考虑滑移。摩擦型高强螺栓绝对不能滑动，螺栓不承受剪力，一旦滑移，设计就认为达到破坏状态。承压型高强螺栓可以滑动，螺栓也承受剪力，最终破坏相当于普通螺栓破坏(螺栓剪坏或钢板压坏)。因此承压型高强螺栓比摩擦型高强螺栓承载力高，变形大。

29. D 【考点】压弯构件的整体稳定性验算

【解析】如题 29 图所示，构件为两端支承，且无横向荷载作用。根据《钢结构设计规范》(GB 50017—2003)第 5.2.2 条第 1 款规定，框架柱和两端支撑的构件，无横向荷载作用时：$\beta=0.65+0.35\dfrac{M_2}{M_1}$。

【说明】规范已更新，根据《钢结构设计标准》(GB 50017—2017)第 8.2.1 条第 1 款第 1 项的规定，无侧移框架柱和两端支承的构件，无横向荷载作用时，β_{mx}应按下式计算：$\beta_{mx}=0.6+0.4\dfrac{M_2}{M_1}$。

30. C 【考点】砌体结构的受力特点

【解析】处于局部受压的砌体，其抗压强度提高是因为周边砌体的约束作用会使局部受压区域起箍紧的作用，形成核心混凝土，因而使抗压的极限强度提高，在钢筋混凝土中也存在类似现象。

31. C 【考点】砌体结构的静力计算

【解析】根据《砌体结构设计规范》(GB 50003—2011)第4.2.6条第2款规定，当外墙符合下列要求时，静力计算可不考虑风荷载的影响：①洞口水平截面面积不超过全截面面积的2/3；②层高和总高不超过表4.2.6(见题31解表)的规定；③屋面自重不小于0.8kN/m^2。

题31解表　外墙不考虑风荷载影响时的最大高度

基本风压值/(kN/m^2)	层高/m	总高/m
0.4	4.0	28
0.5	4.0	24
0.6	4.0	18
0.7	3.5	18

32. A 【考点】砌体结构的构造要求

【解析】根据《砌体结构设计规范》(GB 50003—2011)第6.5.2条规定，房屋顶层墙体，宜根据情况采取下列措施：①屋面应设置保温、隔热层；②屋面保温(隔热)层或屋面刚性面层及砂浆找平层应设置分隔缝，分隔缝间距不宜大于6m，其缝宽不小于30mm，并与女儿墙隔开；③采用装配式有檩体系钢筋混凝土屋盖和瓦材屋盖；④顶层屋面板下设置现浇钢筋混凝土圈梁，并沿内外墙拉通，房屋两端圈梁下的墙体内宜设置水平钢筋；⑤顶层墙体有门窗等洞口时，在过梁上的水平灰缝内设置2~3道焊接钢筋网片或2根直径6mm钢筋，焊接钢筋网片或钢筋应伸入洞口两端墙内不小于600mm；⑥顶层及女儿墙砂浆强度等级不低于M7.5(Mb7.5、Ms7.5)；⑦女儿墙应设置构造柱，构造柱间距不宜大于4m，构造柱应伸至女儿墙顶并与现浇钢筋混凝土压顶整浇在一起；⑧对顶层墙体施加竖向预应力。

33. C 【考点】砌体结构的抗震设计要求

【解析】根据《砌体结构设计规范》(GB 50003—2011)第10.1.2条第1款表10.1.2表头中的内容，可得房屋类型、砌体类型、最小墙厚、设防烈度和设计基本地震加速度都是决定砌体房屋总高度和层数限制的因素，根据第10.1.2条第2款的规定，各层横墙较少的多层砌体房屋，总高度应比表10.1.2中的规定降低3m，层数相应减少一层；各层横墙很少的多层砌体房屋，还应再减少一层，故横墙的多少也是限制因素之一。

34. A 【考点】平面体系的几何组成

【解析】体系中的小铰结三角形与大铰结三角形用不交于一点的三根链杆相连，组成无多余约束的几何不变体系，两边的折线杆件相当于多余的两根链杆。因此，该体系几何不变，且有2个多余约束。

35. B 【考点】静定结构受力分析

【解析】对A点取矩，可得B支座反力为：$F_B=\dfrac{m}{l}$(←)。由整体受力平衡可知，$F_{Ax}=$

$-F_B=-\dfrac{m}{l}(\rightarrow)$；对 AC 杆分析可知，C 截面的弯矩为：$M_{CA}=F_{Ax}\cdot l=m$（左边受拉）；对 BC 杆受力分析可知，BC 杆上无剪力作用，故 C 截面的剪力为：$Q_{CB}=0$。

36. C 【考点】支座位移引起的位移

【解析】用单位荷载法进行计算，在 B 端施加一个竖直向下的单位力，对结构进行受力分析，得 A 处的竖向力为 $F_y=1(\uparrow)$，A 处的弯矩为 $M_A=l$（逆时针），故 B 端的竖向位移为 $\Delta_{By}=F_y\times a+M_A\times\alpha=a+l\alpha$，故 B 端竖向位移与 l 有关，与 h、EI 均无关。

37. B 【考点】超静定次数

【解析】利用计算自由度求解超静定次数，$W=3\mathrm{m}-(3\mathrm{g}+2\mathrm{h}+b)=3\times4-(3\times1+2\times6+3)=-6$，故结构的超静定次数为 6 次。

38. B 【考点】超静定结构受力分析与特性

【解析】力矩分配法中的传递弯矩是分配弯矩乘以传递系数，力矩传递系数 C_{AB} 表示 AB 杆 A 端转动 θ 时，B 端的弯矩 M_{BA} 与 A 端的弯矩 M_{AB} 之比。

39. B 【考点】位移法

【解析】位移法经典方程中主系数 γ_{11} 是指固定端在单位转角或位移时所产生的弯矩，视为虚拟状态。因为虚拟状态下，所设的转角和位移都为正方向，所以方程中的主系数恒大于零。

40. A 【考点】影响线的应用

【解析】用机动法作 B 支座反力影响线，将支座去除换作一个向上的单位力，所得的形状即为影响线。将单位荷载 $P=1$ 沿结构移动位置时，作 B 支座反力影响线，如题 40 解图，由图可知，当右侧 60kN 的力作用在 B 支座处，B 支座反力有最大值为：$60+60\times10/12=110\text{kN}$。

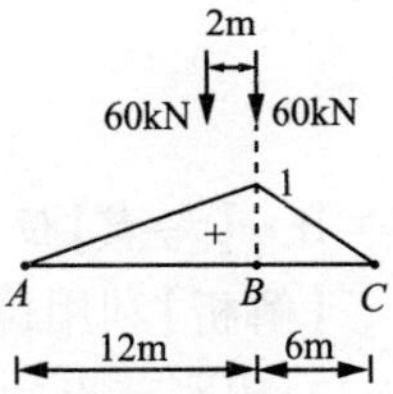

题 40 解图

41. B 【考点】超静定结构受力分析与特性

【解析】各杆的线刚度相等，$i=\dfrac{EI}{l}$，求转动刚度，$S_{AB}=i$，$S_{AC}=3i$，$S_{AD}=4i$，求 AB 端的分配系数，$\mu_{AB}=\dfrac{i}{i+3i+4i}=0.125$，故 $M_{AB}=\mu_{AB}\cdot M_A^F=0.125\times16=2\text{kN}\cdot\text{m}$，$AB$ 杆的传递系数为 -1，故 $M_{BA}=-M_{AB}=-2\text{kN}\cdot\text{m}$。

42. B 【考点】静定桁架受力分析

【解析】对结构整体进行受力分析，求支座反力如题 42 解图所示。取右半边结构，对 A 点取矩，由 $\sum M_A=0$，$ql/2\cdot2l-F_{BC}\cdot2l$，解得：$F_{BC}=ql/2$（拉力）；对 C 结点进行受力分析，由力的平衡方程得杆 1 的轴力为：$F_1=-ql/2$（压力）。

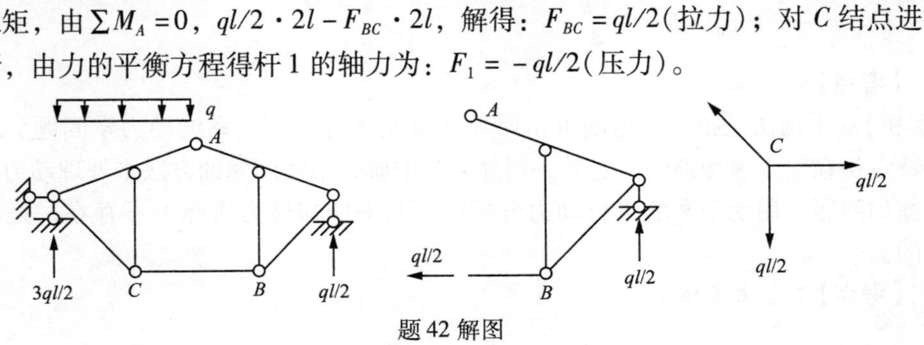

题 42 解图

43. C 【考点】位移法

【解析】位移法的基本原理，是以在小变形的基础的结构体系中，内力是可以叠加的，位移也是可以叠加的。结构中的受力、变形是可以分阶段、分次发生的，分阶段、分次发生的受力、变形是可以线性叠加的，叠加的结果与这些力、变形同时发生的结构所产生的内力、变形是相同的。位移法的理论基础是确定位移与确定的内力之间的对应关系。

44. D 【考点】力法方程

【解析】将 A 点约束解除，并在 A 点作用一单位力，列出力法方程：$\delta_{11}X_1+\Delta_{1P}=0$，若要使 A 支座反力为0，则需满足 $X_1=-\dfrac{\Delta_{1P}}{\delta_{11}}=0$，即：

$$\Delta_{1P}=\frac{1}{EI_3}\left[\left(\frac{1}{2}\times 2ql^2\times l\right)l-\left(\frac{ql^2}{2}\times l\right)l\right]-\frac{1}{EI_2}\left(\frac{1}{3}\times\frac{ql^2}{2}\times l\times\frac{3}{4}l\right)=0$$，解得：$I_3=4I_2$。

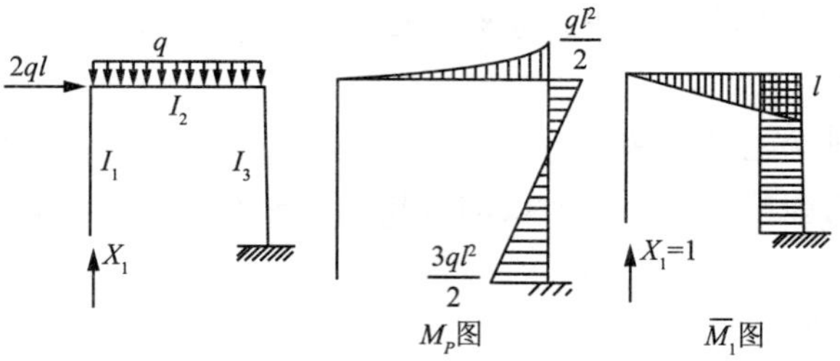

题44 解图

45. B 【考点】位移法

【解析】利用位移法计算，水平杆右端刚结点有一个线位移一个角位移，左端线位移和右边刚节点的线位移是一致的可不作为基本未知量。所以有两个独立的未知量。

46. B 【考点】力矩分配系数

【解析】采用剪力分配法计算。该结构两柱的抗剪刚度为：$D_{AC}=\dfrac{4i}{(2h)^2}=\dfrac{i}{h^2}$，$D_{BD}=\dfrac{i}{h^2}$。故其剪力分配系数为：$\eta_{AC}=\dfrac{D_{AC}}{\sum D}=\dfrac{\frac{i}{h^2}}{\frac{i}{h^2}+\frac{i}{h^2}}=\dfrac{1}{2}$，$\eta_{BD}=\dfrac{D_{BD}}{\sum D}=\dfrac{\frac{i}{h^2}}{\frac{i}{h^2}+\frac{i}{h^2}}=\dfrac{1}{2}$。$AC$ 与 BD 上下都固结，反弯点假设中点处，则 AC 杆弯矩为：$M_{AC}=-\dfrac{1}{2}P\eta_{AC}\cdot 2h=-\dfrac{Ph}{2}$，$BD$ 杆弯矩为：$M_{BD}=-\dfrac{1}{2}P\eta_{BD}\cdot h=-\dfrac{Ph}{4}$。

47. A 【考点】动力分析

【解析】动平衡法是指应用达朗贝尔原理来研究非自由质点系的动力学问题。动平衡法的特点是在引入虚加惯性力之后，用静力学中研究平衡问题的方法来处理动力学中的不平衡的问题。用动平衡法进行动力分析时，其中的惯性力实际上不存在，是虚加于物体的。

48. D 【考点】单自由度体系

【解析】无阻尼单自由度体系的自由振动的振幅公式为：$a=\sqrt{\gamma_0^2+\frac{v_0^2}{\omega^2}}$，则质点的振幅为：

$$a=\sqrt{(0.4)^2+\left(\frac{15}{60}\right)^2}\text{cm}=0.472\text{cm}$$

49. C 【考点】结构试验的荷载设计

【解析】钢筋混凝土预制板的承载力检验荷载设计值的计算公式为：

$$P_a=\frac{1}{2}(\gamma_G g_k+\gamma_Q q_k-g)\times bl_0$$

则本题中，代入题干所给条件，其承载力检验荷载设计值为：

$$P_a=\frac{1}{2}(1.2\times5.0+1.4\times2.0-2.0)\times0.6\times3.3=6.732\text{kN}$$

50. D 【考点】结构单调加载静力试验

【解析】确定开裂荷载实测值的方法有：①荷载—挠度曲线判断法，测定试验结构的最大挠度，取其荷载—挠度曲线上斜率首次发生突变时的荷载值作为开裂荷载测值；②连续布置应变计法，在截面受拉区最外层表面，沿受力主筋在拉应力最大区段的全长范围内连续搭接布置应变计监测应变值的发展，取应变计的应变增量有突变时的荷载值作为开裂荷载实测值；③放大镜观察法，当加载过程中第一次出现裂缝时，应取前一级荷载值作为开裂荷载实测值；当在规定的荷载持续时间内第一次出现裂缝时，应取本级荷载值与前一级荷载的平均值作为开裂荷载实测值；当在规定的荷载持续时间结束后第一次出现裂缝时，应取本级荷载值作为开裂荷载实测值。D项，开裂荷载应取前一级荷载和本级荷载的平均值作为开裂荷载。

51. B 【考点】结构试验的加载设备

【解析】卧梁的作用是将若干个加载点的集中荷载转换成均布荷载。A项，反力架主要用于千斤顶的校验，也可用于大型混凝土构件、大型工件等各种材料的抗压检测，施加的是集中力。C项，分配梁的作用是将荷载分配成两个或两个以上的多点集中荷载。D项，试验台用于结构动力学试验，提供振动力。

52. C 【考点】结构试验的量测仪器选择原则

【解析】选择量测仪器时，应根据被测值的大小，在满足被测量数值范围的前提下，尽可能选择量程小的仪表，并使测量值大于所选仪表满刻度的三分之二处，尽量在满足使用要求时使量程有余量，一般为量程的三分之一，为了装拆被测工件方便。一般量程大的，其精度低于同等级量程小的仪表。所以选择仪器时，仪器的最大量程不低于1.5倍最大被测值。

53. D 【考点】结构试验的现场检测方法

【解析】根据《建筑结构检测技术标准》(GB/T 50344—2004)附录D第D.0.1条规定，钢筋锈蚀状况的检测可根据测试条件和测试要求选择剔凿检测办法、电化学测定办法或综合分析判定方法。电位差法属于电化学测定方法。

54. B 【考点】土的物理力学性质

【解析】由相对密实度公式计算可得，该砂土的相对密实度为：$D_r=\frac{e_{\max}-e_0}{e_{\max}-e_{\min}}=$

$\dfrac{0.943-0.461}{0.943-0.396}=0.881$。

55. B 【考点】土中应力

【解析】根据基底压应力的简化计算方法，当偏心距 $e<L/6$ 时，基底最大、最小压应力均大于零，分布图为梯形。

56. A 【考点】土的抗剪强度指标的影响因素

【解析】AB 两项，土体中各点的抗剪强度或所承受的剪应力都可以是不均匀的。因此，土体的剪切破坏可能是整体破坏，也可能是局部破坏。饱和黏土抗剪强度与固结排水状况有关，和试验时的剪切速率和孔隙水压力变化均有关。C 项，直剪试验中是用剪切速率的“快”与“慢”来模拟试验中的“不排水”和“排水”。说明采用此方法时，饱和黏土的抗剪强度指标与试验时的剪切速率有关。D 项，用有效应力法及相应指标进行计算，概念明确、指标稳定，是一种比较合理的分析方法。只要能比较准确地确定孔隙水压力，则应推荐采用有效应力强度指标。说明采用此方法时，饱和黏土的抗剪强度指标与土中孔隙水压力的变化有关。

57. A 【考点】工程地质勘察方法

【解析】坑探工程又称掘进工程和井巷工程，它在岩土工程勘探中占有一定的地位。与一般的钻探工程相比较，其特点是：勘察人员能直接观察到地质结构，准确可靠且便于描绘，可不受限制地从中采取原状岩土样用作大型原位测试。尤其对研究断层破碎带、软弱泥化夹层和滑动面（带）等的空间分布特点及其工程性质等，更具有重要意义。

58. A 【考点】土的极限平衡条件

【解析】土的极限平衡条件为：$\sigma_1=\sigma_3\tan^2\left(45°+\dfrac{\varphi}{2}\right)+2c\cdot\tan\left(45°+\dfrac{\varphi}{2}\right)$，带入数据可得，土样破坏面与最大主应角小于 20°，则此点处于稳定状态，还未达到极限平衡状态。

59. C 【考点】桩的承载力

【解析】A 项，根据《建筑地基基础设计规范》（GB 50007—2011）第 8.5.6 条第 4 款的规定，初步设计时单桩竖向承载力特征值可按下式进行估算：$R_a=q_{pa}A_p+u_p\Sigma q_{sia}l_i$，公式中的 A_p 为桩基截面面积，因此桩的承载力与桩基截面的大小有关。B 项，配置纵向钢筋的桩在受到弯曲荷载时，钢筋可以承受一定的拉应力，从而使桩具有一定的抗弯能力。C 项，第 8.5.9 条规定，当桩基承受拔力时，应对桩基进行抗拔验算。单桩抗拔承载力特征值应通过单桩竖向抗拔载荷试验确定，并应加载至破坏。单桩竖向抗拔载荷试验，应按本规范附录 T 进行。故桩可以有一定的抗拔能力。D 项，一级建筑物的基础设计等级为甲级，根据第 10.2.16 条规定，工程桩竖向承载力检验可根据建筑物的重要程度确定抽检数量及检验方法。对地基基础设计等级为甲级、乙级的工程，宜采用慢速静荷载加载法进行承载力检验，故对于一级建筑物，桩的竖向承载力应通过荷载试验来确定。

60. A 【考点】土压力计算

【解析】根据《建筑地基处理技术规范》（JGJ 79—2012）第 7.1.5 条，复合地基的土压力承载力的公式为：$f_{spk}=[1+m(n-1)]f_{sk}$。代入题中数据可得：$d_e=1.13s=1.13$，$m=\dfrac{d^2}{d_e^2}=\dfrac{0.6^2}{1.13^2}=0.282$，则复合地基承载力 $f_{spk}=[1+0.282\times(5-1)]\times100\text{kPa}=212.8\text{kPa}$。

2008年一级注册结构工程师执业资格考试《专业基础考试》真题

单项选择题(共60题，每题2分。每题的备选项中只有一个最符合题意)

1. 吸声材料的孔隙特征应该是(　　)。

A. 均匀而密闭　　B. 小而密闭

C. 小而连通、开口　　D. 大而连通、开口

2. 材料的软化系数是指(　　)。

A. 吸水率与含水率之比

B. 材料饱水抗压强度与干抗压强度之比

C. 材料受冻后抗压强度与受冻前抗压强度之比

D. 材料饱水弹性模量与干燥弹性模量之比

3. 水泥矿物水化放热最大的是(　　)。

A. 硅酸三钙　　B. 硅酸二钙　　C. 铁铝酸四钙　　D. 铝酸三钙

4. 抗冻等级是指混凝土28d龄期试件在吸水饱和后所能承受的最大冻融循环次数，其前提条件是(　　)。

A. 抗压强度下降不超过5%，质量损失不超过25%

B. 抗压强度下降不超过10%，质量损失不超过20%

C. 抗压强度下降不超过20%，质量损失不超过10%

D. 抗压强度下降不超过25%，质量损失不超过5%

5. 划分混凝土强度等级的依据是(　　)。

A. 混凝土的立方体试件抗压强度值　　B. 混凝土的立方体试件抗压强度标准值

C. 混凝土的棱柱体试件抗压强度值　　D. 混凝土的抗弯强度值

6. 表明钢材超过屈服点工作时的可靠性的指标是(　　)。

A. 比强度　　B. 屈强比　　C. 屈服强度　　D. 条件屈服强度

7. 花岗石属于(　　)。

A. 火成岩　　B. 变质岩　　C. 沉积岩　　D. 深成岩

8. 测站点O与观测目标A、B位置不变，如仪器高度发生变化，则观测结果将(　　)。

A. 竖直角改变、水平角不变　　B. 水平角改变、竖直角不变

C. 水平角和竖直角都改变　　D. 水平角和竖直角都不改变

9. 建筑场地较小时，采用建筑基线作为平面控制，其基线点数不应少于(　　)。

A. 2　　B. 3　　C. 4　　D. 5

10. 在闭合导线和附合导线计算中，坐标增量闭合差的分配原则是怎样分配到各边的坐标增量中?(　　)

A. 反符号平均　　B. 按与边长成正比反符号

C. 按与边长成正比同符号　　D. 按与坐标增量成正比反符号

11. 已知某地形图的比例尺为1∶500，则该图的比例尺精度为(　　)。

A. 0.05mm　　B. 0.1mm　　C. 0.05m　　D. 0.1m

12. 既反映地物的平面位置，又反映地面高低起伏状态的正射投影图称为(　　)。

A. 平面图　　B. 断面图　　C. 影像图　　D. 地形图

13. 设计单位未按照工程建设强制性标准进行设计的，责令改正，并处(　　)罚款。

A. 5万元以下　　B. 5万~10万元

C. 10万~30万元　　D. 30万元以上

14. 建设工程勘察，设计单位将所承揽的建设工程勘察、设计转包的，责令改正，没收违法所得，处罚款为(　　)。

A. 合同约定的勘察费、设计费25%以上50%以下

B. 合同约定的勘察费、设计费50%以上75%以下

C. 合同约定的勘察费、设计费75%以上100%以下

D. 合同约定的勘察费、设计费50%以上100%以下

15. 《中华人民共和国合同法》规定了无效合同的一些条件，符合无效合同的条件有(　　)。①违反法律和行政法规合同；②采取欺诈、胁迫等手段所签订的合同；③代理人签订的合同；④违反国家利益成社会公共利益的经济合同。

A. ①②③　　B. ②③④　　C. ①③④　　D. ①②④

16. 隐蔽工程在隐蔽以前，承包人应当通知发包人检查。发包人没有及时检查的，承包人可以(　　)。

A. 顺延工程日期，并有权要求赔偿停工、窝工等损失

B. 顺延工程日期，但应放弃其他要求

C. 发包人默认隐蔽工程质量，可继续施工

D. 工期不变，建设单位承担停工、窝工等损失

17. 具有“后退向下，强制切土”特点的单斗挖土机是什么挖土机？(　　)

A. 正铲　　B. 反铲　　C. 抓铲　　D. 拉铲

18. 下图所示直径为 $d=22$mm 的钢筋的下料长度为(　　)。

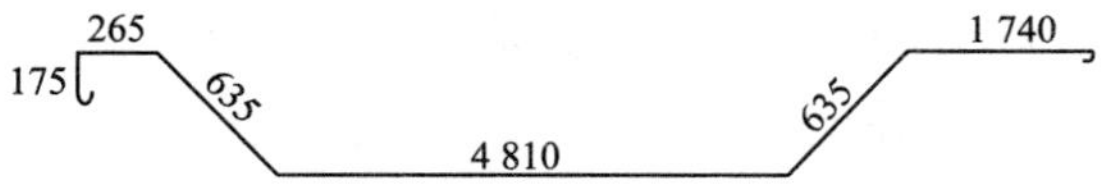

题18图

A. 8304　　B. 8348　　C. 8392　　D. 8432

19. 某工程在评定混凝土强度质量时，其中两组试块的试件强度分别为：28.0、32.2、33.1和28.1、33.5、34.7，则这两试块的强度代表值为(　　)。

A. 32.2；33.5　　B. 31.1；34.1　　C. 31.1；32.1　　D. 31.1；33.5

20. 砖砌工程中，设计要求的洞口尺寸超过(　　)mm时，应设置过梁或砌筑平拱。

A. 300　　B. 400　　C. 500　　D. 600

21. 施工平面图设计时，首先要考虑的是(　　)。

A. 确定垂直运输机械的位置　　B. 布置运输道路

C. 布置生产、生活用的临时设置　　D. 布置搅拌站、材料堆场的位置

22. 在受拉构件中由于纵筋拉力的存在，构件的抗剪能力将(　　)。

A. 难以测定　　B. 降低　　C. 提高　　D. 不变

23. 进行钢筋混凝土构件变形和裂缝宽度验算时，应采用(　　)。

A. 荷载设计值，材料强度设计值　　B. 荷载设计值，材料强度标准值

C. 荷载标准值，材料强度设计值　　D. 荷载标准值，材料强度标准值

24. 对受扭构件中箍筋，正确的叙述是(　　)。

A. 箍筋必须采用螺旋箍筋

B. 箍筋可以是开口的，也可以是封闭的

C. 箍筋必须封闭且焊接连接，不得搭接

D. 箍筋必须封闭，且箍筋的端部应做成135°的弯钩，弯钩端的直线长度不应小于5d和50mm

25. 剪力墙结构房屋上所承受的水平荷载可以按各片剪力墙的什么分配给各片剪力墙，然后分别进行内力和位移计算？(　　)

A. 等效抗弯刚度　　B. 实际抗弯刚度

C. 等效抗剪刚度　　D. 实际抗剪刚度

26. 一宽度b，厚度为t的钢板上有一直径为d的孔，则钢板的净截面面积为(　　)。

A. $A_n = b \times t - dt/2$　　B. $A_n = b \times t - \pi d^2 t/4$

C. $A_n = b \times t - dt$　　D. $A_n = b \times t - \pi dt$

27. 梯形屋架的端斜杆和受较大节间荷载作用的屋架上弦杆的合理截面形式是两个(　　)。

A. 等肢角钢十字相连　　B. 不等肢角钢相连

C. 等肢角钢相连　　D. 不等肢角钢长肢相连

28. 某杆件与节点板采用22个M24的螺栓连接，沿受力方向分两排按最小间距排列($3d_0$)，螺栓承载力折减系数是(　　)。

A. 0.75　　B. 0.80　　C. 0.85　　D. 0.90

29. 钢屋架跨中竖杆由双等肢角钢组成十字形截面杆件，计算该竖杆最大长细比λ_{max}时，其计算长度l_0等于(　　)。

A. $0.8l$(l为几何长度)　　B. $0.9l$

C. l　　D. $\left(0.75 + 0.25\dfrac{N_2}{N_1}\right)l$，且$\leqslant 0.5l$

30. 砖墙上有1.5m宽门洞，门洞上设钢筋砖过梁，若过梁上墙高为1.8m，则计算过梁上墙重时，应取墙高为(　　)。

A. 0.6m　　B. 0.5m　　C. 1.8m　　D. 1.5m

31. 关于配筋砖砌体概念正确的是(　　)。

A. 轴向力的偏心距超过规定限值时，宜采用网状配筋砖砌体

B. 网状配筋砖砌体的配筋率越大，砌体强度越高，应尽量增大配筋率

C. 网状配筋砖砌体抗压强度较无筋砌体提高的主要原因是砌体中配有钢筋，钢筋的强度较高，可与砌体共同承担压力

D. 组合砖砌体在轴向力下，钢筋对砌体有横向约束作用，因而间接地提高了砖砌体的强度

32. 砌体房屋伸缩缝的间距与下列哪项无关？(　　)

A. 砌体的强度等级　　B. 砌体的类别

C. 屋盖或楼盖的类别　　D. 环境温差

33. 影响砌体结构房屋空间工作性能主要因素是(　　)。

A. 圈梁和构造柱的设置是符合要求　　B. 屋盖、楼盖的类别及横墙的间距

C. 砌体所用块材和砂浆的强度等级　　D. 外、纵墙的高厚比和门窗开洞数量

34. 图示体系是几何(　　)。

A. 可变的体系　　B. 不变且无多余约束的体系

C. 瞬变的体系　　D. 不变，有一个多余约束的体系

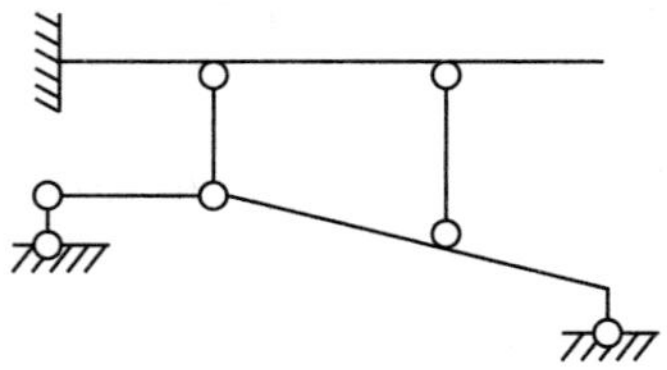

题 34 图

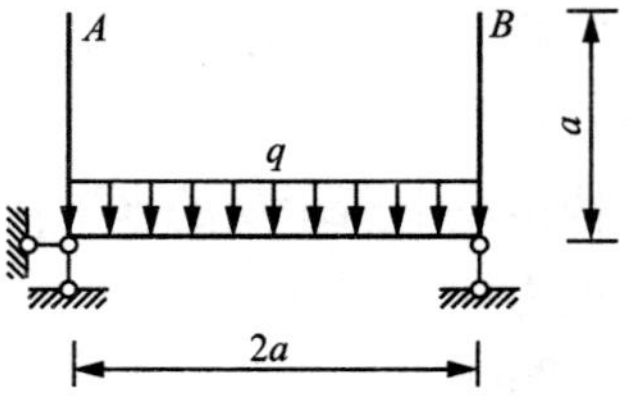

题 35 图

35. 图示结构 A、B 两点相对水平位移(以离开为正)为(　　)。

A. $-\dfrac{2qa^4}{3EI}$　　B. $\dfrac{2qa^4}{3EI}$　　C. $-\dfrac{2qa^4}{12EI}$　　D. $\dfrac{2qa^4}{12EI}$

36. 设 a、b 与 φ 分别为图示结构支座 A 发生的位移及转角，由此引起的 B 点水平位移(向左为正)ΔB_H 为(　　)。

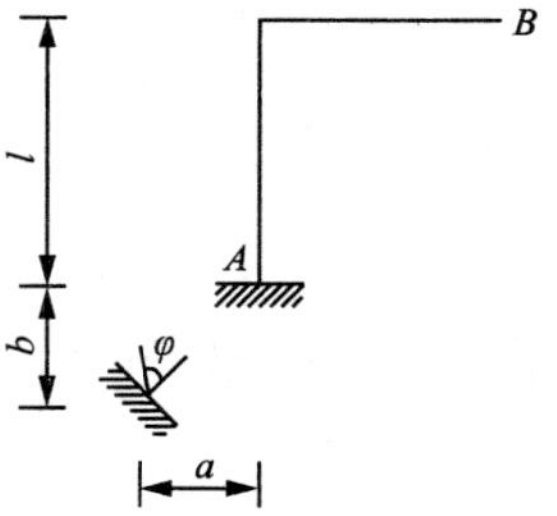

题 36 图

A. $l\varphi - a$　　B. $l\varphi + a$　　C. $a - l\varphi$　　D. 0

37. 图示结构按对称性在反对称荷载作用下的计算简图为(　　)。

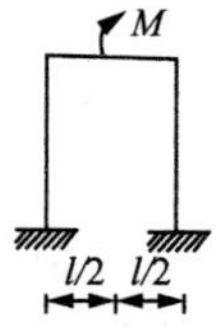

题 37 图

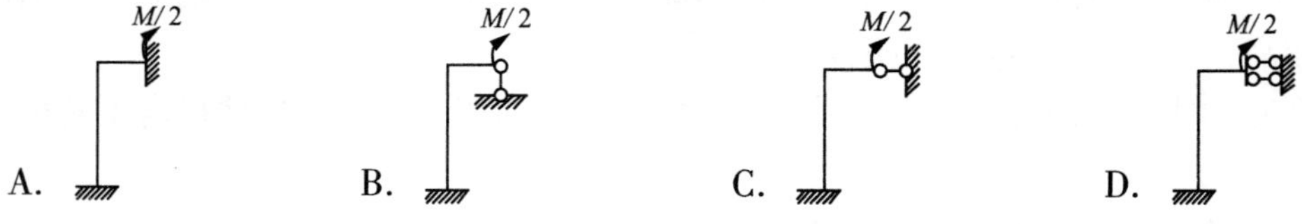

38. 图示刚架，各杆线刚度相同，则结点 A 的转角大小为(　　)。

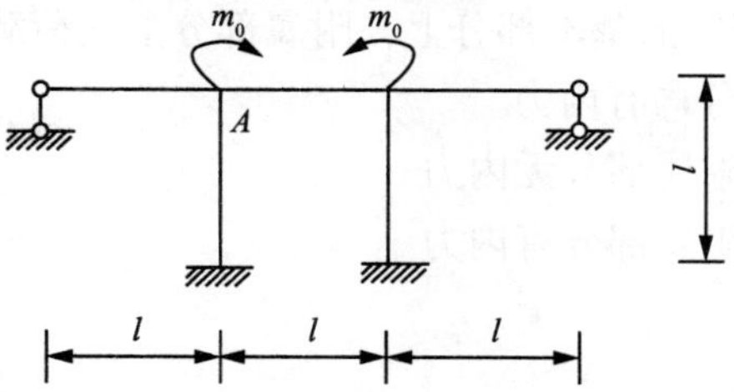

题 38 图

A. $m_0/(9i)$　　B. $m_0/(8i)$　　C. $m_0/(11i)$　　D. $m_0/(4i)$

39. 图示结构，各杆 $EI=13440\text{kN}\cdot\text{m}^2$，当支座 B 发生图示的支座移动时，结点 E 的水平位移为(　　)。

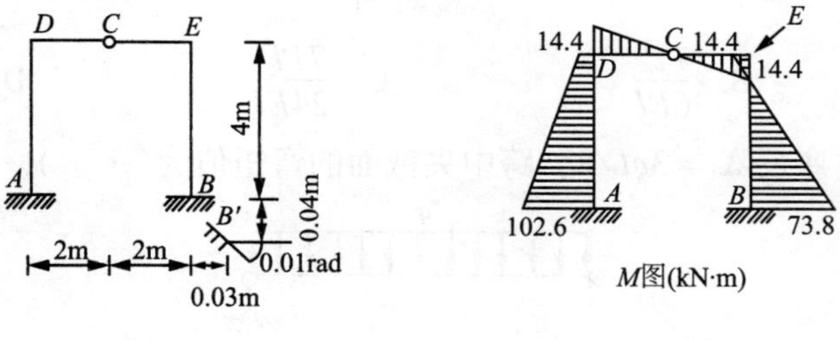

题 39 图

A. 4.357cm(→)　　B. 4.357cm(←)　　C. 2.643cm(→)　　D. 2.643cm(←)

40. 图示连续梁，EI 为常数，用力矩分配法求得结点 B 的不平衡力矩为(　　)。

A. $-20\text{kN}\cdot\text{m}$　　B. $15\text{kN}\cdot\text{m}$

C. $-5\text{kN}\cdot\text{m}$　　D. $5\text{kN}\cdot\text{m}$

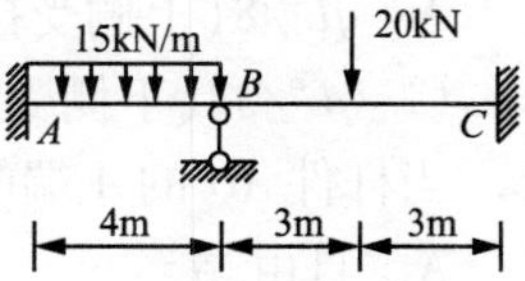

题 40 图

41. 图示梁在移动荷载作用下，使截面 C 的弯矩达到最大值的临界荷载为(　　)。

A. 50kN　　B. 40kN　　C. 60kN　　D. 80kN

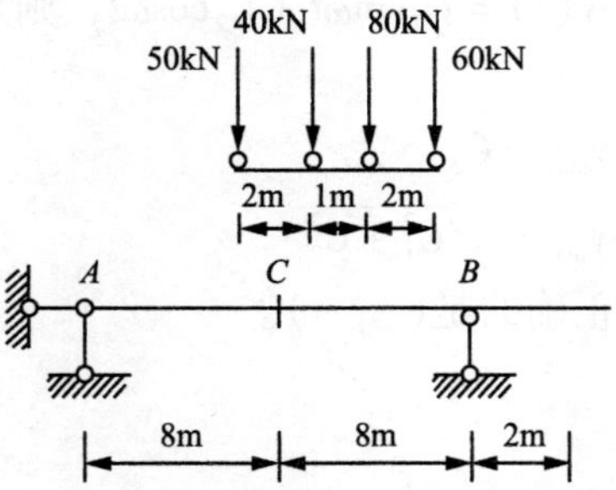

题 41 图

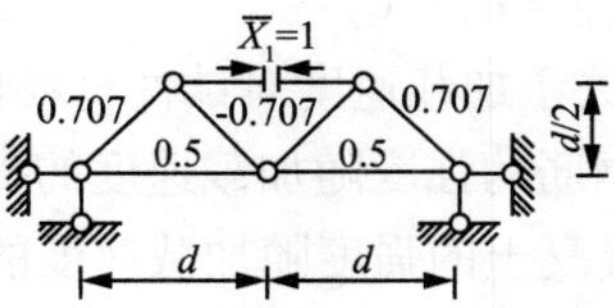

题 42 图

42. 图示为超静定桁架的基本结构及多余未知力 $\overline{X}_1=1$ 作用下的各杆内力，EA 为常数，则 δ_{11} 为(　　)。

A. $d(0.5+1.414)/EA$　　B. $d(1.5+1.414)/EA$

C. $d(2.5+1.414)/EA$　　D. $d(1.5+2.828)/EA$

43. 若荷载作用在静定多跨梁的基本部分上，附属部分上无荷载作用，则(　　)。

A. 基本部分和附属部分均有内力

B. 基本部分有内力，附属部分无内力

C. 基本部分无内力，附属部分有内力

D. 不经计算无法判定

44. 图示梁 C 点竖向位移为(　　)。

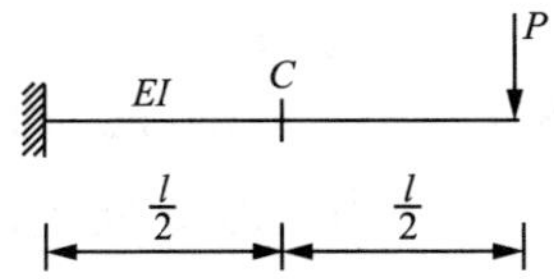

题 44 图

A. $\frac{5Pl^3}{48EI}$　　B. $\frac{Pl^3}{6EI}$　　C. $\frac{7Pl^3}{24EI}$　　D. $\frac{3Pl^3}{8EI}$

45. 已知超静定梁支座反 $X_1=3qL/8$，跨中央截面的弯矩值为(　　)。

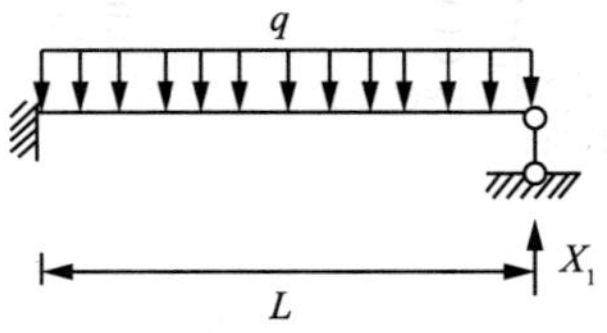

题 45 图

A. $qL^2/8$(上侧受拉)　　B. $qL^2/16$(下侧受拉)

C. $qL^2/32$(下侧受拉)　　D. $qL^2/32$(上侧受拉)

46. 当杆件 AB 的 A 端的转动刚度为 $3i$ 时，杆件的 B 端为(　　)。

A. 自由端　　B. 固定端　　C. 铰支端　　D. 定向支座

47. 结构自振周期 T 的物理意义是(　　)。

A. 每秒振动的次数　　B. 干扰力变化一周所需秒数

C. 2π 秒内振动的次数　　D. 振动一周所需秒数

48. 无阻尼单自由度体系的自由振动方程的通解为 $y(t)=C_1\sin\omega t+C_2\cos\omega t$，则质点的振幅为(　　)。

A. $y_{max}=C_1$　　B. $y_{max}=C_2$

C. $y_{max}=C_1+C_2$　　D. $y_{max}=\sqrt{C_1^2+C_2^2}$

49. 下列关于加载速度对试件材料性能影响的叙述正确的是(　　)。

A. 钢筋的强度随加载速度的提高而提高

B. 混凝土的强度随加载速度的提高而降低

C. 加载速度对钢筋强度和弹性模量没有影响

D. 混凝土的弹性模量随加载速度的提高而降低

50. 下列关于校核性测点的布置不正确的是(　　)。

A. 布置在零应力位置

B. 布置在应力较大的位置

C. 布置在理论计算有把握的位置

D. 若为对称结构，一边布置测点，则另一边布置一些校核性测点

51. 下述哪项不属于结构试验的加载制度所包含的内容？(　　)

A. 加载速度的快慢　　B. 分级荷载的大小

C. 加卸载循环次数　　D. 加载的方式

52. 下列哪项不是试验模型和原型结构边界条件相似的要求？(　　)

A. 初始条件相似　　B. 约束情况相似

C. 支承条件相似　　D. 受力情况相似

53. 目前在结构的现场检测中较多采用非破损和半破损试验，下列属于半破损检测方法的是(　　)。

A. 回弹法　　B. 表面硬度法

C. 钻芯法　　D. 超声法

54. 黏性土可根据什么进行工程分类？(　　)

A. 塑性　　B. 液性指数　　C. 塑性指数　　D. 液性

55. 宽度为3m的条形基础，偏心距$e=0.7$m，作用在基础底面中心的竖向荷载$N=1000$kN/m，则基底最大压力为(　　)。

A. 700kPa　　B. 733kPa　　C. 210kPa　　D. 833kPa

56. 某建筑物基础尺寸为2m×2m，基础埋深为2m，基底附加应力$p_0=100$kPa。则基础中点垂线上，离地面4m处的附加应力为(　　)。

A. 10kPa　　B. 25kPa　　C. 50kPa　　D. 33.6kPa

57. 下列图表中，下列不属于岩土工程勘察成果报告中应附的必要图件的是(　　)。

A. 工程地质柱状图　　B. 工程地质剖面图

C. 室内试验成果图表　　D. 地下水等水位线图

58. 钻孔灌注桩是排土桩(不挤土)，打入式预制桩是不排土桩(挤土)，同一粉土地基中的这两种桩，一般情况下其桩的侧摩阻力(　　)。

A. 钻孔桩大于预制桩　　B. 钻孔桩小于预制桩

C. 钻孔桩等于预制桩　　D. 三种情况均有可能

59. 某四层砖混结构，承重墙下为条形基础，宽1.2m，基础埋深1m，上部建筑物作用于基础的荷载标准值为120kN/m。地基为淤泥质黏土，重度17.8kN/m^3，地基承载力特征值为50kPa，淤泥质黏土的承载力深度修正系数$\eta_d=1.0$，采用换土垫层法处理地基，砂垫层的压力扩散角为30°，经验算砂垫层厚2m，已满足承载力要求，砂垫层的宽度至少是(　　)。

A. 5m　　B. 3.5m　　C. 2.5m　　D. 3.2m

60. 已知某工程基坑开挖深度$H=5$m，$\gamma=19$kN/m^3，$\phi=15°$，$c=12$kPa，基坑稳定开挖坡角为(　　)。

A. 30°　　B. 60°　　C. 64°　　D. 45°

答案及详解

单项选择题(共60题，每题2分。每题的备选项中只有一个最符合题意)

1. C 【**考点**】孔隙与孔隙率特征

【**解析**】吸声材料凭借自身的多孔性、薄膜作用或共振作用而对入射声能具有吸收作用的。材料孔隙率高、孔隙细小，吸声性能较好，孔隙过大，效果较差，且过多的封闭微孔对吸声不利。

2. B 【**考点**】材料的耐水性

【**解析**】材料长期处于水的作用下不破坏，其强度也不显著降低的性质称为材料的耐水性，一般用软化系数表示。材料软化系数是指材料吸水饱和的抗压强度与干燥抗压强度之比。

3. D 【**考点**】水泥的水化反应

【**解析**】水泥与水接触时，水泥中的各组分与水的反应称为水化反应。水泥在水化时会放出大量的热量，主要是由于水泥中的熟性矿物所引起的，其中 C_2S(硅酸二钙)水化放热少，C_4AF(铁铝酸四钙)水化放热适中，C_3A(铝酸三钙)水化放热最多。

4. D 【**考点**】混凝土的抗冻性

【**解析**】混凝土的抗冻等级是指标准养护条件下28d龄期的立方体试件，在水饱和后进行冻融循环试验，其抗压强度下降不超过25%，质量损失不超过5%时的最大循环次数。

5. B 【**考点**】混凝土强度等级

【**解析**】根据《混凝土结构设计规范》(GB 50010—2010)(2015年版)第4.1.1条规定，混凝土强度等级应按立方体抗压强度标准值确定。立方体抗压强度标准值系指按标准方法制作、养护的边长为150mm的立方体试件，在28d或设计规定龄期以标准试验方法测得的具有95%保证率的抗压强度值。

6. B 【**考点**】建筑钢材的强度与性能

【**解析**】屈强比是指钢材屈服点与抗拉强度的比值，可以反映钢材使用时的可靠性和安全性。屈强比愈小，反映钢材受力超过屈服点工作时的安全可靠程度愈大，但太小则反映钢材性能未能充分利用，造成浪费。钢材屈强比一般应小于0.83。A项，比强度是指衡量材料轻质高强性的指标，等于材料的强度与材料的容积密度之比；C项，屈服强度是指金属材料发生屈服现象时的屈服极限，即抵抗微量塑性变形的应力；D项，金属材料的屈服点极不明显，在测量上有困难，因此为了衡量材料的屈服特性，规定其产生的永久残余塑性变形等于一定值(一般为原长度的0.2%)时的应力，称为条件屈服强度。

7. D 【**考点**】石材的分类

【**解析**】岩浆岩又称火成岩，由地壳内部熔融岩浆上升冷却而成。其根据岩浆冷却条件分为深成岩、浅成岩、喷出岩。深成岩包括花岗石、正长岩、闪长岩等。

8. A 【**考点**】角度测量的相关概念

【**解析**】地面上任意两直线间的水平角度为通过该两直线所作铅垂面间的两面角，水平角测量不受仪器高度的变化影响；同一铅垂面内，某方向的视线与水平线的夹角称为垂直角(又称竖直角)，垂直角测量受仪器高度的变化影响。

9. B 【考点】地面点位的确定

【解析】在建筑场地面积小、不复杂时，常布设平行于主要建筑物轴线的“一”字形、“L”形、“十”字形和“T”形建筑基线。建筑基线点数一般不应少于 3 点。

10. B 【考点】导线测量的成果整理

【解析】在闭合导线和附合导线计算中，坐标增量闭合差的改正，按与边长成正比反符号分配到各边的坐标增量中，这样才能保证闭合差为零提高精确度。

11. C 【考点】地形图应用的基本知识

【解析】地形图上 0.1mm 所代表的实地水平距离称为地形图比例尺精度，即 $0.1\text{mm} \times M$。比例尺为 1:500，故 $M = 500$，则比例尺精度为：$0.1\text{mm} \times M = 50\text{mm} = 0.05\text{m}$。

12. D 【考点】地形图的基本知识

【解析】地形图是指按一定比例尺，用规定的符号表示地物、地貌的平面位置和高程的正射投影图。其既反映地物的平面位置，又能反映地面高低的起伏状态。A 项，平面图是指将地面上各种地物的平面位置按一定比例尺、用规定的符号缩绘在图纸上，并注有代表性的高程点；B 项，假想用剖切面剖开物体后，仅画出该剖切面与物体接触部分的正投影，所得的图形称为断面图；C 项，影像图是指通过一定的工具，对地球、星体上的地物地貌或者其他事物在某一瞬间的特征以及周围环境的关系等空间信息进行拍摄，然后经一定设备记录下来以图片形式呈现的图像。

13. C 【考点】违规操作的惩罚

【解析】根据《建设工程质量管理条例》第六十三条规定，违反本条例规定，有下列行为之一的，责令改正，处 10 万元以上 30 万元以下的罚款：①勘察单位未按照工程建设强制性标准进行勘察的；②设计单位未根据勘察成果文件进行工程设计的；③设计单位指定建筑材料、建筑构配件的生产厂、供应商的；④设计单位未按照工程建设强制性标准进行设计的。有前款所列行为，造成工程质量事故的，责令停业整顿，降低资质等级。情节严重的，吊销资质证书。造成损失的，依法承担赔偿责任。

14. A 【考点】违法转包的惩罚

【解析】根据《建设工程勘察设计管理条例》第三十九条规定，违反本条例规定，建设工程勘察、设计单位将所承揽的建设工程勘察、设计转包的，责令改正，没收违法所得，处合同约定的勘察费、设计费 25% 以上 50% 以下的罚款，可以责令停业整顿，降低资质等级。情节严重的，吊销资质证书。

15. D 【考点】无效合同的概念

【解析】根据《中华人民共和国合同法》第五十二条规定，有下列情况之一的合同无效：①一方以欺诈、胁迫的手段订立合同，损害国家利益；②恶意串通，损害国家、集体或者第三人利益；③以合法形式掩盖非法目的；④损害社会公共利益；⑤违反法律、行政法规的强制性规定。(《合同法》自 2021 年 1 月 1 日起已废止，现行《民法典》已删除该条文)

16. A 【考点】隐蔽工程

【解析】根据《中华人民共和国民法典》第七百九十八条规定，隐蔽工程在隐蔽以前，承包人应当通知发包人检查。发包人没有及时检查的，承包人可以顺延工程日期，并有权要求赔偿停工、窝工等损失。

17. B 【考点】挖土机的种类和特点

【解析】反铲挖土机的特点是“后退向下，强制切土”。A项，正铲挖土机的特点是“前进向上，强制切土”；C项，抓铲挖土机的特点是“直上直下，自重切土”；D项，拉铲挖土机的特点是“后退向下，自重切土”。

18. C 【考点】钢筋工程

【解析】钢筋切断时的长度称为下料长度。钢筋的下料长度 = 外包尺寸 + 端头弯钩长度 - 量度差值。端头弯钩长度和度量差值分别按题18解表1和题18解表2取值。根据题干可得：下料长度 $=175+265+2\times635+4810+1740-4\times0.5\times22-2\times22+2\times5\times22=8392$mm。

题18解表1　端头弯钩长度

钢筋直径 d/mm	≤6	8～10	12～18	20～28	32～36
一个弯钩长度/mm	4d	6d	5.5d	5d	4.5d

题18解表2　度量差值

钢筋弯曲角度/度	30°	45°	60°	90°	135°
钢筋弯曲调整值/mm	0.3d	0.5d	1d	2d	3d

19. D 【考点】混凝土工程

【解析】混凝土立方体抗压强度计算应精确至0.1MPa，强度值的确定应符合下列规定：①三个试件测值的算术平均值作为该组试件的强度值精确至(0.1MPa)；②三个测值中的最大值或最小值中如有一个与中间值的差值超过中间值的15%时，则把最大及最小值一并舍除，取中间值作为该组试件的抗压强度值；③如最大值和最小值与中间值的差均超过中间值的15%，则该组试件的试验结果无效。则本题中，第一组试件的强度代表值应取平均值31.1；第二组试件中，$(33.5-28.1)/33.5\times100\%=16.1\%>15\%$，因此舍去最大值和最小值，取中间值33.5为强度代表值。

20. A 【考点】砌块墙的施工

【解析】根据《砌体结构工程施工质量验收规范》(GB 50203—2011)第3.0.11条规定，设计要求的洞口、沟槽、管道应于砌筑时正确留出或预埋，未经设计同意，不得打凿墙体和在墙体上开凿水平沟槽。宽度超过300mm的洞口上部，应设置钢筋混凝土过梁。

21. A 【考点】施工平面图的设计步骤

【解析】施工平面图的设计流程图如题21解图所示。在施工平面图设计中，应优先确定大型起重机械的位置。

22. B 【考点】轴心受力构件的抗剪承载力

【解析】在构件抗剪承载力计算中，要考虑拉应力的影响，拉应力会降低截面的抗剪承载力，对截面的抗剪强度不利。

23. D 【考点】结构功能的极限状态

【解析】构件变形和裂缝宽度验算属于正常使用极限状态下的验算，不属于承载力极限状态。在正常使用极限状态，混凝土构件的荷载和材料强度均采用标准值。

24. D 【考点】受扭构件的构造要求

【解析】根据《混凝土结构设计规范》(GB 50010—2002)第9.2.10条规定，受扭所需的箍筋应做成封闭式且应沿截面周边布置。箍筋的端部应做成135°的弯钩，弯钩端的直线

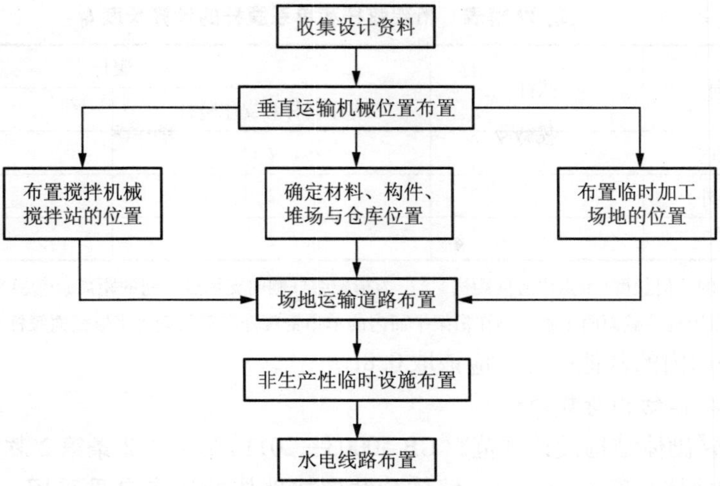

题 21 解图

长度不应小于 $5d$ 和 50mm。

【说明】最新规范《混凝土结构设计规范》(GB 50010—2010)已对上述内容进行修订。第 9.2.10 条规定，箍筋间距应符合本规范表 9.2.9 的规定，其中受扭所需的箍筋应做成封闭式，且应沿截面周边布置。当采用复合箍筋时，位于截面内部的箍筋不应计入受扭所需的箍筋面积。受扭所需箍筋的末端应做成 135°弯钩，弯钩端头平直段长度不应小于 $10d$，d 为箍筋直径。

25. A **【考点】**剪力墙结构计算

【解析】剪力墙结构在水平荷载作用下，可按各片剪力墙的等效抗弯刚度分配水平力给各片剪力墙，然后分别进行内力和位移计算。

26. C **【考点】**钢材的相关计算

【解析】钢板的净截面面积是指钢筋截面减去小孔钻眼所剩余的面积。此题中小孔面积为 dt，总面积为 bt，所以钢板的净截面面积为：$A_n = b \times t - dt$。

27. D **【考点】**钢屋架设计

【解析】对于上弦杆，宜采用两个不等边角钢短肢相连的 T 形截面，这样能基本符合等稳定性条件，便于连接支撑和放置屋面板或檩条。当上弦(或下弦)有节间荷载时，为了提高抗弯能力，宜采用不等边角钢长肢相连的 T 形截面。屋架的支座斜杆在屋架平面内和平面外的计算长度相等，可采用两个不等肢角钢长肢相连而成的 T 形截面。

28. D **【考点】**普通螺栓和高强度螺栓连接

【解析】根据《钢结构设计标准》(GB 50017—2017)第 11.4.5 条规定，在构件连接节点的一端，当螺栓沿轴向受力方向的连接长度 l_1 大于 $15d_0$ 时(d_0 为孔径)，应将螺栓的承载力设计值乘以折减系数($1.1 - l_1/150d_0$)，当大于 $60d_0$ 时，折减系数取为定值 0.7。题目中 22 个螺栓分两排排列，每排 11 个，故 $l_1 = 10 \times 3d_0 = 30d_0$，故折减系数为 $1.1 - l_1/150d_0 = 1.1 - 30d_0/150d_0 = 0.9$。

29. A **【考点】**钢屋架设计

【解析】根据《钢结构设计标准》(GB 50017—2017)第 7.4.1 条表 7.4.1－1(见题 29 解表)的规定。

题 29 解表　桁架弦杆和单系腹杆的计算长度 l_0

弯曲方向	弦杆	腹杆	
		支座斜杆和支座竖杆	其他腹杆
桁架平面内	l	l	$0.8l$
桁架平面外	l_1	l	l
斜平面	—	l	$0.9l$

注：①l 为构件的几何长度（节点中心间距离），l_1 为桁架弦杆侧向支承点之间的距离；②斜平面系指与桁架平面斜交的平面，适用于构件截面两主轴均不在桁架平面内的单角钢腹杆和双角钢十字形截面腹杆。

其为桁架平面内的其他腹杆，应该取 $0.8l$。

30. B 【**考点**】砌体结构荷载的计算

【**解析**】根据《砌体结构设计规范》（GB 50003—2011）第 7.2.2 条第 2 款规定，对砖砌体，当过梁上的墙体高度 $h_w < l_n/3$，墙体荷载应按墙体的均布自重采用，否则应按高度为 $l_n/3$ 墙体的均布自重采用。则根据题干应取墙高为：$\frac{l_n}{3}=\frac{1.5}{3}=0.5\text{m}$。

31. D 【**考点**】配筋砖砌体的概念

【**解析**】根据《砌体结构设计规范》（GB 50003—2011）第 8.1.1 条第 1 款规定，偏心距超过截面核心范围（对于矩形截面即 $e/h>0.17$），或构件的高厚比 $\beta>16$ 时，不宜采用网状配筋砖砌体构件，即当偏心距超过规定限值时，不宜采用网状配筋砖砌体。第 8.1.3 条第 1 款规定，网状配筋砖砌体中的体积配筋率，不应小于 0.1%，并不应大于 1%，故不可无限制地增大配筋率。组合砖砌体在轴向力下，钢筋对砌块有横向约束作用，使砌块处于三向受力状态，间接提高了砌体的承载能力。

32. A 【**考点**】砌体结构构造

【**解析**】伸缩缝是指为适应材料胀缩变形对结构的影响而在结构中设置的间隙。其主要作用是防止房屋因气候变化而产生裂缝。根据《砌体结构设计规范》（GB 50003—2011）第 6.5.1 条表 6.5.1 规定，砌体房屋伸缩缝的间距与砌体的强度等级无关。

33. B 【**考点**】砌体结构房屋的静力计算方案

【**解析**】根据《砌体结构设计规范》（GB 50003—2011）第 4.2.4 条表 4.2.4 规定，屋盖、楼盖的类别及横墙的间距影响砌体结构房屋空间工作性能。

34. D 【**考点**】几何不变体系的组成规律

【**解析**】去掉左下边的二元体，水平杆与基础刚结组成一刚片（包括下边基础），与斜折杆刚片用一铰二杆（不过铰）连接，组成一个多余约束的几何不变体系。

35. A 【**考点**】荷载作用下的位移计算

【**解析**】应用单位荷载法，求 AB 两点的相对位移，即在两点加一对虚拟的反向单位作用力。画出虚拟状态下的弯矩图和实际状态下的弯矩图如题 35 解图所示，进行图乘得：

$$\Delta_{AB}=-\frac{1}{EI}\left(\frac{2}{3}\ \frac{qa^2}{2}2a\right)a=-\frac{2qa^4}{3EI}$$

36. C 【**考点**】支座位移引起的位移

【**解析**】题 36 图所示结构为刚体，由几何关系分析或用单位荷载法求刚体位移。由单位荷载法，在 B 处虚设水平向左的单位虚力，由静力平衡条件求得支座处的受力情况，可得 A 支座支反力，如题 36 解图所示。A 点水平力方向向右，与水平位移反向；弯矩方向为顺时针，与转角位移同向。或根据位移计算公式计算，解得：$\Delta B_H = -\sum \overline{R}c = -(-1\times a + l\varphi) = a - l\varphi$。

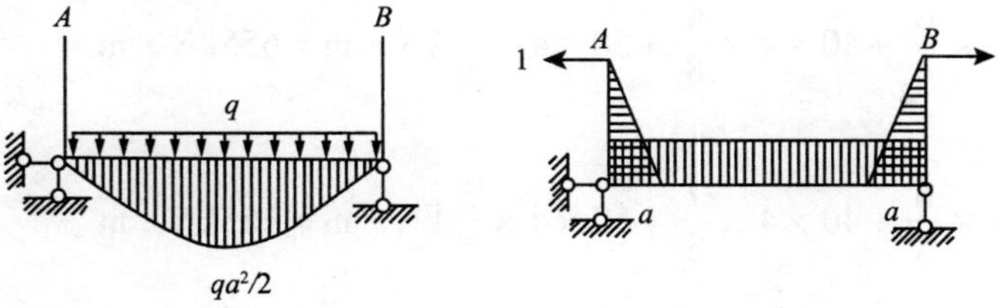

题 35 解图

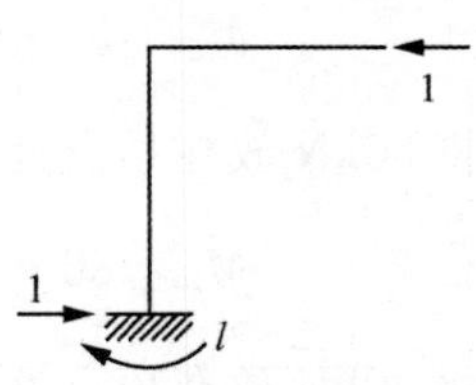

题 36 解图

37. B 【考点】利用对称性取半结构

【解析】该结构为在反对称荷载作用下的奇数跨对称结构。把结构从对称中心截开，反对称作用下正对称力为零。所以中间只有竖向力，没有弯矩和水平力，其荷载为总荷载的一半。

38. A 【考点】对称性的应用

【解析】利用对称性，取对称结构如题 38 解图所示，应用位移法，在结点 A 加一个刚性支座。则结构中只有一个未知的角位移。分析结点 A，得：$(3+4+2)i\theta_A = m_0$，所以 $\theta_A = \dfrac{m_0}{9i}$。

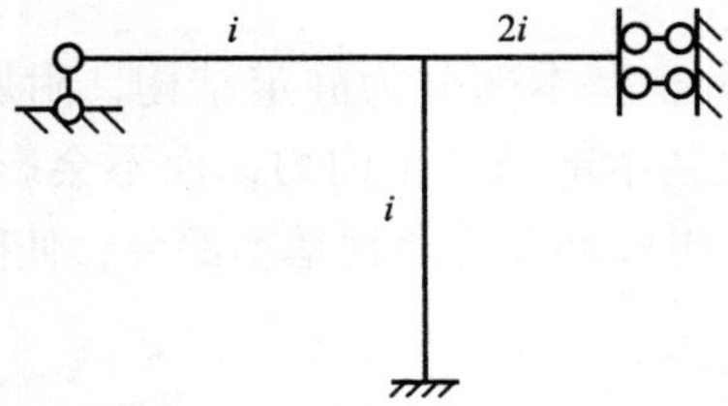

题 38 解图

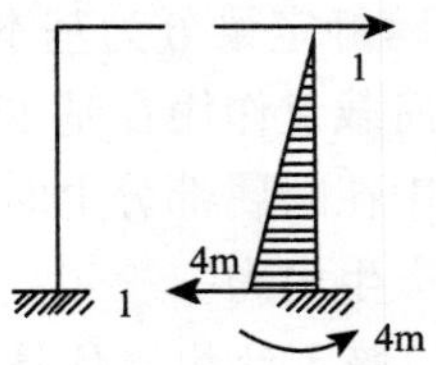

题 39 解图

39. A 【考点】单位荷载法

【解析】用单位荷载法进行求解，将水平方向(→)的单位力 $F=1$ 夹在 E 点处，可将结构分解为一个正对称结构和一个反对称结构，正对称结构内的杆件弯矩和支座反力均为零，故可只求解反对称结构。取反对称结构的半边结构如题 39 解图所示，用力法求解其支座反力得 $M_B = \dfrac{8}{7}m$(左侧受拉)，$F_{Bx} = \dfrac{1}{2}(\leftarrow)$，$F_{By} = \dfrac{3}{7}(\uparrow)$，故结点 E 的水平位移为

$$\Delta_{Ex} = \left(\frac{8}{7}\times 0.01 + \frac{3}{7}\times 0.04 + \frac{1}{2}\times 0.03\right)\text{m} = 0.04357\text{m} = 4.357\text{cm}(\rightarrow)$$

40. D 【考点】超静定结构受力分析

【解析】根据力矩分配法知，传递弯矩是分配弯矩乘以传递系数，则：

$$M_B^F = \frac{15\times 4^2}{12} - \frac{20\times 6}{8} = 5\text{kN}\cdot\text{m}$$

41. D 【考点】影响线的应用

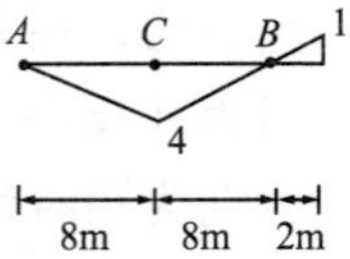

题 41 解图

【解析】先用机动法作出图示结构的影响线（见题 41 解图），把集中荷载分别放在影响线的顶点求取值最大的那个，即为最不利荷载位置。将 60kN 放在顶点处，得：

$$M_{60}=60\times4+80\times4\times\frac{6}{8}+40\times4\times\frac{5}{8}+50\times4\times\frac{3}{8}\text{kN}\cdot\text{m}=655\text{kN}\cdot\text{m}$$

将 80kN 放在顶点处，得

$$M_{80}=80\times4+60\times4\times\frac{6}{8}+40\times4\times\frac{7}{8}+50\times4\times\frac{5}{8}\text{kN}\cdot\text{m}=765\text{kN}\cdot\text{m}$$

将 40kN 放在顶点处，得

$$M_{40}=40\times4+80\times4\times\frac{7}{8}+60\times4\times\frac{5}{8}+50\times4\times\frac{6}{8}\text{kN}\cdot\text{m}=740\text{kN}\cdot\text{m}$$

将 50kN 放在顶点处，得

$$M_{50}=50\times4+40\times4\times\frac{6}{8}+80\times4\times\frac{5}{8}+60\times4\times\frac{3}{8}\text{kN}\cdot\text{m}=610\text{kN}\cdot\text{m}$$

故临界荷载为 80kN。

42. B 【考点】超静定结构受力分析

【解析】采用图乘法计算，对于桁架结构，不考虑弯矩作用，只考虑轴力作用，故：

$$\delta_{11}=\sum\frac{N_1^2}{EA}=\frac{1}{EA}\left[4\left(0.707^2\sqrt{2}\frac{d}{2}\right)+2(0.5^2d)+1^2d\right]=\frac{1}{EA}[\sqrt{2}+0.5+1]d$$

43. B 【考点】静定结构受力分析

【解析】多跨静定梁分为基本部分和附属部分，基本部分为静定结构，附属部分为搭接结构。若荷载仅作用在基本部分上时，会使基本部分产生内力，而不会影响附属部分；若荷载作用在附属部分上时，荷载作用会从附属部分传递到基本部分，使附属部分和基本部分都产生内力。

44. A 【考点】静定结构的位移计算

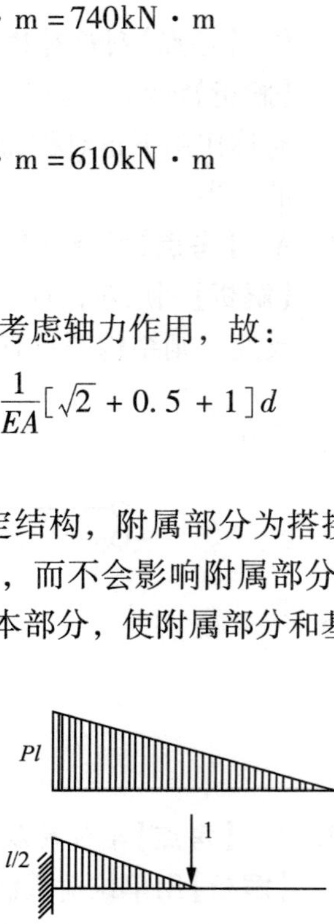

题 44 解图

【解析】应用图乘法，在 C 点施加加一竖直向下的单位力，做出实际荷载和虚设荷载作用下的弯矩图，如题 44 解图，由于虚设荷载弯矩图为多段折线，因此需要分段图乘。第一段中由曲线围成的三角形的形心横坐标为：$x_0=l/2\cdot1/3=l/6$，对应实际荷载弯矩图上的竖标 $y_0=Pl\cdot5l/6=5Pl2/6$；第二段曲线面积为零，因此进行图乘可得：$\Delta_C=\frac{1}{EI}\left(\frac{1}{2}\ \frac{l}{2}\ \frac{l}{2}\times\frac{5}{6}Pl\right)=\frac{5Pl^3}{48EI}$。

45. B 【考点】超静定结构的受力分析

【解析】将截面沿跨中分为两部分，对于右半部分，由跨中弯矩平衡可知：

$$M_{中}=\frac{3qL}{8}\cdot\frac{L}{2}-q\frac{L}{2}\frac{L}{4}=\frac{qL^2}{16}\text{（下侧受拉）}$$

46. C 【考点】转动刚度的概念

【解析】转动刚度是指截面转动一个单位角时所需要的弯矩，不同构件的连接方式，其转动刚度是不一样的。远端铰支时，近端转动刚度为 $3i$。

47. D 【考点】结构自振周期的概念

【解析】结构自振周期 T 是指结构按基本振型(第一振型)完成一次自由振动所需的时间。通常需要考虑两个主轴方向和扭转方向的基本周期。周期的定义为振动一个循环所需时间。

48. D 【考点】单自由度体系的振动方程

【解析】无阻尼单自由度体系的自由振动方程的通解为：$y(t)=C_1\sin\omega t+C_2\cos\omega t$。若能正确表达，则应令 $C_1=a\cos\alpha$，$C_2=a\sin\alpha$，通解可表达为：$y(t)=a\sin(\omega t+\alpha)$，$a=\sqrt{C_1^2+C_2^2}$即为振幅。

49. A 【考点】材料的力学性能与试验的关系

【解析】试验加载速度对试件材料性能的影响包括：①加载速度愈快，即引起材料的应变速率愈高，则试件的强度和弹性模量也相应提高。②钢筋的强度随加载速度的提高而加大。③混凝土和钢筋一样，随着加载速度的增加而提高其强度和弹性模量。特别在很高应变速率的情况下，由于混凝土内部细微裂缝来不及发展，初始弹性模量随应变速率加快而提高。

50. B 【考点】测点布置

【解析】为保证结构测量数据的可靠性，需要布置一定数量的校核测点。校核测点应布置在容易、判别或比较量测值正常与否的位置，可以布置在结构物的边缘凸角和零应力的截面或杆件上，也可以布置在理论计算比较有把握的区域，此外经常利用结构本身和荷载作用的对称性，在控制测点相对称的位置上布置一定数量的校核测点。

51. D 【考点】结构试验的加载制度

【解析】试验加载制度包括加载速度的快慢、加载时间间歇的长短、分级荷载的大小和加载卸载循环的次数等，不包括加载的方式。

52. A 【考点】模型实验的相似要求

【解析】在模型试验中一定要保证边界条件的相似才能使实验顺利正确地完成。边界条件相似要求模型和原型在外界接触区域内，支承条件、约束情况以及边界上受力情况相似。初始条件是结构动力问题，包括质点的位移、速度和加速度等，与结构边界条件无关。

53. C 【考点】结构的现场检测技术

【解析】混凝土的强度检测分为：①非破损检测法，包括表面压痕法、回弹法、超声脉冲法、回弹超声法、振动法、射线法等；②半破损检测法，包括钻芯法、拔出法、拔脱法、拔折法、射击法等。

54. C 【考点】土的物理性质

【解析】塑性指数 I_p 是指黏性土处在可塑状态时含水量的变化范围，习惯上用不带%符号的数值表示，即 $I_p=w_L-w_P$。塑性指数越大，土性越黏。根据《建筑地基基础设计规范》(GB 50007—2011)第 4.1.9 条可知，工程中根据塑性指数的大小对黏性土进行分类，当 $I_p>17$ 时为黏土，当 $10<I_p\leq 17$ 时为粉质黏土。

55. D 【考点】土中应力

【解析】当条形基础的偏心距 $e>b/6$ 时，基底压应力将重分布，为简化计算，设条形基础底边的长度1m，代入数据可得：$p_{\max}=\dfrac{2N}{3(0.5b-e)}=\dfrac{2\times1000}{3\times(0.5\times3-0.7)}=833\text{kPa}$。

56. D 【考点】土的附加应力

【解析】附加应力与荷载的形状有关，形状不同，应力系数就不同。将基础分为四个1m×1m小矩形，根据《建筑地基基础设计规范》(GB 50007—2011)表K.0.1－1查得应力系数$k_c=0.084$。则附加应力为：$\sigma_x=4k_cp_G=4\times0.084\times100=33.6\text{kPa}$。

57. D 【考点】勘察报告分析与应用

【解析】根据《岩土工程勘察规范》(GB 50021—2001)(2009年版)第14.3.5条规定，成果报告应附下列图件：①勘探点平面布置图；②工程地质柱状图；③工程地质剖面图；④原位测试成果图表；⑤室内试验成果图表。

58. B 【考点】桩与桩基础的分类

【解析】在一般情况下，同一土层中的挤土桩和土接触更多，摩擦系数大，而不挤土桩的摩擦力不是来自于土，所以其摩擦力相对就小一些。

59. B 【考点】地基处理方法

【解析】砂垫层的宽度应满足$B'\geqslant B+2d\tan\theta$，由题干可知当砂垫层厚度为2m时，已满足承载力要求，故$d=2\text{m}$，$B=1.2\text{m}$，$\theta=30°$。代入不等式解得：$B'\geqslant3.5$，故B'的最小值为3.5m。

60. C 【考点】土坡的稳定分析

【解析】采用泰勒图表法进行计算。圆弧滑动面的三种形式同土的内摩擦角值、坡角以及硬层埋藏深度等因素有关。泰勒根据计算资料整理得到的结果绘制成题60解图。图中的纵坐标N_s称为稳定数，计算公式为：$N_s=\dfrac{\gamma H}{c}$。式中，γ为重度；H为土坡高度；c为黏聚力。本题中，$N_s=\dfrac{\gamma H}{c}\approx8$，从下图中找到内摩擦角为15°的曲线，则当稳定数为8时，对应的坡角为64°。

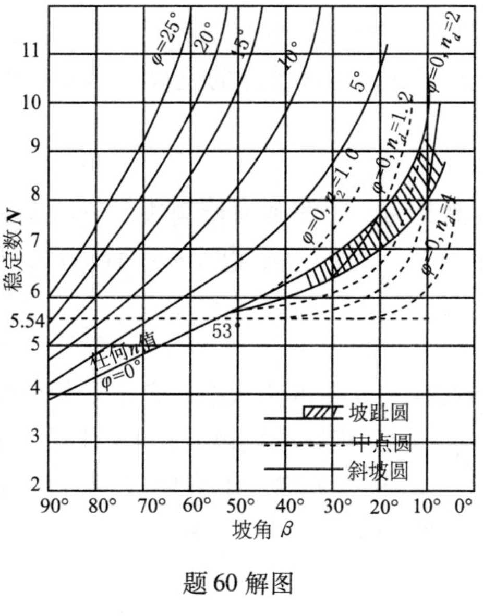

题60解图

一级注册结构工程师执业资格考试
《专业基础考试》模拟题（一）

单项选择题（共60题，每题2分。每题的备选项中只有一个最符合题意）

1．同种材料的密度和表观密度满足（　　）的数值关系。

A．密度值 > 表观密度值　　B．密度值 < 表观密度值

C．密度值 = 表观密度值　　D．二者关系不确定

2．下列胶凝材料中，哪种浆体的凝结硬化过程属于结晶、碳化过程？（　　）

A．石灰　　B．石膏

C．矿渣硅酸盐水泥　　D．铝酸盐水泥

3．有硫酸盐腐蚀的环境中，夏季施工的工程应优先选用（　　）。

A．普通硅酸盐水泥　　B．高铝水泥

C．矿渣水泥　　D．低热硅酸盐水泥

4．在试拌混凝土时，发现混凝土拌合物的流动性偏大，应采取（　　）。

A．直接加水泥　　B．保持砂率不变，增加砂石用量

C．保持水灰比不变加水泥浆　　D．加混合材料

5．沥青中掺入一定量的滑石粉可改善沥青的（　　）。

A．弹性　　B．不透气性　　C．耐热性　　D．流动性

6．下列关于钢材时效的描述，错误的是（　　）。

A．钢材随时间的延长而强度降低

B．钢材随时间的延长而塑性降低

C．钢材随时间的延长而冲击韧性降低

D．对承受动荷载的结构，应选用时效敏感性小的钢材

7．混凝土徐变对钢筋混凝土的构件产生的影响是（　　）。

A．增大内部的应力集中现象

B．增大温度应力

C．对钢筋预加应力有利

D．使应力集中消除、温度应力消除、预应力受损

8．大地水准面具有的特点是（　　）。

A．可以用数字公式表述　　B．是一个重力场的等位面

C．有无穷多个　　D．比较规则的曲面

9．视差产生的原因是（　　）。

A．观测者眼睛疲劳所致　　B．观测者眼睛在望远镜处上下移动

C．目标影像与十字丝分划板不重合　　D．目标影像不清楚

10．整平经纬仪的目的是为了使（　　）。

A．仪器竖轴竖直及水平度盘水平　　B．竖直度盘竖直

C．竖盘读数指标线处于正确位置　　D．仪器中心安置到测站点的铅垂线上

11. 已知直线 AB 方位角 $\alpha_{AB}=60°30'18''$，$\angle BAC=90°22'12''$，$\angle BAC$ 为左角，则直线 AC 的方位角 α_{AC} 等于(　　)。

A. 150°52′30″　　B. 29°51′54″　　C. 89°37′48″　　D. 119°29′42″

12. 当待求点不易到达时，通常采用(　　)方法，得到它的坐标。

A. 后方交会　　B. 前方交会　　C. 侧方交会　　D. 旁点交会

13. 建设单位应在竣工验收合格后(　　)内，向工程所在地的县级以上地方人民政府行政主管部门备案报送有关竣工资料。

A. 15 天　　B. 1 个月　　C. 3 个月　　D. 1 年

14. 根据《建设工程安全生产管理条例》，建设工程安全生产管理应坚持的方针是(　　)。

A. 预防第一、安全为主　　B. 改正第一、罚款为主

C. 安全第一、预防为主　　D. 罚款第一、改正为主

15. 生产经营单位的安全设施，必须与主体工程(　　)。

A. 同时设计

B. 同时监测

C. 同时施工、同时监测

D. 同时设计、同时施工、同时投入生产和使用

16. 根据《建设项目环境保护管理条例》的环境保护制度，下列说法正确的是(　　)。

A. 建设项目的初步设计应包含环境保护篇章，落实防治环境污染与生态破坏的措施以及环境保护设施投资概算

B. 配套建设的环境保护设施不能与主体工程同时进行，如此较容易辨识设施问题

C. 为求观测数据客观稳定，建设单位应在项目投入试生产之日起 3 个月后申请环境保护设施竣工验收

D. 环境保护设备可在验收合格前配合生产需要先行使用

17. 下列关于打桩顺序的描述，不正确的是(　　)。

A. 自外向内　　B. 由一侧向单一方向

C. 自中间向两个方向对称　　D. 自中间向四周

18. 冬期施工采用硅酸盐水泥或普通硅酸盐水泥配制的混凝土，没有特殊要求的，其临界强度为(　　)。

A. 混凝土抗压强度的 30%　　B. 混凝土抗压强度的 40%

C. 设计混凝土强度等级值的 30%　　D. 设计混凝土强度标准值的 40%

19. 单机旋转起吊钢筋混凝土牛腿柱，要求三点共弧是指(　　)。

A. 柱的绑扎点、柱脚中心和起重机回转中心在同一起重半径圆弧上

B. 柱的绑扎点、柱脚中心和柱基杯口中心在同一起重半径圆弧上

C. 柱的重心、柱脚中心和起重机回转中心在同一起重半径圆弧上

D. 柱的重心、柱脚中心和柱基杯口中心在同一起重半径圆弧上

20. 单位工程施工平面图中不包含的内容为(　　)。

A. 场内拟建的建筑物、构筑物及设施位置和尺寸

B. 安全及防火设施的位置

C. 建筑结构布置及配筋

D. 场内地下设施及地下管网的布置

21. 在固定节拍专业流水中，为缩短工期，两个相邻的施工过程应当(　　)。

A. 保持一定间距　B. 保持固定间距　C. 尽量靠近　D. 保证连续性

22. 钢筋混凝土适筋梁达到承载能力极限状态时，不具有的是(　　)。

A. 受压混凝土被压溃　B. 受拉钢筋达到其屈服强度

C. 受拉区混凝土无裂隙　D. 受压区高度小于等于界限受压区高度

23. 工业建筑的现浇钢筋混凝土单向板楼板的最小厚度，不应小于(　　)mm。

A. 80　B. 70　C. 60　D. 50

24. 对于钢筋混凝土偏心受拉构件，下面说法错误的是(　　)。

A. 如果 $\xi > \xi_b$，说明是小偏心受拉破坏

B. 小偏心受拉构件破坏时，构件拉力全部由受拉钢筋承担

C. 大偏心受拉构件存在局部受压区

D. 大小偏心受拉构件的判断依据是构件拉力的作用位置

25. 设计采用钢桁架的时，必须(　　)。

A. 布置纵向支撑和刚性系杆　B. 采用梯形桁架

C. 布置横向支撑和垂直支撑　D. 采用角钢杆件

26. 有一单筋矩形截面梁，截面尺寸 $b \cdot h = 250\text{mm} \times 500\text{mm}$，弯矩设计值为 $M = 150\text{kN} \cdot \text{m}$，混凝土强度等级 C30($f_c = 14.3\text{N/mm}^2$，$\alpha_1 = 1.0$)钢筋采用 HRB335($f_y = 300\text{N/mm}^2$)，所需受拉钢筋截面面积 A_s 为(　　)。

A. 1076mm^2　B. 1207mm^2　C. 1483mm^2　D. 1694mm^2

27. 缀条式轴压柱的斜缀条可按轴心压杆设计，但钢材的强度要乘以折减系数以考虑(　　)。

A. 剪力的影响　B. 杆件的焊接缺陷的影响

C. 单面连接偏心的影响　D. 节点构造不对中的影响

28. 与节点板单面连接的等边单角钢受拉构件，$\lambda = 100$，工地高空安装，采用焊接，工作条件较差。当按轴心受力计算连接时，焊缝强度设计值折减系数应取(　　)。

A. 0.75　B. 0.765　C. 0.85　D. 0.90

29. 图示简支梁，采用(　　)措施可使整体稳定不需计算。

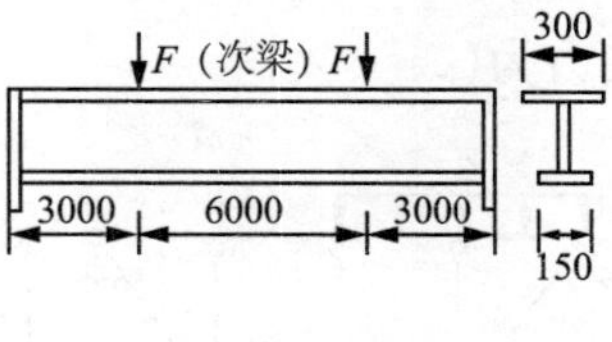

题 29 图

A. 梁上翼缘设置侧向支座　B. 梁上翼缘与密铺铺板牢固相连

C. 梁下翼缘设置侧向支座　D. 梁上翼缘与密铺铺板牢固相连

30. 轧制普通工字钢简支梁(I36a，$W_x = 878 \times 10^3\text{mm}^3$)，跨度 6m，在跨度中央梁截面下翼缘悬挂一集中荷载，大小为 100kN(包括梁自重在内)，当采用 Q235B－F 钢时，其整体稳定的应力为(　　)N/mm^2。

A. 142.9　B. 171.4　C. 212.0　D. 223.6

31．砌体结构的设计原则是(　　)。

①采用以概率理论为基础的极限状态设计方法；

②按承载力极限状态设计，进行变形验算满足正常使用极限状态要求；

③按承载力极限状态设计，有相应构造措施满足正常使用极限状态要求；

④截面尺寸较大，不必考虑重要性系数。

A．①②　　B．①③　　C．②④　　D．③④

32．当所设计的无洞墙体高厚比不满足要求时，可采取的措施为(　　)。

A．提高砂浆的强度等级　　B．减小作用于墙体上的荷载

C．提高块体的强度等级　　D．在墙上开洞

33．对于无筋砌体构件，当(　　)时，砌体强度设计值应乘以小于1的调整系数。

A．截面面积$A<0.3\text{m}^2$或用水泥砂浆砌筑

B．施工验算

C．当构件所处的位置较重要

D．当砌块强度较低

34．如图所示，该体系为(　　)。

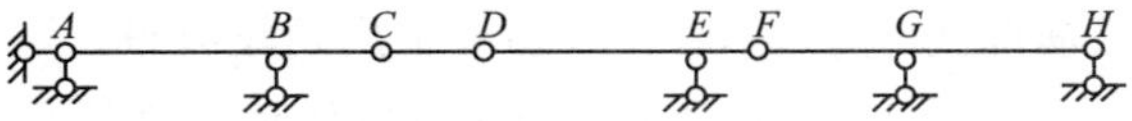

题34图

A．有多余约束的几何不变体系　　B．无多余约束的几何不变体系

C．常变体系　　D．瞬变体系

35．图示体系，铰K相当的约束个数为(　　)。

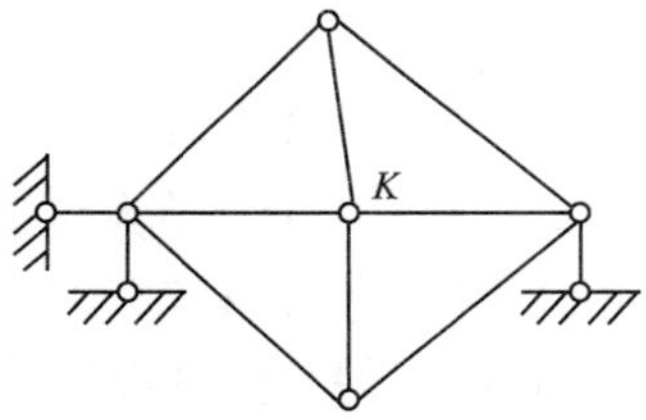

题35图

A．4　　B．5　　C．6　　D．7

36．图示组合结构中，杆DE的轴力为(　　)。

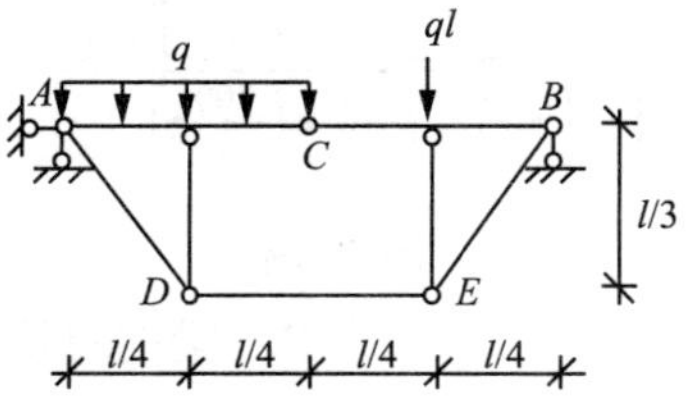

题36图

A．$15ql/32$　　B．$9ql/16$　　C．$21ql/32$　　D．$3ql/4$

37．如图所示的桁架，结构杆1的轴力为(　　)。

A．$F/2$　　B．$0.707F$　　C．$3F/4$　　D．$1.414F$

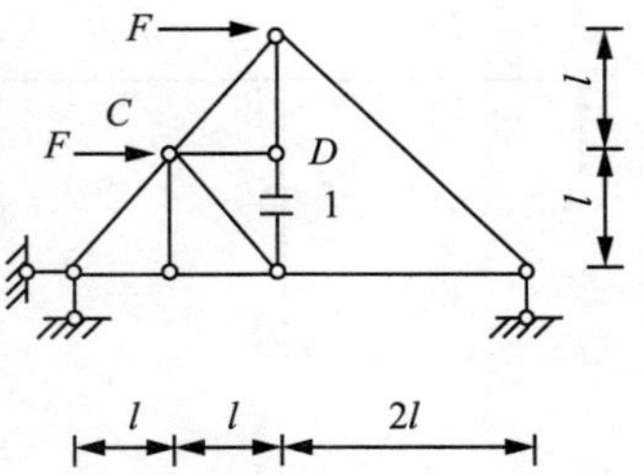

题 37 图

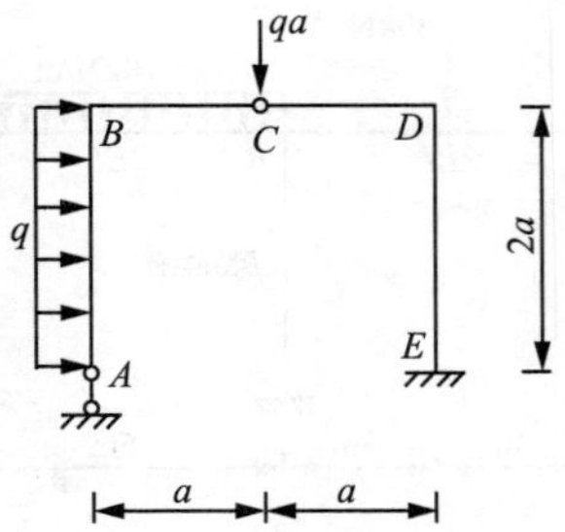

题 38 图

38. 如图所示，刚架 DE 杆件 D 截面的弯矩 M_{DE}之值为(　　)。

A. qa^2(左拉)　　　　B. $2qa^2$(右拉)

C. $4qa^2$(左拉)　　　　D. $1.5qa^2$(右拉)

39. 图示梁 C 点的竖向位移为(　　)。

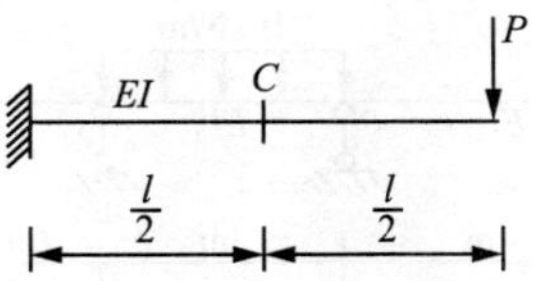

题 39 图

A. $\dfrac{5Pl^3}{48EI}$　　B. $\dfrac{Pl^3}{6EI}$　　C. $\dfrac{7Pl^3}{24EI}$　　D. $\dfrac{3Pl^3}{8EI}$

40. 图示结构支座 B 发生了移动，则点 C 的竖向位移为(　　)。

A. $\dfrac{1}{4}\delta$(↓)　　　　B. $\dfrac{1}{8}\delta$(↓)

C. $\dfrac{1}{8}\delta$(↑)　　　　D. $\dfrac{1}{4}\delta$(↑)

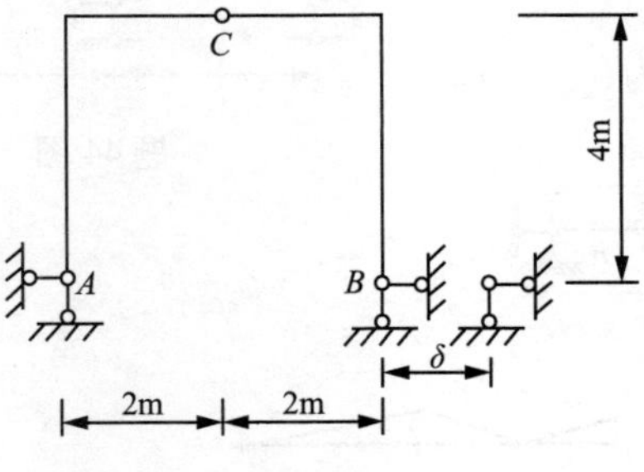

题 40 图

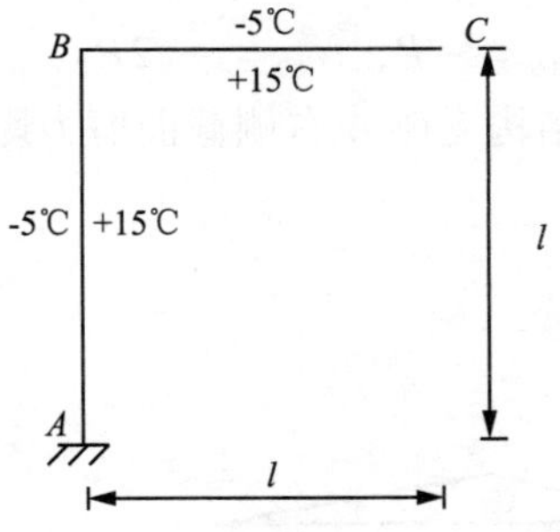

题 41 图

41. 图示刚架材料的线膨胀系数为 α，各杆截面均为矩形，截面高度为 h，由于图示温度变化引起 C 点的竖向位移 Δ_{Ct}^{V}为(　　)。

A. $-\left(15\dfrac{\alpha l^2}{h}+5\alpha l\right)$(↑)　　　　B. $\left(15\dfrac{\alpha l^2}{h}+5\alpha l\right)$(↓)

C. $-\left(30\dfrac{\alpha l^2}{h}+5\alpha l\right)$(↑)　　　　D. $\left(30\dfrac{\alpha l^2}{h}+5\alpha l\right)$(↓)

42. 用力法计算图(a)所示结构，取基本结构如图(b)所示，其中系数 δ_{11}为(　　)。

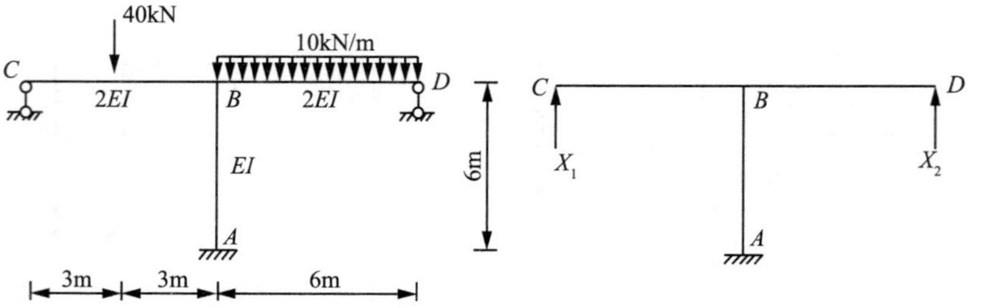

（a）　　　　　　　　　　（b）

题 42 图

A. $\dfrac{216}{EI}$　　　　B. $-\dfrac{216}{EI}$　　　　C. $\dfrac{252}{EI}$　　　　D. $-\dfrac{252}{EI}$

43. 已知图示连续梁中 BA 杆件 B 端的分配弯矩 M_{BA}^{μ}之值为 5kN · m，则结点 B 的转角 θ_B 等于(　　)。

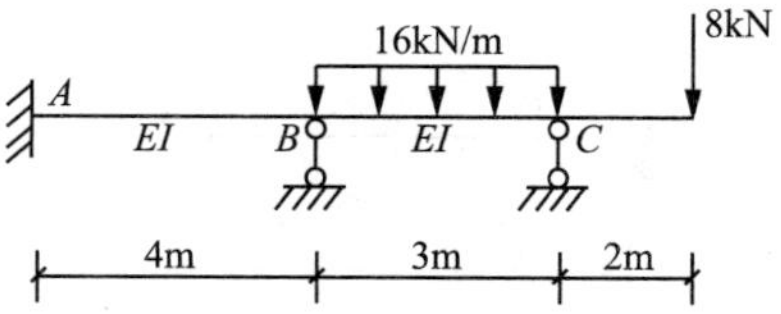

题 43 图

A. $\dfrac{5}{2EI}$(↻)　　　　B. $\dfrac{5}{EI}$(↻)　　　　C. $\dfrac{15}{EI}$(↺)　　　　D. $\dfrac{10}{EI}$(↺)

44. 图示桁架中 AC 为刚性杆，则杆件内力为(　　)。

A. $N_{AD}=-\sqrt{2}P$，$N_{AC}=N_{AB}=0$

B. $N_{AD}=-\sqrt{2}P$，$N_{AC}=-P$

C. $N_{AD}=-\sqrt{2}P$，$N_{AC}=-\sqrt{2}P$

D. $N_{AD}=-P$，$N_{AC}=-\sqrt{2}P$

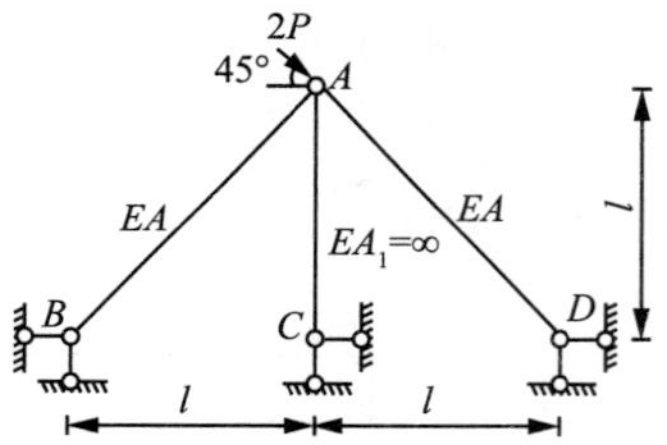

题 44 图

45. 图示结构支座 A 右侧截面剪力影响线的形状为(　　)。

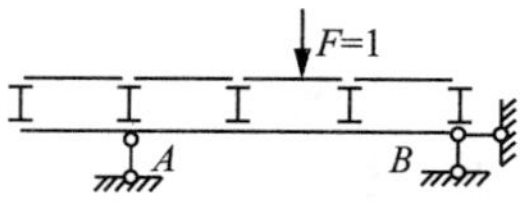

题 45 图

A. 　　　　B. 

C. 　　　　D. 

46. 图示梁 M_a 影响线在 B 点的纵标为(　　)m。

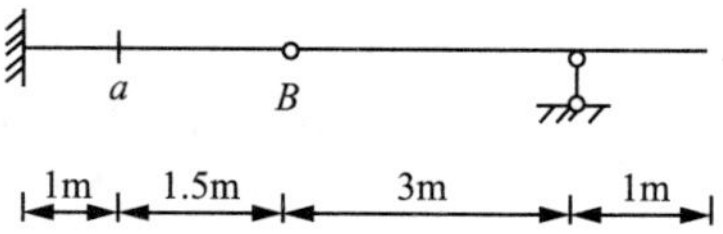

题 46 图

A. －3　　　　B. －1.5　　　　C. －1　　　　D. 0

47. 在图示体系中，集中质量为 m，杆长为 l，抗弯刚度为 EI，杆重不计。该体系自由振动的周期为(　　)。

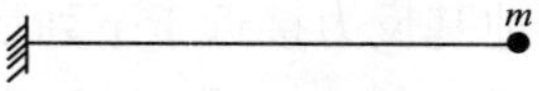

题47图

A. $\sqrt{\frac{ml^3}{3EI}}$　　B. $2\pi\sqrt{\frac{ml^3}{4EI}}$　　C. $2\pi\sqrt{\frac{ml^3}{3EI}}$　　D. $2\pi\sqrt{\frac{3EI}{ml^3}}$

48. 已知图示动力荷载的频率 $\theta=\sqrt{\frac{12EI}{mH^3}}$，不考虑阻尼，$AC$ 杆 A 截面的最大动力弯矩 M_{AC} 为(　　)。

A. $\frac{qH^2}{8}$(左拉)　　B. $\frac{qH^2}{4}$(右拉)

C. $\frac{qH^2}{12}$(左拉)　　D. $\frac{qH^2}{3}$(左拉)

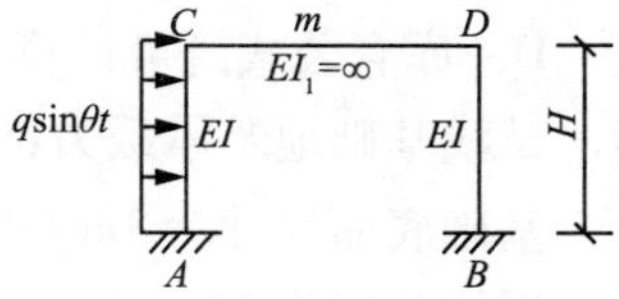

题48图

49. 有一均布荷载作用的简支梁，进行研究性试验时，在短期荷载作用下，实测梁的挠度曲线，则关于其等效荷载的加载方法，下列选项正确的是(　　)。

A. 二集中力四分点加载　　B. 二集中力三分点加载

C. 四集中力八分点加载　　D. 八集中力十六分点加载

50. 在双向低周反复加载试验中，(　　)属于在 X、Y 方向交替反复加载的情况。

A. 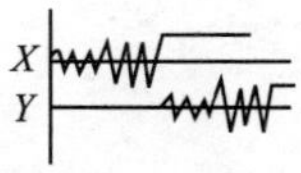

B. 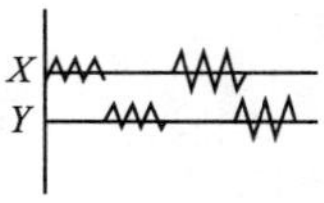

C. 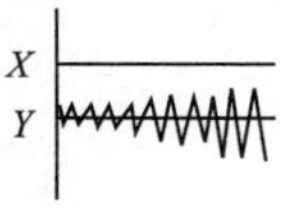

D. 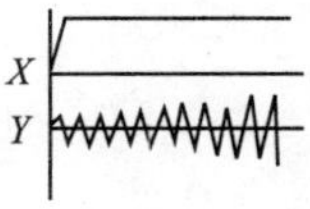

51. 下列选项中，不属于动荷载特性的是(　　)。

A. 动荷载的大小　　B. 动荷载的频率和规律

C. 动荷载的方向和作用点　　D. 动荷载的振型

52. 用下列检测方法得到的检测值，不需要修正的是(　　)。

A. 回弹法非水平方向的回弹值　　B. 回弹法非混凝土浇筑侧面的回弹值

C. 超声法混凝土侧面测试的声速值　　D. 超声法混凝土底面测试的声速值

53. 模型和原型结构，对各种物理参数相似的要求，下列说法不正确的是(　　)。

A. 几何相似要求模型和原型结构之间所有对应部分尺寸成比例

B. 荷载相似要求模型和原结构各对应点荷载大小成比例

C. 质量相似要求模型和原型结构对应部分质量成比例

D. 时间相似要求模型和原型结构对应时间成比例

54. 影响黏性土性质的土中水主要是(　　)。

A. 强结合水　　B. 弱结合水　　C. 重力水　　D. 毛细水

55. 矩形面积上作用有三角形分布荷载时，地基中附加应力系数是 l/b、z/b 的函数，b 是指(　　)。

A. 矩形的短边　　B. 三角形分布荷载变化方向的边长

C. 矩形的长边　　D. 矩形的短边与长边的平均值

56. 某地矩形基础埋深为1.5m，底面尺寸为2m×3m，柱作用于基础的轴心荷载 $F=900\text{kN}$，

弯矩 $M=310\text{kN}\cdot\text{m}$（沿基础长边方向作用），基础和基础台阶上土的平均重度 $\gamma=20\text{kN/m}^3$，试问基础底面边缘最大的地基反力接近于下列哪个值？（　　）

A. 196.7kPa　　B. 283.3kPa　　C. 297.0kPa　　D. 506.7kPa

57. 某砂土内摩擦角 $\varphi=34°$，若 $\sigma_3=100\text{kPa}$，则达到极限平衡状态时的 σ_1 为（　　）。

A. 291.6kPa　　B. 353.8kPa　　C. 376.9kPa　　D. 402.7kPa

58. 下列叙述中正确的是（　　）。

A. 静止土压力恒小于主动土压力和被动土压力

B. 条件相同时，朗肯理论计算的黏性土作用在墙背上的主动土压力恒大于无黏性土

C. 当墙背垂直、光滑，填土面水平时，库仑土压力计算公式与朗肯公式相同

D. 库仑公式既可计算无黏性土，也可计算黏性土的土压力

59. 某浅基础地基承载力特征值 $f_a=200\text{kPa}$，地基承载力修正系数 η_b、η_d 分别为0.3、1.6，基础底面尺寸为 $3\text{m}\times4\text{m}$，埋深2m，持力层土的重度为 18kN/m^3，埋深范围内土的加权平均重度为 17kN/m^3，修正后的地基承载力特征值为（　　）kPa。

A. 207.7　　B. 240.8　　C. 243.2　　D. 246.2

60. 桩基础设计中，布桩时应充分考虑群桩效应的影响。为减少群桩效应而采取的主要措施是（　　）。

A. 合理控制桩数　　B. 增加桩的长度

C. 增加桩的直径　　D. 合理控制桩距

答案及详解

单项选择题(共60题，每题2分。每题的备选项中只有一个最符合题意)

1. **【答案】**A

【解析】密度是指材料在绝对密实状态下单位体积的质量，即 $\rho = m/V$，V 为材料在绝对密实状态下的体积；表观密度是指材料在自然状态下单位体积的质量，即 $\rho = m/V'$，V' 为材料在包含闭口孔隙条件下的体积。由于表观体积包括内部孔隙在内的体积，即：$V' > V$，故 $\rho > \rho'$。

2. **【答案】**A

【解析】石灰浆体的硬化过程包括干燥硬化和碳化硬化两部分。干燥硬化又称结晶硬化，干燥过程中因水分的蒸发，氢氧化钙在过饱和溶液中逐渐结晶，但结晶数量很少，产生很低的强度。碳化硬化过程中，氢氧化钙与空气中的二氧化碳反应生成碳酸钙晶体，但过程极为缓慢。BCD三项，在凝结硬化过程基本是结晶过程，机理为与水反应生成难溶或微溶的产物，逐渐转变成晶体，晶体长大并相互搭接、交错、连生，使强度不断增长，即为凝结硬化过程。

3. **【答案】**C

【解析】矿渣水泥石中氢氧化钙较少，水化产物碱度低，抗碳化能力较差，但抗淡水、海水和硫酸盐侵蚀能力较强，宜用于水工和海港工程。并且矿渣水泥具有一定的耐热性，可用于耐热混凝土工程。普通硅酸盐水泥适用于冬季施工和对耐磨性能有要求的地方。高铝水泥快硬早强，适用于紧急施工的情况。低热硅酸盐水泥水化热小，适用于大体积混凝土施工。

4. **【答案】**B

【解析】混凝土拌合物中的水泥浆使其具有一定的流动性。在水灰比不变的情况下，单位体积拌合物内，如果水泥浆愈多，则拌合物的流动性也愈大。增加砂用量石可改善和易性，控制流动性偏大。

5. **【答案】**C

【解析】在沥青中加入一定数量的矿物填料(粉状，如滑石粉；纤维状，如石棉绒)，可以提高沥青的耐热性和黏性，降低沥青的温度敏感性，同时也减少沥青的耗用量。

6. **【答案】**A

【解析】钢材经冷加工后，随着时间的延长，钢的屈服强度和抗拉强度逐渐提高，而塑性和韧性逐渐降低的现象，称为应变时效，简称时效。时效使钢材强度增加而塑性、韧性降低，因而承受动荷载的结构应选择韧性大、时效敏感性小的钢材。

7. **【答案】**D

【解析】徐变是指材料在恒应力长期作用下产生的塑性变形，随时间增长而增大，又称为蠕变。徐变能消除钢筋混凝土中的应力集中，使应力较均匀地重新分布；对大体积混凝土，徐变能消除部分温度应力，对其产生有利影响。但对于预应力钢筋混凝土结构，徐变会使钢筋的预应力受损。

8. 【答案】B

【解析】B 项，大地水准面是地球重力场中一个等位面，亦是高程测量中的正高系统的起算面。C 项，位于不同高度的水准面有无穷多个，但其中只有与平均海水面相吻合的水准面称为大地水准面。AD 两项，由于地球内部质量分布不均匀，致使大地水准面成为一个非常复杂而又难于用数学公式表达的曲面。

9. 【答案】C

【解析】视差现象是指在使用望远镜观察目标时，眼睛晃动一下，目标影像与十字丝出现相互移动的现象，原因在于目标影像没有落在十字丝平面上。

10. 【答案】A

【解析】经纬仪的使用包括对中、整平、瞄准和读数。整平的目的是使经纬仪的竖轴铅垂，从而使水平度盘和横轴处于水平位置。这一步骤主要是调整水平度盘和仪器竖轴。

11. 【答案】A

【解析】从标准方向的北端量起，沿顺时针方向量到直线的水平角称为该直线的方位角。方位角的取值范围为 $0°\sim360°$。在平面直角坐标系中，当标准方向取为坐标纵轴时，称坐标方位角，用 α 来表示。关于左右角的判别，按照导线前进方向，在前进方向左边的是左角，右边的是右角。故从 B 向 A 看，左边的是左角，即在坐标图上表示为 BA 顺时针旋转得到 CA。坐标方位角的数值正负表示直线的方向。依据坐标方位角的定义可知，$\angle BAC=\alpha_{AC}-\alpha_{AB}$，则 $\alpha_{AC}=\angle BAC+\alpha_{AB}=90°22'12''+60°30'18''=150°52'30''$。

12. 【答案】B

【解析】假设有 A、B、P 三点，A、B 为已知坐标的点，P 为未知点，在两个已知点 A、B 上安置仪器，用仪器测得 $\angle PAB$ 和 $\angle PBA$，根据 A、B 的坐标可求得 P 点的坐标，这种方法称为前方交会。可见，前方交会只在已知点安置仪器，进行观测，不去待求点立站。后方交会又称方向后方交会，是指在待定点上对三个已知控制点观测两个水平角以计算待定点的坐标。侧方交会是指已知点 B 不能到达，所以在已知点 A 和未知点 P 上安置仪器，观测水平角 $\angle PAB$ 和 $\angle PBA$，求出 P 点坐标。旁点交会通常用于检测测点是否准确。

13. 【答案】A

【解析】根据《房屋建筑和市政基础设施工程竣工验收备案管理办法》第四条的规定，建设单位应当自工程竣工验收合格之日起 15 日内，依照本办法规定，向工程所在地的县级以上地方人民政府建设主管部门备案。

14. 【答案】C

【解析】根据《建设工程安全生产管理条例》第三条规定，建设工程安全生产管理，坚持安全第一、预防为主的方针。

15.【答案】D

【解析】根据《中华人民共和国安全生产法》第三十一条规定，生产经营单位新建、改建、扩建工程项目的安全设施，必须与主体工程同时设计、同时施工、同时投入生产和使用。安全设施投资应当纳入建设项目概算。

16.【答案】A

【解析】根据《建设项目环境保护管理条例》第十六条规定，建设项目的初步设计，应当按照环境保护设计规范的要求，编制环境保护篇章，落实防治环境污染和生态破坏的措施以及环境保护设施投资概算。第十五条规定，建设项目需要配套建设的环境保护设施，必须与主体工程同时设计、同时施工、同时投产使用。第十九条规定，编制环境影响报告书、环境影响报告表的建设项目，其配套建设的环境保护设施经验收合格，方可投入生产或者使用；未经验收或者验收不合格的，不得投入生产或者使用。

17.【答案】A

【解析】根据《建筑桩基技术规范》(JGJ 94—2008)第 7.4.4 条规定，打桩顺序要求应符合下列规定：①对于密集桩群，自中间向两个方向或四周对称施打；②当一侧毗邻建筑物时，由毗邻建筑物处向另一方向施打；③根据基础的设计标高，宜先深后浅；④根据桩的规格，宜先大后小，先长后短。从外向内打桩会产生严重的挤土效应，故不能采用这种顺序。

18.【答案】C

【解析】冬期施工中浇筑的混凝土在受冻以前必须达到的最低强度称为混凝土受冻临界强度。《建筑工程冬期施工规程》(JGJ/T 104—2011)第 6.1.1 条第 1 款规定，采用蓄热法、暖棚法、加热法等施工的普通混凝土，采用硅酸盐水泥、普通硅酸盐水泥配制时，其受冻临界强度不应小于设计混凝土强度等级值的 30%；采用矿渣硅酸盐水泥、粉煤灰硅酸盐水泥、火山灰质硅酸盐水泥、复合硅酸盐水泥时，不应小于设计混凝土强度等级值的 40%。

19.【答案】B

【解析】柱子的起吊方法主要有三种：单机旋转法、单机滑行法和双机抬吊法。单机旋转法吊装柱子，即吊车起吊点设置在柱重心上方，柱子根部着地，起吊时吊车起钩，将柱子吊起。整个过程中，柱子绕根部点旋转，所以叫旋转法。因此，柱的平面布置要做到：绑扎点、柱脚中心与柱基础杯口中心“三点同弧”。

20.【答案】C

【解析】施工平面图的内容包括：①工程施工场地状况；②拟建建(构)筑物的位置、轮廓尺寸、层数等；③工程施工现场的加工设施、存贮设施、办公和生活用房等的位置和面积；④布置在工程施工现场的垂直运输设施、供电设施、供水供热设施、排水排污设施和临时施工道路等；⑤施工现场必备的安全、消防、保卫和环境保护等设施；⑥相邻的地上、地下建(构)筑物及相关环境。

21.【答案】C

【解析】固定节拍专业流水的各施工过程的流水节拍是相同的。为了缩短工期，两个相邻的施工过程应当尽量靠近。

22. 【答案】C

【解析】当正截面混凝土受压区高度 $x \leqslant \zeta_b h_0$，$\rho = \frac{A_s}{bh_0} \geqslant \rho_{\min}$时，构件纵向受拉钢筋先达到屈服，然后受压区混凝土被压碎，呈塑性破坏，有明显的塑性变形和裂缝预示，这种破坏形态是适筋破坏。

23. 【答案】B

【解析】根据《混凝土结构设计规范》(GB 50010—2010)第 9.1.2 条表 9.1.2(见题 23 解表)。

题 23 解表　现浇钢筋混凝土板的最小厚度(mm)

板的类别		最小厚度
单向板	屋面板	60
	民用建筑楼板	60
	工业建筑楼板	70
	行车道下的楼板	80

故工业建筑的现浇钢筋混凝土单向板楼板的最小厚度为 70mm。

24. 【答案】A

【解析】大偏心受拉构件是指当轴力的偏心距较大时，试件受力后截面部分受拉、部分受压的情况，其破坏是以受拉钢筋先屈服为特征的，破坏时受拉钢筋应力首先达到受拉屈服强度，随着变形的继续发展，混凝土达到极限压应变而被压碎，构件发生破坏，此时受压钢筋应力一般也达到受压屈服强度。小偏心受拉构件是指当偏心距很小时，构件整个截面都受拉但应力不均匀，由于混凝土抗拉强度低，一般忽略不计，破坏时构件拉力全部由受拉钢筋承担。大小偏心受拉构件的判断依据是构件拉力的作用位置(是否产生受压区)，与截面相对受压区计算高度无关。

25. 【答案】A

【解析】屋盖支撑布置有如下几个原则：①上弦横向水平支撑，上弦横向水平支撑在钢屋盖中，无论是有檩条的屋盖或采用大型钢筋混凝土屋面板的无檩屋盖，都应设置上弦横向水平支撑；②下弦横向水平支撑，下弦横向水平支撑与上弦横向水平支撑共同设置时，再加竖向支撑则使相邻两榀屋架组成六面盒式空间稳定体，对整个房屋结构的空间工作性能有利；③下弦纵向水平支撑，在有桥式吊车的单层工业厂房中，除上、下弦横向水平支撑外，还设置下弦纵向水平支撑，当有托架时，在托架处必须布置下弦纵向水平支撑；④竖向支撑，在梯形屋架两端必须设置竖向支撑，它是屋架上弦横向水平支撑的支承结构，它将承受上弦横向水平支撑桁架传来的水平力并将其传递给柱顶(或柱间支撑)。

26. 【答案】B

【解析】解法一：根据受弯截面承载力公式计算，假定保护层厚度 $a_0=45\text{mm}$，那么有效高度即为：$h_0=455\text{mm}$。根据 $M=\alpha_1 f_c bx(h_0-x/2)$，$M=150\text{kN}\cdot\text{m}$，$h_0=455\text{mm}$ 可得，相对受压区高度为：$x=104.1\text{mm}$。代入公式 $\alpha_1 f_c bx=f_y A_s$ 可得，面积为：$A_s=1241\text{mm}^2$。

解法二：假设保护层厚度 $a_0=45\text{mm}$，则有效高度 $h_0=455\text{mm}$，则

$$a_s=\frac{M}{\alpha_1 f_c bh_0^2}=\frac{150\times10^6}{1.0\times14.3\times250\times455^2}=0.2027$$

$$\xi=1-\sqrt{1-2a_s}=1-\sqrt{1-2\times0.2027}=0.2289$$

$$\gamma_s=1-0.5\xi=1-0.5\times0.2289=0.8856$$

则受拉钢筋面积为：

$$A_s=\frac{M}{\gamma_s h_0 f_y}=\frac{150\times10^6}{0.8856\times455\times300}=1241\text{mm}^2$$

工程误差5%范围内可取B项 1207mm^2。

27. 【答案】C

【解析】缀条采用单面连接的单角钢，是偏心受压构件。按轴心受压构件设计时应将强度降低，以考虑弯矩影响。

28. 【答案】B

【解析】根据《钢结构设计标准》(GB 50017—2017)第4.4.5条第4款的规定，计算下列情况的连接时，表4.4.5规定的强度设计值应乘以相应的折减系数；几种情况同时存在时，其折减系数应连乘：①施工条件较差的高空安装焊缝应乘以系数0.9；②进行无垫板的单面施焊对接焊缝的连接计算应乘折减系数0.85。因此，题中焊缝强度设计值折减系数应取：$0.85\times0.9=0.765$。

29. 【答案】B

【解析】根据《钢结构设计标准》(GB 50017—2017)第6.2.1条的规定，当铺板密铺在梁的受压翼缘上并与其牢固相连，能阻止梁受压翼缘的侧向位移时，可不计算梁的整体稳定性。题目中的简支梁向下弯曲，受压翼缘为上翼缘。

30. 【答案】C

【解析】根据《钢结构设计标准》(GB 50017—2017)附录C.0.1规定，轧制普通工字钢(I36a)整体稳定系数 $\varphi_b=1.07>0.6$，则可用 $\varphi_b'=1.07-\dfrac{0.282}{\varphi_b}=0.806$ 代替 φ_b。

简支梁弯矩 $M=Pl/4=100\times6/4=150\text{kN}\cdot\text{m}$，梁整体稳定应力为：

$$\sigma=\frac{M}{\varphi_b W_x}=\frac{150\times10^6}{0.806\times878\times10^3}=212.0\text{N/mm}^2$$

31. 【答案】B

【解析】砌体结构的基本设计原则与钢筋混凝土结构相同，采用以概率论为基础的极限状态设计方法，按承载能力极限状态设计，满足承载力极限状态要求。根据砌体结构的特点，砌体结构正常使用极限状态的要求一般由相应的构造措施保证。

32. 【答案】A

【解析】根据《砌体结构设计规范》(GB 50003—2011)第 6.1.1 条，墙、柱的高厚比按下式验算：$\beta=\frac{H_0}{h}\leqslant\mu_1\mu_2[\beta]$。允许高厚比按表 6.1.1(见题 32 解表)取值。

题 32 解表　墙、柱的允许高厚比[β]值

砌体类别	砂浆强度等级	墙	柱
无筋砌体	M2.5	22	15
	M5.0 或 Mb5.0、Ms5.0	24	16
	≥M7.5 或 Mb7.5、Ms7.5	26	17
配筋砌块砌体	—	30	21

根据表格中内容可知，提高砂浆的强度等级，会提高允许高厚比，使高厚比满足要求。

33. 【答案】A

【解析】根据《砌体结构设计规范》(GB 50003—2011)第 3.2.3 条的规定，下列情况的各类砌体，其砌体强度设计值应乘以调整系数 γ_a：①对无筋砌体构件，其截面面积小于 0.3m² 时，γ_a 为其截面面积加 0.7；对配筋砌体构件，当其中砌体截面面积小于 0.2m² 时，γ_a 为其截面面积加 0.8；构件截面面积“m²”计；②当砌体用强度等级小于 M5.0 的水泥砂浆砌筑时，对第 3.2.1 条各表中的数值，γ_a 为 0.9；对第 3.2.2 条表 3.2.2 中数值，γ_a 为 0.8；③当验算施工中房屋的构件时，γ_a 为 1.1。故当无筋砌体构件的截面面积小于 0.3m² 时，调整系数是恒小于 1 的，施工验算的调整系数是大于 1 的，调整系数与砂浆强度有关，与砌块强度和构架所处位置无关。

34. 【答案】B

【解析】*ABC* 部分几何不变，与基础共同视为刚片Ⅰ，*DF* 为刚片Ⅱ，*FH* 为刚片Ⅲ。刚片Ⅰ和刚片Ⅱ通过虚铰 *E* 相连，刚片Ⅱ和刚片Ⅲ通过铰 *F* 相连，刚片Ⅲ和刚片Ⅰ通过无穷远处的虚铰相连，且三个铰不在同一直线上，因此由三刚片规则可知，该体系为无多余约束的几何不变体系。

35. 【答案】C

【解析】铰 *K* 为复铰，复铰等同于连通刚片减一个的单铰。铰 *K* 连接四个刚片，相当于三个单铰，一个单铰的约束条件为两个。所以总的约束个数为 6。

36. 【答案】B

【解析】以整体为研究对象，则可求出 *B* 支座向上的竖向反力 $F_B=\frac{7}{8}ql$，将整体从 *C* 点处断开，对 *C* 点取矩，则由静力平衡可求出杆 *DE* 的拉力：$\frac{7ql}{8}\times\frac{l}{2}=ql\times\frac{l}{4}+F_{DE}\times\frac{l}{3}$，解得：$F_{DE}=\frac{9ql}{16}$(拉力)。

37. 【答案】A

【解析】根据不受力 *T* 结点的零杆判定方法知，连接在结点 *C* 上的水平杆和竖直杆均是零杆，根据 C 结点沿不共线斜杆方向的受力平衡，可求得不共线斜杆轴力为 $-\frac{\sqrt{2}}{2}F$，再由下弦杆中间铰竖向受力平衡条件，求得杆 1 轴力为 $F/2$（拉力）。

38. **【答案】**A

【解析】根据左侧附属构件 ABC 的受力平衡条件，对 C 铰取矩，由 $\sum M_C=(1/2)\cdot q\cdot(2a)^2-R_A\cdot a=0$，解得：$F_{Ay}=2qa(\uparrow)$；截取 $ABCD$ 部分为隔离体，则 D 截面弯矩为：$M_{DE}=F_{Ay}\cdot 2a-qa\cdot a-(1/2)\cdot q\cdot(2a)^2=qa^2$（左侧受拉）。

39. **【答案】**A

【解析】应用图乘法，在 C 点加一单位力，做出实际状态下和虚拟状态下的弯矩图，如题 39 解图，分段相乘再叠加，可得：$\Delta_C=\frac{1}{EI}\left(\frac{1}{2}\cdot\frac{l}{2}\cdot\frac{l}{2}\times\frac{5}{6}Pl\right)=\frac{5Pl^3}{48EI}$。

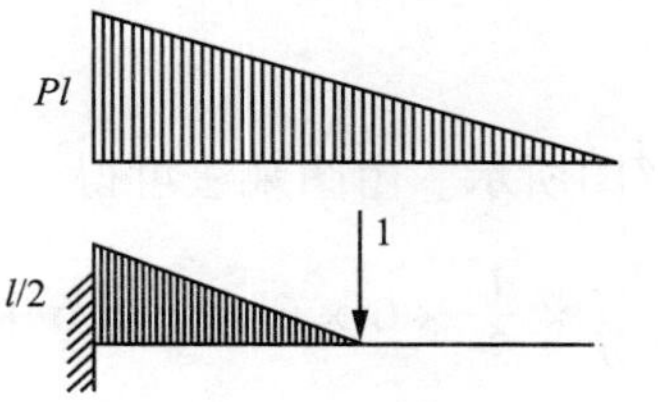

题 39 解图

40. **【答案】**A

【解析】在静定结构中，支座位移不引起任何内力，用单位荷载法，可知弯矩和轴力图乘都为零，只有支座位移引起的位移 Δ_{CV}，在 C 点施加竖直向下的单位力 $F=1$，对结构进行受力分析如题 40 解图所示，则可得：

$$\Delta_{CV}=-\sum\overline{R}_1C=-\left(-\frac{1}{4}\times\delta\right)=\frac{1}{4}\delta(\downarrow)$$

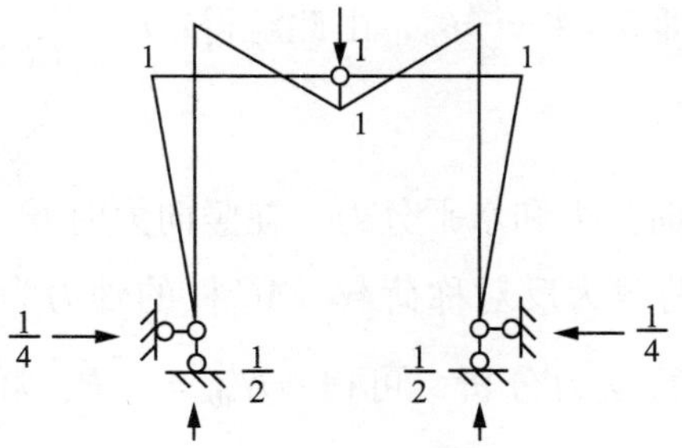

题 40 解图

41. **【答案】**C

【解析】用单位荷载法求温度变化下的位移，轴线温度变化 $t_0=\frac{-5+15}{2}=5℃$，温差 $\Delta t=15-(-5)=20℃$。在 C 点附加竖向单位力，作 $\overline{M}$ 图和 $\overline{N}$ 图如题 41 解图所示。

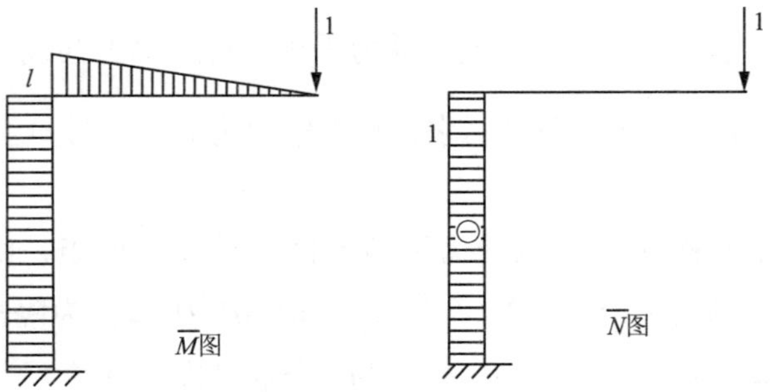

题41解图

$$\Delta_{Ct}^{V} = \sum\int\overline{M}\cdot\alpha\frac{\Delta t}{h}\mathrm{d}s + \sum\int\overline{N}\cdot\alpha t_0\mathrm{d}s = -\left(\frac{1}{2}\cdot l\cdot l + l\cdot l\right)\alpha\frac{20}{h} - 1\cdot l\cdot\alpha\cdot 5$$

$$= -\left(30\frac{\alpha l^2}{h} + 5\alpha l\right)(\uparrow)$$

42.【答案】C

【解析】作 $\overline{M}_1$ 图，如题42解图所示。由图乘法可得：

$$\delta_{11} = \int\frac{\overline{M}_1^2}{EI}\mathrm{d}s = \frac{1}{2EI}\times\frac{1}{2}\times 6\times 6\times\frac{2}{3}\times 6 + \frac{1}{EI}\times 6\times 6\times 6 = \frac{252}{EI}$$

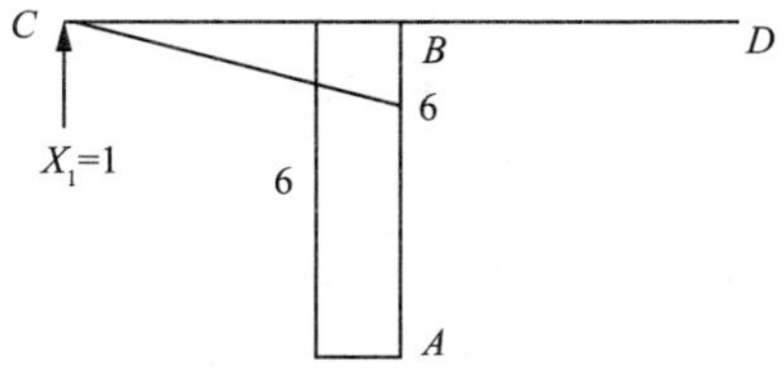

题42解图　$\overline{M}_1$ 图

43.【答案】B

【解析】位移法求解时，B 处附加刚臂，AB 杆为两端固定，用基本未知量 θ_B 表达的杆端弯矩为：$M_{BA}=4i_{BA}\theta_B$，即 $5=4\times\frac{EI}{4}\theta_B$，由此解得：$\theta_B=\frac{5}{EI}$(顺时针)。

44.【答案】D

【解析】将荷载分解为竖向分力和水平分力，在竖向力时候为正对称荷载，$N_{AC}=-\sqrt{2}P$，$N_{AD}=0$。当水平力时候荷载为反对称荷载，AC 杆的轴力为正对称力，所以反对称时轴力为零。那对 A 结点进行受力分析，可得：$N_{AD}=-P$。相加得：$N_{AC}=-\sqrt{2}P$，$N_{AD}=-P$。

45.【答案】B

【解析】间接梁的影响线可以先在非间接梁的作用下做出影响线，然后连接各间接点的坐标，可得间接梁的影响线。先作出直接荷载作用下 $F_{QA右}$ 的影响线，再作结点荷载作用下 $F_{QA右}$ 的影响线，节点间影响线为直线。

46.【答案】B

【解析】用影响线的定义直接求解，当单位集中力作用在 B 点时，截面 a 的弯矩为 -

1.5m，故 M_a 的影响线在 B 点的纵标为 -1.5m。

47.【答案】C

【解析】图示体系单自由度体系，所以体系的柔度为：$\delta=\dfrac{l^3}{3EI}$，故自由振动的周期为：$T=2\pi\sqrt{m\delta}=2\pi\sqrt{\dfrac{ml^3}{3EI}}$。

48.【答案】D

【解析】水平杆刚度无穷大，故结点 C、D 处转角为零，体系为单自由度体系。当杆 CD 发生水平线位移时，立柱的反弯点位于立柱中点处，立柱刚度为：$k_{CA}=k_{DB}=12\dfrac{EI}{H^3}$，从而体系刚度为：$k=24\dfrac{EI}{H^3}$，体系自振频率为：$\omega=\sqrt{\dfrac{k}{m}}=\sqrt{\dfrac{24EI}{mH^3}}$，动力放大系数为：$\beta=\dfrac{1}{1-\left(\dfrac{\theta}{\omega}\right)^2}=2$。两立柱均可看作下端固定、上端定向支承的杆件，当动荷载幅值 q 作用在立柱 AC 上时，由结构的对称性可得，AC 杆 A 截面的静弯矩为：$M_{ACst}=\dfrac{\dfrac{q}{2}H^2}{3}=\dfrac{qH^2}{6}$（左侧受拉）。因此最大动弯矩为：$M_{AC\max}=\beta M_{ACst}=\dfrac{qH^2}{3}$（左侧受拉）。

49.【答案】D

【解析】均布荷载简支梁，在短期荷载作用下，梁的挠度曲线可用等效荷载八集中力十六分点加载实测。

50.【答案】B

【解析】A 项为 X、Y 方向先后反复加载后保持恒载；C 项为在 X 轴不加载，Y 轴反复加载；D 项为在 X 轴加载后保持恒载，而 Y 轴反复加载。

51.【答案】D

【解析】动荷载的特性是研究振源的特性。引起结构产生的振源和结构的振动影响是随时间而变化的，故动荷载的大小位置方向是随时间而变化的，动荷载的频率也是变化的。振型是指弹性体或弹性系统自身固有的振动形式，是结构自身的特性，与外荷载无关。

52.【答案】C

【解析】根据《超声回弹综合法检测混凝土强度技术规程》（CECS 02：2005）第5.2.5条规定，非水平状态下测得的回弹值，应按下列公式修正：$R_a=R+R_{a\alpha}$，第5.2.6条规定，在混凝土浇筑的顶面或底面测得的回弹值，应按下列公式修正：$R_a=R+(R_a^t+R_a^b)$。第5.3.5条规定，当在混凝土浇筑的顶面或底面测试时，测区声速代表值应按下列公式修正：$v_a=\beta\cdot v$，超声法测混凝土强度只有在顶面或底面测试时需要修正，侧面测试时不需要修正。

53. 【答案】B

【解析】模型试验相似条件包括：①要求模型和原型结构的几何相似并保持一定的比例。②要求模型和原型的材料相似或具有某种相似关系。③要求施加于模型的荷载按原型荷载的某一比例缩小或放大。④要求确定模型结构试验过程中各物理量的相似常数，并由此求得反映相似模型整个物理过程的相似条件。B 项，荷载相似不仅要求荷载大小成比例，还要求荷载方向是完全相同的。

54. 【答案】B

【解析】黏性土中含有强结合水和弱结合水，强结合水不易流动，性质表现不明显。但弱结合水占主导地位，直接影响黏性土的性质。

55. 【答案】B

【解析】根据《建筑地基基础设计规范》(GB 50007—2011)附录 K 第 K.0.2 条图示(见题 55 解图)，b 表示三角形作用变化荷载方向的边长。

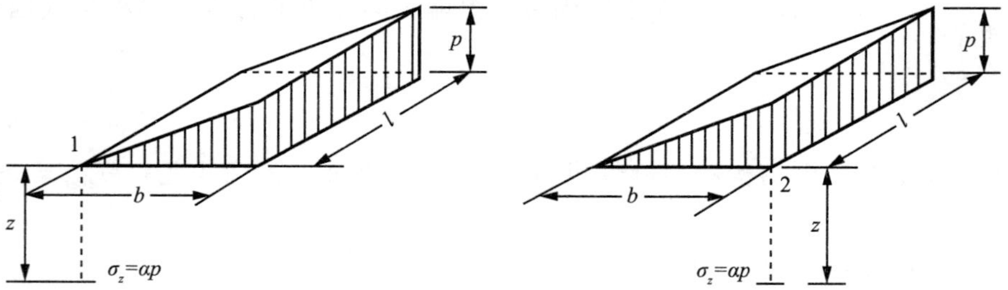

题 55 解图

56. 【答案】B

【解析】基础底面边缘最大的地基反力是指在自重应力，附加应力和弯矩作用下的压应力。弯矩下的压应力为合弯矩除以抵抗矩，即：

$$p_{\max}=\frac{F+G}{A}+\frac{M}{W}=\frac{900+20\times 2\times 3\times 1.5}{2\times 3}+\frac{310}{\frac{2\times 3^2}{6}}\text{kPa}=283.3\text{kPa}$$

57. 【答案】B

【解析】土的极限平衡条件为：$\sigma_1=\sigma_3\tan^2(45°+\varphi/2)+2c\tan(45°+\varphi/2)$。代入可得：$\sigma_1=\sigma_3\tan^2(45°+\varphi/2)=100\times\tan^2(45°+34°/2)\text{kPa}=353.8\text{kPa}$。

58. 【答案】C

【解析】A 项，根据挡土结构物侧向位移方向和大小，土压力可分为主动土压力、静止土压力和被动土压力，三种土压力之间存在如下的关系：$E_a<E_0<E_p$。BC 两项，如果墙背垂直、光滑，填土面水平，且墙后填土为无黏性土时，库仑土压力计算公式与朗肯公式相同。条件相同时，朗肯理论计算的黏性土和无黏性土的公式分别为：$\sigma_a=\gamma z\tan^2\left(45°-\frac{\varphi}{2}\right)=\gamma zK_a$，$\sigma_a=\gamma z\tan^2\left(45°-\frac{\varphi}{2}\right)-2c\tan\left(45°-\frac{\varphi}{2}\right)=\gamma zK_a-2c\sqrt{K_a}$。由此可知，黏性土作用在墙背上的主动土压力恒小于无黏性土。D 项，库仑土压力理论假设之一是挡土墙后土体为理想散粒体($c=0$)，所以只能用来求无黏性土压力。

59. 【答案】B

【解析】根据《建筑地基基础设计规范》(GB 50007—2011)第5.2.4条规定，当基础宽度大于3m或埋置深度大于0.5m时，从载荷试验或其他原位测试、经验值等方法确定的地基承载力特征值，尚应按下式修正：$f_a = f_{ak} + \eta_b \gamma (b-3) + \eta_d \gamma_m (d-0.5)$。将题目中的数据代入公式得：

$$f_a = 200 + 0.3 \times 18 \times (3-3) + 1.6 \times 17 \times (2-0.5)\text{kPa} = 240.8\text{kPa}$$

60. 【答案】D

【解析】根据《建筑地基基础设计规范》(GB 50007—2011)条文说明第8.5.3条规定，本条规定了摩擦型桩的桩中心距限制条件，主要为了减少摩擦型桩侧阻叠加效应及沉桩中对邻桩的影响，对于密集群桩以及挤土型桩，应加大桩距。故减小群桩效应的主要措施是控制桩距。

一级注册结构工程师执业资格考试
《专业基础考试》模拟题（二）

单项选择题（共60题，每题2分。每题的备选项中只有一个最符合题意）

1. 某种材料的孔隙率增大时，它的（　　）一定下降。
①密度；②表观密度；③吸水率；④强度；⑤抗冻性。
A. ①②　　B. ①③　　C. ②④　　D. ②③⑤

2. 石膏制品的表观密度通常较小，主要是因为（　　）。
A. 生产时加入引气物质，使石膏制品内产生许多微小气孔
B. 生产石膏时，通常加入水量较大，石膏硬化后水分蒸发留下许多微小气孔
C. 组成石膏制品的主要成分硫酸钙的密度很小
D. 石膏制品生产时加入了较大量的轻质填充材料

3. 硅酸盐水泥熟料的四种主要矿物成分中，（　　）含量的提高可降低水泥的脆性。
A. C_2S　　B. C_3S　　C. C_4AF　　D. C_3A

4. 对于混凝土强度受到其材料组成、养护条件及试验方法的影响，其中试验方法的影响主要体现在（　　）。
A. 试验设备的选择　　B. 试验地点的选择
C. 试件尺寸的选择　　D. 温湿环境的选择

5. 下列关于冲击韧性的叙述，正确的是（　　）。
A. 冲击韧性指标是通过对试件进行弯曲试验来确定的
B. 使用环境的温度影响钢材的冲击韧性
C. 钢材的脆性临界温度越高，说明钢材的低温冲击韧性越好
D. 对于承受荷载较大的结构用钢，必须进行冲击韧性检验

6. 沥青老化，在四组分分析法中，各组分的变化规律是（　　）。
A. 饱和分增多　　B. 芳香分增多　　C. 沥青质增多　　D. 胶质减少

7. 花岗岩与石灰岩在强度和吸水性方面的差异，下列描述正确的是（　　）。
A. 前者强度较高，吸水率较小　　B. 前者强度较高，吸水率较大
C. 前者强度较低，吸水率较小　　D. 前者强度较低，吸水率较大

8. 测量学中，高斯平面直角坐标系 X 轴、Y 轴的定义为（　　）。
A. X 轴正向为东，Y 轴正向为北　　B. X 轴正向为西，Y 轴正向为南
C. X 轴正向为南，Y 轴正向为东　　D. X 轴正向为北，Y 轴正向为东

9. 水准仪应满足的几何条件不包括（　　）。
A. 圆水准管轴 $L'L'_1$ // 竖轴 VV_1　　B. 十字丝横丝 ⊥ 竖轴 VV_1
C. 水准管轴 LL_1 // 视准轴 CC_1　　D. 视准轴 CC_1 ⊥ 横轴 HH_1

10. 经纬仪有四条主要轴线，当纵轴铅垂，视准轴垂直于横轴，但横轴不水平，此时望远镜绕横轴旋转时，则视准轴的轨迹是（　　）。
A. 一个圆锥面　　B. 一个倾斜面

C. 一个竖直面　　D. 一个不规则的曲面

11. 精密量距的基本操作程序是(　　)。

A. 定线、打桩、量距、测高差　　B. 定向、打桩、量距、测高差

C. 定线、量距、拉标准拉力、测温度　　D. 定线、打桩、拉标准拉力、量距

12. 有一条附合水准路线 $A \to 1 \to B$，已知 $H_A = 45.345$m，$H_B = 47.662$m。共观测了2站，测得高差分别为：$h_{A1} = +1.305$m、$h_{1B} = +1.020$m，则1点高程是(　　)m。

A. 46.642　　B. 46.646　　C. 46.650　　D. 46.660

13. 在工程开工前，(　　)必须向建设行政主管部门申请领取建设工程施工许可证，未领取施工许可证的，不得开工。

A. 建设单位　　B. 施工单位

C. 监理单位　　D. 设计单位联同施工单位

14. 根据规定，不是必须进行招标的项目是(　　)。

A. 涉及国家安全、国家秘密的项目

B. 使用国际组织或者外国政府贷款、援助资金的项目

C. 大型公用事业关系社会公共利益的项目

D. 部分使用国有资金投资的项目

15. 设计单位的安全生产责任不包括(　　)。

A. 在设计文件中注明安全的重点部位和环节

B. 对防范生产安全事故提出指导意见

C. 提出保障施工作业人员安全和预防生产安全事故的措施建议

D. 要求施工单位整改存在安全事故隐患

16. 注册结构工程师可同时受聘于(　　)勘察设计单位执行业务。

A. 1个　　B. 2个　　C. 3个　　D. 任何

17. 在锤击沉桩施工中，如发现桩锤经常回弹大，桩下沉量小，说明(　　)。

A. 桩锤太重　　B. 桩锤太轻　　C. 落距小　　D. 落距大

18. 施工现场用于检查结构构件混凝土强度的试件，应在混凝土浇筑地点随机取样，取样与留置应满足(　　)。

A. 每一楼层至少取样一次　　B. 连续浇筑 $2000m^3$ 时，取样不少于五次

C. 每次取样应留置三组试件　　D. 每盘混凝土都应取样检测

19. 某流水施工组织成倍节拍流水，施工段数为6，甲、乙、丙三个施工过程的流水节拍为2d、2d和4d，其中乙、丙施工过程的间隔时间为2d，则总工期为(　　)d。

A. 14　　B. 18　　C. 20　　D. 26

20. 对整个建设项目的施工进行通盘规划，带有全局性的技术经济文件是(　　)。

A. 施工组织总设计　　B. 施工组织设计

C. 单位工程施工组织设计　　D. 分部分项工程施工组织设计

21. 下列关于单代号网络图的表述正确的是(　　)。

A. 箭线表示工作及其进行的方向，节点表示工作之间的逻辑关系

B. 节点表示工作，箭线表示工作进行的方向

C. 节点表示工作，箭线表示工作之间的逻辑关系

D. 箭线表示工作及其进行的方向，节点表示工作的开始或结束

22. 当受拉钢筋刚达到屈服时，适筋梁的状态是(　　)。

A. 达到极限承载能力

B. 受压边缘混凝土的压应变 $\varepsilon_c=\varepsilon_u$($\varepsilon_u$ 为混凝土的极限压应变)

C. 受压边缘混凝土的压应变 $\varepsilon_c\leqslant\varepsilon_u$

D. 受压边缘混凝土的压应变 $\varepsilon_c=0.002$

23. 《混凝土结构设计规范》中规定的最大裂缝宽度限值是用于验算荷载作用引起的(　　)裂缝宽度。

A. 由不同的裂缝控制等级确定　　B. 最小

C. 平均　　D. 最大

24. 钢筋混凝土轴心受压构件的稳定系数 φ 主要与柱的长细比 l_0/b(l_0 为柱的计算长度，b 为矩形截面的短边边长)有关。我国《混凝土结构设计规范》(GB 50010—2010)给出，当(　　)时，不考虑长细比对稳定系数的影响。

A. $l_0/b\leqslant28$　　B. $l_0/b\leqslant12$　　C. $l_0/b\leqslant10$　　D. $l_0/b\leqslant8$

25. 钢筋混凝土排架结构中承受和传递横向水平荷载的构件是(　　)。

A. 吊车梁和柱间支撑　　B. 柱间支撑和山墙

C. 吊车梁和排架柱　　D. 除了吊车梁外其他所有构件

26. 下面四种因素中，哪个因素对钢材的疲劳强度影响不显著？(　　)

A. 应力集中的程度　　B. 应力循环次数

C. 钢筋强度　　D. 最大最小应力的比值

27. 图示两块钢板用两块连接板和直角焊缝连接，已知 $f=215\text{N/mm}^2$，$f_f^w=160\text{N/mm}^2$，$h_f=10\text{mm}$，该连接能承受静力荷载产生的最大拉力为(　　)。

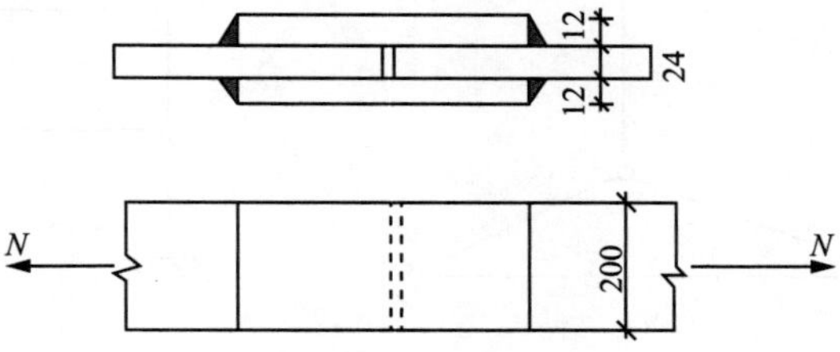

题 27 图

A. 403.2kN　　B. 540.3kN　　C. 218.7kN　　D. 491.9kN

28. 对直接承受动力荷载的受弯构件，进行强度计算时，下列方法中正确的是(　　)。

A. 工作级别为 A6、A7 吊车梁的强度计算应取 $\gamma_x=\gamma_y=1.0$，动力系数取 1.35

B. 工作级别为 A6、A7 吊车梁的强度计算应取 $\gamma_x=\gamma_y=1.0$，动力系数取 1.1

C. 工作级别为 A1 ~ A5 吊车梁的强度计算应取 $\gamma_x=\gamma_y=1.0$，不考虑动力系数

D. 工作级别为 A1 ~ A5 吊车梁的强度计算可取 $\gamma_x=\gamma_y=1.05$，但应考虑动力系数

29. 计算梁的整体稳定性时，当整体稳定系数 φ_b 大于(　　)时，应以 φ'_b(弹塑性工作阶段整体稳定系数)代替 φ_b。

A. 0.5　　B. 0.6　　C. 0.7　　D. 0.8

30. 下列关于砌体房屋的抗震设计要求，正确的是(　　)。

A. 8 度地震区，房屋最大的宽高比限值为 2.5

B. 半地下室砌体房屋的总高度，应从室外地面算起

C. 设构造柱的多层单面走廊房屋，房屋高宽比限值中，其总宽度包括走廊宽度

D. 8 度区多层砌体房屋，用现浇钢筋混凝土楼盖，抗震横墙最大间距为 11m

31. 在计算过梁上的荷载时，若梁板下砖墙高 $h_w < l_n$（l_n 为过梁的净跨），则(　　)。

A. 应考虑梁板的荷载

B. 可不考虑梁板荷载

C. 当过梁为砖砌平拱过梁时，可不考虑梁板荷载

D. 当过梁为钢筋混凝土过梁时，可不考虑梁板荷载

32. 进行砌体结构设计时，就下面所给出要求，其中必须满足的有(　　)。

①砌体结构必须满足承载能力极限状态；

②砌体结构必须满足正常使用极限状态；

③一般工业与民用建筑中的砌体构件，可靠指标 $\beta \geqslant 3.2$；

④一般工业与民用建筑中的砌体构件，可靠指标 $\beta \geqslant 3.7$。

A. ①②③　　B. ①②④　　C. ①④　　D. ①③

33. 砌体结构的受压承载力影响系数 φ(　　)。

A. 随高厚比的增大而减小　　B. 随高厚比的增大而增大

C. 随相对偏心距的增大而增大　　D. 与材料强度等级无关

34. 图示的体系，几何组成为(　　)。

A. 常变体系　　B. 瞬变体系

C. 无多余约束的几何不变体系　　D. 有多余约束的几何不变体系

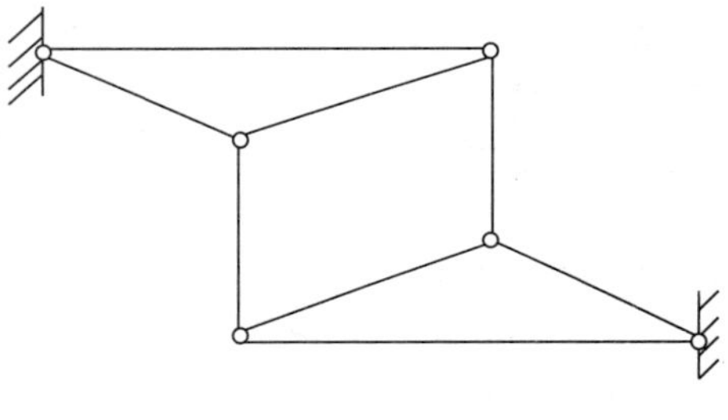

题 34 图

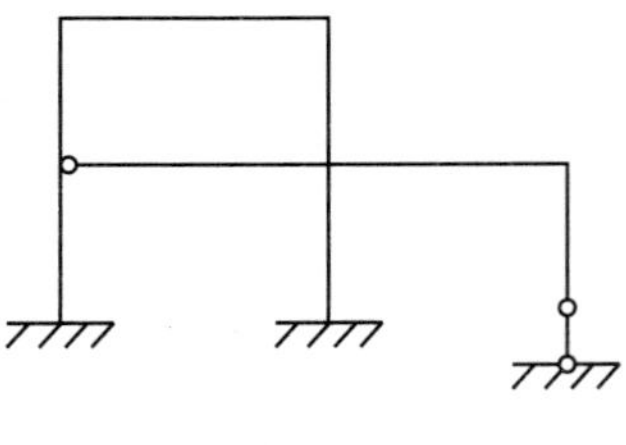

题 35 图

35. 如图所示，该体系的超静定次数为(　　)。

A. 5　　B. 6　　C. 7　　D. 8

36. 图示桁架杆 1、2 的内力为(　　)。

A. $N_1 = -\sqrt{2}F$，$N_2 = 2F$

B. $N_1 = \sqrt{2}F$，$N_2 = -2F$

C. $N_1 = \sqrt{2}F$，$N_2 = 0$

D. $N_1 = 2F$，$N_2 = -\sqrt{2}F$

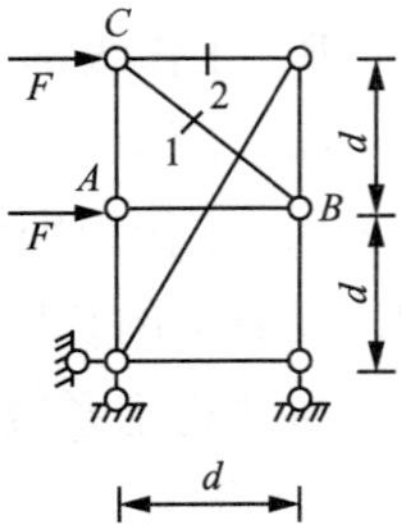

题 36 图

37. 具有“合理拱轴”的静定拱结构的内力为(　　)。

A. $M = 0$，$Q \neq 0$，$N \neq 0$　　B. $M \neq 0$，$Q = 0$，$N \neq 0$

C. $M = 0$，$Q = 0$，$N \neq 0$　　D. $M \neq 0$，$Q \neq 0$，$N \neq 0$

38. 图示结构的内力图是(　　)。

A. N、Q 图均为零　　　　B. N 图为零、Q 图不为零

C. N 图不为零、Q 图为零　　　　D. N、Q 图均不为零

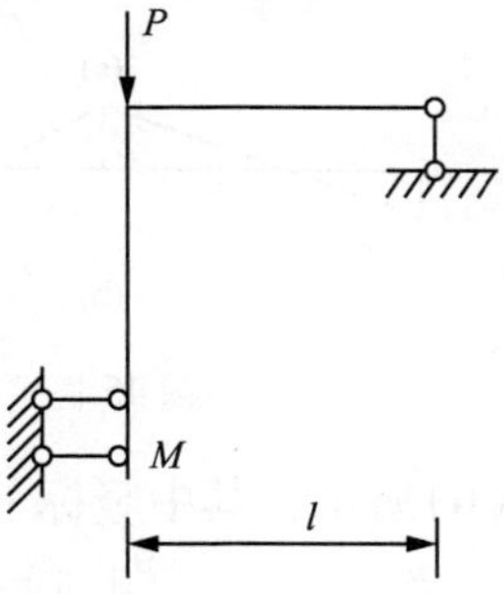

题 38 图

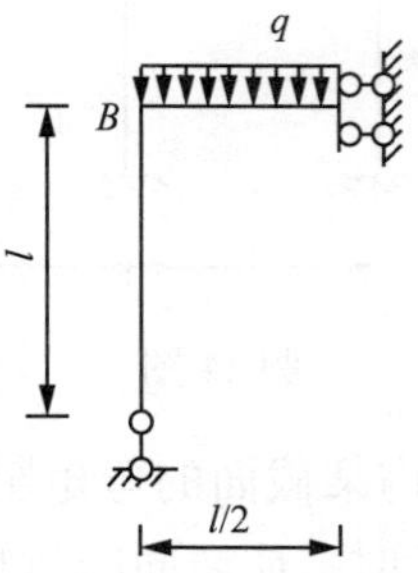

题 39 图

39. 图示结构，EI = 常数，则结点 B 的角位移为(　　)。

A. 0　　　　B. $ql^3/(24EI)$(顺时针)

C. $7ql^3/(96EI)$(顺时针)　　　　D. $3ql^3/(24EI)$(顺时针)

40. 一般情况下，组合结构位移计算时(　　)。

A. 仅考虑弯矩作用　　　　B. 仅考虑轴力作用

C. 考虑弯矩和剪力作用　　　　D. 考虑弯矩和轴力作用

41. 线弹性结构的位移互等定理，其适用范围为(　　)。

A. 只限于混合结构　　　　B. 只限于超静定结构

C. 只限于静定结构　　　　D. 超静定和静定结构均可用

42. 图示结构支座 A 下沉了 d 并发生了顺时针方向转角 α，当用力法计算并取图(b)为基本结构时，力法方程应为(　　)。

A. $\delta_{11}X_1+\Delta_{1C}=0$　　　　B. $\delta_{11}X_1+\Delta_{1C}=d$

C. $\delta_{11}X_1+\Delta_{1C}=\alpha$　　　　D. $\delta_{11}X_1+\Delta_{1C}=-\alpha$

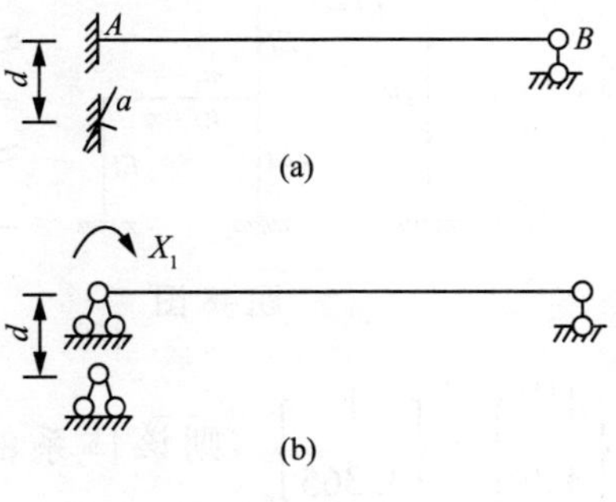

题 42 图

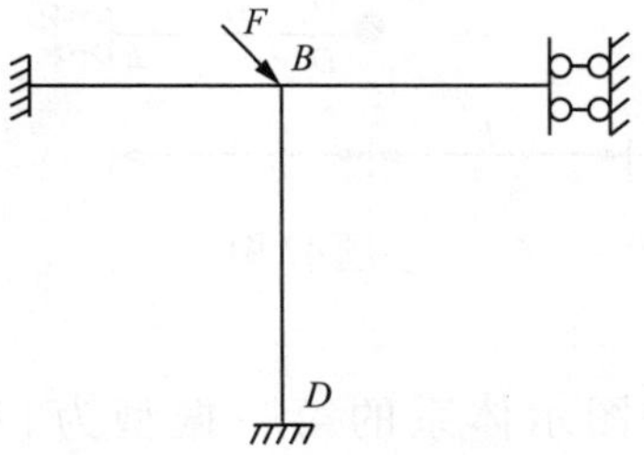

题 43 图

43. 图示结构(忽略轴向变形的影响)BD 杆的 M、Q 特征为(　　)。

A. $M\neq0$；Q = 常数　　　　B. M = 常数；$Q=0$

C. $M=0$；$Q=0$　　　　D. $M_{BD}=0$；Q = 常数

44. 用位移法计算图示结构，已知典型方程的系数 $r_{11}=27EI/l^3$，$R_{1P}=-F/2$，各柱 EI = 常数，则右柱底的弯矩为(　　)。

A. $-Fl/8$　　B. $-Fl/9$　　C. $Fl/8$　　D. $Fl/9$

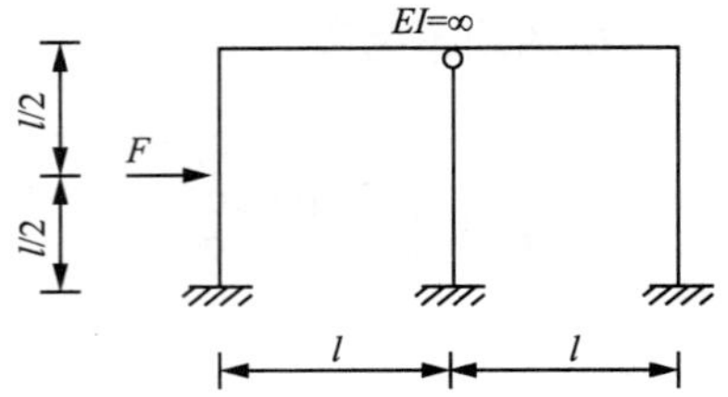

题 44 图

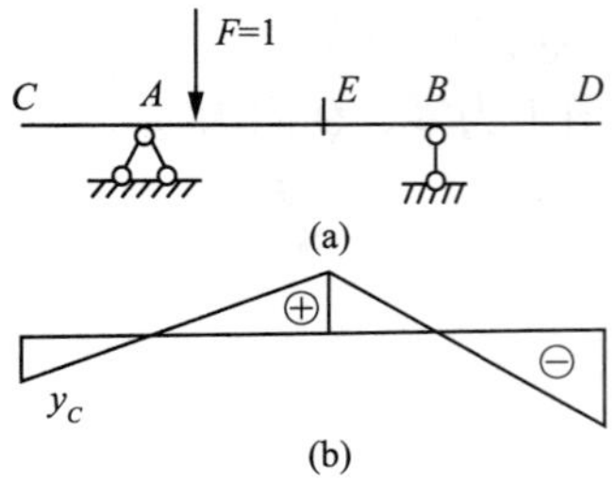

题 45 图

45. 图(a)所示结构某截面的弯矩影响线已作出如图(b)所示，其中竖标 y_C 是表示(　　)。

A. $F=1$ 在 E 时，C 截面的弯矩值

B. $F=1$ 在 C 时，A 截面的弯矩值

C. $F=1$ 在 C 时，E 截面的弯矩值

D. $F=1$ 在 C 时，D 截面的弯矩值

46. 试确定图(a)所示吊车梁在吊车轮压下支座 B 的最大反力为(　　)。(已知：$P_1=P_2=250\text{kN}$，$P_3=P_4=182\text{kN}$)

A. 447.6kN

B. 472.6kN

C. 488.4kN

D. 491.2kN

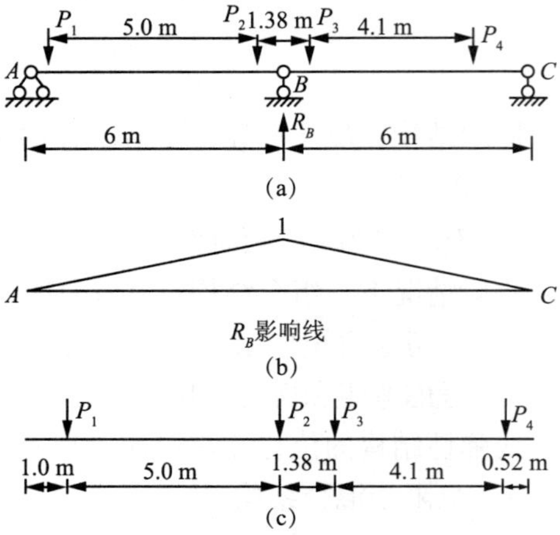

题 46 图

47. 图示体系的自振频率 ω 为(　　)。

A. $\sqrt{\dfrac{15EI}{2ml^3}}$　　B. $\sqrt{\dfrac{15EI}{ml^3}}$　　C. $\sqrt{\dfrac{21EI}{2ml^3}}$　　D. $\sqrt{\dfrac{12EI}{ml^3}}$

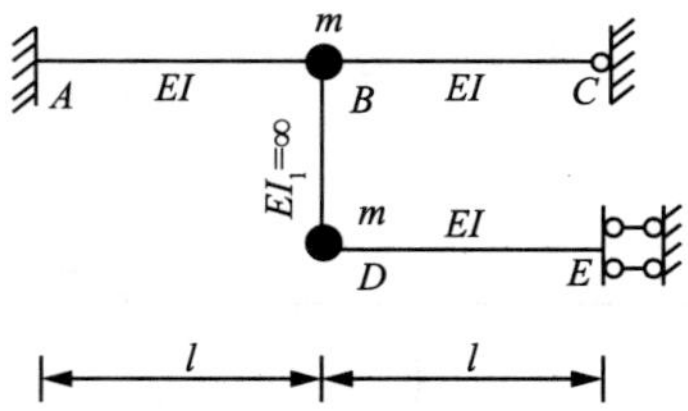

题 47 图

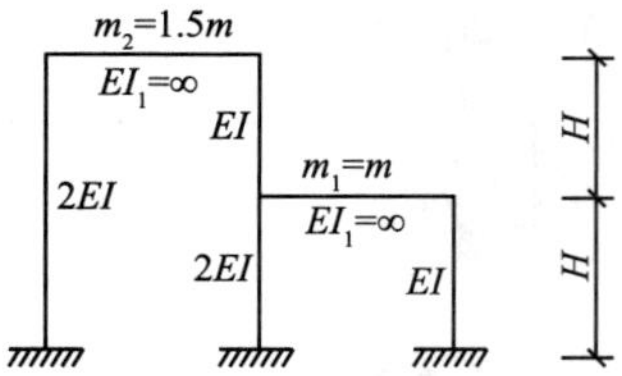

题 48 图

48. 设已知图示体系的第一振型为 $\{A^{(1)}\}=\begin{Bmatrix}A_1^{(1)}\\A_2^{(1)}\end{Bmatrix}=\begin{Bmatrix}1\\3.365\end{Bmatrix}$，则该体系的第二振型为(　　)。

A. $\{A^{(2)}\}=\begin{Bmatrix}1\\-0.198\end{Bmatrix}$　　B. $\{A^{(2)}\}=\begin{Bmatrix}1\\-0.212\end{Bmatrix}$

C. $\{A^{(2)}\}=\begin{Bmatrix}1\\-0.158\end{Bmatrix}$　　D. $\{A^{(2)}\}=\begin{Bmatrix}1\\-0.165\end{Bmatrix}$

49. 试件支承装置中，各支墩的高差不宜大于试件跨度的比例是(　　)。

A. 1/50　　B. 1/100　　C. 1/150　　D. 1/200

50. 关于结构试验中测试仪器的选择，下列说法正确的是(　　)。
A. 仪器的最小刻度值不大于3%的最大被测值
B. 仪器的精确度要求，相对误差不超过5%
C. 一般最大被测值不宜大于仪器最大量程的70%
D. 最大被测值宜在仪器满量程的$\frac{1}{6}\sim\frac{2}{3}$范围内

51. 下列不属于结构的动力特性的是(　　)。
A. 自振频率　　B. 振型　　C. 阻尼系数　　D. 振幅

52. 离心力加载是根据旋转质量产生的离心力对结构施加下列哪种荷载？(　　)
A. 自由振动　　B. 简谐振动　　C. 阻尼振动　　D. 弹性振动

53. 下列几种条件下的混凝土构件，不适于用回弹法检测混凝土强度的是(　　)。
A. 自然养护，龄期为730d　　B. 混凝土强度不大于60MPa
C. 环境温度$-4\sim+50$℃　　D. 表面受潮混凝土，经风干后

54. 已知一个土样，测得天然重度$\gamma=17\text{kN/m}^3$，干重度$\gamma_d=13\text{kN/m}^3$，饱和重度$\gamma_{sat}=18.2\text{kN/m}^3$，则该土样的天然含水量为(　　)。(水重度$\gamma_w=10\text{kN/m}^3$)
A. 28.6%　　B. 30.6%　　C. 30.8%　　D. 40%

55. 地下水位下降，土中有效应力发生的变化是(　　)。
A. 原水位以上不变，原水位以下增大
B. 原水位以上不变，原水位以下减小
C. 变动后水位以上不变，变动后水位以下减小
D. 变动后水位以上不变，变动后水位以下增大

56. 在相同荷载作用下，相同厚度的单面排水土层，渗透固结速度最慢的是(　　)。
A. 砂土地基　　B. 粉土地基　　C. 黏土地基　　D. 碎石土地基

57. 根据三轴试验结果得到的抗剪强度包线为(　　)。
A. 一个摩尔应力圆的切线　　B. 一组摩尔应力圆的公切线
C. 一组摩尔应力圆的顶点连线　　D. 不同压力下的抗剪强度连线

58. 库仑土压力理论的基本假设包括(　　)。
A. 墙背必须光滑、垂直　　B. 墙后填土为理想散粒体
C. 填土面必须水平　　D. 墙后填土为理想黏性体

59. 墙高为6m，填土内摩擦角为30°，黏聚力为8.67kPa，重度为20kN/m^3的均质黏性土，应用朗肯土压力理论计算作用在墙背上的主动土压力合力为(　　)。
A. 120kN/m　　B. 67.5kN/m　　C. 60kN/m　　D. 75kN/m

60. 关于堆载预压法加固地基，下列说法正确的是(　　)。
A. 砂井除了起加速固结的作用外，还作为复合地基提高地基的承载力
B. 在砂井长度相等的情况下，较大的砂井直径和较小的砂井间距都能够加速地基的固结
C. 堆载预压时控制堆载速度的目的是为了让地基发生充分的蠕变变形
D. 为了防止预压时地基失稳，堆载预压通常要求预压荷载小于基础底面的设计压力

答案及详解

单项选择题(共60题，每题2分。每题的备选项中只有一个最符合题意)

1. **【答案】**C

【解析】吸水率和抗冻性取决于开口孔隙率的大小和特征，而不仅仅取决于孔隙率；密度是材料在绝对密实状态下单位体积的质量，是自身属性，与孔隙率无关；表观密度是指材料在自然状态下，不含开口孔时单位体积的质量，孔隙率增大，表观密度降低；材料的强度与其组成、结构构造有关，材料的孔隙率增大，则强度降低。

2. **【答案】**B

【解析】石膏在使用中为使浆体具有足够的流动性，通常加水量可达60%～80%。硬化后，由于多余水分的蒸发，在内部形成大量孔隙，孔隙率可达50%～60%，导致与水泥相比强度较低，表观密度小。

3. **【答案】**C

【解析】水泥熟料矿物组成为：硅酸三钙($3CaO \cdot SiO_2$，简式C_3S)、硅酸二钙($2CaO \cdot SiO_2$，简式C_2S)、铝酸三钙($3CaO \cdot A1_2O_3$，简式C_3A)和铁铝酸四钙($4CaO \cdot A1_2O_3 \cdot Fe_2O_3$，简式$C_4AF$)。$C_4AF$抗折强度相对较高，当水泥中$C_4AF$含量增多时，可降低水泥的脆性。

4. **【答案】**C

【解析】混凝土强度试验中，试件尺寸、加载速率、加载方式等因素均会影响试验结果，其中最主要的影响因素是试验尺寸，其原因有两个，一是试验尺寸越大，材料内部所包含的缺陷就越多，材料强度越小；二是由于尺寸增大，试件在压板下的环箍作用减弱，导致测得的材料强度变小。

5. **【答案】**B

【解析】冲击韧性是指钢材抵抗冲击荷载作用的能力。钢材的冲击韧性试验是采用中间开有V型缺口的标准弯曲试件，置于冲击试验机的支架上，并使缺口置于受拉的一侧，冲击韧性的指标以冲断试件所需能量的多少来表征，用α_k(J/cm^2)表示。发生冷脆时的温度称为脆性临界温度，其数值越低，说明钢材的低温冲击韧性越好。对直接承受动荷载而且可能在负温下工作的重要结构，必须进行冲击韧性检验。

6. **【答案】**C

【解析】石油沥青的老化是指沥青在阳光、热、氧气等因素的综合作用下，逐渐失去流动性、塑性而变硬、变脆的现象。老化的实质是在大气综合作用下，沥青中低分子组分向高分子组分转化，即饱和分和芳香分减少、沥青质和胶质增多的一种递变的结果。

7. **【答案】**A

【解析】花岗岩属岩浆岩(深成岩)，其抗压强度高、吸水率小；而石灰岩属沉积岩，强度较低、吸水率较大。

8. **【答案】**D

【解析】高斯平面直角坐标系是采用高斯横椭圆柱投影方程建立的平面直角坐标系，是一种球面坐标与平面坐标相关联的坐标系统。中央子午线和赤道投影展开后为相互垂直的直线，分别为 X 轴和 Y 轴，交点为原点，X 轴正向为北，Y 轴正向为东。

9. 【答案】D

【解析】水准仪应满足下列条件：①圆水准轴平行于竖轴（$L'L'_1 // VV_1$）；②十字丝横丝垂直于竖轴；③水准管轴平行于视准轴（$LL_1 // CC_1$）。

10. 【答案】B

【解析】横轴和纵轴是经纬仪上的最重要的两个轴，它们应当相互垂直成90°，否则，当竖轴铅垂，视准轴垂直于横轴，但横轴不是处于水平位置时，会给测量带来误差，这种误差称为横轴倾斜误差。研究横轴倾斜误差时，假定横竖轴垂直度为 i，即当仪器纵轴处于铅垂位置时，横轴相对水平位置倾斜 i 角，望远镜绕横轴旋转时，视准轴扫出的将不是铅垂面，而是一个倾斜平面。

11. 【答案】A

【解析】精密量距要经纬仪定线，并打桩，然后沿桩顶量距，测桩顶间的高差，以便进行倾斜改正。

12. 【答案】B

【解析】$h_{已知} = 47.662 - 45.345 = +2.317\text{m}$，$h_{测} = +1.305 + 1.020 = +2.325\text{m}$，

则 $f = -2.325\text{m} + 2.317\text{m} = -0.008\text{m}$，$V = -0.008/2\text{m} = -0.004\text{m}$。

故 $H_1 = 45.345 + 1.305 - 0.004 = 46.646\text{m}$。

13. 【答案】A

【解析】根据《中华人民共和国建筑法》第七条规定，建筑工程开工前，建设单位应当按照国家有关规定向工程所在地县级以上人民政府建设行政主管部门申请领取施工许可证。

14. 【答案】A

【解析】根据《中华人民共和国招标投标法》第六十六条规定，涉及国家安全、国家秘密、抢险救灾或者属于利用扶贫资金实行以工代赈、需要使用农民工等特殊情况，不适宜进行招标的项目，按照国家有关规定可以不进行招标。

15. 【答案】D

【解析】根据《建设工程安全生产管理条例》第十三条规定，设计单位应当按照法律、法规和工程建设强制性标准进行设计，防止因设计不合理导致生产安全事故的发生。设计单位应当考虑施工安全操作和防护的需要，对涉及施工安全的重点部位和环节在设计文件中注明，并对防范生产安全事故提出指导意见。采用新结构、新材料、新工艺的建设工程和特殊结构的建设工程，设计单位应当在设计中提出保障施工作业人员安全和预防生产安全事故的措施建议。设计单位和注册建筑师等注册执业人员应当对其设计负责。

16. 【答案】A

【解析】根据《注册结构工程师执业资格制度暂行规定》第二十六条第四款规定，注册结构工程师不得同时受聘于二个以上勘察设计单位执行业务。

17. 【答案】B

【解析】在锤击沉桩施工中，为防止桩受冲击应力过大而损坏，宜用重锤轻击，桩锤对

桩头的冲击力小，回弹也小，桩头不易损坏，大部分能量都用于克服桩身与土的摩阻力和桩尖阻力上，桩能较快地沉入土中；如用轻锤重打，虽然桩锤对桩头的冲击力较大且回弹也大，但是锤击功大部分被桩身吸收，桩不易打入，且桩头易打碎。

18. 【答案】A

【解析】根据《混凝土结构工程施工质量验收规范》(GB 50204—2015)第7.4.1条的规定，混凝土的强度等级必须符合设计要求。用于检验混凝土强度的试件应在浇筑地点随机抽取。检查数量：对同一配合比混凝土，取样与试件留置应符合下列规定：①每拌制100盘且不超过100m^3时，取样不得少于一次；②每工作班拌制不足100盘时，取样不得少于一次；③连续浇筑超过1000m^3时，每200m^3取样不得少于一次；④每一楼层取样不得少于一次；⑤每次取样应至少留置一组试件。检验方法：检查施工记录及混凝土强度试验报告。

19. 【答案】C

【解析】根据成倍节拍流水施工组织方法：流水步距 = min{2，2，4} = 2d，甲、乙、丙的施工队伍数分别为：2/2 = 1，2/2 = 1，4/2 = 2，总的施工队数为：1 + 1 + 2 = 4，则总工期为：$T = (m + n - 1)K + \sum Z = (6 + 4 - 1) \times 2 + 2 = 20$d。

20. 【答案】A

【解析】A项，施工组织总设计是以整个建设工程项目为对象，在初步设计或扩大初步设计阶段，对整个建设工程的总体战略部署，是指导全局性施工的技术和经济纲要。B项，施工组织设计是用以指导施工组织与管理、施工准备与实施、施工控制与协调、资源的配置与使用等全面性的技术、经济文件，是对施工活动的全过程进行科学管理的重要手段。C项，单位工程施工组织设计是指以单位工程为主要对象编制的施工组织设计，对单位工程的施工过程起指导和制约作用。D项，分部分项工程施工组织设计是以分部分项工程为编制对象，具体实施施工全过程的各项施工活动的综合性文件。

21. 【答案】C

【解析】单代号网络图中的箭线表示紧邻工作之间的逻辑关系，既不占用时间，也不消耗资源。单代号网络图中的每一个节点表示一项工作，节点宜用圆圈或矩形表示。单代号网络图作图简便，图面简洁，由于没有虚箭线，产生逻辑错误的可能较小。

22. 【答案】C

【解析】当受拉钢筋达到屈服时，钢筋屈服，截面曲率和梁的挠度增大，受压区混凝土边缘纤维应变迅速增长。此时梁还未完全破坏，受压区混凝土还未完全压碎，此时，$\varepsilon_c < \varepsilon_u$。弯矩继续增大至$M_0$，此时$\varepsilon_c = \varepsilon_u$。

23. 【答案】D

【解析】根据《混凝土结构设计规范》(GB 50010—2010)(2015年版)第3.4.5条表3.4.5注7规定，表中的最大裂缝宽度限值为用于验算荷载作用引起的最大裂缝宽度。

24. 【答案】D

【解析】根据《混凝土结构设计规范》(GB 50010—2010)(2015年版)第6.2.15条表6.2.15(见题24解表)的规定，当$l_0/b \leq 8$，$l_0/d \leq 7$，$l_0/i \leq 28$时，稳定系数的值恒为1.0，即当$l_0/b \leq 8$时，不考虑长细比对稳定系数的影响。

题 24 解表　钢筋混凝土轴心受压构件的稳定系数

l_0/b	≤8	10	12	14	16	18	20	22	24	26	28
l_0/d	≤7	8.5	10.5	12	14	15.5	17	19	21	22.5	24
l_0/i	≤28	35	42	48	55	62	69	76	83	90	97
φ	1.00	0.98	0.95	0.92	0.87	0.81	0.75	0.70	0.65	0.60	0.56
l_0/b	30	32	34	36	38	40	42	44	46	48	50
l_0/d	26	28	29.5	31	33	34.5	36.5	38	40	41.5	43
l_0/i	104	111	118	125	132	139	146	153	160	167	174
φ	0.52	0.48	0.44	0.40	0.36	0.32	0.29	0.26	0.23	0.21	0.19

25. 【答案】C

【解析】在钢筋混凝土排架结构中，吊车梁的作用是承受吊车竖向和横向或纵向水平荷载，并将它们分别传给横向或纵向排架；柱间支撑的作用是加强厂房的纵向刚度和稳定性，承受并传递纵向水平荷载至排架柱或基础；山墙的作用是厂房的围护构件，承受风荷载及其自重；排架柱的作用是承受屋盖结构、吊车梁、外墙、柱间支撑等传来的竖向和水平荷载，并将它们传给基础。因此对于排架结构，其吊车梁和排架柱主要承受和传递横向的水平荷载。

26. 【答案】C

【解析】影响钢材的疲劳强度的因素主要是：应力幅（最大最小应力的比值）、应力循环次数与应力集中的程度。钢材发生疲劳破坏时的应力往往远小于钢材的屈服强度，因此钢材强度对疲劳强度的影响很小。

27. 【答案】D

【解析】根据《钢结构设计标准》(GB 50017—2017)第 11.2.2 条第 1 款的规定，在通过焊缝形心的拉力、压力或剪力的作用下，正面角焊缝（作用力垂直于焊缝长度方向）：$\sigma_f=\dfrac{N}{h_e l_w}\leqslant\beta_f f_f^w$。所以该连接能承受的最大拉力为：

$$N=\sum h_e l_w \beta_f f_f^w=2\times0.7\times10\times(200-2\times10)\times1.22\times160\text{N}=491.904\text{kN}$$

28. 【答案】B

【解析】根据《钢结构设计标准》(GB 50017—2017)第 6.1.2 条第 3 款规定，对需要计算疲劳的梁，宜取 $\gamma_x=\gamma_y=1.0$。根据《建筑结构荷载规范》(GB 50009—2012)第 6.3.1 条规定，对悬挂吊车（包括电动葫芦）及工作级别 A1 ~ A5 的软钩吊车，动力系数可取 1.05；对工作级别为 A6 ~ A8 的软钩吊车、硬钩吊车和其他特种吊车，动力系数可取为 1.1。

29. 【答案】B

【解析】根据《钢结构设计标准》(GB 50017—2017)附录 C 第 C.0.1 条规定，当按公式 (C.0.1－1)算得的 φ_b 值大于 0.6 时，应用下式计算的 φ_b' 代替 φ_b 值：$\varphi_b'=1.07-\dfrac{0.282}{\varphi_b}\leqslant1.0$。

30. 【答案】D

【解析】根据《建筑抗震设计规范》(GB 50011—2010)(2016 年版)第 7. 1. 4 条规定，多层砌体房屋总高度与总宽度的最大比值，宜符合表 7. 1. 4(见题 30 解表 1)的要求。

题 30 解表 1　房屋最大高宽比

烈度	6	7	8	9
最大高宽比	2. 5	2. 5	2. 0	1. 5

注：①单面走廊房屋的总宽度不包括走廊宽度；②建筑平面接近正方形时，其高宽比宜适当减小。

第 7. 1. 2 条第 1 款表 7. 1. 2 注 1 规定，房屋的总高度指室外地面到主要屋面板板顶或檐口的高度，半地下室从地下室室内地面算起，全地下室和嵌固条件好的半地下室应允许从室外地面算起。第 7. 1. 5 条规定，房屋抗震横墙的间接，不应超过表 7. 1. 5(见题 30 解表 2)的要求：

题 30 解表 2　房屋抗震横墙的间距(m)

房屋类别			烈度			
			6	7	8	9
多层砌体房屋	现浇或装配整体式钢筋混凝土楼、屋盖 装配式钢筋混凝土楼、屋盖木屋盖		5 11 9	15 11 9	11 9 4	7 4 —
底部框架－抗震墙砌体房屋		上部各层	同多层砌体房屋			—
		底层或底部两层	18	15	11	—

注：①多层砌体房屋的顶层，除木屋盖外的最大横墙间距应允许适当放宽，但应采取相应加强措施；②多孔砖抗震横墙厚度为 190mm 时，最大横墙间距应比表中数值减少 3m。

31. **【答案】**A

【解析】根据《砌体结构设计规范》(GB 50003—2011)第 7. 2. 2 条第 1 款规定，对砖和砌体砌块，当梁、板下的墙体高度 h_w 小于过梁的净跨 l_n 时，过梁应计入梁、板传来的荷载，否则可不考虑梁、板荷载。

32. **【答案】**B

【解析】砌体结构应按承载力极限状态设计，并满足正常使用极限状态的要求。根据《建筑可靠度设计统一标准》(GB 50068—2001)第 3. 0. 11 条规定，结构构件承载能力极限状态的可靠指标，不应小于表 3. 0. 11(见题 32 解表)的规定。

题 32 解表　结构构件承载力极限状态的可靠指标

破坏类型	安全等级		
	一级	二级	三级
延性破坏	3. 7	3. 2	2. 7
脆性破坏	4. 2	3. 7	3. 2

注：当承受偶然作用时，结构构件的可靠指标应符合专门规范的规定。

一般工业与民用建筑的安全等级属于二级，砌体构件破坏时属于脆性破坏，故其可靠指标 $\beta \geqslant 3.7$。

33. **【答案】**A

【解析】根据《砌体结构设计规范》(GB 50003—2011)附录 D 第 D.0.1 条规定，当 $\beta \leqslant 3$ 时，$\varphi = \dfrac{1}{1+12\left(\dfrac{e}{h}\right)^2}$；当 $\beta > 3$ 时，$\varphi = \dfrac{1}{1+12\left[\dfrac{e}{h}+\sqrt{\dfrac{1}{12}\left(\dfrac{1}{\varphi_0}-1\right)}\right]^2}$，$\varphi_0 = \dfrac{1}{1+\alpha\beta^2}$，式中：$e$ 为轴向力的偏心距；h 为矩形截面的轴向力偏心方向的边长；φ_0 为轴心受压构件的稳定系数；α 为与砂浆强度等级有关的系数，当砂浆强度等级大于或等于 M5 时，α 等于 0.0015；当砂浆强度等级等于 M2.5 时，α 等于 0.002；当砂浆强度等级 f_2 等于 0 时，α 等于 0.009。β 为构件的高厚比。因此，砌体结构的受压承载力影响系数 φ 随高厚比的增大而减小，随相对偏心距的增大而减小，与砂浆强度等级有关。

34. 【答案】C

【解析】将两个三角形看成两个刚片，两刚片由无限远处的虚铰连接，地基看做第三个刚片，由三刚片规则可知体系为无多余约束的几何不变体系。

35. 【答案】B

【解析】去掉右侧一根链杆(1 个约束)、切开一个刚节点(3 个约束)、去掉左侧一个铰(2 个约束)，共去掉 6 个约束后体系变成静定结构。故图示结构的超静定次数为 6。

36. 【答案】B

【解析】利用结点法计算各杆轴力。由 A 点的受力平衡可得到中间水平杆的内力 $N = -F$，再由 B 点的受力平衡得到 1 杆内力 $N_1 = \sqrt{2}F$，根据 C 点的受力平衡可得到 2 杆内力 $N_2 = -2F$。

37. 【答案】C

【解析】在一定荷载作用下，使拱处于无弯矩状态(各截面弯矩、剪力均为零，只受轴力)的轴线称为合理拱轴。

38. 【答案】B

【解析】根据结构的受力情况可知，右侧铰支座的支座反力为 $P(\uparrow)$，左侧定向支座的水平支反力为零，反力偶矩为 Pl，由此可知结构轴力为零，水平杆的剪力不为零。

39. 【答案】B

【解析】图示结构为静定结构，可用单位荷载法求解。作 M_P 图和 $\overline{M}$ 图，如题 39 解图所示。图乘可得，结点 B 的角位移为：$\varphi_B = \dfrac{1}{EI}\cdot\left(\dfrac{2}{3}\cdot\dfrac{1}{8}ql^2\cdot\dfrac{1}{2}l\right)\cdot 1 = \dfrac{ql^3}{24EI}$(顺时针方向)。

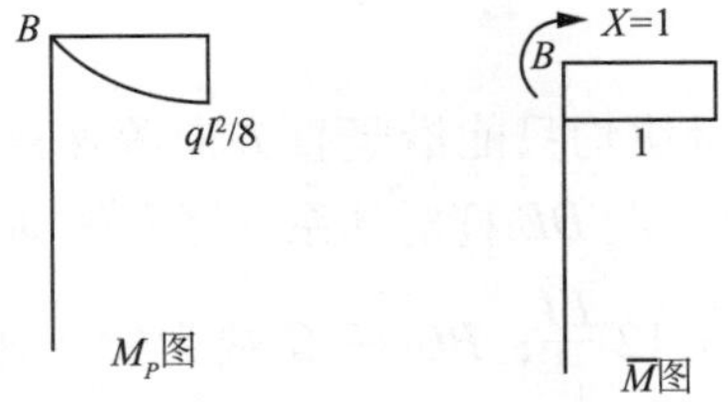

题 39 解图

40. 【答案】D

【解析】组合结构位移计算时，对于受弯构件，只需考虑其上弯矩的作用，剪力和轴力的作用均可不考虑；而对于轴向受力杆件，其轴力作用不能忽略，必须考虑。

41. 【答案】D

【解析】线弹性结构的位移互等定理是由虚功原理引用线弹性理论得到的，是力和位移的表达式。只要含有力或者位移都可以用线弹性结构位移互等定理，所以适用于超静定和静定结构。

42. 【答案】C

【解析】力法方程右端的 Δ_i 表示原超静定结构沿 X_i 方向上的给定位移。可知公式右端的转角是在 X_1 和支座位移的作用下，发生的实际位移，由题意可知右端为 α。

43. 【答案】C

【解析】由于忽略杆件轴向变形的影响，结构在图示荷载作用下，结点 B 无任何的结点位移(角位移、线位移)，因此 BD 杆内弯矩和剪力均为零。

44. 【答案】B

【解析】本题直接利用剪力分配法求解。在横梁右端添加水平支座，则支反力为：$F_s=\frac{F}{2}$，三根柱的柱顶侧移刚度分别为：$\frac{12EI}{l^3}$、$\frac{3EI}{l^3}$、$\frac{12EI}{l^3}$，则右柱的剪力分配系数为 4/9，右柱底端弯矩大小为：$\frac{4}{9}\times\frac{F}{2}\times\frac{l}{2}=\frac{Fl}{9}$(逆时针方向)。

45. 【答案】C

【解析】当单位集中荷载沿结构移动时，某一指定截面的量值(弯矩、轴力或剪力)变化规律的图形，称为该量值的影响线。C、D 截面的弯矩恒为零，A 截面的弯矩在荷载在 AB 段时为零，E 截面的弯矩在 E 处会发生突变，因此图示影响线是 E 截面的弯矩影响线，故竖标 y_C 表示单位集中力 $F=1$ 作用于 C 时，E 截面的弯矩值。

46. 【答案】A

【解析】由于 P_1、P_4 位于荷载组的两侧，所以当 P_1 或 P_4 作用在影响线最大值位置时，中间支座 B 的支座反力并不很大，本题只需计算将 P_2 和 P_3 分别置于影响线的最大值位置处时支座 B 的反力。P_2 作用在 B 点时：$R_B=\sum_{i=1}^{4}P_i\delta_i=250\times\frac{1}{6}+250\times1+182\times\frac{4.62}{6}+182\times\frac{0.52}{6}\text{kN}=447.6\text{kN}$；$P_3$ 作用在 B 点时：$R_B=\sum_{i=1}^{4}P_i\delta_i=0+250\times\frac{4.62}{6}+182\times1+182\times\frac{1.9}{6}\text{kN}=432.13\text{kN}$。故支座 B 的最大反力为：$R_{B\max}=447.6\text{kN}$。

47. 【答案】A

【解析】图示体系中，两质量块均只能沿竖直方向等速度运动，故该体系为单自由度体系。DE 杆 E 端为滑动支座，故 DE 杆对体系的竖向振动不产生影响；BA 杆 A 端为固定支座，故侧移刚度为：$k_{BA}=12\frac{EI}{l^3}$；BC 杆 C 端为铰支座，故侧移刚度为：$k_{BC}=3\frac{EI}{l^3}$，由此得到体系的刚度为：$k=k_{BA}+k_{BC}=15\frac{EI}{l^3}$，故体系自振频率为：

$\omega=\sqrt{\frac{k}{2m}}=\sqrt{\frac{15EI}{2ml^3}}$。

48. 【答案】A

【解析】根据主振型的第一正交性可得：$A^{(1)^{T}}MA^{(2)}=(1\quad 3.365)\begin{bmatrix}1 & 0\\ 0 & 1.5\end{bmatrix}\begin{Bmatrix}1\\ x\end{Bmatrix}m=(1+5.05x)m=0$，解得：$x=-0.198$，故第二振型为：$Y^{(2)}=\begin{Bmatrix}1\\ -0.198\end{Bmatrix}$。

49. 【答案】D

【解析】试件两端的支承装置中，支墩的高差大，试件安装不水平，会产生水平分力，对试验结果产生一定的误差，设计时各支墩的高度差不宜大于试件跨度的1/200。

50. 【答案】B

【解析】选择仪器时，仪器的精确度要求相对误差不超过5%。A项，仪器的最小刻度值要求不大于5%的最大被测值；C项，一般最大被测值不宜大于仪器最大量程的80%；D项，最大被测值宜在仪器满量程的$\frac{1}{5}\sim\frac{2}{3}$范围内。

51. 【答案】D

【解析】结构的动力特性有自振频率、振型、阻尼系数等。振幅是结构在动荷载作用下的动态参数，不属于结构的动力特性。

52. 【答案】B

【解析】用离心力加载，根据旋转质量产生的离心力，垂直分力为：$P_V=m\omega^2 r\sin\omega t$，水平分力为：$P_H=m\omega^2 r\cos\omega t$。故离心力加载对结构施加简谐振动荷载。

53. 【答案】C

【解析】用回弹法检测构件混凝土强度时，环境温度应为$-4\sim40$℃之间。用回弹法检测混凝土强度，要求条件为：自然养护龄期为14～1000d，混凝土强度为10～60MPa，表面为干燥状态的混凝土。

54. 【答案】C

【解析】天然含水量是指天然状态下土中水的质量与土粒质量之比，一般用w表示，以百分数计。由题意可知，密度$\rho=\gamma/g=17/10\text{kN/m}^3=1.7\text{kN/m}^3$，同理干密度为：$\rho_d=d/g=13/10\text{kN/m}^3=1.3\text{kN/m}^3$，故天然含水量$w=\frac{\rho}{\rho_d}-1=\frac{1.7}{1.3}-1=30.8\%$。

55. 【答案】A

【解析】当土位于地下水位以下时，计算有效应力时采用的是浮重度，当土位于地下水位以上时，计算有效应力时采用的是天然重度，天然重度大于浮重度，因此有效应力增大。而原水位以上的土体，有效应力不会变化。

56. 【答案】C

【解析】渗透固结作用是指由于振动或者外荷载的作用，土体内产生超孔隙水压力，在水头差的作用下，土体内部发生渗流，导致土中水排出，超孔隙水压力消散，土体孔隙比降低，体积减小，发生固结沉降。黏土的渗透系数小，透水性差，土层渗透固结速度慢。

57. 【答案】B

【解析】三轴试验采用同种土三个以上试样分别施加不同的周围压力，分别测得破坏时的最大主应力，将实验结果绘成一组摩尔应力圆，由于这些试样均被剪破，绘极限应力圆的公切线，即为该土样的抗剪强度包线，如题 57 解图所示。

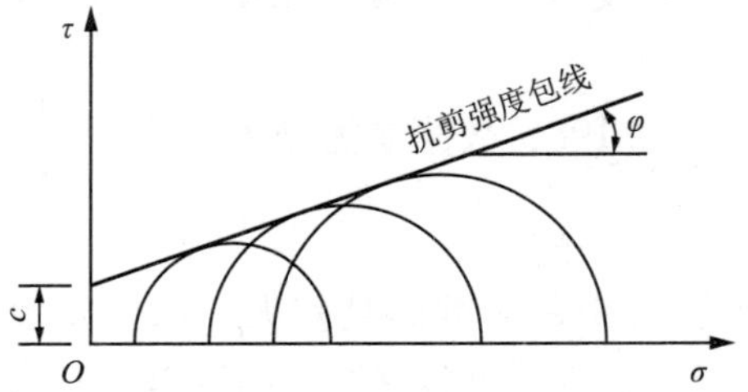

题 57 解图

58. 【答案】B

【解析】库仑土压力适用条件为：墙后填土是理想散粒体（黏聚力 $c=0$），滑动破坏面为一平面，滑动土楔体视为刚体。

59. 【答案】B

【解析】朗肯土压力黏性土为：$\sigma_a=\gamma z\tan^2\left(45°-\dfrac{\varphi}{2}\right)-2c\tan\left(45°-\dfrac{\varphi}{2}\right)=\gamma zK_a-2c\sqrt{K_a}$，

题中，主动土压力系数 $K_a=\tan^2\left(45°-\dfrac{30°}{2}\right)=1/3$。因填土为黏性土，故须计算临界深度 z_0，$z_0=\dfrac{2c}{\gamma\sqrt{K_a}}=\dfrac{2\times8.67\times\sqrt{3}}{20}\text{m}=1.50\text{m}$，故主动土压力合力为：

$$E_a=\frac{1}{2}\gamma(H-z_0)^2K_a=\frac{1}{2}\times20\times(6-1.5)^2\times\frac{1}{3}\text{kN/m}=67.5\text{kN/m}$$

60. 【答案】B

【解析】A 项，在软土层中按一定距离打入管井，井中灌入透水性良好的砂，形成排水“砂井”，在堆载预压下，加速地基排水固结，提高地基承载能力。B 项，根据固结理论，较大的砂井直径和较小的砂井间距都能够加速地基的固结。砂井的直径愈大，间距愈小，达到某一固结度所需的时间愈短，但缩短间距比增大井径对加速软土的固结效果更好，故而一般采用“细而密”的原则选择砂井的直径和间距。C 项，堆载预压时控制堆载速度的目的是为了让地基稳定。D 项，预加的荷载一般应等于设计的荷载，为了缩短工期可大于设计荷载，此时称为超载预压，必须注意，任何时候预压都不得使地基土发生破坏。